全国硕士研究生农学门类
入学考试辅导丛书

2025

生物化学
复习指南暨习题解析

刘国琴　杨海莲◎主　编

中国农业大学出版社
China Agricultural University Press
·北京·

图书在版编目(CIP)数据

生物化学复习指南暨习题解析/刘国琴,杨海莲编著.—北京:中国农业大学出版社,2020.6(2024.4 重印)

(全国硕士研究生农学门类入学考试辅导丛书)

ISBN 978-7-5655-2387-8

Ⅰ.①生… Ⅱ.①刘…②杨… Ⅲ.①生物化学-硕士生入学考试-自学参考资料 Ⅳ.①Q5

中国版本图书馆 CIP 数据核字(2020)第 113186 号

书　　名　生物化学复习指南暨习题解析

作　　者　刘国琴　杨海莲　编著

策划编辑　丛晓红　席　清　张　蕊　　**责任编辑**　张　蕊　陈睿赜

封面设计　李尘工作室

出版发行　中国农业大学出版社

社　　址　北京市海淀区圆明园西路 2 号　　**邮政编码**　100193

电　　话　发行部 010-62733489,1190　　读者服务部 010-62732336

　　　　　编辑部 010-62732617,2618　　出　版　部 010-62733440

网　　址　http://www.caupress.cn　　**e-mail** cbsszs @ cau.edu.cn

经　　销　新华书店

印　　刷　河北朗祥印刷有限公司

版　　次　2020 年 8 月第 1 版　　2024 年 4 月第 6 次印刷

规　　格　787×1 092　　16 开本　　21.25 印张　　530 千字

定　　价　69.00 元

出 版 说 明

最新版“全国硕士研究生农学门类入学考试辅导丛书”如期和广大考生见面了。本版辅导丛书是以教育部最新考试大纲为依据，分析往年农学门类联考试题及考试情况，征询有关权威专家的意见和建议，充分吸纳各有关高校辅导老师的教学经验，以前数版为基础，经过必要的扩充和修改而成的。

本丛书包括“复习指南暨习题解析”和“历年真题与全真模拟题解析”两个系列，根据考生复习备考的通常做法，按照基础知识的复习、知识的梳理与归纳以及冲刺模拟训练等不同阶段分别组织编写而成。

“复习指南暨习题解析”系列辅导书，主要是依据考纲对知识点进行全面阐述和总结梳理，按照数学（含高等数学、线性代数、概率论与数理统计）、化学（含无机及分析化学、有机化学）、动物生理学、植物生理学、生物化学 5 个科目分别组织编写和出版。其中，对重点难点进行详细的剖析，对疑点作了详尽的解释；对考点、要点、重要公式和结论也都一一总结和梳理；对例题进行详解，每个步骤做到详细、不缺步跳步，便于考生理解和熟悉解题思路；每章节后还附有一定量的习题，对复习内容及时进行训练和巩固。

“历年真题与全真模拟题解析”系列辅导书，是考生在冲刺阶段的复习用书，采取历年真题加模拟题的训练和解析的模式编写。真题部分包含了十余年的统考试题，其中包含了诸多有价值的信息，例如出题角度、试题题型、内容的涵盖面以及出题规律等。考生可以通过这部分的演练进一步掌握命题规律，查缺补漏，了解考研试题的解答方式、得分点以及解题的技巧，达到“观千剑而后识器”的目的。模拟题针对考生在复习阶段出现的问题，从考研热考内容和重点题型中多角度设计题目，旨在冲刺阶段进行考前摸底与练兵，增强考生在应试中的变通能力。

为了编好这套书，我们邀请了学术水平高、治学严谨、经验丰富、权威性强的知名专家学者担任主编，编写队伍汇聚了教育部直属的多所国家重点农林高校和多所省属重点高校常年从事相关学科教学的骨干教师和考研辅导专家。各位编写人员本着为考生着想、对教学负责的态度，牺牲了大量休息时间，反复斟酌拿捏内容的广度和深度，把握例题、习题和模拟题的代表性，尽心尽力从考生的角度去组织内容和体系。这种高度的责任心和奉献精神使我们深受感动，在此向他们表示诚挚的感谢和崇高的敬意！

自该套丛书出版发行以来，受到农学门类考生的格外青睐。这既是在全国范围内率先正式出版发行、最系统全面的农学门类考研辅导书，同时也是目前权威性高、适用性广、实用性强的考研宝典。我们真诚地希望考生能通过这套丛书的学习和引导，熟悉各科考试大纲，温习贯通考试内容，巩固和掌握所学知识，提高解题能力和应试技巧。同时，希望本丛书也能成为大学生在校学习有关课程的好帮手、好伙伴。

尽管我们本着帮助考生更好地系统复习和备考的良好愿望，尽力组织编写好和出版好这套书，但仍不免有疏漏之处，恳请各位同学及老师们批评指正，以利于我们今后不断地改进和提高。

最后，预祝各位考生取得好成绩！

中国农业大学出版社

2024 年 3 月

前　　言

基于生物化学知识的重要性、繁杂性和现行生物化学教材的多样性，以及生物化学被生物科学、生物技术、食品科学与工程、生物工程、食品科学与安全、动物科学、草业科学、动物医学、农学、植物保护、园艺、种子科学、资源环境科学、环境科学、生态学等众多专业设为研究生考试科目的广泛性，我们面向正在学习生物化学的大学本科生以及正在准备研究生入学考试的考生，编写了这本学习辅导书。

该书编写的着眼点是帮助读者理清思路，使读者能快速、系统地掌握生物化学的基本知识和基本理论。在编写过程中，我们参考多部国内外生物化学教材，结合自己多年的教学经验，针对考生在生物化学考试中存在的普遍问题，采用了章节简图概括和要点内容总结的方式，并运用了大量图表，旨在加强生物化学知识的内在联系，重点突出，难点简化，使读者在系统复习《生物化学》教材的基础上，通过本书的辅导，能够开阔思路，对生物化学基本知识融会贯通，在生物化学课程考试或研究生入学考试中"以不变应万变"。为了加深读者对重点和难点内容的理解，提高恰当分析考题、准确回答考题的能力，我们将近几年研究生入学考试的出题倾向融汇于本书，选编了大量选择题、问答题、实验题以及综合分析题，并附有答案或答案要点。本书共有 15 章，其中第一章至第八章为刘国琴编写，第九章至第十五章为杨海莲编写。

该书在对生物化学知识的分析、总结中，为加强读者的复习效果，用下划线或黑体字突出了知识点；为提高选择题的正确率，对大量易混淆的名词进行了对比分析；为方便生物学专业学生的复习和非生物学专业考生知识面的拓展，我们编写了一些难度稍大的考题，以加注"*"的形式给予区分。

该书自首次出版以来，历经了十多届考研学生和在校学生的使用，在大家的帮助下，我们对本书内容不断地进行修订，力求满足读者的需求。同时，随着生命科学和生物化学研究的不断深入，书中的一些内容需要及时更新；编者按照新大纲的要求对本书的内容进行了调整和补充，期待这种新的方式将为读者复习和备考提供更大的帮助。

本书编写一定存在一些错误，欢迎读者批评指正。

亲爱的同学们，请认真观看导学和有效学习建议视频，全面复习，不要期望"不系统复习，只做练习题"就能获得高分。习题可以千变万化，但是只有打好基础，扎实复习，在现有练习题的基础上举一反三，你才能达到"以不变应万变"的最佳状态。系统复习、融会贯通是提高考分的根本保障。祝你成功！

本书在此次再版时，融入了一些生物化学领域的全新知识，同时对一些错误或表述不准确之处进行了更正，欢迎广大读者继续指正。

2008—2018 年全国硕士研究生入学统一考试农学门类联考生物化学试题真题分析

目　　录

第一章　蛋白质构件分子——氨基酸

一、本章总结简图

- 氨基酸
  - 氨基酸的种类
    - 蛋白质氨基酸
      - 常见氨基酸(20 种)
        - 非极性R基
        - 不带电荷极性R基
        - 带负电荷R基
        - 带正电荷R基
      - 稀有氨基酸
    - 非蛋白质氨基酸
  - 氨基酸的性质
    - 酸碱性质——等电点pI
    - 光吸收特性：Tyr、Trp、Phe在近紫外区有吸收峰
    - 主要化学反应[桑格(Sanger)反应、艾德曼(Edman)反应、茚三酮反应]
  - 氨基酸分离分析
    - 分配柱分析
    - 纸层析(R_f值)
    - 薄层层析
    - 离子交换层析

本章重点是 20 种常见蛋白质氨基酸的结构特征、三字母符号、单字母符号，氨基酸等电点的概念和计算，Tyr、Trp、Phe 的紫外吸收特性及其应用，氨基酸主要化学反应原理和应用。此外还有氨基酸分离、鉴定常见方法的基本原理和应用特点。

二、要点内容与问题分析

1. 重要氨基酸

通常将 20 种氨基酸按照侧链的电荷情况和疏水性质分为 4 类。一般在复习时最好按照氨基酸特征归类，如下表。下功夫记清楚这些基本知识，可以应对许多有关氨基酸单字母符号、三字母符号、侧链特征的选择题及相关实验题，还利于阐述关于蛋白质结构、性质和功能的分析论述题。

结构特征	三字母符号 (单字母符号)	特　征
含共轭双键氨基酸	Phe(F)、Trp (W)、Tyr (Y)	280 nm 有特征吸收峰，是定量这些氨基酸和紫外法定量蛋白质的基本依据。其中 Tyr 常作为蛋白质磷酸化修饰位点
含羟基氨基酸	Ser(S)、Thr (T)、Tyr(Y)	
含巯基氨基酸	Cys(C)	巯基具有高反应性能；在某些蛋白质中可通过形成二硫键而稳定其高级结构
含甲硫基氨基酸	Met(M)	高度疏水；原核细胞蛋白合成起始氨基酸；甲基的供体
含酰胺基氨基酸	Asn(N)、Gln(Q)	高度亲水；易发生转氨基反应

续表

结构特征	三字母符号（单字母符号）	特　　征
酸性氨基酸	Asp(D)、Glu (E)	生理 pH 下带负电
碱性氨基酸	Lys(K)、Arg(R)、His(H)	生理 pH 下带正电，其中 His 是一种很好的质子供体和受体
亚氨基氨基酸	Pro(P)	侧链具有环状刚性结构，不参与蛋白质 α-螺旋形成，在蛋白质三维构象中常位于多肽链回折处；与茚三酮反应呈黄色（其他氨基酸的反应为蓝紫色）
侧链为脂肪烃基的氨基酸	Gly(G)、Ala (A)、Val (V)、Leu (L)、Ile (I)	这些氨基酸侧链 R 基疏水性依次增加，后三者为高度疏水；Gly 是最小的氨基酸，无旋光性

2. 蛋白质氨基酸、稀有氨基酸、非蛋白质氨基酸

我们一般说的 20 种氨基酸是蛋白质常见氨基酸，从原核生物到真核细胞，它们的蛋白质组成单元是相同的，都是这 20 种氨基酸，均为 *L*-氨基酸，除脯氨酸外都含有 α-氨基。

实际上在生物体内氨基酸的种类远远超过 20 种，现已发现 800 多种，包括蛋白质常见氨基酸、稀有氨基酸和非蛋白质氨基酸。

稀有氨基酸是指参与蛋白质构成但出现频率很小的氨基酸，如 4-羟脯氨酸。稀有氨基酸一般是常见蛋白质氨基酸经修饰产生的衍生物，没有自己的密码子（注意：近年发现的蛋白质稀有氨基酸——硒代半胱氨酸和吡咯赖氨酸有自己的密码子）。

非蛋白质氨基酸不参与蛋白质构成，大多为蛋白质氨基酸的衍生物，有些是氨基酸代谢物的前体或中间物，如鸟氨酸。非蛋白质氨基酸没有自己的密码子。

3. 氨基酸的两性解离与氨基酸的酸碱滴定曲线

如果能清楚地解释氨基酸滴定曲线，并从中得出正确结论，就能应对多种类型的考题。因此，有必要花一些工夫进行深刻分析。

用酸和碱对氨基酸进行滴定时，溶液 pH 的变化不是随酸或碱的加入呈线性变化，而是出现多个平缓曲线段，这是氨基酸酸碱滴定的一个特征。平缓曲线段中点（或称拐点，如下图所示 Gly 滴定时的 *a* 拐点、*c* 拐点）的出现表明此时的氨基酸对加入的酸、碱不敏感，换句话说就是对酸碱变化有缓冲作用，这种缓冲作用恰好说明氨基酸在滴定时呈现出的两性解离本质。

a 点反映了氨基酸的—COOH 在此 pH 时有一半为解离形式（碱性形式，$—COO^-$），可以获得质子；有一半为非解离形式（酸性形式，—COOH），可以给出质子。*c* 点反映了氨基酸的$—NH_2$ 在此 pH 时表现出强缓冲能力，也就是 NH_2 有一半发生了质子化（$—NH_3^+$）。因此，*a* 点对应的 pH 代表了羧基的解离常数 p*K*-COOH（或 pK_1），*c* 点对应的 pH 表示氨基的解离常数 p*K*-NH_2（或 pK_2）。*b* 点对应的是整个氨基酸分子正电荷和负电荷相等时的 pH，也就是氨基酸的 pI（详见下题）。需要明确的是这是一氨基、一羧基氨基酸的等电点，如果是碱性氨基酸或酸性氨基酸，则会另外多出一个拐点（侧链的 pK_R）。

氨基酸 α-羧基的 p*K* 一般在 2.0 左右，因此，当 pH 大于 3.5 时，α-羧基主要以$—COO^-$形式存在。α-氨基的 p*K* 在 9.4 左右，因此，当 pH 小于 8.0 时，主要以$—NH_3^+$ 形式存在。可见，氨基酸在 pH 3.5～8.0 时，带有相反电荷，是两性离子。在溶液中，氨基酸带有的电荷性质和电荷量随 pH 的变化而变化。换句话说，氨基酸的解离状态是 pH 的函数。

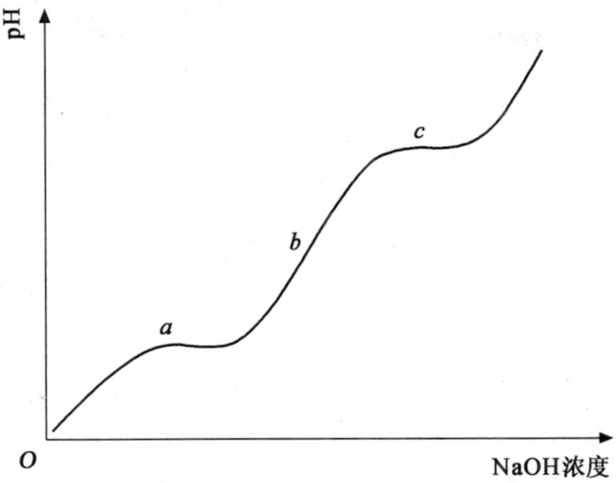

一氨基、一羧基氨基酸的解离曲线

4.氨基酸 pI 与氨基酸电荷性质

氨基酸 pI，就是氨基酸分子所带正电荷与负电荷相等（净电荷为零）时溶液的 pH。

（1）从氨基酸的羧基解离常数（pK_1）、氨基解离常数（pK_2）、侧链解离常数（pK_R）可以计算出氨基酸等电点。

普通氨基酸：$pI=1/2(pK_1+pK_2)$；

酸性氨基酸：$pI=1/2(pK_1+pK_R)$；

碱性氨基酸：$pI=1/2(pK_2+pK_R)$。

（2）从氨基酸 pI 可以推测氨基酸分子带电情况：

pH＞pI 时，氨基酸带负电，在电场中向正极移动；

pH＜pI 时，氨基酸带正电，在电场中向负极移动；

pH＝pI 时，分子不带电，在电场中不移动。

5.氨基酸的几种常见反应

“桑格反应”“艾德曼反应”和“茚三酮反应”是最常见的几种氨基酸反应，可以作为选择题或小的问答题出现。应该记清反应试剂、反应基团、反应条件、反应本质、产物颜色以及应用特点。用比较法可以加强学习效果。下表是对几种反应的比较：

反应类型	桑格反应	艾德曼反应	茚三酮反应
反应试剂	DNFB 2,4-二硝基氟苯	PITC 异硫氰酸苯酯	水合茚三酮
反应基团	α-氨基	α-氨基	氨基、羧基
反应条件	弱碱性	弱碱性	弱酸性
反应本质	烃基化（亲核芳香取代）	烃基化	脱羧、脱氨
产物颜色	黄色 2,4-二硝基苯基氨基酸	无色	蓝紫色 （Pro 为黄色）
应用	结合酸水解和层析分离，鉴定多肽链氨基末端氨基酸	鉴定多肽链氨基末端氨基酸；多肽序列测定	定量氨基酸；结合层析可定性氨基酸

6.半胱氨酸残基对蛋白质结构的贡献

半胱氨酸因侧链含有巯基而具有高反应性。巯基—SH易失去一个H原子,形成—S˙,其化学性质非常活跃。两个彼此足够接近的半胱氨酸侧链容易形成二硫键—S—S—。蛋白质中的半胱氨酸残基有的以二硫键形式存在,在维持蛋白质高级结构中起重要作用;有的以还原形式存在于蛋白质表面或酶活中心,保证蛋白质正常功能的实现。

在蛋白质溶液中加入含有巯基的还原剂,如β-巯基乙醇,会使蛋白质二硫键被还原而断裂,从而破坏蛋白质构象,引起蛋白溶解度降低,造成蛋白质失活。顺便提一下,就是蛋白质的这类失活一般是可逆的,在一定条件下伸展的蛋白质多肽链可以重新折叠为天然构象(详见第二章蛋白质结构与功能)。

7.氨基酸紫外吸收特性在氨基酸、蛋白质浓度测定中的应用

含有共轭双键的氨基酸(Tyr、Phe、Trp)在近紫外区有光吸收,最大吸收峰在280 nm左右。根据Lambert-Beer定律($A=\varepsilon cl$),如果测出光吸收度A,便可求出浓度c。同样的道理,由于蛋白质中含有这类氨基酸,因此也可通过测定280 nm处的光吸收来计算其浓度,这便是紫外分光光度法测定蛋白质浓度的理论基础。需要注意的是,不同蛋白质中Tyr、Phe、Trp的含量是有差别的,如白明胶蛋白,因不含有这类氨基酸而不适合用紫外法测定蛋白质浓度。可见,用紫外分光光度法测定蛋白质浓度是粗略的,不适合用于比较不同蛋白质的浓度,而更适合在蛋白纯化过程中寻找蛋白质峰。相对于其他方法(双缩脲、Folin-酚、考马斯亮蓝法),紫外分光光度法的优点是简便、快捷,而且测后样品可以回收。

有同学可能有疑问:为什么用275 nm测Tyr浓度、用257 nm测Phe浓度呢?这是因为具体每一种氨基酸,其最高吸收峰有细微差别。从应用的角度看,一般记住280 nm这个数字,记清楚用紫外法测蛋白质浓度是在280 nm进行(注意核酸是在260 nm)即可。需要注意的是,理解要准确,比如“蛋白质只有在280 nm有光吸收”这句话显然是不准确的。因为“光吸收”和“最大吸收峰”含义不同。蛋白质在200～400 nm近紫外区均有吸收,只是最大吸收峰大多在280 nm。

8.关于氨基酸层析技术的几个常见问题

分离氨基酸的常见层析技术有分配柱层析、纸层析、薄层层析、离子交换柱层析等。这里需要弄清楚的是:

(1)虽然不同的方法所采用的支持介质(在柱层析中称为填料)不同,但按照分离原理,前3种方法的分离原理均基于氨基酸的溶解度差异,而离子交换层析则是基于氨基酸的解离状况。需要指出的是:在分配层析中,一定温度下,当一种溶质在互不相溶的溶剂中分配达到平衡时,溶质在A、B两相中的浓度比值称为分配系数K_d,即$K_d=c_A/c_B$。

(2)柱层析系统通常由两个相组成:固定相和流动相。流动相指穿过支持介质的流动溶液,而固定相是指结合在填料亲水基团上的不流动的水。许多人往往将固定相理解为柱子中的固体填料,这是错误的。

(3)分配柱层析、纸层析、薄层层析除用于分离、鉴定氨基酸外还可用于其他有机小分子的分离,但不适于蛋白质分离。纸层析中,注意R_f值的定义:R_f值表示氨基酸的相对迁移率,即氨基酸离开原点的迁移距离与溶剂前沿的距离之比。在固定实验条件下,每种氨基酸的R_f值是恒定的。

(4)氨基酸离子交换柱层析是一个学习重点,下面给予重点讨论。

氨基酸离子交换柱层析常用离子交换树脂作为填料。离子交换树脂是由人工合成的聚苯乙烯-苯二乙烯不溶性化合物制备成的具有网状结构的高聚物。在该聚合物上引入带电基团,如引入的是酸性基团(如$—SO_3H$、—COOH),则可解离出H^+,溶液中的阳离子会和H^+发生交换而选择性地结合到树脂上,这类交换树脂叫阳离子交换树脂;如引入的是碱性基团(如$—NH_3OH$),则可解离出OH^-,溶液中的阴离子能和OH^-发生交换而挂在树脂上,这类树脂称为阴离子交换树脂。

氨基酸与离子交换树脂的作用力主要有两个:静电引力和疏水力。静电引力是首要因素,与氨基酸的解离状态直接相关。在解离状态相近的氨基酸中,侧链疏水性越高,与树脂的作用力越大,在层析柱中停留的时间越长。

在实际应用中,离子交换树脂要进行适当处理,使之带上所需要的电荷。如强酸型阳离子交换剂,可用碱处理成钠型,将拟分离的氨基酸混合液调为pH 2～3,使氨基酸都带上正电荷。当这样的氨基酸样品流经层析柱时,便与树脂上的钠离子发生交换,被"挂"在树脂上。然后用洗脱液进行洗脱时,逐步提高洗脱液的pH,以减少氨基酸所带的正电荷,降低氨基酸与树脂的结合力;同时不断提高洗脱液的盐浓度,进一步减小氨基酸与树脂的结合力。因此,随着洗脱进行,混合液中氨基酸按照正电荷从少到多(疏水力从弱到强)的顺序被洗脱、分离出来。酸性氨基酸与碱性氨基酸相比,侧链为极性不带电荷的氨基酸与芳香族氨基酸相比,疏水性弱的氨基酸与疏水性强的氨基酸相比,都是前者先于后者被洗脱。

需要注意的是,虽然离子交换层析也可以用来分离蛋白质,但所用的离子交换剂是不同的。分离氨基酸常用阳离子交换树脂、阴离子交换树脂;分离蛋白质常用阳离子交换纤维素、阴离子交换纤维素、离子交换葡聚糖等(详见蛋白质性质与分离鉴定)。

此外,HPLC (high performance liquid chromatography)为高效液相色谱,是一种借助于高压装置,高效、快速分离分析有机小分子(包括氨基酸、多肽等)的层析技术。注意FPLC与HPLC只差一个字母,但含义不同。FPLC (fast protein liquid chromatography),即快速蛋白质液相色谱。FPLC也借助一定压力,但比HPLC所采用的压力小,更适合各种具有高级结构的蛋白质大分子的分离和分析。

三、选择题

1. 在20种标准氨基酸中,________。

A. 含有3种酸性氨基酸

B. 含有3种碱性氨基酸

C. 含有3种巯基氨基酸

D. 含有2种羟基氨基酸

2. 谷氨酸的α-羧基$pK_1=2.1$,α-氨基$pK_2=9.5$,侧链$pK_R=4.1$,因此,________。

A. 谷氨酸 pI=3.1

B. 谷氨酸 pI=5.2

C. 谷氨酸 pI=5.8

D. 谷氨酸 pI=6.8

3. 赖氨酸的 α-羧基 $pK_1=2.2$，α-氨基 $pK_2=9.1$，侧链 $pK_R=10.5$，因此，________。

A. 赖氨酸 pI=5.6

B. 赖氨酸 pI=6.3

C. 赖氨酸 pI=7.3

D. 赖氨酸 pI=9.8

4. 下述哪一个氨基酸可以通过多肽链的共价连接实现对蛋白质高级结构的稳定？________。

A. Met

B. Glu

C. Cys

D. Ser

5. 下述哪一个氨基酸常在酶活性中心起酸碱催化作用？________。

A. E

B. H

C. C

D. R

6*. 已知：氨基酸 α-羧基的 $pK_1=2$，α-氨基的 $pK_2=9$，Lys 侧链氨基的 $pK_R=11$，Glu 侧链羧基的 $pK_R=4$。那么，寡肽 Lys-Gly-Ala-Glu ________。

A. 在 pH=2 时带有 1.5 个正电荷

B. 在 pH=4 时带有 1.5 个正电荷

C. 在 pH=6 时带有 1.5 个正电荷

D. 在 pH=11 时带有 1.5 个正电荷

7. 赖氨酸在中性 pH 下，________。

A. 整个分子带负电

B. 羧基带负电，氨基带正电

C. 整个分子带正电

D. B 和 C

8. ________在波长 280 nm 附近有光吸收。

A. Val

B. Met

C. Tyr

D. Ser

9. 氨基酸属于________。

A. 典型的羧酸

B. 酰胺类小分子

C. 酰胺的羧基衍生物

D. 羧酸的氨基衍生物

10. 如果一个氨基酸的 R 基团为—CH_3，那么该氨基酸又叫________。

A. 甲基氨基酸

B. 2-氨基丙酸

C. 丙氨酸

D. 上述均是

11. 带有非解离侧链的氨基酸________处于兼性离子。

A. 在任何溶液中

B. 在生理 pH 下

C. 仅在碱性溶液中

D. 仅在酸性溶液中

12. 脯氨酸不同于其他常见蛋白质氨基酸，因为________。

A. 它是一个环形化合物

B. 它亲水且可以解离

C. 其氨基上的氮原子在环中

D. 其羧基上的氮原子在环中

E. 它对蛋白质结构影响很小

13. 不掺入多肽链的氨基酸往往可以转变为________。

A. 神经递质

B. 甲基供体

C. 抗生素

D. 上述都有可能

14. 一个处于结冰状态下的水分子有________个氢键位点。

A. 1

B. 2

C. 3

D. 4

15. 氨基酸的 R 基团决定该氨基酸是________。

A. 亲水还是疏水

B. 极性还是非极性

C. 带电还是不带电

D. 酸性还是碱性

E. 以上均对

16. Ala、Val、Leu 和 Ile 对蛋白质三维结构很重要，是由于它们________。

A. 具有分支

B. 高度疏水

C. 高度亲水

D. 吸引水分子

17. 精氨酸在 20 种常见氨基酸中碱性最大，是因为它的侧链在细胞中通常________。

A. 有疏水作用

B. 高度带电

C. 是质子化的

D. 带有负电荷

（答案：1B 2A 3D 4C 5B 6A 7D 8C 9D 10D 11B 12C 13D 14D 15E 16B 17C）

选择题要点解析

1. 选择 B。

[考点] 重要标准氨基酸。

[解析] 在 20 种标准氨基酸中，含天冬氨酸、谷氨酸 2 种酸性氨基酸；赖氨酸、精氨酸和组氨酸 3 种碱性氨基酸；3 种羟基（包括酚羟基）氨基酸，即苏氨酸、丝氨酸和酪氨酸；巯基氨基酸仅半胱氨酸 1 种。

2. 选择 A。

[考点] 酸性氨基酸等电点计算。

[解析] 谷氨酸的侧链带有一个羧基，在生理 pH 下带负电荷，属于酸性氨基酸。对于酸性氨基酸，等电点的计算依据：

$$pI=\frac{1}{2}(pK_1+pK_R)$$

3. 选择 D。

[考点] 碱性氨基酸等电点计算。

[解析] 赖氨酸的侧链带有一个氨基，在生理 pH 下带正电荷，属于碱性氨基酸。对于碱性氨基酸，等电点的计算依据：

$$pI=\frac{1}{2}(pK_2+pK_R)$$

4. 选择 C。

[考点] 可形成二硫键的氨基酸及其三字母符号。

[解析] 多肽链一般为线性结构。多肽链之间的共价连接只有二硫键，而形成二硫键的氨基酸只有半胱氨酸，其三字母符号为“Cys”。

5. 选择 B。

[考点] 组氨酸的重要作用及单字母符号。

[解析] 组氨酸（单字母符号为“H”）含有咪唑基，在生理 pH 下可以接受一个质子而带正电荷，也可以给出一个质子，这取决于它的局部微环境。组氨酸常存在于酶分子的活性部位，在酸碱催化中起重要作用。

6. 选择 A。

[考点] 氨基酸解离。

[解析] 环境 pH 小于氨基酸某可解离基团 pK 时，该基团将发生质子化(羧基不解离，因此不带电荷；氨基发生质子化而带一个正电荷)。环境 pH 等于氨基酸某基团的 pK 时，有一半基团解离(对于羧基，一半分子带负电荷，一半分子不带电荷，平均每分子带 0.5 个负电荷；对于氨基，一半分子不带电荷，一半分子带正电荷，平均每个分子带 0.5 个正电荷)。环境 pH 大于某基团的 pK 时，羧基解离带一个负电荷，氨基不带电荷。在 pH=2 时，该四肽中 Lys 的 α-氨基带 1 个正电荷，侧链基团带 1 个正电荷；Glu 的 α-羧基带 0.5 个负电荷，侧链羧基不带电荷；Gly 和 Ala 的氨基和羧基均已成肽键，没有带电荷基团。所以 A 是正确答案。

7. 选择 D。

[考点] 氨基酸带电情况。

[解析] 赖氨酸为碱性氨基酸，其等电点高于生理 pH。在生理 pH 下，赖氨酸侧链的 ε-氨基发生质子化而带正电荷；此时，它的羧基为解离状态而带负电，它的氨基发生质子化而带正电。

8. 选择 C。

[考点] 芳香族氨基酸特征吸收。

[解析] 氨基酸在可见光区没有吸收，在红外区和远紫外区都有光吸收。在近紫外区(200～400 nm)，3 个芳香族氨基酸——酪氨酸(Tyr)、色氨酸(Trp)和苯丙氨酸(Phe)因为含有共轭双键表现出特征吸收峰。虽然酪氨酸的最大吸收波长是 275 nm，色氨酸的最大吸收波长是 280 nm，而苯丙氨酸的最大吸收波长更短一些，为 257 nm，但通常以“280 nm”为这 3 种芳香族氨基酸的特征吸收峰值。大部分(而非所有)蛋白质因为含有这些氨基酸，在 280 nm 处也有特征吸收峰，光吸收值与浓度成正比，这是紫外法定量蛋白质的理论基础。

9. 选择 D。

[考点] 氨基酸结构通式。

[解析] 所有氨基酸都含有自由的氨基和羧基，不含酰胺基团，所以不属于酰胺类物质，也不属于典型羧酸。

10. 选择 D。

[考点] 氨基酸结构通式与命名。

[解析] 侧链决定氨基酸种类。根据氨基酸结构通式，侧链 R 基为甲基时，表明该氨基酸含有 3 个碳原子，即丙氨酸；由于其 α-碳原子又是 2 位碳原子，所以又称为 2-氨基丙酸或甲基氨基酸。

11. 选择 B。

[考点] 氨基酸解离。

[解析] 兼性离子的含义是既带正电又带负电。氨基酸侧链不能解离，表明该氨基酸既不是酸性氨基酸，也不是碱性氨基酸，而是一羧基、一氨基类氨基酸。这类氨基酸在等电点 pH 时不带电；碱性溶液中，—OH 将促使 α-羧基解离而使分子带负电；酸性溶液中，H^+ 则促使 α-氨基质子化而带正电；只有在生理条件下，呈兼性离子。

12. 选择 C。

[考点] 脯氨酸的分子结构。

[解析] 脯氨酸为亚氨基氨基酸，侧链以环状形式通过氨基氮原子连接在 α-碳原子上，羧基是自由的。脯氨酸对蛋白质结构影响大，是因为它的亚氨基在形成肽键后没有酰胺氢，不能形成氢键，从而导致 α-螺旋终止。

13. 选择 D。

[考点] 非蛋白质氨基酸。

[解析] 不掺入多肽链的氨基酸属于非蛋白质氨基酸。它们呈游离状态存在，有的是合成标准氨基酸的前体物，有的是某些生物化学代谢途径的中间物，有些转化为其他活性物质。如苯丙氨酸降解转化成激素物质“去甲肾上腺素”，谷氨酸脱羧形成神经递质“γ-氨基丁酸”，缬氨酸参与构成抗生素“缬氨霉素”，由甲硫氨酸转化生成的 S-腺苷甲硫氨酸是甲基供体。

14. 选择 D。

[考点] 水分子结构。

[解析] 液态下，1 个水分子可与 3～5 个邻近水分子通过氢键发生瞬间结合；但在结冰时，水分子之间借助氢键形成定向有序排列的四面体冰晶，每个水分子有 4 个氢键位点，其中 2 个为氢的供体，2 个为氢的受体。

15. 选择 E。

[考点] 氨基酸分子结构。

[解析] 氨基酸 R 基团即侧链。侧链不同，氨基酸的大小、形状、极性、电荷、化学性质不同。

16. 选择 B。

[考点] 氨基酸在蛋白质高级结构中的作用。

[解析] 疏水力是多肽链折叠形成三维结构的重要作用力，疏水氨基酸残基多位于分子内部。

17. 选择 C。

[考点] 碱性氨基酸。

[解析] 精氨酸是碱性氨基酸的一种，含有胍基，它在生理 pH 下可以接受一个质子而带正电。

四、简答题

1. 为什么用紫外法可以测定 Tyr、Phe、Trp 的含量？

解：Tyr、Phe、Trp 是含有共轭双键的氨基酸，其溶液在近紫外区有光吸收，吸收峰在 280 nm。根据 Lambert-Beer 定律（$A=\varepsilon cl$），一个样品的吸光值 A 与浓度 c 为线性关系。已知比色杯光径 $l=1$ cm，并且这 3 种氨基酸有自己特定的摩尔消光系数 ε，因此，如果测出光吸收度 A，便可求出浓度 c。

2. 用阳离子交换柱分离氨基酸，在 pH＝2 时，碱性氨基酸和酸性氨基酸相比，哪一个先被洗脱？为什么？

解：酸性氨基酸先于碱性氨基酸被洗脱。

阳离子交换柱层析是一种用阳离子交换树脂作支持剂的层析法。阳离子交换树脂上含有的酸性或弱酸性基团可以解离出氢离子，与溶液中的阳离子发生交换。在 pH＝2 时，氨基酸的羧基不发生解离，而氨基会发生质子化，因此氨基酸主要以阳离子形式存在。碱性氨基酸带有 2 个氨基和 1 个羧基；酸性氨基酸带有 2 个羧基和 1 个氨基。发生质子化后，碱性氨基酸所带正电荷明显多于酸性氨基酸。氨基酸与树脂的亲和力主要取决于它们之间的静电吸引，因此，碱性氨基酸与树脂上的阳离子发生交换而被"挂"在树脂上的机会多，结合力强；相反，酸性氨基酸则结合力弱。因此当用缓冲液洗脱氨基酸时，酸性氨基酸将先于碱性氨基酸被洗出。

3. 蛋白质的水解产物是什么？

解：蛋白质是由氨基酸残基靠肽键连接起来的，其完全水解产物是氨基酸。实际上，蛋白质水解方法不同，所得到的水解产物是有区别的：

蛋白质经酸水解（如 6 mol/L HCl，煮沸 20 h），产生的氨基酸为 *L*-氨基酸，但色氨酸被破坏，羟基氨基酸部分分解，酰胺类氨基酸的酰胺基团也会遭到破坏。

蛋白质经碱水解（如 5 mol/L NaOH，煮沸 10 h）后的产物中，除色氨酸稳定外，大多数氨基酸被不同程度破坏。

蛋白质的蛋白酶水解往往是不完全水解，产物是不同大小的肽段。不同蛋白酶水解位点专一性不同，对同一种蛋白质水解产生的肽段大小也不同。

4. 请按顺序写出肽段 WFYPCSKE 氨基酸残基的名称，并注明哪个是碱性氨基酸？哪个是酸性氨基酸？

解：W（色氨酸）F（苯丙氨酸）Y（酪氨酸）P（脯氨酸）C（半胱氨酸）S（丝氨酸）K（赖氨酸：碱性氨基酸）E（谷氨酸：酸性氨基酸）。

5. 组氨酸各基团的 pK 值分别为：羧基为 1.8（pK_1），氨基为 9.3（pK_2），侧链为 6（pK_R）。赖氨酸各基团的 pK 值分别为：羧基为 2.2（pK_1），氨基为 9.1（pK_2），侧链为 10.5（pK_R）。请分析这两种氨基酸中哪种更适合作为细胞的缓冲剂？为什么？

解：组氨酸。因为赖氨酸的 pK_1、pK_2 和 pK_R 都远离生理 pH，这 3 个基团在生理 pH 下都处于带电状态（α 羧基带负电、α 氨基和侧链均带正电），不具备缓冲能力。而组氨酸，虽然其 pK_1、pK_2 远离 pH 7，但 pK_R 为 6，因此在生理 pH 下，咪唑基几乎有一半为质子化，一半没有质子化。此时它既能从环境中获取质子，又能释放出质子，因而更适合作为细胞的缓冲剂。

五、实验题

1. 有两种氨基酸的水溶液：酪氨酸和谷氨酸。请问如何快速区分这两种氨基酸？并说明原因。

解：用蒸馏水作空白对照，利用紫外分光光度计在 280 nm 分别测定两种溶液的吸光值。有吸光值的为酪氨酸，没有读数或吸光值很低的样品即为谷氨酸。

因为酪氨酸侧链含有共轭双键，在近紫外区有吸收峰；而谷氨酸不含共轭双键，在 280 nm 光吸收很低。

2. 一个氨基酸混合样品，经过常规纸层析有效分离后，需要用试剂显色出氨基酸位点。请问：①常用显色试剂是什么？②显色原理是什么？③如何设计对照才能使氨基酸得到定性？④如果有一个氨基酸点呈黄色，请说出该氨基酸的特征。

解：

(1)水合茚三酮。

(2)在弱酸性条件下，α-氨基酸与水合茚三酮共热，氨基氧化脱氨，羧基发生脱羧反应，生成紫色化合物；脯氨酸为亚氨基酸，显色特殊，为黄色。

(3)用标准氨基酸(已知氨基酸)为对照，在同样条件下进行纸层析分离、显色反应，比较未知样品和对照样品位点的 R_f 值，则可确定未知氨基酸的种类。

(4)为脯氨酸，属于 α-亚氨基酸，没有自由的 α-氨基，侧链为杂环结构。

3. 如何证明氨基酸的酸碱性？

解：对氨基酸进行酸碱滴定。在一组相同氨基酸溶液中分别加入等量增加的碱，测定溶液 pH；同样，在另一组氨基酸溶液中分别加入等量增加的酸，测定溶液 pH。以 pH 为纵坐标，以酸、碱加入量为横坐标，绘出滴定曲线。

从滴定曲线可以看出，氨基酸溶液 pH 的变化并不随酸的等量加入呈线性降低，也不随碱的等量加入呈线性增加，而是出现多个拐点，说明氨基酸可通过获得质子和解离质子的能力来缓冲因酸碱加入引起的 pH 的变化，也就是说氨基酸具有酸碱两性性质。

4*. 下图是 Gly 的滴定曲线。请回答：

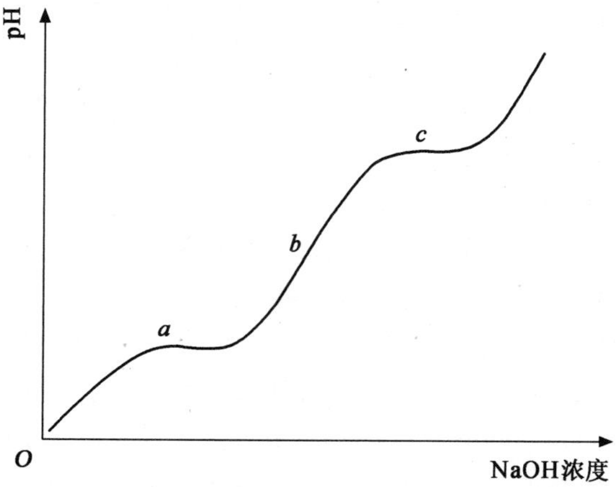

Gly 的滴定曲线

(1)从该图中可以得出什么结论？

(2)如果用 pK_1 表示羧基解离常数，用 pK_2 表示氨基解离常数，请在图上标出 pK_1、pK_2、pI 的位置，并阐述其含义和三者的关系。

(3)当溶液 pH 大于、等于、小于氨基酸 pI 时，Gly 分子分别带什么电荷？

解：

(1)结论有两个：Gly(甘氨酸)具有酸碱性质，在溶液中可以发生两性解离；甘氨酸的解离状态(带电情况)是 pH 的一个函数(随溶液 pH 而变化)。

(2)pK_1 是甘氨酸的羧基解离一半时溶液的 pH；pK_2 是甘氨酸氨基解离一半时溶液的 pH；pI 为氨基酸分子净电荷为零时的溶液 pH。三者的关系是：$pI=1/2(pK_1+pK_2)$。

(3)pH 小于 pI 时，甘氨酸带正电；pH 大于 pI 时，甘氨酸带负电；pH 等于 pI 时，甘氨酸不带电。

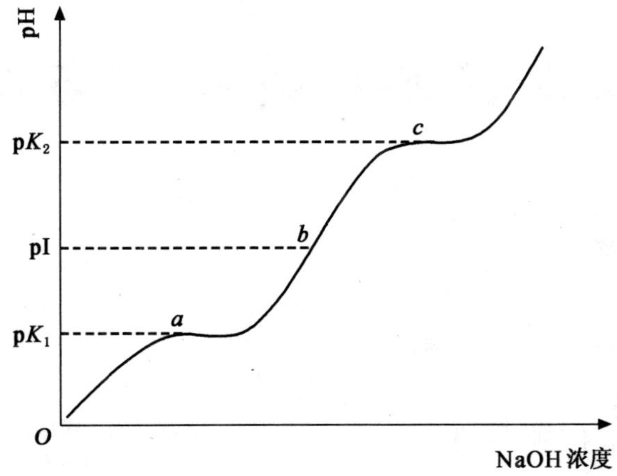
pH
pK_2
pI
pK_1
O
a
b
c
NaOH 浓度

第二章　蛋白质结构与功能

一、本章总结简图

- 蛋白质结构与功能
  - 蛋白质一级结构
  - 蛋白质高级结构
    - 蛋白质构象及其研究方法
    - 高级结构类别
      - 蛋白质二级结构
        - 超二级结构
      - 蛋白质三级结构
        - 结构域
      - 蛋白质四级结构
  - 蛋白质结构与功能的关系

蛋白质结构分为4个结构层次。蛋白质一级结构是指蛋白质多肽链中氨基酸顺序和二硫键的位置。一级结构中氨基酸残基以肽键相连。蛋白质的高级结构包括二、三、四级结构。二级结构以α-螺旋和β-折叠片为主。三级结构可以肌红蛋白为例进行阐述。维持蛋白质三级结构的力主要是次级键，包括氢键、离子键、疏水力、范德华力，此外还有共价键——二硫键。四级结构可以血红蛋白为例进行阐述。这里，除重点掌握包括“超二级结构”“结构域”在内的一些基本概念外，还要熟悉肌红蛋白和血红蛋白在高级结构和功能上的共性和特性，深刻理解蛋白质结构和功能的关系。一级结构决定高级结构，但是并非所有氨基酸的贡献都相同；蛋白质的高级结构最终决定生物功能。

蛋白质的构象可以蛋白质晶体为样品、通过X射线衍射技术测定，也可以高浓度的纯蛋白质溶液为样品，通过核磁共振技术来测定。

这一章涉及许多名词，弄清这些名词，有助于选择题的正确完成。比较大的论述题往往与蛋白质结构、功能有关。

二、要点内容与问题分析

1.蛋白质一级结构

重点弄清蛋白质一级结构的含义，蛋白质氨基酸顺序测定基本原理。

关于蛋白质的一级结构定义，有的书上一般只提“蛋白质多肽链的氨基酸顺序”。比较全面的回答是：蛋白质的一级结构是指蛋白质多肽链的氨基酸顺序以及二硫键的位置。此外，适当给予进一步解释：在蛋白质一级结构中，氨基酸残基之间以肽键相连；蛋白质一级结构是线性结构，具有方向性，有氨基和羧基两个末端。

需要注意的是，氨基酸“组成”和氨基酸“顺序”概念是不同的。氨基酸组成是指蛋白质由哪些种类氨基酸组成，各种氨基酸所占比例如何。因此，在解释蛋白质一级结构时不要将“顺序”误写成“组成”。

蛋白质测序的基本原理是"Edman 降解"。需要明确的是，Edman 降解基于 Edman 反应(见第一章中的氨基酸反应)，要指出反应试剂，明确反应性质，强调"重复"进行。Edman 降解可以简要解释为：据 Edman 反应原理，用 PITC 作为主要反应试剂，通过与多肽链氨基末端重复反应，降解生成 PTH-AA，即可分析获得多肽链氨基酸顺序。

另外，测定蛋白质 N-末端氨基酸的方法要熟悉，常见有：DNFB 法、PITC 法和氨肽酶法等。

2. 蛋白质结构和功能的关系

蛋白质结构对蛋白质生物功能起决定性作用。蛋白质的一级结构决定高级结构，高级结构决定生物功能。蛋白质一级结构的变化往往会通过高级结构的变化最终影响到蛋白质生物功能，有时甚至一个关键氨基酸残基的突变，也有可能引起蛋白质生物功能的改变。

以镰刀状红细胞贫血病为例。血红蛋白由 4 个亚基组成：2 个 α 亚基和 2 个 β 亚基。正常的血红蛋白 β 亚基 N-末端第 6 位氨基酸残基为谷氨酸。含有正常血红蛋白的红细胞为双凹圆盘形，可以在毛细血管中正常流动，在血液中正常运输氧气。当血红蛋白 β 亚基一级结构的 N-末端第 6 位 Glu 变成 Val 后，导致 β 亚基三维结构表面电荷性质发生变化，促使血红蛋白亚基在脱氧情况下相互粘连形成纤维状多聚体。血红蛋白高级结构的变化，致使红细胞变形成镰刀状，在毛细血管处发生堵塞，引起炎症和疼痛；镰刀形细胞易碎裂溶血，从而引起贫血症状。

需要进一步了解的是，蛋白质一级结构中各氨基酸残基的贡献不同。不变残基在蛋白质高级结构和生物功能中起重要作用，如果发生变化会严重影响蛋白质功能；可变残基发生改变不会引起蛋白质功能变化。如许多同源蛋白质之间虽然在一级结构上存在一些差异，但生物功能是相同的。不变残基在蛋白质行使生物功能时起重要作用，而可变残基在蛋白质进化上占有重要位置。

3. 蛋白质的变性和复性

天然蛋白质分子受到某些物理因素或化学因素的影响时，次级键被破坏，天然构象解体，生物活性丧失，这种作用称为蛋白质变性作用。变性后，蛋白质理化性质也会有明显改变，如溶解度降低，黏度增加，扩散系数降低。

理论上讲，变性后的蛋白质在去掉变性条件后能够复性(详见下文)。实际工作中，变性后的蛋白质有的可以复性，有的很难复性，这既取决于蛋白质本身的结构、组成，也与变性条件强度有关。蛋白质结构、组成越简单，变性条件越温和，复性的可能性就越大。

通常蛋白质在离体条件下容易变性失活。在蛋白质分离纯化过程中一般都要求保持低温环境、缓冲条件、重金属螯合剂、添加蛋白酶抑制剂等，其目的就是为了保持蛋白质的天然结构。有些实验过程需要加入蛋白质变性剂，如 SDS-PAGE 样品制备中加入 SDS(十二烷基硫酸钠)是为了变性蛋白质，使蛋白质形状统一为长棒状并带上负电荷；酶活测定时，最后一步加入三氯乙酸是为了变性沉淀酶蛋白，终止酶活性反应；DNA 分离过程用酚/仿(饱和酚/氯仿)混合液抽提是为了变性除去结合在 DNA 分子上的核蛋白，以及其他膜类物质，以便分离获得纯 DNA。

4. 蛋白质高级结构和一级结构的关系

蛋白质的一级结构是指蛋白质多肽链的氨基酸顺序以及二硫键的位置。蛋白质的高级结构是指蛋白质二、三、四级结构。蛋白质高级结构的信息储存在蛋白质的一级结构中。

为加深理解，我们可以结合 Anfinsen 的核糖核酸酶 A 的变性/复性实验进行分析：

核糖核酸酶 A 经巯基乙醇（还原剂）和尿素（蛋白质变性剂）处理后，发生变性作用，4 对二硫键断裂，多肽链伸展开来，高级结构发生变化，失去生物活性。如果用透析法将大量还原剂和变性剂除去，在微量还原剂存在下，4 对二硫键在原来的位置重新形成，伸展开的多肽链会自发折叠成天然构象，生物活性得到恢复。此实验证明蛋白质高级结构的信息储存在一级结构中。

5. 肌红蛋白和血红蛋白的结构特点

肌红蛋白分子的重要结构特征如下：

（1）为单亚基，外形紧凑。

（2）富含 α-螺旋，多肽链的 75%为 α-螺旋。

（3）分子内部和外表面氨基酸残基有严格限定。分子外表面既有亲水性氨基酸残基，又有疏水性氨基酸残基，但分子内部多为疏水性氨基酸残基或极性氨基酸残基的疏水部分。值得注意的是，肌红蛋白分子内部有 2 个 His，它们处于蛋白质活性部位，与血红素辅基一起形成氧结合位点。

（4）分子表面有一个裂缝，含有血红素辅基。血红素的疏水丙酸侧链甩在分子表面，在生理 pH 下为离子化状态；血红素的其他部分嵌入分子内部，被多肽链的疏水残基所包围，只与 2 个 His 靠近。与血红素接触的氨基酸残基来自多肽链一级结构的不同部位，它们在多肽链折叠时相互靠近，形成了血红素结合位点。

血红蛋白的结构特点：

（1）为异四聚体蛋白（$\alpha_2\beta_2$），含有 2 种多肽链，亚基之间靠非共价键结合。

（2）每个亚基都含有一个血红素辅基，各亚基三维结构与肌红蛋白非常相似。

6. 肌红蛋白、血红蛋白中的血红素辅基

血红素辅基位于肌红蛋白和血红蛋白 4 个亚基的表面裂缝中，这个裂缝是由多肽链折叠形成的一个三维的疏水微环境。血红素辅基由有机分子和 Fe 原子两部分组成：有机分子为原卟啉，其环中间有一个 Fe 原子，Fe 原子可以形成 6 个配位键：与吡咯环上的 4 个 N 原子分别形成 4 个配位键，均位于血红素平面内部；血红素辅基 Fe 原子的第 5 个配位键是与多肽链上一个近侧的 His 形成的，第 6 个配位键是氧结合位点，它们位于卟啉环平面两侧。另外，在氧结合位点附近有一个远侧的 His 残基，它不与血红素成键。多肽链的折叠为血红素的结合准备了合适的微环境，血红素的存在是肌红蛋白和血红蛋白结合氧不可缺少的。

血红素辅基中的 Fe 原子可以是二价还原态，也可以是三价氧化态，但肌红蛋白和血红蛋白的血红素只有在二价 Fe 时才有结合氧的能力。

7. 血红蛋白和肌红蛋白与氧的结合特点

肌红蛋白和血红蛋白都有可逆结合氧的能力，但结合特点不同。肌红蛋白的功能主要是在肌肉中储存、供应氧，其氧合曲线为双曲线形，显示肌红蛋白在低氧分压下与氧仍有较强的亲和力；血红蛋白的功能是在血液中运输氧，其氧合曲线为 S 形，显示在低 O_2 分压时血红蛋白与 O_2 亲和力较低，到一定 O_2 浓度时氧结合量才出现线性增加，表明血红蛋白在结合 O_2 时各亚基存在协同效应。血红蛋白是一种变构蛋白。

8. 蛋白质的 X 射线衍射技术

X 射线衍射技术对蛋白质样品有特殊要求，就是要求蛋白质是一定大小的晶体。向高纯度、高浓度蛋白质溶液中加入硫酸铵(3 mol/L)，可以降低蛋白质在水中的溶解度而促使晶体产生。X 射线衍射实验包括 3 个部分：X 射线源、蛋白质晶体、检测器。用电子快速轰击 Cu 靶标，产生波长为 0.154 nm 的 X 射线，平行射线束照射到蛋白质晶体上，部分射线沿原方向透过晶体，其他射线在遇到蛋白质原子后发生散射，同时产生衍射光。由晶体结构中同位相原子产生的衍射光相互加强，其光束被检测器收集，形成分散的电子衍射斑。电子衍射斑的强度与原子的电子数成正比，而分布方式则与原子的排列有关。通过数据分析，便可获得该照射平面的电子密度图。通过连续移动蛋白质晶体，即可获得整个分子所有切面的电子密度图。对这些电子密度图进行重叠组合分析，便可在原子水平解析出蛋白质三维结构。

核磁共振也可测定某些小分子蛋白的构象，样品不需要结晶，而是高纯度、高浓度的蛋白质溶液。

近年来，冷冻电镜(cryo-electron microscopy，cryo-EM)技术发展迅速，广泛用于蛋白结构与功能的研究。该技术是将生物大分子在毫秒时间尺度内快速冷冻在玻璃态的冰中，应用低温透射电子显微镜收集生物大分子的二维投影，并利用三维重构的方法得到大分子三维精细结构。目前，冷冻电镜技术已经能够将生物大分子复合体的结构解析能力拓展至原子分辨率水平，特别适用于解析复杂的超大分子复合体的三维精细结构及动态结构。

9. 在蛋白质研究领域有重要贡献的科学家

John C. Kendrew (肌红蛋白三维结构解析)，Max Perutz (血红蛋白三维结构解析)，Linus Pauling and Robert Corey(α-螺旋构象)，Christian B. Anfinsen(蛋白质变性、折叠)，Pehr Edman(多肽测序)，Frederick Sanger(胰岛素一级结构测定)等。

三、名词解释(特别提示：弄清基本概念有助于应对各种选择题)

1. 肽键/肽平面/酰胺平面

肽键(peptide bond)是指一个氨基酸的 α-羧基与另一个氨基酸的 α-氨基脱去一分子水所形成的酰胺键；肽键具有部分双键性质。酰胺基—CO—NH—上的 4 个原子因为肽键的部分双键性质而处于同一个平面上，又叫肽平面或酰胺平面。当酰胺基处于平面结构时，π 电子云重叠最多，共振能量最大。

2. 活性肽/寡肽

活性肽是指存在于生物体内的具有特殊生物活性的天然小肽，含量较少，但生物学作用很大。如谷胱甘肽，含有活性基团巯基，可用来保持蛋白质(或酶)分子游离巯基的还原性。寡肽是指由 12～20 个氨基酸残基组成的短肽，有的为天然存在，具有生物活性；有的是蛋白质水解产物，没有生物活性。

3. 多肽/多肽链

蛋白质的分子质量差异很大，其中分子质量小于 10 000 u 的蛋白质被称为多肽。多肽链常在描述蛋白质结构时使用。蛋白质有单体和多聚体之分，单体的蛋白质由一条多肽链组成，多聚体的蛋白质由多条多肽链组成。蛋白质还有简单蛋白和结合蛋白之分，简单蛋白质只含有多肽链，而结合蛋白质除了多肽链，还有非蛋白质组分。

4. 同源蛋白质/可变残基/不变残基

同源蛋白质(homologous proteins)是指在进化上有亲缘关系的蛋白质。注意这里的“同源”意思是起源相同,就是有着共同的“祖先”,它们在一级结构上表现为相似的氨基酸顺序。切忌理解为:“同源蛋白质是指来源相同的蛋白质。”在同源蛋白质中,有些位点的氨基酸残基在进化上比较稳定,称为不变残基(invariable residue),它们对保持蛋白质特定结构和功能有重要作用。有些位点的氨基酸残基可以被其他氨基酸替代,但只是相同特征氨基酸(如 Asp、Glu 都是酸性氨基酸)残基之间的替代,这些位点氨基酸残基发生的是保守性代换;如果可以是任意氨基酸残基之间的代换,这些位点的氨基酸残基称为可变残基(variable residue),它们对蛋白质的结构和功能没有特殊影响,可能只在物种进化中起作用。通过比较同源蛋白质的氨基酸序列相似性,可以在分子水平绘制出进化树,显示各同源蛋白质之间的进化关系。

因此,如果让你分析“蛋白质一级结构中氨基酸残基的改变是否一定会引起其生物功能的改变”,就要分具体情况回答:如果改变的是不变残基,会引起生物功能的改变;如果改变的是可变残基,则不会引起功能改变。

5. 蛋白质二级结构/超二级结构

二级结构是指多肽链借助氢键排列成沿一维方向形成的周期性结构的构象。如 α-螺旋、β-折叠、β-转角等。

蛋白质分子中,由若干个相邻的二级结构相互组合在一起形成的有规则、在空间上能辨认的二级结构组合体被称为超二级结构。如 $\alpha\alpha\alpha$、$\beta\alpha\beta$、希腊钥匙(Greek key)等。

6. α-螺旋/3.6_{13}-helix

α-螺旋是蛋白质二级结构的一种。是肽链由于氨基酸残基羰基氧和之后第 4 个残基上的氨基氢之间形成氢键,呈现的周期性螺旋状构象。每圈螺旋含 3.6 个氨基酸残基,沿螺旋方向上升 0.54 nm;α-螺旋为右手螺旋,由一个氢键闭合的环,包含 13 个原子,又叫 3.6_{13}-helix。

7. β-折叠/β-转角

都属于蛋白质二级结构。

一条多肽链中 2 个或多个(通常 2～5 个)几乎完全伸展的不同肽段靠氢键侧向聚集在一起所形成的多肽构象即为 β-折叠。β-折叠有平行式、反平行式之分;β-折叠中多肽主链为锯齿状折叠构象,氨基酸侧链交替分布在片层平面的两侧。

多肽链折叠成球状蛋白质构象时,第 1 个氨基酸残基的羰基和第 4 个氨基酸残基的氨基之间借助氢键形成一种紧密的环,使主链结构平面以 180°角回转,即为 β-转角。β-转角常存在于球状蛋白质分子的表面。

8. 蛋白质三级结构/结构域

三级结构指多肽链借助各种次级键(有时还包括二硫键)盘绕成具有特殊肽链走向的紧密球状构象。三级结构中至少含有两种二级结构,有的以 α-螺旋为主,有的以 β-折叠为主,但一般都离不开 β-转角或自由卷曲。β-转角和自由卷曲往往位于球状蛋白质的表面,对维持正常的三维构象以及分子间专一性互作具有重要作用。

对于一个较大的蛋白质分子,多肽链往往折叠成两个或两个以上相对独立的三维实体,以方便行使生物功能。这种存在于蛋白质三级结构中的相对独立的三维实体就称结构域(domain)。一个蛋白质可能是单结构域的,也可能是多结构域的。

9. 蛋白质四级结构/蛋白质亚基

有些蛋白质以多个球状蛋白质的聚集体形式存在，各球状蛋白质通过非共价键彼此缔结在一起，这样的聚集体形式称为四级结构。具有四级结构的蛋白质分子往往具有分子对称性。

在具有四级结构的蛋白质中，分子含有 2 个以上球状蛋白质，各球状蛋白质之间以非共价键彼此缔结在一起，其中每个球状蛋白质就是一个亚基(subunit)。如血红蛋白，由 4 个亚基组成。并非所有的蛋白质都具有四级结构水平，但具有四级结构水平的蛋白质如果各亚基被分开则完全或部分失去活性。

10. 二面角/拉氏构象图(Ramachandran 构象图)

在多肽链的主链结构中，与 C_α 相连的 2 个化学键可绕键轴旋转，其中 N—C_α 化学键的旋转角度用 Φ 表示，C_α—C 化学键的旋转角度用 Ψ 表示。这 2 个旋转角度叫二面角(dihedral angle)。一对二面角决定了相邻 2 个肽平面的空间位置。常用二面角描述多肽链共价主链的构象。

Ramachandran 以非键合原子之间的接触距离为依据，用蛋白质二面角 Φ 作横坐标、Ψ 作纵坐标作图，推测哪些成对二面角所规定的 2 个相邻肽平面的构象是立体化学所允许的，哪些是不允许的。这个 Φ—Ψ 图就是 Ramachandran 构象图。

11. 免疫球蛋白/IgG

免疫球蛋白是脊椎动物通过免疫系统、为消除外来入侵物质(抗原)所产生的蛋白质抗体分子。免疫球蛋白有多种类型，脊椎动物血液中存在量最大的是免疫球蛋白 G 类，即 IgG，整个分子为 Y 形，含有 2 条重链、2 条轻链，多肽链之间靠二硫键相连，重链和轻链的氨基末端在高级结构上相互靠近形成抗原结合位点。免疫球蛋白分子具有特异性，能识别并结合特异抗原。

四、选择题

1. Ramachandran plot ________。
A. 预测了多肽链主链的某种构象在立体化学上是否允许
B. 给出了 β-折叠结构中氨基酸出现的频率
C. 从已知氨基酸顺序可以预测 α-螺旋结构
D. 显示了蛋白质的 X 射线衍射图像

2. 活性蛋白质的结构________。
A. 一定含有多肽链
B. 一定含有结构域
C. 一定含有超二级结构
D. 一定含有二硫键

3. 蛋白质变性后________。
A. 释放出不同大小肽段
B. 氨基末端或羧基末端会增加
C. 多肽链非共价键被破坏
D. 多肽链肽键被破坏

4. 蛋白质变性后________。

A. 溶解度不变

B. 溶解度降低

C. 主链氨基酸残基数减少

D. 胶体性质不变

5*. IgG ________。

A. 就是免疫球蛋白，具有抗体结合特异性

B. 属于免疫球蛋白，具有抗原结合特异性

C. 是一种特异蛋白，没有免疫原性

D. 是一种不含二硫键的特异蛋白

6*. 下述关于肌红蛋白的叙述哪条是错误的？________。

A. 肌红蛋白是单亚基蛋白，含有血红素辅基

B. 肌红蛋白多肽链的折叠为血红素辅基提供了氧化环境

C. 血红素辅基与多肽链有非共价连接位点

D. 肌红蛋白中的血红素辅基与氧的结合是可逆的

7*. 下述关于血红蛋白的叙述哪条是错误的？________。

A. 血红蛋白是多亚基蛋白，亚基数和血红素辅基数相等

B. 血红蛋白亚基和肌红蛋白高级结构相似

C. 血红蛋白和肌红蛋白氧合曲线形状不同

D. 血红素辅基中的铁原子一般处于氧化状态

8. 每一个球状蛋白质分子________。

A. 多肽链中所有疏水氨基酸残基位于内部

B. 多肽链中亲水氨基酸残基大多位于分子表面

C. 除含有 α-螺旋，还含有 β-折叠

D. 含有多个结构域

9. 蛋白质经过变性处理，________。

A. 构型和构象均发生巨大变化

B. 构型和构象基本不变

C. 构象发生变化

D. 构型发生变化

10*. X 射线衍射技术________。

A. 可以对液态蛋白进行分析

B. 可以在亚细胞水平解析天然蛋白质结构

C. 可以在电镜水平解析蛋白质构象

D. 可以在原子水平解析蛋白质三维结构

11*. 有时用“Greek key”描述蛋白质的某一结构部分，这个结构部分________。

A. 含有 α-螺旋

B. 完全由 β-折叠构成

C. 是一种超二级结构

D. 是一种结构域

12. 同源蛋白________。

A. 就是来源于同一生物材料的不同蛋白

B. 氨基酸残基组成相同

C. 一级结构相似

D. 一级结构相同

13. 蛋白质 α-螺旋又可表示为 3.6_{13} 螺旋，其中的一个数字表示________。

A. 每一段连续的 α-螺旋结构中含有 3.6 个氨基酸残基

B. 每 3.6 个氨基酸残基盘绕一个 α-螺旋

C. 每个 α-螺旋含有 13 个氨基酸残基

D. 每个 α-螺旋含有 13 个原子

14. 肽段 Ile-Asn-Glu-Gly-Phe-Pro-Asp-Leu-Leu-Arg-Ser-Gly 在形成 α-螺旋时，其中氨基酸残基________会干扰 α-螺旋的形成。

A. Glu

B. Phe

C. Pro

D. Arg

15. 在蛋白质 β-折叠片中________。

A. 所有氢键与多肽链走向平行

B. 所有肽键的氨基和羰基参与氢键形成

C. 所有 R 基团位于折叠片的一侧

D. 所有氨基酸残基为亲水性的

16. 所有蛋白质三级结构中________。

A. 至少含有 2 种二级结构

B. 一定含有多个结构域

C. 至少含有一段 α-螺旋

D. 至少含有一个 β-折叠片

17. 蛋白质折叠成天然构象________。

A. 需要提供能量

B. 需要微量巯基乙醇存在

C. 主要靠二硫键

D. 主要靠次级键

18. 有一种纤维状蛋白，是一个双股的 α-螺旋的卷曲螺旋(α-helix coiled coil)，蛋白质分子质量为 88 ku，平均每个氨基酸残基为 110 u。那么分子长度为________。

A. 60 nm

B. 120 nm

C. 288 nm

D. 800 nm

19*. 下述关于谷胱甘肽(γ-Glu-Cys-Gly)分子的描述哪项是错误的？________。

A. 谷胱甘肽通过破坏有毒过氧化物对动物细胞起保护作用

B. 谷胱甘肽是一种含有巯基的活性肽

C. 谷胱甘肽分子除含有 γ-自由羧基外，还含有巯基

D. 谷胱甘肽分子中的“γ”表示 Glu 和 Cys 的肽键由前者的 γ-羧基和 Cys 的氨基形成

20. 有关肽键的叙述，错误的是________。

A. 肽键就是酰胺键

B. 肽键具有部分双键性质

C. 肽键是典型的单键

D. 组成肽键的 4 个原子处于同一平面

21. 下列对血红蛋白描述正确的是________。

A. 血红蛋白是单亚基球蛋白

B. 血红蛋白氧合曲线为双曲线形

C. 血红蛋白与氧的结合具有不可逆性

D. 血红蛋白执行功能时有构象变化

22. Sanger 试剂是________。

A. 苯异硫氰酸酯

B. 对氯汞苯甲酸

C. 2,4-二硝基苯酚

D. 2,4-二硝基氟苯

23. 典型的 α-螺旋是________。

A. 3_{10}-螺旋

B. 3.6_{10}-螺旋

C. 3.6_{13}-螺旋

D. 3_{13}-螺旋

24. 可使蛋白质二硫键发生断裂的试剂是________。

A. 尿素和 SDS

B. 巯基乙醇和过甲酸

C. 溴化氰和过甲酸

D. 尿素和巯基乙醇

25. 镰状细胞贫血病是由于血红蛋白________。

A. β-亚基缬氨酸发生了突变

B. α-亚基谷氨酸发生了突变

C. β-亚基谷氨酸发生了突变

D. α-亚基缬氨酸发生了突变

26. 能将蛋白质肽键水解的试剂是________。

A. SDS

B. 蛋白酶

C. 硫酸铵

D. β-巯基乙醇

27. 下述哪一种水解方式更容易得到特定蛋白质水解肽段？________。

A. 酸水解

D. 碱水解

C. 高温水解

D. 酶水解

28. 甲硫氨酸羧基参加形成的肽键可以被________特异水解。

A. 溴化氰

B. 胰蛋白酶

C. 弹性蛋白酶

D. 胰凝乳蛋白酶

29. 蛋白质变性后________。

A. 多肽链长度变短，溶解度增加

B. 多肽链数量变多，溶解度降低

C. 易被蛋白酶水解，稳定性降低

D. 易聚集发生沉淀，对蛋白酶表现一定抗性

30*. 下述哪一种技术不能用于蛋白质构象研究？________。

A. X 射线晶体衍射技术

B. 核磁共振

C. 圆二色

D. 质谱

31. 首次完成肌红蛋白和血红蛋白晶体结构分析的科学家是________。

A. John C. Kendrew 和 Max Perutz

B. James D. Watson 和 Francis H. C. Crick

C. Frederick Sanger

D. Pehr Edman

32. 首次完成胰岛素一级结构分析的科学家是________。

A. Pehr Edman

B. Maxam Gilbert

C. Frederick Sanger

D. Emil Fischer

33. 首次用人工合成法获得活性胰岛素的国家是________。

A. 美国

B. 中国

C. 德国

D. 英国

34. 蛋白质可以被________修饰。

A. 糖和磷酸基团

B. 羟基和甲基

C. 半胱氨酸

D. A 和 B

35. 肽键属于________。

A. 酰胺键

B. 酯键

C. 醚键

D. 糖苷键

36. 下述蛋白质中,哪一对适合做同源比较? ________。

A. 血红蛋白和肌红蛋白

B. 胶原蛋白和角蛋白

C. DNA 聚合酶和胰蛋白酶

D. 都可以

37. 关于肌红蛋白,下述说法正确的是________。

A. 其珠蛋白含有血红素辅基

B. 肌红蛋白血红素辅基通过 2 个二硫键与其珠蛋白结合

C. 肌红蛋白血红素辅基通过硫醚键与珠蛋白结合

D. 肌红蛋白血红素辅基以非共价键与珠蛋白结合

38. 在氨基酸残基上引入________可以使蛋白质分子得到修饰。

A. 糖基和磷酸基团

B. 羟基和酰基

C. 甲硫氨酸

D. A 和 B

39. 一个蛋白质从一种构象变成另一种构象，________。
A. 仅需要次级键的变化
B. 需要共价键的断裂和再形成
C. 需要高温条件
D. A 和 B

40. 寡聚体蛋白质的意思是指________。
A. 该蛋白质可以呈现 2 种或多种活性构象
B. 它至少含有 5 个氨基酸残基
C. 其活性蛋白含有 2 个或多个多肽链
D. 该蛋白质含有多个 α-螺旋

41. NMR 常用来测定蛋白质分子的________。
A. 分子质量
B. 等电点
C. 三维结构
D. 氨基酸组成

（答案：1A　2A　3C　4B　5B　6B　7D　8B　9C　10D　11C　12C　13B　14C　15B　16A　17D　18A　19C　20C　21D　22D　23C　24B　25C　26B　27D　28A　29C　30D　31A　32C　33B　34D　35A　36A　37D　38D　39A　40C　41C）

选择题要点解析

1. 选择 A。
[考点] 拉氏构象图含义。
[解析] 1963 年印度科学家 G. N. Ramachandran 等研究了多肽链的立体化学，以非键合原子之间的接触距离为理论依据，用蛋白质二面角 Φ 作横坐标、Ψ 作纵坐标作图，推测哪些成对二面角所规定的构象是立体化学所允许的，哪些是不允许的。这个 Φ—Ψ 图称作拉氏构象图。图中显示出一些二级结构如 β-折叠的二面角，但并不能给出氨基酸的出现频率，也无法给出分子中原子的空间排列关系。

2. 选择 A。
[考点] 天然蛋白质结构层次多样性。
[解析] 蛋白质的基本组成是多肽链。活性蛋白质有独特的天然构象，形成这样的三维构象离不开多肽链的折叠，因此二级结构是必需的，但并非所有蛋白质都含有超二级结构、结构域和二硫键。

3. 选择 C。
[考点] 蛋白质变性的实质。
[解析] 天然蛋白质分子当受到某些过激的物理因素或化学因素的影响时，次级键会被破坏，导致天然构象解体，生物活性丧失，这个过程称为蛋白质变性。蛋白质变性不涉及肽键的断裂。在蛋白质发生水解或降解时才有肽键的断裂。

4. 选择 B。

［考点］蛋白质变性后溶解度变化。

［解析］蛋白质变性后，理化性质有明显改变：溶解度降低，扩散系数降低，黏度增加，对蛋白酶的水解更敏感等。

5. 选择 B。

［考点］IgG 与抗原特异结合及抗原免疫原性。

［解析］IgG 是血液中免疫球蛋白的主要成分，由 4 条多肽链组成：2 条重链和 2 条轻链，整个分子呈“Y”字形结构，含有 4 对二硫键。在每条多肽链的 N 端区域有一个可变区，是抗原结合部位，抗体的特异性即来源于此。相对分子质量大于 10 000 且具有特定结构的物质具有较强的免疫原性。具有免疫原性的物质可以是蛋白质、核酸、多糖等大分子，也可以是细菌、病毒甚至人工合成物。

6. 选择 B。

［考点］肌红蛋白与辅基的关系。

［解析］肌红蛋白由一条多肽链和一个血红素辅基组成，为单亚基蛋白。在分子表面有一个疏水裂缝，血红素辅基位于其中。肌红蛋白多肽链通过巧妙折叠，形成特定的微环境包裹住血红素，可以有效地防止 Fe^{2+} 的自氧化。血红素对肌红蛋白可逆结合氧的能力贡献很大，除去血红素辅基后的肌红蛋白，即珠蛋白，是没有氧结合能力的。反过来讲，多肽链的作用也很重要，如果没有多肽链折叠成的疏水还原性的微环境，血红素也不会有可逆结合氧的能力。血红素在单独存在时结合氧能力很强，氧不容易释放。

7. 选择 D。

［考点］血红蛋白的结构与特征。

［解析］血红蛋白由 2 个 α 亚基和 2 个 β 亚基组成，为 $\alpha_2\beta_2$ 异四聚体。α 亚基为 141 个氨基酸残基，β 亚基 146 个氨基酸残基，虽然它们在一级结构上与肌红蛋白只有约 20% 的序列一致性，但三级结构却惊人地相似。血红蛋白氧合曲线为 S 形，肌红蛋白氧合曲线为双曲线形。

8. 选择 B。

［考点］球状蛋白质中亲水、疏水氨基酸的分布。

［解析］多肽链在细胞水溶液中折叠为球状蛋白质分子时，大多数疏水氨基酸残基为了避开水而相互挤在一起，存在于分子内部；大多数亲水氨基酸残基则位于分子表面。α-螺旋和 β- 折叠并非一定同时出现在蛋白质分子中。有些蛋白质是单结构域的。

9. 选择 C。

［考点］蛋白质变性与构象变化。

［解析］蛋白质变性的实质是次级键的破坏，天然构象的破坏。构型概念不同于构象，构型改变涉及共价键的变化。

10. 选择 D。

［考点］X 射线衍射技术。

［解析］蛋白质分子中原子间的距离在 0.1 nm 的数量级，用光学显微镜和电子显微镜都无法直接观察分子构象。X 射线衍射技术可以在原子水平解析蛋白质的三维结构。

11. 选择 C。

[考点] 蛋白质超二级结构种类。

[解析] 在球状蛋白质中经常可以看到由若干个相邻二级结构形成的具有一定规律的超二级结构，如螺旋-环-螺旋（helix-loop-helix）、卷曲螺旋（coiled coil）、螺旋束（helix bundle）、$\beta\alpha\beta$ 单元（$\beta\alpha\beta$ unit）、β-发夹（hairpin）、β-曲折（β-meander）、希腊钥匙拓扑结构（Greek key topology）等。“Greek key”属于超二级结构，以 β-折叠为主，还有自由卷曲等。

12. 选择 C。

[考点] 同源蛋白概念。

[解析] 蛋白质中往往只要具备了一定的“同源序列”，具有一定程度的结构相似性，就能执行同样的生物功能。存在于不同生物中的一组序列和功能相似的蛋白质互称同源蛋白。同源蛋白之间在一级结构上相似，在氨基酸组成和氨基酸顺序上并非完全一致。

13. 选择 B。

[考点] α-螺旋特征。

[解析] 每个 α-螺旋含有 3.6 个氨基酸残基，其中每一个氨基酸的 C═O 和它后面第 4 个氨基酸残基的 N—H 形成氢键，由每一个氢键闭合形成的环包含 13 个原子，因此，α-螺旋又叫 3.6_{13}-螺旋。

14. 选择 C。

[考点] 脯氨酸在二级结构中的特异性。

[解析] 在 α-螺旋中，Glu、Ala 和 Leu 出现频率比较高；Pro 由于无酰胺氢，不能形成链内氢键，它的出现往往引起 α-螺旋的终止。

15. 选择 B。

[考点] β-折叠结构。

[解析] 一条多肽链中 2 个或多个（通常 2～5 个）几乎完全伸展的不同肽段、靠氢键侧向聚集在一起形成的片状结构，即 β-折叠。在 β-折叠中，所有的氨基和羰基都参与形成氢键，多肽主链为锯齿状折叠构象，氨基酸 R 侧链交替分布在片层平面的两侧。Val 和 Ile 为疏水性氨基酸，最易形成 β-折叠。

16. 选择 A。

[考点] 蛋白质三级结构中二级结构及结构域的多样性。

[解析] 有些蛋白质是多结构域的，有些为单结构域；蛋白质三维结构中，有的以 α-螺旋为主，有的以 β-折叠为主，或二者都有，但都离不开自由卷曲或 β-转角。

17. 选择 D。

[考点] 蛋白质折叠的自发性。

[解析] 在细胞内，蛋白质生物合成过程中即伴随多肽链的自发折叠。多肽链中的疏水氨基酸残基相互挤在一起排开水，使大多亲水氨基酸残基位于分子表面，从而形成比较稳定的天然构象。所有蛋白质形成天然构象都离不开次级键，而二硫键只在某些蛋白质三维结构中起重要作用。对含有二硫键的蛋白质进行变性时需要加入较高浓度的还原剂巯基乙醇，而复性这类蛋白质时，加入微量巯基乙醇有利于多肽链的正确折叠。

18. 选择 A。

[考点] 氨基酸平均分子质量和卷曲螺旋。

[解析] 计算依据：氨基酸平均分子质量为 110 u；α-螺旋含有 3.6 个氨基酸残基，螺距为 0.54 nm，相邻氨基酸轴向距离为 0.15 nm。88 ku 即 88 000，88 000/110＝800(个)氨基酸残基；0.15 nm×800＝120 nm；由于纤维状蛋白质是一个双股的 α-螺旋的卷曲螺旋，所以分子长度减少一半，即 60 nm。

19. 选择 C。

[考点] 谷胱甘肽结构与功能。

[解析] 谷胱甘肽(GSH)分子是由谷氨酸、半胱氨酸和甘氨酸组成的三肽，活性基团为巯基。在谷胱甘肽分子中，谷氨酸和半胱氨酸之间的酰胺键具有特殊性，成键的羰基来自谷氨酸的 γ-羧基，而不是 α-羧基。为了突出这一点，谷胱甘肽常表示为 γ-谷胱甘肽。在红细胞中，谷胱甘肽不仅可以作为巯基缓冲剂，维持血红蛋白或其他巯基酶 Cys 残基处于还原状态，还可以用于消除脂质过氧化物对细胞膜的破坏，是生物体很好的氧化还原缓冲剂。

20. 选择 C。

[考点] 肽键部分双键性质。

[解析] 肽键是由一个氨基酸的 α-羧基与另一个氨基酸的 α-氨基发生缩合反应，脱去一分子水形成的酰胺键。肽键并非典型的单键，也不是典型的双键，而是具有部分双键性质。这是由于酰胺氮上的孤电子对与羰基之间发生了共振相互作用，使肽键呈共振杂化体结构。部分双键性质使得肽键不能自由旋转，导致肽基上的 6 个原子(含肽键上的 4 个原子)共处于一个平面上。

21. 选择 D。

[考点] 血红蛋白作用特点。

[解析] 血红蛋白是别构蛋白，它在结合氧前后构象不同，主要包括两大变化：一个是血红素中 Fe^{2+} 的移动，一个是 2 个 αβ 二聚体之间的滑动。血红蛋白为四聚体，氧合曲线为 S 形，与氧的结合具有可逆性。

22. 选择 D。

[考点] 桑格反应关键试剂。

[解析] 桑格反应是用来测定多肽链氨基酸末端的反应，是一个烷基化反应，主要试剂为 2,4-二硝基氟苯(DNFB)。苯异硫氰酸酯(PITC)是艾德曼反应主要试剂；2,4-二硝基苯酚是氧化呼吸链解偶联剂。

23. 选择 C。

[考点] α-螺旋的细微结构。

[解析] α-螺旋又叫 3.6_{13}-螺旋。详见上文题 13 解释。

24. 选择 B。

[考点] 二硫键的断裂反应。

[解析] 巯基乙醇为还原剂，可以断裂二硫键，将其还原为 2 个巯基；过甲酸为氧化剂，可以断裂二硫键，将其氧化成 2 个磺酸基团；尿素和 SDS 都属于蛋白质变性剂，能破坏蛋白质次级键；溴化氰能专一性打断由甲硫氨酸羧基形成的肽键。

25. 选择 C。

[考点] 镰状细胞贫血病的分子机制。

[解析] 镰状细胞贫血病是由于β-亚基 N 末端第 6 位 Glu 变成了 Val。

26. 选择 B。

[考点] 蛋白酶作用实质。

[解析] 蛋白酶能水解肽键。不同蛋白酶作用专一性不同。高浓度硫酸铵常用于沉淀蛋白质。其他参见上文题 24 解释。

27. 选择 D。

[考点] 蛋白质水解方式。

[解析] 物理断裂或化学法水解(酸水解、碱水解)蛋白质都是非特异的。酶水解具有一定专一性,因此可以得到特定水解肽段。参见题 28 解释。

28. 选择 A。

[考点] 蛋白质特异水解。

[解析] 胰蛋白酶专门水解由赖氨酸或精氨酸的羧基形成的肽键;胰凝乳蛋白酶专门水解由芳香族(或具有大的疏水侧链)氨基酸的羧基形成的肽键;弹性蛋白酶专一性差一些。

29. 选择 C。

[考点] 蛋白质变性后对蛋白酶敏感。

[解析] 参见上文题 3、4 解释。

30. 选择 D。

[考点] 蛋白质构象研究技术。

[解析] 除了 X 射线衍射技术外,用核磁共振(NMR)技术也可分析蛋白质构象。NMR 对蛋白质样品没有晶体要求,只需高浓度和高纯度的蛋白质溶液,但对于分子质量比较大的蛋白质不易获得清晰构象。此外,圆二色、荧光偏振、拉曼光谱等技术都曾用于蛋白质的局部构象分析。质谱用于测定分子质量,串联质谱可用于蛋白质测序。

31. 选择 A。

[考点] 蛋白质晶体结构解析著名生物化学家。

[解析] 肌红蛋白和血红蛋白的晶体结构解析是生物化学领域的重要事件,Kendrew 和 Peruzt 是主要贡献者。Watson 和 Crick 是提出 DNA 双螺旋模型的科学家;Sanger 在氨基酸末端分析上有杰出贡献,第一个完成胰岛素一级结构序列分析;Edman 建立的 Edman 反应至今还用于蛋白质序列分析。

32. 选择 C。

[考点] 解析蛋白质一级结构的著名科学家。

[解析] 参见上文题 31。Fischer 在糖结构方面贡献巨大,酶专一性“锁钥学说”也是他提出的。Gilbert 首次建立化学法测定 DNA 序列。

33. 选择 B。

[考点] 我国科学家在生物化学领域中的早期贡献。

［解析］在实验室里最先人工合成的是由 8 个氨基酸组成的多肽——催产素，是美国化学家 V. du Vigneaud 完成的。多肽分子小，还不算是真正的蛋白质。中国科学院生物化学研究所、北京大学化学系和上海有机化学研究所通过合作研究，于 1965 年用人工合成方法得到结晶牛胰岛素-典型的蛋白质。它的结构、生物活性、物理化学性质、结晶形状都和天然的牛胰岛素完全一样，这引起了世界科学界的极大关注，标志着中国科学家在蛋白质合成化学领域已经处于世界领先地位。

34. 选择 D。

［考点］蛋白质修饰。

［解析］蛋白质修饰在蛋白质实现生物功能中具有重要作用。修饰类型很多，有磷酸化、核苷酸化、糖基化、甲基化等，有关知识可以从酶活性调节的"酶共价修饰类型"中了解。

35. 选择 A。

［考点］肽键。

［解析］肽键是由一个氨基酸的 α-羧基与另一个氨基酸的 α-氨基发生缩合反应，脱去一分子水形成的酰胺键。

36. 选择 A。

［考点］蛋白质同源比较。

［解析］一组序列和功能相似的蛋白质互称同源蛋白。血红蛋白中的单个亚基和肌红蛋白相比，一级结构和三维结构均相似，功能也相似，都能与血红素辅基结合从而形成氧结合位点。胶原蛋白和角蛋白虽然都是纤维状蛋白，但序列差别大；DNA 聚合酶和胰蛋白酶属于不同功能的酶，也不是同源蛋白。

37. 选择 D。

［考点］血红素辅基的结合方式。

［解析］肌红蛋白的血红素辅基属于 B 型血红素，它与多肽链以非共价结合，同细胞色素 b 类蛋白中的血红素结合方式。

38. 选择 D。

［考点］蛋白质修饰。

［解析］蛋白质修饰形式常见有磷酸化作用，修饰位点多在 Tyr、Ser、Thr 和 His；腺苷酰化作用和尿苷酰化作用时的修饰位点是 Tyr；此外还有甲基化、核糖化修饰和糖基化作用等。

39. 选择 A。

［考点］蛋白质构象。

［解析］蛋白质构象是指高级结构，而高级结构的形成主要靠次级键(有的需要二硫键)。蛋白质在体内生理环境下随时发生构象变化，以适应功能需要，不需要高温。

40. 选择 C。

［考点］蛋白质寡聚体。

［解析］自然界有许多蛋白质由 2 个以上多肽链组成，各多肽链以球状亚基形式缔结在一起形成有生理活性的寡聚体蛋白质。将寡聚体拆开为单亚基，蛋白质的活性将部分丧失甚至完全失活。

41. 选择 C。

［考点］蛋白质构象分析。

［解析］除了 X 射线技术外，NMR 即核磁共振（nuclear magnetic resonance）也可以用来分析蛋白质构象。NMR 不需要把蛋白质培养为结晶，只需要蛋白质样品有一定浓度和纯度即可，只是分子质量比较大的蛋白质不易得到清晰的构象。

五、简答题

1. 什么是蛋白质变性？指出 3 种常见蛋白质的变性剂。变性后的蛋白质能否复性？

解：天然蛋白质分子受到某些物理因素或化学因素的影响时，次级键被破坏，天然构象解体，生物活性丧失，这种作用称为蛋白质变性作用。蛋白质变性后，理化性质也会有明显改变，如溶解度降低，黏度增加，扩散系数降低。

蛋白质研究中常用的变性剂有脲（尿素）、盐酸胍、SDS 等。

变性后的蛋白质有的可以复性，有的不能，这既取决于蛋白质本身的结构、组成，也与变性条件强度有关。蛋白质结构、组成越简单，变性条件越温和，复性的可能性就越大。

2. 试比较肌红蛋白和血红蛋白在结构、功能上的异同点。

解：主要异同点如下表。

分析点	肌红蛋白	血红蛋白
亚基组成	单亚基	异四聚体，为变构蛋白
最高结构层次	三级结构	四级结构
亚基主要二级结构	α-螺旋	α-螺旋
辅基	血红素	血红素
O_2 结合位点	有，为选择性可逆结合	有，为选择性可逆结合
O_2 结合曲线	双曲线	S 形曲线
生物功能	在肌肉中储存、供应氧	在血液中运输氧、CO_2

3. 什么是蛋白质辅基？以肌红蛋白为例，阐述辅基与蛋白质结构、功能的关系。

解：蛋白质辅基是缀合蛋白质分子中的非蛋白部分。辅基是整个分子的一部分，是蛋白质实现功能所必需的，脱辅基蛋白会部分甚至完全丧失活性。

肌红蛋白的辅基是血红素。血红素位于肌红蛋白分子表面裂缝的疏水微环境中，它由有机分子和 Fe 原子两部分组成。Fe 原子除了与原卟啉环上的 4 个 N 原子分别形成 4 个配位键外，在环一侧与附近多肽链上的 His 形成 1 个配位键，在环另一侧与氧形成 1 个配位键。可见没有肌红蛋白多肽链折叠成合适的微环境，血红素就不能与蛋白质亚基结合，肌红蛋白也就没有结合氧的能力。

4. 还原性谷胱甘肽分子中的肽键有何特点？还原性与氧化性谷胱甘肽的结构有何不同？（这道题曾经出现在 2010 年研究生统考题中）。

解：典型的肽键是一个氨基酸的 α-羧基和另一个氨基酸的 α-氨基脱水形成的。而还原性谷胱甘肽分子中的肽键为 γ-肽键，即谷氨酸的 γ-羧基和半胱氨酸的 α-氨基脱水所形成的肽键。

还原性与氧化性谷胱甘肽的结构区别主要有两点：①还原性谷胱甘肽含有自由巯基（—SH），氧化性谷胱甘肽含有二硫键。②还原性谷胱甘肽由3个氨基酸残基组成：谷氨酸、半胱氨酸、甘氨酸；氧化性谷胱甘肽由6个氨基酸残基组成：谷氨酸、半胱氨酸、甘氨酸各2个。

六、实验题

下图是 Anfinsen 的核糖核酸酶变性、复性实验。请对图进行分析，指出尿素和巯基乙醇的作用，并说明复性过程中保持微量巯基乙醇的意义。从该实验结果能得出什么重要结论？

Anfinsen 的核糖核酸酶A的变性/复性实验如下图：

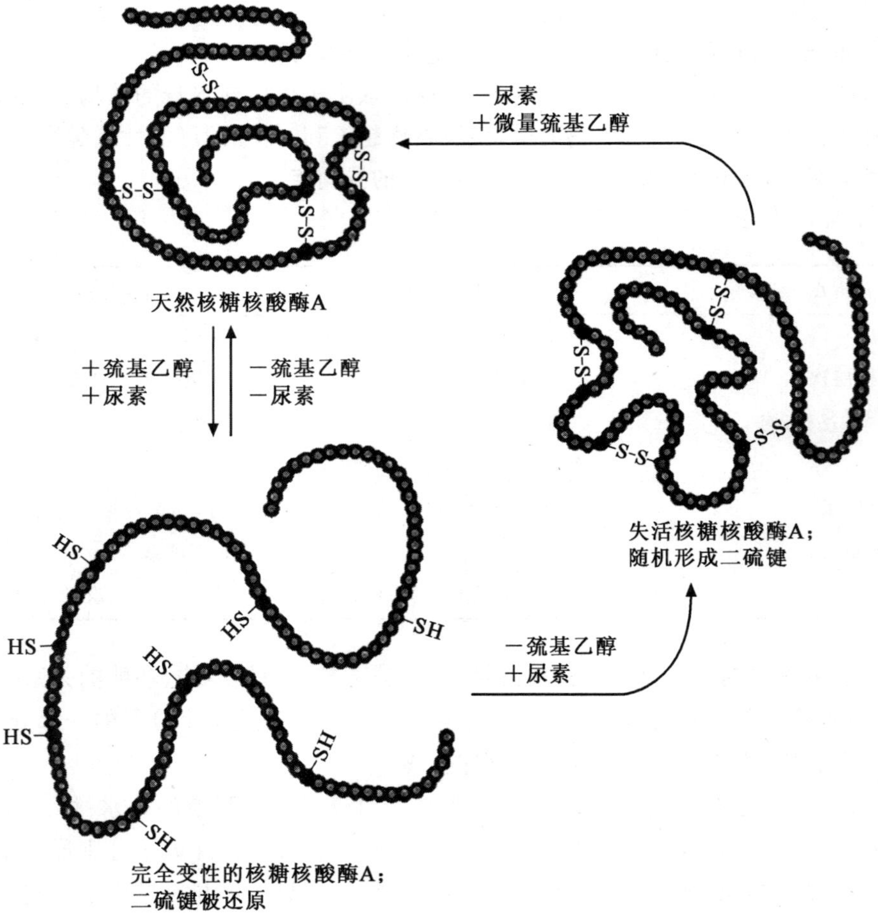

（引自 Moran et al.，Principles of Biochemistry，2012）

解：天然的核糖核酸酶A是单链蛋白质，具有三维特异结构，含有4对二硫键。尿素是蛋白质变性剂，巯基乙醇是一种巯基还原剂。在巯基乙醇和尿素存在下，核糖核酸酶A会发生变性作用，多肽链伸展开来，4对二硫键被还原打断，半胱氨酸侧链出现自由巯基，高级结构发生变化，失去生物活性。如果用透析法将巯基乙醇和尿素除去，半胱氨酸被空气中的氧气氧化，不同的半胱氨酸巯基之间会配对再形成二硫键。由于半胱氨酸之间的两两配对有多种选择，可能是原配，也可能是错配。当透析除去变性剂，但微量巯基乙醇存在下，会保持溶液的还原条件，允许错配者"反悔"，最后趋向于热力学上更稳定的配对，使多肽链自发折叠成天然构象。

该实验说明：①变性的蛋白质在一定条件可以自发折叠为天然形式；②蛋白质三维结构的信息储存在蛋白质氨基酸序列中（或一级结构决定高级结构）。

七、论述题

1. 举例说明蛋白质结构与功能的关系。

对于这样的大题，应首先明确观点，然后列举实例加以阐述。

要点分析：

（1）蛋白质的一级结构决定高级结构；

（2）蛋白质的高级结构决定生物功能。

举例：镰刀状细胞贫血病。其本质是血红蛋白分子 β-亚基一级结构的 N-末端第 6 位 Glu 变成了 Val。Glu 在生理条件下带负电荷，而 Val 的侧链是一个非极性基团，因此 Val 对 Glu 的替代不仅导致 β-亚基三维结构表面电荷性质发生变化，而且多了一个疏水尾巴，创造了一个"黏性"突起，促使血红蛋白亚基在脱氧（注意是脱氧，因为在氧合状态不受影响）情况下相互粘连形成纤维状多聚体。血红蛋白这种高级结构的变化，致使红细胞变形成镰刀状而失去原有的平滑与弹性，在毛细血管处发生堵塞，导致细胞缺血受伤，引起炎症和疼痛，甚至镰刀状细胞本身碎裂溶血，从而引起贫血症状。

可见，蛋白质结构决定蛋白质的生物功能。蛋白质一级结构的变化，有时甚至是一个氨基酸残基的改变都有可能引起蛋白分子构象的改变，从而失去正常功能。

2. 下图是以氧分压为横坐标、以氧结合量为纵坐标所作的血红蛋白与肌红蛋白氧合曲线。请对血红蛋白与肌红蛋白的氧合特点进行分析，并讨论其生物学意义。

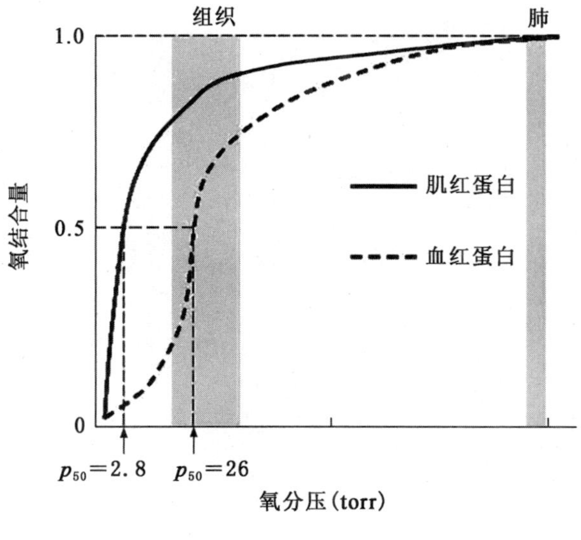

要点分析：

(1)肌红蛋白有可逆结合氧的能力。肌红蛋白的氧合曲线为双曲线，在低氧分压下与氧仍有很强亲和力。

(2)血红蛋白也有可逆结合氧的能力。血红蛋白的氧合曲线为S形，低 O_2 分压时，血红蛋白与 O_2 亲和力较低；到一定 O_2 浓度时，O_2 结合量出现线性增加，表明血红蛋白亚基与 O_2 的结合在亚基间有协同效应。

(3)血红蛋白氧结合饱和度达最大一半时需要氧分压为 26 torr，明显高于肌红蛋白(2.8 torr)，表明在代谢组织的氧分压下，血红蛋白的可逆氧结合能力能非常敏感地得到调控。

肌红蛋白和血红蛋白在氧结合上的区别，与它们各自的生物学功能相一致。肌红蛋白是在肌肉组织中储存和供氧，它在低 O_2 分压下仍能结合大量 O_2，这样便可以保证在肌肉代谢时能持续提供 O_2。血红蛋白的功能是在血液中运输 O_2，主要是通过长距离运输将 O_2 从肺部运到各组织。这就要求它在低 O_2 分压时(组织中)与氧的亲和性低，从而有利于 O_2 的及时释放，满足组织代谢需要；在氧分压高时(肺部)，血红蛋白对 O_2 的高亲和性有利于它在肺部高效地结合氧。

第三章　蛋白质分离、分析

一、本章总结简图

蛋白质分离分析
- 蛋白质性质(酸碱性质、分子大小、胶体性质)
- 蛋白质分离(不同技术基于不同原理)
- 蛋白质鉴定(分子质量、免疫印迹、纯度、浓度)

蛋白质种类很多,功能多种多样。蛋白质的有效分离、分析在现代生命科学研究中非常重要。首先应该对蛋白质的基本性质有所了解,才能实施有效分离。蛋白质因为氨基、羧基可以发生酸碱解离而使分子带上电荷,不同蛋白质有自己的等电点 pI,处于等电点时的蛋白质溶解度最小。蛋白质属于大分子,分子质量差异变化很大,这是分离蛋白质的一个重要依据。蛋白质质点范围一般为 1～100 nm,在溶液中以胶体状态存在,靠水化层和双电层得以稳定。破坏了水化层和双电层,蛋白质就会发生沉淀。不同蛋白质发生沉淀所需要的条件不同,因此可以选用合适的方法将目标蛋白分离出来。

分离、鉴定蛋白质有哪些常用方法? 其原理和实验技术应用特点是什么? 应该是蛋白质研究技术中的重点内容。蛋白质四大层析技术要熟悉。在这一章里,是非题、问答题、灵活的分析题都容易出。重点内容有 SDS-PAGE、凝胶过滤、亲和层析、免疫印迹等,尤其蛋白质分子质量的 SDS-PAGE 鉴定。关于蛋白质分子质量鉴定的其他一些新技术,如"质谱技术"等可作为一般了解。

二、要点内容与问题分析

1. 蛋白质分离原理与应用

蛋白质分离原理与应用
- 根据分子大小
  - 透析(常用于蛋白质除盐)
  - 超滤(常用于蛋白质溶液除盐、浓缩)
  - 密度梯度离心
  - 凝胶过滤(分子筛柱层析)
- 根据溶解度
  - 等电沉淀(等电点时蛋白质溶解度最小)
  - 盐析(高浓度中性盐使蛋白质发生沉淀;蛋白质溶解度不同,用于沉淀的盐浓度不同)
  - 盐溶(低盐溶液促进某些蛋白质的溶解,从而与其他组分分开)
  - 有机溶剂
- 根据电荷
  - 电泳
    - PAGE(聚丙烯酰胺凝胶电泳)
    - 等电聚焦电泳(IEF)可测等电点
    - 双向电泳
  - 离子交换层析(阳离子交换层析,阴离子交换层析)
- 根据吸附能力:吸附层析
- 根据生物学亲和力:亲和层析(生物分子与特异配基的专一、可逆结合)

蛋白质分离可基于分子大小、溶解度、电荷、吸附作用、亲和力等方面的差异进行。要想有效分离某一种蛋白质，需要综合考虑蛋白质本身的性质和特点。如果目标蛋白在溶解度上和其他杂蛋白的区别很突出，就应该选择基于溶解度差异的方法；如果分子大小差异突出，就应该选择按分子大小分离的方法。

2. 常见蛋白质研究技术

分离蛋白质的柱层析有离子交换、凝胶过滤、亲和层析、吸附层析等；依据电荷性质分离蛋白质的方法有电泳、离子交换层析等；依据分子大小分离蛋白质的方法有凝胶过滤、SDS-PAGE、密度梯度离心等；沉淀蛋白质的方法有盐析、等电沉淀、有机酸沉淀、有机溶剂沉淀等；浓缩蛋白质的方法有盐析、超滤、冷冻干燥、聚乙二醇法等；除去蛋白质溶液中盐离子常用透析、凝胶过滤等；鉴定蛋白质分子质量的生物化学技术有 SDS-PAGE、凝胶过滤、沉降分析等。

3. 常见蛋白质电泳技术

蛋白质分子在溶液中由于氨基酸的解离而带有电荷，不同蛋白质氨基酸组成不同，所带电荷多少不同。蛋白质带电粒子在电场中会发生向与所带电荷相反的电极移动，这种现象叫蛋白质电泳。蛋白质电泳常用于蛋白质的分离与鉴定。

蛋白质电泳迁移率的大小与蛋白质分子质量、分子形状、电荷性质有关。

蛋白质电泳有多种，按蛋白质变性与否分为变性电泳和非变性电泳；按电泳胶是否有浓缩胶层分为连续电泳和不连续电泳；按电泳槽和装胶容器的形状分为圆盘、平板、毛细管电泳等；按照分离原理还可分为密度梯度电泳、等电聚焦电泳、双向电泳等。

PAGE(polyacrylamide gel electrophoresis)即聚丙烯酰胺凝胶电泳，是以聚丙烯酰胺凝胶为支持介质，依据蛋白质分子的电荷、分子大小和分子形状进行蛋白质分离的一种电泳技术。其最大特点是蛋白质分子经 PAGE 分离后不变性，因此常用于天然蛋白的粗分离与活性鉴定。

不连续电泳是将凝胶分层制备，自下而上先是分离胶，再是浓缩胶。两层凝胶在孔径大小、组分、缓冲液 pH 上不同，因此蛋白质在电泳过程中发生 3 种物理效应、蛋白质样品的浓缩效应、凝胶对蛋白质的分子筛效应、蛋白质分子的电荷效应。因此与仅有分离胶的连续电泳相比，不连续电泳分离更有效。现在一般都是采用不连续电泳，包括梯度电泳、SDS-PAGE。

SDS-PAGE 为 SDS-聚丙烯酰胺凝胶电泳。SDS 即十二烷基硫酸钠，一种蛋白质变性剂，它可以破坏蛋白质分子中的氢键和疏水作用，在巯基乙醇的存在下，使蛋白质多肽链充分展开，并以 1.4∶1 的质量比与蛋白质结合成复合物；由于 SDS 带负电，大量 SDS 分子的介入导致蛋白质分子带上大量负电荷，这样就消除了不同蛋白质分子原来所带电荷上的差异；蛋白质结合 SDS 后分子形状发生变化，成为长棒状，这样就消除了不同蛋白质分子在形状上的差异。因此，在 SDS 存在下，蛋白质在电场中泳动时，其迁移率仅与蛋白质的分子质量有关。SDS-PAGE 常用来鉴定蛋白质亚基的分子质量。

等电聚焦电泳是按蛋白质等电点对蛋白质进行分离的一种电泳技术。不同蛋白质等电点不同，当蛋白质混合物在具有 pH 梯度(从高到低)的凝胶介质中进行电泳时，便以不同速度移向、并停留在等于其等电点的 pH 凝胶处，使相同等电点的蛋白形成很窄的条带，从而使等电点不同的蛋白质得以分离。等电聚焦电泳的用途：①按等电点不同分离蛋白质；②鉴定蛋白质的等电点。

双向电泳是利用两种原理在两维方向上对同一个蛋白质样品先后进行电泳分离。最常见的有等电聚焦-SDS-PAGE 双向电泳：首先用等电聚焦电泳对蛋白质在一维方向上进行电泳，使蛋白质按等电点不同在凝胶条上分离成条带；然后换用 SDS-PAGE 电泳，将凝胶条上的蛋白条带进行二维电泳，使各蛋白质组分按照分子质量大小进一步分离。样品中所有蛋白质亚基最后以点状形式在二维图谱上呈现。双向电泳分离效果好，分辨率高。

4. 凝胶过滤层析

凝胶过滤层析(gel filtration chromatography)又叫分子排阻层析，是用凝胶作为介质、根据分子大小分离蛋白质的一种柱层析技术。常用凝胶有交联葡聚糖、聚丙烯酰胺凝胶和琼脂糖凝胶。凝胶颗粒内部是多孔的网状结构。当不同大小的蛋白质流经凝胶层析柱时，比凝胶网孔大的分子被排阻在凝胶颗粒外，随洗脱剂在凝胶颗粒之间的孔隙中向下移动而最先流出柱外；比网孔小的分子能不同程度地自由出入凝胶颗粒的内外，洗脱路径长，因而大小分子得到分离。此法常用于分离分子大小差别大的蛋白质，也可用于球状蛋白质天然分子质量的鉴定。

5. 蛋白质离子交换层析

和氨基酸的离子交换柱层析原理相似，详见第二章。蛋白质离子交换层析是利用离子交换剂作为基质，使蛋白质依据其所带的电荷不同被分离的一种柱层析技术。有阳离子交换层析和阴离子交换层析之分。CM-Cellulose，即羧甲基纤维素，是一种可用来分离蛋白质的阳离子交换剂。其羧甲基可以解离出 H^+，自身带负电，可结合溶液中带正电荷的蛋白质分子。DEAE-cellulose，即二乙基氨基乙基纤维素，是一种分离蛋白质的阴离子交换剂。由于氨基可以质子化而带正电，可结合溶液中带负电荷的蛋白质分子。

6. 亲和层析

亲和层析是根据生物分子与配基之间专一、可逆结合的生物学特性，分离生物大分子的层析技术。配基(ligand)是能与欲分离分子专一结合的被共价连接到层析介质上的结构组分。如分离抗体的亲和介质以抗原为配基，分离抗原的亲和介质以抗体为配基。亲和层析的最大特点是可以快速、高效地分离目标分子。

三、选择题

1. CM-cellulose ________。

A. 是一种羧甲基纤维素

B. 是一种阴离子交换剂

C. 可用来分离氨基酸

D. A 和 B

2. 凝胶过滤________。

A. 是借助特殊滤膜进行的旨在除去杂质的高级过滤技术

B. 可按分子大小分离蛋白质

C. 小分子物质易过滤

D. B 和 C

3. 桑格反应________。

A. 可用来鉴定多肽链羧基末端氨基酸

B. 主要试剂为 2，4-二硝基苯

C. 为烃基化反应

D. B 和 C

4. 利用紫外分光光度计测定某些生物分子含量，是根据________。

A. 它们在紫外区有光吸收

B. 它们在近紫外区有吸收峰

C. 它们在特定波长下的光吸收值与其浓度成正相关

D. B 和 C

5. 蛋白质盐析________。

A. 是利用蛋白质在低盐溶液中发生沉淀的原理

B. 可用于除去蛋白质溶液中的盐成分

C. 可对蛋白质进行分级分离

D. 可用于蛋白质缓冲液的更换

6. SDS-PAGE ________。

A. 可以测定氨基酸的分子质量

B. 可以测定天然蛋白质分子质量

C. 可以测定蛋白质亚基分子质量

D. 可以测定蛋白质亚基数

7. 进行 SDS-PAGE 时，蛋白质________。

A. 由负极向正极移动

B. 特殊条件下由正极向负极移动

C. 移动方向取决于蛋白质的大小

D. 移动方向取决于组成蛋白质的氨基酸性质

8. 用凝胶过滤柱层析分离蛋白质时________。

A. 亚基分子质量差别越大，越容易分离

B. 蛋白质天然分子质量差异越大，越容易分离

C. 变性蛋白质比活性蛋白质更容易被分离

D. 纤维状蛋白质比球状蛋白质更容易被分离

9. 下列哪种方法适合植物种子全蛋白质含量测定？________。

A. 茚三酮反应

B. 凯氏定氮

C. Folin-酚法

D. 双缩脲反应

10. 利用葡聚糖凝胶过滤分离蛋白质过程中，柱填料中出现许多气泡________。

A. 将提高分离效果和分离速度

B. 将提高分离效果

C. 将降低分离效果

D. 表明柱填料不干净，蛋白质有可能已经发酵

11. 利用密度梯度分离蛋白质时常用________ 作为离心介质。

A. 蔗糖

B. NaCl

C. 氯化铯

D. 硫酸铵

12. 下述哪些方法不能用于蛋白质浓缩？ ________。

A. 硫铵沉淀

B. 超滤

C. 透析

D. 聚乙二醇法

13. 鉴定溶液中微量抗原的有效方法是________。

A. 免疫荧光标记

B. 免疫金标

C. 酶联免疫吸附测定

D. 紫外分光光度计

14*. ________在变性牛胰核糖核酸酶(天然蛋白含有 4 对二硫键)的复性中更有效。

A. 高浓度 β-巯基乙醇

B. 微量 β-巯基乙醇

C. 高浓度盐酸胍

D. 微量盐酸胍

15*. ________可以在蛋白质水平鉴定生物组织器官的基因表达水平。

A. Western blot

B. Southern blot

C. PCR

D. Northern blot

16. ________蛋白质胶体溶液不稳定。

A. 溶液 pH 大于蛋白质 pI 时

B. 溶液 pH 小于蛋白质 pI 时

C. 溶液 pH 等于蛋白质 pI 时

D. A 和 B

17. 蛋白质处于等电点时________。

A. 溶解度最小

B. 胶体稳定性增加

C. 整个分子所带净电荷增加

D. 整个分子所带净电荷不变

18. 蛋白质胶体溶液呈现稳定性，源于________。
A. 蛋白质分子内部的疏水氨基酸残基
B. 蛋白质分子表面的水化层
C. 蛋白质分子表面的双电层
D. B 和 C

19. 蛋白质电泳凝胶条带常用________显色。
A. 溴酚蓝
B. 考马斯亮蓝
C. EB
D. Folin-酚试剂

20. 下述关于抗体的描述哪项是错误的？________。
A. 抗体能与抗原特异结合
B. 抗体可以作为抗原再制备抗体
C. 抗体不等于 IgG
D. 抗体分子为"Y"字形

21. 下述哪种沉淀方法无法获得具有活性的蛋白质？________。
A. 三氯乙酸沉淀
B. 硫铵沉淀
C. 冷丙酮沉淀
D. 等电点沉淀

22. 凝胶过滤和凝胶电泳分离蛋白质的共同点是________。
A. 都具有电荷效应
B. 都具有浓缩效应
C. 都具有分子筛效应
D. 以上都是

23. 蛋白质纯度分不同水平。下述哪一个纯度的蛋白质样品更纯？________。
A. PAGE 一条带
B. SDS-PAGE 一条带
C. 双向电泳一个点
D. 分子大小均一

24*. 可用于蛋白质序列测定的现代技术有________。
A. MALDI-TOF-MS
B. MS
C. MALDI-TOF-TOF
D. 氨基酸自动分析仪

25. 蛋白质沉降系数与蛋白质分子质量________。
A. 二者在数值上相等
B. 二者呈正相关

C. 二者呈负相关

D. 二者之间没有关系

26. 下述方法哪个不能用于蛋白质定量分析？________。

A. 考马斯亮蓝法

B. 紫外光分光光度法

C. 双缩脲法

D. 茚三酮显色法

27*. 下述哪种方法用于蛋白质定量分析灵敏度最高？________。

A. Folin-酚法

B. 紫外光分光光度法

C. 双缩脲法

D. 凯式定氮法

28*. 下述哪种方法适于混合蛋白质样品中某一蛋白质的定性分析？________。

A. 紫外分光光度法

B. Western blot

C. SDS-PAGE

D. 考马斯亮蓝法

29*. 下述哪种方法不适于蛋白质的分离纯化？________。

A. 纸层析

B. 柱层析

C. 亲和层析

D. 离子交换层析

30. IgG 分子在________部位结合抗原。

A. 轻链

B. 重链

C. 高度可变区

D. 糖残基

31. 抗体常用于疾病诊断，是因为它们________。

A. 可以被标记上放射性信号

B. 容易纯化

C. 能特异结合抗原

D. 即便微量存在也可以被鉴定

32. 下述有关蛋白质分离技术的阐述错误的是________。

A. 除去溶液中的蛋白质可用三氯乙酸沉淀法

B. 用三氯乙酸沉淀的蛋白质可进一步进行活性分析

C. 用三氯乙酸沉淀的蛋白质可进一步进行 SDS-PAGE 分析

D. 可用三氯乙酸终止酶反应

33. 在进行常规蛋白质 SDS-聚丙烯酰胺凝胶电泳时，蛋白质样品________。

A. 上样量在“μL”量级

B. 上样量在“mL”量级

C. 浓度越低越好

D. 浓度越高越好

34. 下述蛋白质研究技术中哪项不一定涉及抗体？________。

A. 免疫印迹

B. 亲和层析

C. 免疫共沉淀

D. ELISA

35. 下述哪项研究技术常用于测定蛋白质分子质量而不用于蛋白质纯化？________。

A. 亲和层析

B. SDS-PAGE

C. 凝胶过滤

D. 离子交换层析

36. 下述哪项蛋白质研究技术涉及质荷比的测定？________。

A. 亲和层析

B. MALDI-TOF

C. 凝胶过滤

D. FPLC

37. 用哪项技术测得的蛋白质分子质量最精确？________。

A. 质谱

B. X 射线衍射技术

C. 凝胶过滤

D. SDS-PAGE

38. 要精确分析一种蛋白质的氨基酸组分，仅用酸水解法是不够的，原因是________。

A. Trp 被破坏

B. Lys 和 Arg 会中和很多酸

C. Phe 的侧链大多被破坏

D. 以上均对

（答案：1A 2B 3C 4D 5C 6C 7A 8B 9B 10C 11A 12C 13C 14B 15A 16C 17A 18D 19B 20D 21A 22C 23C 24C 25B 26D 27A 28B 29A 30C 31C 32B 33A 34B 35B 36B 37A 38A）

选择题要点解析

1. 选择 A。

[考点] 阳离子交换剂。

[解析] CM-cellulose，即羧甲基纤维素，是一种阳离子交换剂，常用作蛋白质分离柱层析介质。CM-cellulose 含有羧基，能解离出阳离子(如 H^+)，和带正电荷的蛋白质发生交换，使带正电荷的蛋白质结合在层析介质从而得以分离。由于其孔径较大，只适合分离蛋白质，而不适于氨基酸分离、分析。分离氨基酸的离子交换介质常用离子交换树脂。

2. 选择 B。

[考点] 蛋白质凝胶过滤原理。

[解析] 凝胶过滤特指分子筛层析，是基于分子大小进行分离的一种蛋白质层析技术，并非一般意义上的过滤。通过凝胶介质时，比凝胶网孔小的蛋白质容易进入凝胶颗粒内部，受到的阻滞作用大，经过的路径长。

3. 选择 C。

[考点] 桑格反应实质。

[解析] 桑格反应为烃基化反应。在弱碱性反应条件下，2，4-二硝基氟苯与氨基酸的 α-氨基反应，生成黄色 2，4-二硝基苯基氨基酸。

4. 选择 D。

[考点] 生物分子特征吸收。

[解析] 参考第一章选择题 8 的要点分析。

5. 选择 C。

[考点] 蛋白质盐析的原理与应用。

[解析] 盐析是指蛋白质在高浓度中性盐中发生沉淀的现象。大量中性盐的加入会使蛋白质溶液中水的活度降低，这不仅使大部分水转变为盐离子的水化水，而且蛋白质分子表面的水化层也被破坏，使蛋白质分子表面的疏水残基充分暴露，从而发生聚集而沉淀下来。盐析常用于目标蛋白的初级分离和蛋白质浓缩。

6. 选择 C。

[考点] SDS-PAGE 的用途。

[解析] SDS-PAGE 为蛋白质变性电泳，用于测定蛋白质亚基分子质量。如果一个蛋白质含的亚基大小差异不大，SDS-PAGE 无法将它们分开。

7. 选择 A。

[考点] SDS 在电泳中的作用。

[解析] SDS，即十二烷基硫酸钠，常用作蛋白质变性剂。在 β-巯基乙醇存在下，蛋白质亚基分离，二硫键断裂，多肽链充分伸展，SDS 以其烃链与蛋白质分子的侧链通过疏水相互作用结合成复合体。由于 SDS 是阴离子，被大量引入 SDS 的蛋白质分子便带上大量负电荷，在电泳时必然由负极向正极移动。

8. 选择 B。

［考点］凝胶过滤的应用对象。

［解析］凝胶过滤是基于天然蛋白质分子大小进行分离的一种柱层析技术。变性蛋白质通常为沉淀物，不易分离；纤维状蛋白质由于可能部分进入凝胶网孔中，也无法按照分子大小分离。凝胶过滤最适合球状蛋白质的分离。

9. 选择 B。

［考点］不溶性蛋白质的含量测定。

［解析］种子蛋白有的可溶于水，有的不溶。凯氏定氮法是通过测定全氮量，然后根据蛋白质含氮比例 16%，粗略计算蛋白质含量的。除了凯氏定氮法，其他 3 种均用于可溶性蛋白质的定量分析。

10. 选择 C。

［考点］凝胶过滤技术。

［解析］一个合格的葡聚糖凝胶柱床，不应该出现气泡、分层、裂缝等，它们的出现会降低蛋白质分离效果。干燥葡聚糖在溶胀处理过程中如果吸水不充分很容易出现气泡。装柱过程出现干燥也会导致气泡产生。

11. 选择 A。

［考点］密度梯度离心介质。

［解析］离心介质必须满足两个基本条件：一是具有化学性质稳定性，不会影响蛋白质结构和性质；二是能形成比较稳定的密度梯度，且黏度合适，在一定离心力场下，允许密度不同的蛋白质颗粒以不同速度下沉。蔗糖密度很适合蛋白质密度梯度离心分离，此外，还有聚蔗糖（商品名称为 Ficoll）或其他合成材料。NaCl 和硫酸铵溶解度大，易扩散，无法形成比较稳定的密度梯度。氯化铯适合作为核酸超离心密度梯度介质。

12. 选择 C。

［考点］蛋白质浓缩技术。

［解析］蛋白质稀溶液可以浓缩，常见技术有：超滤、硫酸铵盐析、聚乙二醇法、冷冻干燥法等。透析是根据分子大小、利用半透膜选择性除去某些小分子物质的技术。蛋白质溶液透析后往往浓度降低。

13. 选择 C。

［考点］酶联免疫吸附测定技术。

［解析］酶联免疫吸附测定借助抗体反应和酶反应，能更有效地鉴定溶液中的微量抗原。免疫荧光标记和免疫金标适合细胞中目标蛋白质的标记和显微观察；紫外分光光度计测定蛋白质浓度，结果是粗略的，因为其原理建立在芳香族氨基酸残基在“280 nm”处有特征吸收的基础上。

14. 选择 B。

［考点］蛋白质复性。

［解析］变性蛋白质原则上能复性，但需要一定条件。牛胰核糖核酸酶为单条多肽链，分

子中有 4 个二硫键。在变性剂和巯基乙醇存在下，该酶所有的二硫键发生断裂，形成 8 个巯基。对这样的酶进行复性时，需要残留微量巯基乙醇。其原因是：8 个巯基相互之间可形成 105 种二硫键组合形式，但只有一种是具有完全活性的天然形式；在复性的反应系统中保持微量巯基乙醇，可以为错配的二硫键提供纠错机会，最终形成稳定的天然构象。

15. 选择 A。

[考点] 蛋白质免疫印迹技术。

[解析] Western blot，即蛋白质免疫印迹技术，可在蛋白质水平鉴定基因表达水平。Southern blot 用于分析 DNA；Northern blot 用于分析 RNA；PCR 是聚合酶链式反应，用于基因扩增。

16. 选择 C。

[考点] 蛋白质溶液稳定性与蛋白质等电点的关系。

[解析] 蛋白质溶液属于胶体溶液。胶体溶液中的蛋白质分子具有一定的稳定性，一般不会发生聚集而形成沉淀，这是因为：①蛋白质分子表面有许多极性基团，可以吸附水分子，迫使水分子在蛋白质分子表面形成一个连续的水化层，从而阻止蛋白质分子彼此靠近、形成沉淀；②在 pH 远离蛋白质 pI 的溶液中，同种蛋白质分子带有同种电荷，这会增加分子间的彼此排斥，进一步阻止蛋白质发生聚集。如果破坏了蛋白质胶体颗粒的水化层或者使蛋白质溶液处于等电点 pH，蛋白质胶体稳定性下降，蛋白质容易发生沉淀。

17. 选择 A。

[考点] 蛋白质等电点与溶解度的关系。

[解析] 蛋白质在等电点时溶解度最小。参见上一题解释。

18. 选择 D。

[考点] 蛋白质胶体稳定性。

[解析] 正是由于蛋白质分子内部疏水性氨基酸残基的相互聚集，才使大部分亲水性氨基酸残基位于分子表面而使蛋白质分子出现水化层。在含有低浓度盐离子的蛋白质溶液中，蛋白质分子会出现明显的双电层，从而增加蛋白质稳定性。

19. 选择 B。

[考点] 蛋白质电泳胶染色技术。

[解析] 考马斯亮蓝分子通过疏水作用和静电力可与蛋白质进行物理性结合，结合后的考马斯亮蓝颜色发生变化，故可显色蛋白质。有不同类型考马斯亮蓝，R-250 比 G-250 灵敏度高，常用于电泳凝胶上的蛋白质条带染色。G-250 用于溶液中蛋白质的定量。溴酚蓝是电泳前沿指示剂，EB 是核酸荧光指示剂，Folin-酚试剂用于定量水溶性蛋白质。

20. 选择 D。

[考点] 抗体的多样性和不均一性。

[解析] IgG 是抗体的一种类型，分子为“Y”字形。抗体具有 3 个基本特性：①特异性。某一种抗体只能与相应的抗原发生结合。②多样性。抗原不同，产生的抗体就不同；有多个抗原决定簇的抗原产生的抗体也不相同。③不均一性。由同一个抗原决定簇产生的抗体有多种类型，如人体主要有 5 类：IgA、IgD、IgE、IgG 和 IgM。

21. 选择 A。

［考点］蛋白质沉淀技术。

［解析］硫铵沉淀、等电点沉淀，或低温下的丙酮沉淀，都可以获得活性蛋白质。三氯乙酸沉淀往往导致蛋白质变性。

22. 选择 C。

［考点］利用凝胶过滤和电泳分离蛋白质的原理差别。

［解析］所有的电泳分离都有电荷效应和分子筛效应；不连续电泳还有浓缩效应。凝胶过滤柱层析是依据分子大小分离的，只有分子筛效应。

23. 选择 C。

［考点］蛋白质纯度有不同层次。

［解析］PAGE 是普通聚丙烯酰胺凝胶电泳，蛋白质迁移率与分子大小、电荷、形状有关，同一条带上可能有多种蛋白质；SDS-PAGE 只按照蛋白质亚基分子质量分离，SDS-PAGE 电泳一条带显示纯度高一些，但大小相似、序列不同的亚基可能出现在一条带中；双向电泳先根据蛋白质等电点分离，再依据亚基分子质量分离，分辨率最高。分子大小均一，不等于序列相同。

24. 选择 C。

［考点］质谱技术。

［解析］MS 是质谱(mass spectrometry)的缩写。MALDI-TOF-MS(matrix-assisted laser desorption/ionization-time of flight-MS) 是基质辅助激光解吸离子化-飞行时间-质谱。MALDI-TOF-TOF 是指两个飞行质谱串联在一起，即串联质谱。串联质谱可用于蛋白质序列测定。

25. 选择 B。

［考点］蛋白质沉降系数。

［解析］蛋白质分子质量和沉降系数不同。Svedberg 方程描述了蛋白质分子质量(M)与沉降系数(S)的关系：

$$M=\frac{RTS}{D(1-\bar{\upsilon}\rho)}$$

式中：R 为气体常数，T 为绝对温度，D 为扩散系数，ρ 为溶剂密度，$\bar{\upsilon}$ 为蛋白质分子的微分比体积。由该方程可以看出，蛋白质沉降系数越大，分子质量越大，成正比关系。

26. 选择 D。

［考点］蛋白质定量方法。

［解析］茚三酮常用于显色氨基酸，而非蛋白质。参看下条。

27. 选择 A。

［考点］蛋白质定量方法。

［解析］双缩脲法基于肽键反应，操作简便，但灵敏度较低，适于测定蛋白质浓度较高的样品(1～10 mg/mL)；Folin-酚试剂法(Lorry 法)是在双缩脲反应基础上再加入酚试剂进一步反应，蛋白质酪氨酸酚羟基将酚试剂还原成蓝色化合物，因而可使反应灵敏度提高一个数量级。

紫外法基于 280 nm 光吸收，不灵敏；凯氏定氮测定结果偏高，因为测定的是全有机氮，不仅包括所有蛋白质，还包括核苷酸、氨基酸等(参见本章题 9)。

28. 选择 B。

[考点] 混合样品蛋白质定性分析技术。

[解析] 紫外分光光度法和考马斯亮蓝法可用于定量蛋白质；SDS-PAGE 可以分离蛋白质亚基，结合分子质量标准还可以确定亚基分子质量，但不能定性蛋白质，因为分子质量相同，不一定是同一种蛋白；免疫印迹分析是一种利用凝胶电泳分离和抗原-抗体特异结合原理对蛋白质进行分析的生物化学技术，由于抗原-抗体反应的专一性和酶反应的高效性，可以有效鉴定出混合样品中某蛋白质是否存在。

29. 选择 A。

[考点] 蛋白质层析技术。

[解析] 常见蛋白质层析技术有：离子交换柱层析、亲和层析、金属离子层析、吸附柱层析等。纸层析是利用滤纸作为支持介质进行的分配层析，按照溶解度差异有效分离氨基酸等小分子物质，不适合蛋白质分离。

30. 选择 C。

[考点] 抗原-抗体结合。

[解析] IgG，即免疫球蛋白 G，含有 2 条重链、2 条轻链，在这 4 条链的 N 端可变结构域是抗原结合部位。

31. 选择 C。

[考点] 抗体功能特点。

[解析] 抗体的应用价值主要在于它能够特异识别、结合抗原。与疾病相关的特异生物大分子(或称抗原)即便微量存在，也可以得到鉴定，这是因为抗体分子通常被连接上酶或荧光基团，从而大大提高信号灵敏度。

32. 选择 B。

[考点] 蛋白质变性沉淀技术。

[解析] 蛋白质沉淀技术不同，获得的蛋白质样品活性不同。利用"等电沉淀""盐析""有机溶剂沉淀"可以获得有活性的蛋白质，但三氯乙酸沉淀的蛋白质处于变性状态。

33. 选择 A。

[考点] SDS-PAGE 实验操作。

[解析] SDS-PAGE 用于蛋白质分离分析，分辨率在微克量级(μg)。通常要求蛋白质样品在一定浓度范围(1 mg/mL 左右)，上样量为几十微升。蛋白质浓度过高，许多条带将挤压在一起分不开；浓度过低，低丰度蛋白的条带无法检测到。

34. 选择 B。

[考点] 蛋白质分离技术。

[解析] 免疫技术离不开抗体，所以单从名称判断即可排除 A、C；"ELISA"是"酶联免疫吸附测定"的英文缩写，因而也应该排除。"亲和层析"概念比较广泛，其基本原理是利用生物分子之间的专一结合特性高效分离目标分子。在利用抗原分离抗体或用抗体分离抗原

时会涉及抗体，但有些亲和层析，如利用底物分离酶，利用 Poly(T)分离 mRNA 等，不会涉及抗体问题。

35. 选择 B。

[考点] 蛋白质研究技术。

[解析] 亲和层析、凝胶过滤和离子交换层析都属于蛋白质分离层析技术，而 SDS-PAGE 是 SDS-聚丙烯酰胺凝胶电泳，为变性电泳，常用来分析蛋白质亚基的分子质量。

36. 选择 B。

[考点] 蛋白质研究技术。

[解析] MALDI-TOF 是一种质谱法(MS)，即基质辅助激光解吸离子化-飞行(Matrix-Assisted Laser Desorption Ionization Time-of-Flight)质谱。通过测定带电粒子的质荷比，不仅可以分析有机小分子的分子质量，还可以准确鉴定多肽链的分子质量。

37. 选择 A。

[考点] 蛋白质研究技术。

[解析] 质谱是目前蛋白质组学研究中的重要技术，常见有 MALDI-TOF-MS 和 ESI-MS。X 射线衍射技术用来分析蛋白质晶体结构，凝胶过滤用来分离天然蛋白质，SDS-PAGE 为变性电泳，常用来分析蛋白质亚基分子质量。

38. 选择 A。

[考点] 蛋白质水解。

[解析] 蛋白质必须首先进行彻底水解才能进行氨基酸组分分析。蛋白质的彻底水解常见有酸水解和碱水解，两种方法各有优缺点。酸水解时色氨酸常被破坏，羟基氨基酸和酰胺类氨基酸也受到不同程度破坏；而碱水解时色氨酸稳定，但大多数氨基酸被破坏。因此，要想得到完整结果，单靠一种水解法显然不行。

四、简答题

1. 什么是 Western blot？指出 2～3 种用途。

解：Western blot 就是蛋白质免疫印迹。

简要叙述如下：将经过凝胶电泳分离的蛋白质条带，原位电转移至能吸附蛋白质且有一定机械性能的薄膜(如硝酸纤维素膜)，然后分别与目标蛋白的特异抗体以及酶标二抗进行孵育结合，最后加入酶底物进行反应，使与抗体特异结合的蛋白质条带显色，从而使目标蛋白得到鉴定。

此法有多种用途：

(1)鉴定蛋白质样品中某种目标蛋白的存在与否(如果有显色条带，表明蛋白质样品中存在目标蛋白)；

(2)鉴定抗体的特异性(如果在某一个蛋白质混合样品中只有一条带显色，显示抗体具有特异性)；

(3)结合标准蛋白的使用还可以鉴定目标蛋白的分子质量和含量。

2. 什么是蛋白质透析？有什么用途？

解：透析(dialysis)是将蛋白质样品装在半透膜制成的透析袋中，浸入大量缓冲液进行平衡。由于小分子可以透过半透膜进入环境溶液中，而大分子被滞留在透析袋中，经过连续、多次更换透析液，即可除去蛋白质样品中的小分子物质。

透析常用于除去蛋白质样品中的小分子，如盐、糖等。

3.什么是盐析、盐溶？有何用途？与 KCl、NaCl 等相比，$(NH_4)_2SO_4$ 用作沉淀剂的优点是什么？

解：盐析(salting out)是通过向蛋白质溶液中加入高浓度中性盐(如硫酸铵)，致使蛋白质发生沉淀的蛋白质分离技术。盐析作用主要是由于大量中性盐的加入使水的活度降低，不仅原来溶液中的大部分水转变为盐离子的水化水，而且蛋白质分子表面通过静电作用结合的水化层也被移去以溶剂化盐离子，使蛋白质分子表面的疏水残基充分暴露，从而发生聚集而沉淀下来。不同蛋白质分子表面疏水基团含量不同，溶解度不同，被沉淀下来所需的中性盐浓度也就不同。因此，选定某浓度中性盐，可以将目标蛋白沉淀分离。此法是按溶解度分离蛋白质的一种方法，常用于蛋白质粗分级分离，也可用于蛋白质浓缩。

中性盐影响蛋白质溶解度的能力是其离子强度的函数。与 KCl、NaCl 等相比，$(NH_4)_2SO_4$ 用作沉淀剂的优点是：因为它是二价离子中性盐，而且在水中溶解度很高，溶解度的温度系数也较低，故能在低温下(4℃)以高浓度存在，争夺溶液中的水以及蛋白质分子表面的水化水，使蛋白质溶解度有效降低，从而使蛋白质在保持活性的情况下从溶液中沉淀出来。

低浓度中性盐增加蛋白质溶解度的现象称为盐溶(salting in)。盐溶作用主要是由于蛋白质分子吸附某种盐类离子后形成带电层，使蛋白质分子彼此排斥，同时蛋白质分子与水分子间的相互作用加强，从而增加了蛋白质的溶解度。盐溶常在生物样品蛋白质提取或固体蛋白质溶解时运用。

4.蛋白质凝胶过滤和蛋白超滤是一回事吗？请给予解释。

解：不是。

凝胶过滤不是一般意义上的过滤，而是一种分子筛柱层析。凝胶过滤(gel filtration chromatography)是根据蛋白质分子大小用凝胶作为介质分离蛋白质的一种柱层析方法。比凝胶网孔大的分子被排阻在凝胶颗粒外，而最先流出柱外；比网孔小的分子能不同程度地自由出入凝胶颗粒的内外，洗脱路径长，因而得到分离。此法常用于分子大小差别大的蛋白质的分离，也可用于对球状蛋白质的天然分子质量鉴定。

超滤(ultrafiltration)则是将蛋白质溶液装入一种用半透膜制成的过滤器中，通过加压、抽真空或离心，使水溶液透过半透膜，而蛋白质得到浓缩。超滤常用于蛋白质溶液的浓缩。

特注：在 2012 年考题中，有一个 10 分实验题：葡聚糖凝胶 G-25 分子筛层析去除蛋白质溶液中硫酸铵的实验原理是什么？还可以用哪一种实验方法达到同样实验目的？

要点分析：

回答该问题时，在阐述凝胶过滤基本原理的同时，应该明确指出：①硫酸铵是小分子无机化合物，容易深度进入凝胶网孔；②蛋白质被排阻在网孔外，先于硫酸铵被洗脱。除盐最常见的方法还有“透析”。用“超滤法”一般不能直接除去蛋白质溶液中的盐，其更适用于蛋白质浓缩。

5.比较“等电沉淀”和“等电聚焦”的含义和用途。

解：等电沉淀是利用生物大分子(比只提“蛋白质”更全面，因为核酸等大分子也可以发生等电沉淀)在等电点时溶解度最小的特点，将溶液 pH 调至欲分离生物分子的等电点处，使其发生沉淀，从而与其他组分分开。等电沉淀常用于对等电点差异较大蛋白质的分离。

等电聚焦(isoelectric focusing)是指蛋白质混合物在具有 pH 梯度的凝胶介质中进行电泳分离时，各种蛋白质移向、并停留在等于其等电点的 pH 凝胶处，形成一条很窄的区带。等电聚焦电泳的用途：①按等电点不同分离蛋白质；②鉴定蛋白质的等电点。

6. FPLC 和 HPLC 的中、英文名称是什么？二者在应用上的主要区别是什么？

解：FPLC：fast protein liquid chromatography，即快速蛋白液相层析。HPLC：high performance liquid chromatography，为高效液相色谱。二者基本原理相同，都是基于排阻、疏水、离子交换、亲和等；在分离体系中都需要施加压力，从而实现对目标分子的高效、快速分离、分析；都可自动化完成分离、分析过程。但 HPLC 使用压力高，适于分离、分析比较小的目标物，如有机小分子氨基酸、核苷酸、小肽、小分子质量蛋白等；FPLC 采用压力小，专门用于各种蛋白质的快速分离、分析。

五、实验题

1. 常用于蛋白质化学分析的试剂有：SDS、6 mol/L HCl、β-巯基乙醇、茚三酮、PITC、胰蛋白酶等。其中________适合多肽链的氨基末端分析，________适合蛋白质二硫键的还原；________适合肽键的定点水解，________适合蛋白质氨基酸组成分析；________适合氨基酸定量反应，________和________适合蛋白质变性电泳分析。

解：PITC 适合多肽链的氨基末端分析；β-巯基乙醇适合蛋白质二硫键的还原；胰蛋白酶适合肽键的定点水解；6 mol/L HCl 适合蛋白质氨基酸组成分析；茚三酮适合氨基酸定量反应；SDS 和 β-巯基乙醇适合蛋白质变性电泳分析。

2. 凝胶过滤用于鉴定蛋白质的分子质量时结果是否和 SDS-PAGE 的结果一致？

解：

(1)结果不一定一致。

(2)SDS-PAGE 为变性电泳(简单介绍基本原理，见前文)。

(3)先简述凝胶过滤原理(见下页)，然后明确分子质量和洗脱体积的关系。在凝胶过滤时，不同分子质量的蛋白质被洗脱出的溶液体积“V_e”不同，蛋白质分子质量对数 $\log M$ 与洗脱体积存在负对数关系：$\log M = K_1 - K_2 V_e$(K_1，K_2 为常数)；对已知分子质量的一系列标准蛋白进行洗脱，分别测出 V_e，以 $\log M$ 为纵坐标，以 V_e 为横坐标，作出标准曲线。在同样条件下，测定未知蛋白的洗脱体积 V_e，据此在标准曲线上可查出分子质量。

(4)结论：凝胶过滤测得的是天然蛋白质的分子质量，SDS-PAGE 测的是蛋白质亚基的分子质量。如果被鉴定蛋白为单亚基，两种结果将基本一致；如果为多亚基蛋白，两种方法获得的结果则不一致。

3. 用等电聚焦电泳分离某一蛋白质样品，得到的蛋白条带数能否代表蛋白质种类数？为什么？

解：不能。因为等电聚焦电泳是按蛋白质等电点分离的，而等电点相似的蛋白很多。

4. PAGE 可以用于蛋白质纯度鉴定吗？为什么？

解：不能。因为 PAGE 是聚丙烯酰胺凝胶电泳，在相同电泳条件下，蛋白质迁移速度取决于多种因素——分子大小、分子形状、电荷性质。因此，不同种的蛋白质可能因为多种因素的综合效应而聚在相同电泳条带上。

5.凝胶过滤、PAGE 和 SDS-PAGE 都是分离、分析蛋白质的常见方法。有一个经凝胶过滤分离得到的蛋白质样品(100%纯),取一部分蛋白质样品进行 PAGE 分析时,在电泳胶片上出现 100 ku 蛋白条带;对蛋白质样品进行 SDS-PAGE 分析时,在电泳胶片上出现一条 50 ku 蛋白质条带;用桑格法对蛋白质样品进行氨基末端分析时,出现两种氨基酸。请解释实验现象,并对蛋白质的天然结构组成给出结论。

要点分析:

(1)凝胶过滤分离蛋白质得到的蛋白质纯品为活性形式,具有天然结构;

(2)SDS-PAGE 为变性电泳,对蛋白样品分析显示一条带,说明该蛋白质含有分子质量为 50 ku 的亚基;

(3)PAGE 为非变性电泳,分离出现 100 ku 条带,说明该蛋白天然结构为二聚体;

(4)氨基末端分析出现两种氨基酸,说明该蛋白含有 2 个不相同的亚基。

结论:该蛋白是一个含有 2 种不同亚基、但亚基分子质量相同的二聚体蛋白质;其天然分子质量为 100 ku,亚基分子质量为 50 ku。

6.有一组单亚基蛋白质,具有不同的分子质量和等电点。分别为:A (45 ku,pI 5.4)、B (13 ku,pI 10.6)、C (17 ku,pI 7)、D (69 ku,pI 4.8)、E (90 ku,pI 5.9)。①请指出经过 SDS-PAGE 后,从凝胶的上样孔到前沿指示剂方向(即从负极到正极方向)蛋白质的条带顺序,并说明原因;②指出经过等电聚焦电泳(电泳方向从负极到正极)后,从负极到正极方向蛋白质在凝胶上的排列顺序,并说明原因。

要点分析:

(1)经过 SDS-PAGE 后,从凝胶的上样孔到前沿指示剂方向(即从负极到正极方向),这些蛋白质的排列顺序是:E—D—A—C—B。

原因:SDS-PAGE 为变性电泳;蛋白质迁移速度只与分子质量有关,分子质量小的分子跑在最前面。

(2)经过分离后,从负极到正极蛋白质的排列顺序是:B—C—E—A—D。

原因:等电聚焦电泳是按等电点分离。进行等电聚焦电泳时,从负极到正极方向凝胶的 pH 梯度从高到低,因此偏碱性条件下蛋白质样品中所有蛋白质均带负电荷,这样在电场中可向正极移动。蛋白质 pI 越高,聚焦条带越靠近负极;反之,则靠近正极。

六、论述题

为什么 SDS-PAGE 可以鉴定蛋白质的分子质量?

要点分析:

(1)(首先解释“蛋白质电泳”)蛋白质由氨基酸残基组成,在溶液中蛋白质分子由于氨基酸的解离而带有电荷;蛋白质带电粒子在电场中会发生向与所带电荷相反的电极移动。蛋白质电泳迁移速度与蛋白质分子质量、分子形状、电荷性质有关。

(2)(解释 SDS-PAGE 基本原理)SDS-PAGE 为 SDS-聚丙烯酰胺凝胶电泳。SDS 即十二烷基硫酸钠,一种蛋白质变性剂,它可以破坏蛋白质分子中的氢键和疏水作用,在巯基乙醇的存在下,使蛋白质多肽链充分展开,并以 1.4∶1 的质量比与蛋白质结合成复合物;由于 SDS 带负电,大量 SDS 分子的介入导致蛋白质分子带上大量负电荷,这样就消除了不同蛋白质分子原来所带电荷上的差异;蛋白质结合 SDS 后分子形状发生变化,成为长棒状,这样就消除了不同蛋白质分子在形状上的差异。因此，在 SDS 存在下，蛋白质在电场中泳动时，其迁移率仅与蛋白质的分子质量有关。

(3)(描述分子质量和迁移率的关系)蛋白质分子质量“M”的对数与相对迁移率“μ”的关系式为：$\log M=a-b\mu$ (a，b 为常数)；对已知分子质量的一系列标准蛋白质进行 SDS-PAGE，分别测定各标准蛋白质的迁移率，以迁移率为横坐标，以蛋白质分子质量对数为纵坐标，即得到一个呈负线性关系的标准曲线，见下图。在同样电泳条件下测出未知蛋白的迁移率，即可在标准曲线上查出未知蛋白的分子质量。

(4)(强调变性电泳)由于 SDS-PAGE 是变性电泳，因此对多亚基蛋白来说，测得的分子质量是蛋白质亚基的分子质量。

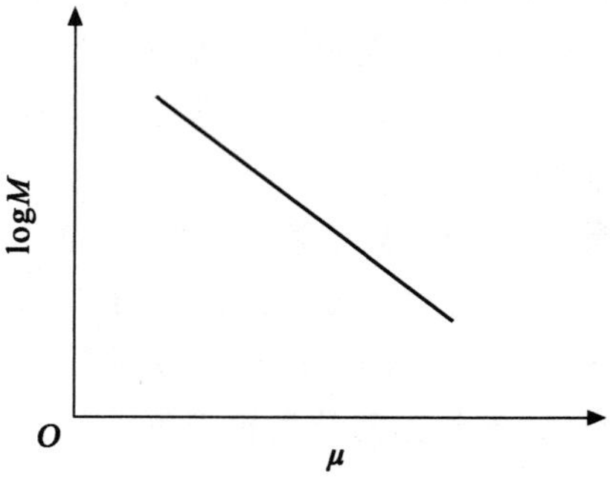

第四章　碳水化合物

一、本章总结简图

- 碳水化合物
  - 单糖
    - 基本概念
      - 链状结构与环状结构
      - 构型与构象
      - 异构体与半缩醛羟基
      - 旋光性
    - 常见单糖
    - 单糖化学性质（异构化、还原性、酯化、形成糖苷）
  - 双糖
    - 麦芽糖　2个*α-D*-葡萄糖　*α*(1→4)糖苷键相连　有还原性
    - 蔗糖　*α-D*-葡萄糖，*β-D*-果糖　*α*(1→2)糖苷键相连　无还原性
    - 乳糖　*β-D*-半乳糖，*α-D*-葡萄糖　*β*(1→4)糖苷键相连　有还原性
    - 纤维二糖　2个*β-D*-葡萄糖　*β*(1→4)糖苷键相连　有还原性
  - 多糖
    - 同多糖
      - 淀粉
        - 直链淀粉　*α-D*-葡萄糖　*α*(1→4)糖苷键相连
        - 支链淀粉　*α-D*-葡萄糖　*α*(1→4)，(1→6)糖苷键相连
      - 糖原　*α-D*-葡萄糖　*α*(1→4)糖苷键相连
      - 纤维素　*β-D*-葡萄糖　*β*(1→4)糖苷键相连
      - 几丁质　*β*-2-N-乙酰葡糖胺　*β*(1→4)糖苷键相连
    - 异多糖
      - 半纤维素　碱溶性植物细胞壁多糖，为多聚戊糖、多聚己糖混合物
      - 琼脂　海藻多糖混合物，含酸性基团
      - 肽聚糖　细菌细胞壁的主要成分：-NAG-NAM-，多糖为主体，有四肽与NAM相连
      - 糖胺聚糖　动物细胞外基质中含氨基糖或其衍生物的杂多糖，含酸性基团
  - 结合糖
    - 糖蛋白：糖与蛋白质共价连接，蛋白质为主体，糖链为辅基
    - 蛋白聚糖：糖胺聚糖与核心蛋白以糖肽键共价相连形成的超分子复合物
    - 糖脂：以脂类分子为主体，结合一个或多个单糖残基

碳水化合物即糖类，是多羟基醛和多羟基酮及其衍生物，其基本通式为 $C_n(H_2O)_n$（注意：并非所有糖分子中 H∶O＝2∶1，如鼠李糖）。本章应该结合葡萄糖的分子结构弄清一些基本概念，如构型、旋光性、立体异构体、变旋现象、异头体等。熟悉常见二糖的结构组成和连键性质。含 20 个糖基以上的叫多糖。几种常见多糖的结构特点和生物功能也是学习内容之一，重点是淀粉、糖原和纤维素。结合糖可作为一般了解，注意糖蛋白的功能多样性。

二、要点内容与问题分析

1.葡萄糖及相关重要概念

要记清葡萄糖的结构，包括链状结构和环状结构：

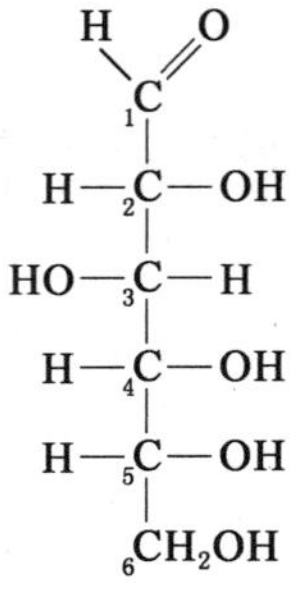

D-葡萄糖

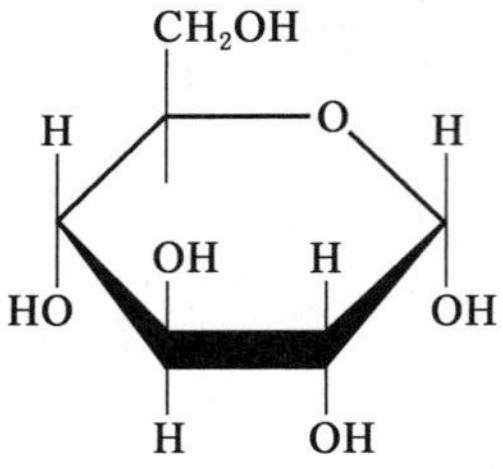

α-葡萄糖

葡萄糖为单糖，是含6个碳的醛糖，链状葡萄糖含有4个不对称碳原子。葡萄糖构型有 D、L 之分。单糖的构型是以甘油醛不对称C上的—OH空间排列为标准、依据单糖分子中离羰基碳最远的不对称碳原子(葡萄糖依据第5个碳原子)构型来定的。—OH在左为 L-构型，在右为 D-构型。二者互为立体异构体。单糖常用Fisher投影式表示，亦可用透视式或球棒模型表示。

在溶液中，含有4个以上碳原子的单糖主要以环状结构存在。单糖分子中的羟基与醛基或羰基发生缩合成环状的半缩醛。对于葡萄糖来说，六元环(吡喃环)结构比五元环(呋喃环)结构更稳定。环状葡萄糖的吡喃环C1上有一个半缩醛羟基，该基团赋予葡萄糖还原性。氧环上的碳原子顺序按顺时针排列时，半缩醛羟基在氧环平面之下为 α-型，在氧环平面之上为 β-型(也可按半缩醛羟基与C6羟甲基的相对位置判断。如果二者位于吡喃环的同侧就为 β-型，如果分位于环的两侧则为 α-型)。同一分子的 α-型和 β-型互为异头体(anomer)，如 α-D-葡萄糖和 β-D-葡萄糖互为异头体。

在水溶液中，葡萄糖的 α-异头体和 β-异头体可以通过链状结构相互转化，最后达到一个动态平衡，导致溶液的旋光度发生改变。这种现象称为变旋现象。比如，α-D-葡萄糖旋光率($[\alpha]_D^{20}$)为 $+113°$，β-D-葡萄糖的旋光率为 $+18.7°$，将这两种葡萄糖分别溶于水，最后旋光率均为 $+52.7$。此时的糖溶液是一个混合体，既有 α-型、β-型，也有链状结构。葡萄糖的环状结构一般用Haworth结构式表示。

葡萄糖的构象有多种，最典型的有椅式构象、船式构象(见下图)，椅式构象比船式构象更稳定，因此是葡萄糖的优势构象。构象和构型是两个概念，注意区分。构型(configuration)指分子中原子的特定空间排列。分子构型改变需要共价键的断裂和重新生成。构象(conformation)是指分子中由于绕化学键旋转引起的原子的不同排列。构象的改变不需要共价键的断裂与重新生成。葡萄糖的构型有 D、L 之分，构象有椅式、船式之分。

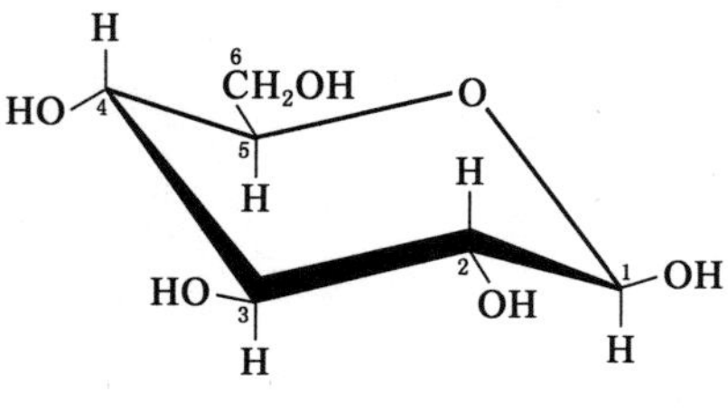

椅式构象

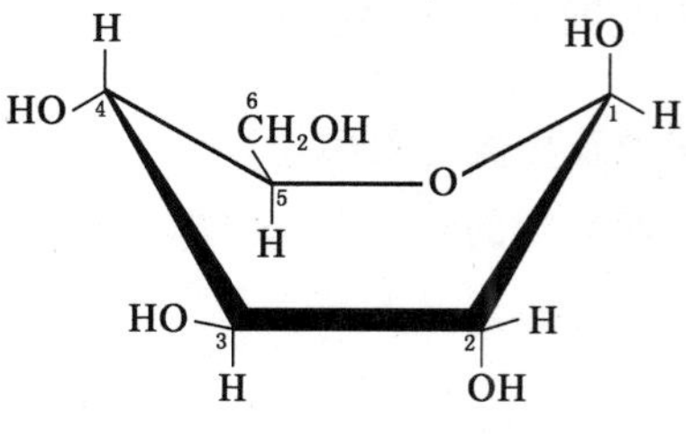

船式构象

2. 单糖种类和几个相关概念

单糖有 *D* 系、*L* 系，可分为醛糖和酮糖，还可根据碳原子数分为三碳糖（注意不是三糖）、四碳糖、五碳糖、六碳糖（或丙、丁、戊、己糖）等。碳原子数相同的单糖，因为手性碳原子的构型不同，有多种立体异构体（stereoisomers），异构体数量 $=2^n$（n 为手性碳原子数）。因此，对于链状己醛糖来讲，有 4 个手性原子，因此共有 16 种可能的立体异构体，其中 8 个为 *D* 系，8 个为 *L* 系；互为镜像结构的两个分子称为一对对映体（enantiomers），如 *L*-葡萄糖和 *D*-葡萄糖互为对映体；分子质量、分子结构式相同，仅有一个手性碳原子构型相反的两个分子，称为差向异构体（epimers），如 *D*-葡萄糖和 *D*-甘露糖互为差向异构体。注意链状单糖成环后，多出一个不对称碳原子，因而立体异构体数多 1 倍。

3. 单糖的化学性质

单糖的化学性质在有机化学中已详细介绍，生物化学中一般不是学习重点。但要清楚单糖的还原性常作为定量单糖的理论根据。能被弱氧化剂（如 Fehling 试剂）氧化的糖称为还原性糖。所有的单糖都是还原性糖。

单糖的多种磷酸化形式以及成糖苷的反应在生物分解代谢和合成代谢中会经常提到。另外，单糖在弱碱作用下可以发生异构化：葡萄糖、果糖、甘露糖三者能通过烯醇式结构相互转化。

4. 常见双糖、三糖结构式的连键性质

常见双糖有麦芽糖（maltose）、蔗糖（sucrose）、乳糖（lactose）等，常见三糖有棉子糖（raffinose），如下图：

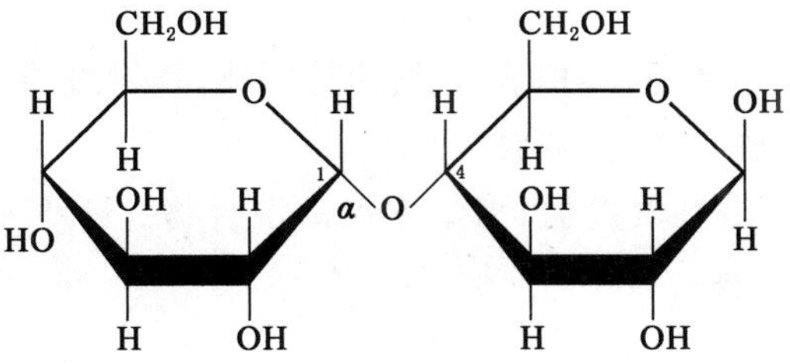

麦芽糖

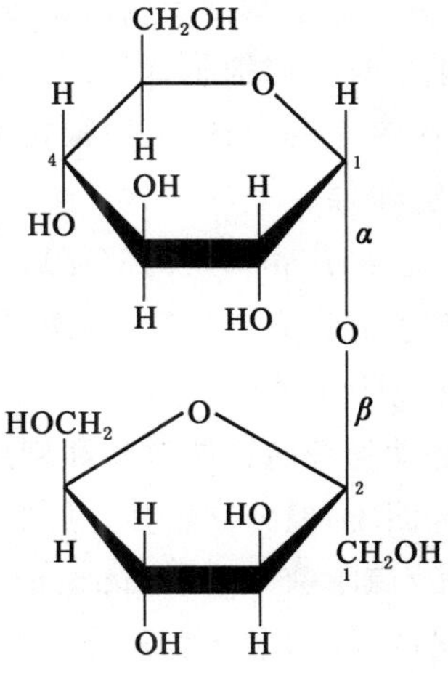

蔗糖

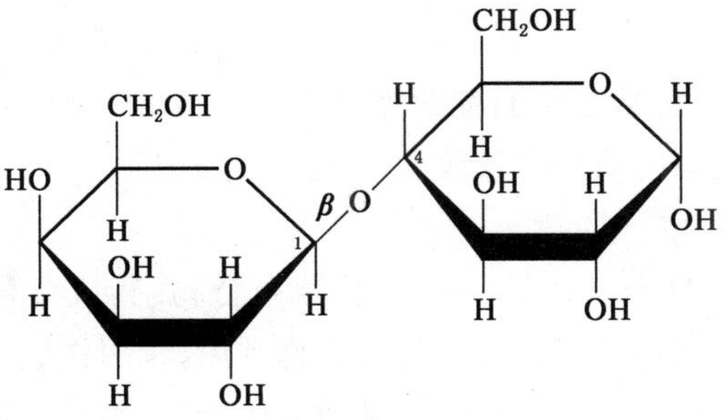

乳糖

（引自 Moran et al.，Principles of Biochemistry，2012）

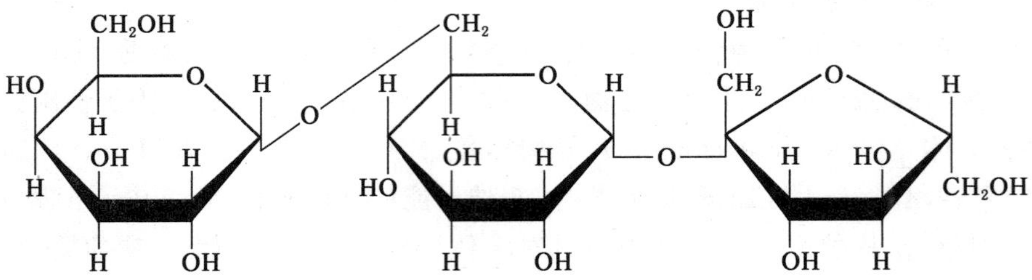

棉子糖

麦芽糖由 2 分子 *α-D*-葡萄糖以 α(1→4)糖苷键相连；蔗糖由 *α-D*-葡萄糖和 *β-D*-果糖以 α(1→2)β 糖苷键相连；乳糖则是 *β-D*-半乳糖和 *α-D*-葡萄糖以 β(1→4)α 糖苷键相连；纤维二糖由 2 分子 *β-D*-葡萄糖以 β(1→4)糖苷键相连。除蔗糖外，麦芽糖、乳糖都有还原性。棉子糖由 1 分子蔗糖和 1 分子半乳糖组成，半乳糖和葡萄糖之间以 α(1→6)β 糖苷键连接。

三、名词解释(特别提示：弄清基本概念有助于应对各种选择题)

1. 糖苷/糖苷键

单糖的半缩醛(或半缩酮)羟基与醇、酮类分子上的羟基发生缩合形成的缩醛或缩酮称为糖苷。发生缩合形成的键叫糖苷键。糖苷为小分子物质，因无半缩醛羟基而无还原性。糖苷含有糖苷键，但并非含糖苷键的物质都是糖苷，如糖蛋白中也含有 N-糖苷键或 O-糖苷键。

2. 纤维素/半纤维素

纤维素是植物、真菌和细菌细胞壁的主要组分，由 *β-D*-葡萄糖组成，连键性质为 β(1→4)糖苷键，伸展的纤维素分子侧向以氢键相连形成片层结构。

半纤维素是植物细胞壁的组成成分，是多聚戊糖、多聚木糖的混合物。纤维素属于同聚糖，而半纤维素是混合物，一般被视为异多糖。

3. 淀粉/糖原

淀粉是植物营养物质的储存形式，由 *α-D*-葡萄糖组成，基本连键性质为 α(1→4)糖苷键；遇碘呈紫蓝色的为直链淀粉，遇碘呈紫红色的为支链淀粉。支链淀粉有大量分支，分支处的连键是 α(1→6)糖苷键。

糖原是动物细胞代谢活动和剧烈活动最易动用的葡萄糖的储存形式，其单糖残基和连键性质同支链淀粉，但分支更多。肝脏和肌肉中糖原含量较多。

4. 琼脂/琼脂糖(agar/agarose)

琼脂又叫洋菜，是从海藻异多糖混合物中分离的一种半乳糖聚合物，其成分包括琼脂胶(含硫酸基的物质)和琼脂糖。由于琼脂加温易熔化，且不被微生物利用，常用作微生物培养基的支持物或食品添加剂。将琼脂进一步加工，除去含有酸性基团的琼脂胶，制成细珠状的凝胶颗粒，就是我们通常用的琼脂糖。琼脂糖可制备成凝胶或多糖填料用作生物大分子的分离介质。

5. 肽聚糖/糖胺聚糖

肽聚糖和糖胺聚糖都是杂多糖。

肽聚糖是细菌细胞壁的结构成分，分子是由 N-乙酰氨基葡萄糖(NAG)和 N-乙酰氨基胞壁酸(NAM)组成的二糖的重复结构，有四肽与 NAM 相连。在革兰氏阳性细菌中，肽聚糖为多层网状结构；在革兰氏阴性细菌中，则以单层网状形式存在。

糖胺聚糖存在于动物细胞外基质中或结缔组织间对细胞起保护作用。糖胺聚糖分子由氨基多糖或其衍生物组成，含酸性基团，亲水性强，分子质量大，黏度高，又叫黏多糖，如透明质酸。

6.蛋白聚糖

许多糖胺聚糖分子是以共价键与蛋白质多肽链(又叫核心蛋白)结合形成的松散高分子化合物，即为蛋白聚糖。蛋白聚糖又叫黏蛋白，在动物组织软骨细胞外基质中大量存在，由于吸水性强、弹性好，蛋白聚糖可使软骨有抗变形的能力。

四、选择题

1. 关于 *D*-葡萄糖和 *D*-核糖共同点的阐述错误的是________。

A. 都是还原糖

B. 都含有半缩醛羟基

C. 都有形成糖苷键连接的功能基团

D. 都可以形成六元环

2. 没有还原性的糖为________。

A. 链状葡萄糖

B. 环状葡萄糖

C. 蔗糖

D. 麦芽糖

3. 葡萄糖在弱碱性条件下，可以转化为________。

A. 果糖和甘露糖

B. 果糖和麦芽糖

C. 乳糖和甘露糖

D. 麦芽糖和甘露糖

4. 琼脂________。

A. 和琼脂糖成分相同，实际应用不同

B. 和琼脂糖成分不同，在应用上可以相互代替

C. 含有琼脂糖

D. 就是琼脂糖

5. 肽聚糖和糖胺聚糖________。

A. 都属于杂多糖

B. 生物功能相同

C. 都属于糖蛋白

D. 都可以叫黏多糖

6. ________是含有 α(1→6)糖苷键的分子。
A. 蔗糖和支链淀粉
B. 纤维素和支链淀粉
C. 支链淀粉和糖原
D. 蔗糖和纤维素

7. ________是含有 β(1→4)糖苷键的分子。
A. 蔗糖和淀粉
B. 纤维素和淀粉
C. 糖原
D. 纤维素

8. 不含有 O-糖苷键的分子是________。
A. 乳糖
B. 甘露糖
C. 纤维二糖
D. 蔗糖

9*. 下述阐述哪项是错误的？________。
A. *L*-葡萄糖和 *D*-葡萄糖互为对映体
B. α-*D*-葡萄糖和 β-*D*-葡萄糖互为对映体
C. *D*-葡萄糖和 *D*-甘露糖互为差向异构体
D. *D*-葡萄糖和 *D*-半乳糖互为差向异构体

10. 环状己醛糖的光学异构体数目为________。
A. 8
B. 16
C. 32
D. 64

11. 下述关于葡萄糖构象的解释正确的是________。
A. 葡萄糖的构象有 α、β 两种类型
B. 葡萄糖的构型有链式和环式之分
C. 葡萄糖构象的改变有共价键的断裂
D. 葡萄糖构型的改变有共价键的断裂

12. 下图结构式代表哪种糖？________。

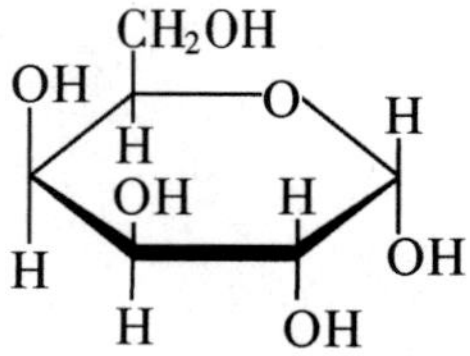

A. α-*D*-葡萄糖
B. α-*D*-半乳糖

C. β-D-葡萄糖

D. β-D-半乳糖

13. 下述描述哪项是错误的？________。

A. 支链淀粉和糖原糖基组成相同

B. 支链淀粉和糖原糖基组成不同

C. 支链淀粉和糖原糖基分子连键性质相同

D. 支链淀粉和糖原来源不同

14. 蔗糖经蔗糖酶水解后的产物是________。

A. 果糖＋葡萄糖

B. 葡萄糖

C. 果糖

D. 半乳糖＋葡萄糖

15. 下述描述错误的是________。

A. 核糖是五碳醛糖

B. 葡萄糖是六碳醛糖

C. 果糖是六碳酮糖

D. 甘油醛、二羟丙酮不属于糖

16. 下述对糖的描述哪项是正确的？________。

A. 有甜味的物质都属于糖类

B. 糖类分子组成完全符合通式 $C_m(H_2O)_n$

C. 符合通式 $C_m(H_2O)_n$ 的物质一定是糖

D. 糖是含有多羟基的酮、醛及其衍生物

17. 淀粉和纤维素的相同点是________。

A. 糖基组成

B. 连键性质

C. 分子形状

D. 元素组成种类

18. α-D-葡萄糖和 β-D-葡萄糖是________。

A. 顺反异构体

B. 差向异构体

C. 对映体

D. 异头体

19. D-葡萄糖和 L-葡萄糖是________。

A. 顺反异构体

B. 差向异构体

C. 对映体

D. 异头体

20*. 糖脂________。

A. 含有糖苷键

B. 不含糖苷键

C. 类似脂蛋白

D. 属于单纯脂

21. 关于糖蛋白的叙述错误的是________。

A. 糖蛋白是蛋白聚糖的一种

B. 糖蛋白和蛋白聚糖都属于结合糖

C. 糖蛋白分子中寡糖链与蛋白质以糖肽键连接

D. 糖蛋白分子中一般以蛋白质为主,糖链作为辅基

22. 下述常见几种糖中只有________是单糖。

A. 蔗糖

B. 麦芽糖

C. 乳糖

D. 半乳糖

23. 在淀粉分子中,葡萄糖残基之间的共价连接发生在________。

A. 相邻葡萄糖分子的 2-位羟基

B. 相邻葡萄糖分子的 3-位羟基

C. 相邻葡萄糖分子的任意羟基

D. 相邻葡萄糖分子的特定羟基

24*. 下述杂多糖分子中,只有________不含有酸性基团。

A. 透明质酸

B. 肝素

C. 硫酸皮肤素

D. 多聚木糖

25. 下述分子只有________不含有糖苷键。

A. 肽聚糖

B. 脂蛋白

C. 糖蛋白

D. 核蛋白

26. 下述单糖中,含有 5 个羟基的是________。

A. *D*-甘油醛、*D*-核糖、*D*-半乳糖

B. *D*-核糖、*D*-半乳糖、*D*-果糖

C. *D*-半乳糖、*D*-果糖、*D*-甘露糖

D. *D*-核酮糖、*D*-果糖、*D*-核糖

27. 糖蛋白的多样性除了蛋白质多肽链的贡献外，还来自糖链中________。

A. 单糖数目

B. 单糖顺序

C. 单糖种类

D. 单糖连接位置

E. 上述所有因素

28. 溶液中的葡萄糖通过分子内环化反应，可以________。

A. 可以产生新的不对称碳原子

B. 可以形成半缩醛

C. 通常形成吡喃糖

D. 以上都对

29. 一个吡喃葡萄糖含有________个碳原子，一个呋喃葡萄糖含有________个碳原子。

A. 6，5

B. 6，6

C. 5，6

D. 5，5

30. 山梨糖醇属于________。

A. 单糖磷酸酯

B. 脱氧糖

C. 氨基糖

D. 单糖衍生物

31. 麦芽糖水解后可以产生________。

A. 葡萄糖和半乳糖

B. 果糖和葡萄糖

C. 果糖和甘露糖

D. 葡萄糖

（答案：1D　2C　3A　4C　5A　6C　7D　8B　9B　10C　11D　12B　13B　14A　15D　16D　17D　18D　19C　20A　21A　22D　23D　24D　25B　26C　27E　28D　29B　30D　31D）

选择题要点解析

1. 选择 D。

[考点] 单糖基本结构、性质。

[解析] 单糖都含有半缩醛羟基，都是还原糖，都能形成糖苷键。核糖是五元环。

2. 选择 C。

[考点] 蔗糖的连键性质。

[解析] 蔗糖分子中，葡萄糖 C1 半缩醛羟基与果糖 C2 半缩醛羟基以 1→2 糖苷键连接，没有还原性。

3. 选择 A。

[考点] 单糖的相互转化。

[解析] 葡萄糖、果糖、甘露糖为单糖，在一定条件下通过醛基和羰基相互转变。麦芽糖和乳糖均为二糖。

4. 选择 C。

[考点] 琼脂和琼脂糖的区别。

[解析] 琼脂主要由琼脂糖和琼脂胶组成。琼脂糖由 *D*-吡喃半乳糖和 3,6 脱水 *α*-*D*-吡喃半乳糖交替连接而成，分子不带电荷，为中性物质；琼脂胶是琼脂糖羟基被硫酸基、羧基等取代的强酸性多糖。由于琼脂吸水性强，加热融化后在室温下能快速成凝胶状，且不被微生物利用，常用作微生物培养基的支持物或食品添加剂。将琼脂反复洗涤除去琼脂胶，进一步加工制成的细珠状琼脂糖凝胶可用作分离生物大分子的柱填料或电泳介质。

5. 选择 A。

[考点] 杂多糖。

[解析] 肽聚糖是多糖与小肽共价连接形成的结合多糖，存在于细菌细胞壁中；糖胺聚糖是含氨基糖或氨基糖衍生物的高分子质量杂多糖，主要存在于多细胞动物的胞外基质(或结缔组织)中，起润滑和黏合作用。

6. 选择 C。

[考点] 常见双糖、多糖的连键性质。

[解析] 支链淀粉和糖原都含有分支，除了 *β*(1→4)糖苷键，在分支处还有 *α*(1→6)糖苷键。纤维素没有分支，连键只有 *β*(1→4)糖苷键。

7. 选择 D。

[考点] 常见双糖、多糖的连键性质。

[解析] 参见上条。

8. 选择 B。

[考点] 常见单糖和双糖的区分。

[解析] 甘露糖属于单糖，不是糖苷，没有糖苷键。

9. 选择 B。

[考点] 对映体和差向异构体。

[解析] 互为镜像结构的 2 个分子称为一对对映体；分子质量、分子结构式相同，仅有一个手性碳原子构型相反的 2 个分子称为差向异构体。

10. 选择 C。

[考点] 单糖光学异构体的计算。

[解析] 光学异构体的数目$=2^n$(n 为不对称碳原子数)。链状己醛糖含有 4 个不对称碳原子，所以有 2^4 个光学异构体；在溶液中，每个分子成环状时又增加 C1 为不对称碳原子，分别

出现 α、β 异头体，所以应该有 32 个光学异构体。

11. 选择 D。

[考点] 糖的构型与构象区别。

[解析] 构象不同于构型，构象是指分子中各原子在空间的排列，构象改变不需要共价键的断裂。对于单糖来讲，α、β 异头体的改变有共价键的变化；葡萄糖的构型特指糖分子中离羰基碳最远的手性碳原子的构型，在链式和环式转换过程中，此原子的构型没有变化。D-葡萄糖形成环后，仍然是 D-葡萄糖。

12. 选择 B。

[考点] 识别常见单糖的环状结构。

[解析] 从 C1 上的羟基看是 α 型的；从 C5-C2 羟基分布看是半乳糖。

13. 选择 B。

[考点] 支链淀粉和糖原的主要异同点。

[解析] 支链淀粉和糖原来源不同，前者来自植物，后者来自动物，但都由 D-葡萄糖组成；糖苷键都是 $\alpha(1\to4)$ 和 $\alpha(1\to6)$。

14. 选择 A。

[考点] 蔗糖组成。

[解析] 蔗糖由葡萄糖和果糖组成，水解后产生这两种物质。

15. 选择 D。

[考点] 糖的概念。

[解析] 糖类物质是含多羟基的醛类、酮类化合物及其衍生物。甘油醛和二羟丙酮都属于糖，是最小的糖。

16. 选择 D。

[考点] 糖分子通式。

[解析] 有些物质有甜味但不属于糖，如人工合成糖精、植物甜蛋白等；有些糖，如脱氧核糖分子不符合碳水化合物分子通式；甲醛分子虽然符合碳水化合物通式，但不属于糖。

17. 选择 D。

[考点] 淀粉和纤维素的主要异同点。

[解析] 淀粉和纤维素相比，前者糖基为 α-D-葡萄糖，后者为 β-D-葡萄糖；前者连键为 $\alpha(1\to4)$糖苷键，后者为 $\beta(1\to4)$糖苷键；前者可形成螺旋，后者呈伸展状。元素组成都是 C、H、O。

18. 选择 D。

[考点] 糖异构体的多样性。

[解析] 参见上文题 9 解释。顺反异构是指双键两侧原子或基团的排布。

19. 选择 C。

[考点] 糖异构体。

[解析] 参见上题。

20. 选择 A。

[考点] 糖脂连键性质。

[解析] 糖脂是糖通过半缩醛羟基以糖苷键与脂质连接而成的复合物，属于复合脂，不含蛋白质。

21. 选择 A。

[考点] 糖蛋白。

[解析] 糖蛋白是由一个或多个寡糖和蛋白质形成的结合蛋白。寡糖链与多肽链(蛋白质)中的氨基酸以多种形式共价连接，构成糖蛋白的糖肽键。糖蛋白分子中一般以蛋白质为主，糖链作为辅基。蛋白聚糖由一条核心蛋白和多达上百条的糖胺聚糖组成，以糖为主，糖链大大多于蛋白质，属于结合糖，严格意义上讲不属于糖蛋白。

22. 选择 D。

[考点] 熟悉常见单糖、双糖。

[解析] 蔗糖、麦芽糖、乳糖均为双糖；半乳糖是单糖，是乳糖的组成之一。

23. 选择 D。

[考点] 淀粉基本结构。

[解析] 淀粉分子中相邻单糖之间的连接只有两种形式。即 1→4 糖苷键和 1→6 糖苷键。直链淀粉为 1→4 糖苷键，支链淀粉除了 1→4 糖苷键，还有 1→6 糖苷键。

24. 选择 D。

[考点] 杂多糖结构特点。

[解析] 透明质酸、肝素、硫酸皮肤素都属于糖胺聚糖，在结构上的共同特点是都含有氨基和酸性基团。多聚木糖是木糖的聚合物，不含酸性基团。杂多糖很少出现在考题中。

25. 选择 B。

[考点] 生物大分子中的糖苷键多样性。

[解析] 除了存在于单糖分子之间的典型糖苷键外，在蛋白质-糖、肽-糖共价连接中还存在 N-糖苷键或 O-糖苷键，这些键又统称糖肽键；糖肽键本质上属于糖苷键，而非肽键。核蛋白因为含有核酸，而核苷酸中碱基和核糖之间也是 N-糖苷键。

26. 选择 C。

[考点] 单糖分子结构。

[解析] 只有六碳糖含有 5 个羟基，*D*-半乳糖、*D*-果糖、*D*-甘露糖均属于六碳糖。*D*-甘油醛是三碳糖，核糖或核酮糖都是五碳糖。

27. 选择 E。

[考点] 糖蛋白多样性。

[解析] 糖蛋白中，糖链可因单糖数目、单糖顺序、单糖种类、单糖之间的连接位置(C2，C3，C4，C6)以及糖苷键构型(α，β)而呈现不同，因而赋予糖蛋白结构和功能的多样性。

28. 选择 D。

[考点] 葡萄糖环化。

[解析] 具有 6 个碳原子的葡萄糖在水溶液中容易发生分子内环化反应，形成比较稳定的六元环吡喃糖，具体反应是 C1 羟基与 C5 羟基反应生成分子内半缩醛，C1 由此转变为不对称碳原子。

29. 选择 B。

[考点] 葡萄糖环化。

[解析] 葡萄糖在水溶液中发生分子内环化时，可以形成六元环的吡喃糖，也可以形成五元环的呋喃糖。吡喃糖分子比呋喃糖更稳定，但碳原子数不变，仍是 6 个。

30. 选择 D。

[考点] 单糖衍生物。

[解析] 单糖的衍生物很多。单糖发生磷酸化成为磷酸化单糖或称单糖磷酸酯，如 G-6-P；如果一个或多个羟基被氢原子或氨基代替，则成为脱氧糖或氨基糖；山梨糖属于酮糖，其还原产物为山梨糖醇，属于单糖衍生物中的糖醇类。

31. 选择 D。

[考点] 寡糖。

[解析] 麦芽糖属于二糖，由 2 分子葡萄糖组成，其糖苷键水解时产生 2 分子葡萄糖。其他常见二糖还有：蔗糖——葡萄糖和果糖组成；乳糖——半乳糖和葡萄糖组成；纤维二糖——葡萄糖组成。

五、简答题

1. 糖的旋光方向是否与构型存在必然联系？

解：糖的旋光性是指糖溶液使透过它的平面偏振光发生偏转的现象。当观察的偏振光向右旋时记为(+)，向左旋时记为(−)。单糖的构型是以甘油醛不对称 C 上的—OH 空间排列为标准，依据单糖分子中离羰基碳最远的不对称碳原子构型来定的，有 *L*-、*D*-之分。同是 *D*-构型的单糖，可能为右旋，也可能为左旋。如 *D*-葡萄糖的旋光率为 $+52.6°$，*D*-果糖的旋光率为 $-92.4°$。因此，旋光方向与构型无直接的关系。

2. 比较直链淀粉和纤维素在分子结构和功能上的异同点。

解：相同点：都是由葡萄糖残基组成的不分支的同多糖(均一多糖)，分子主链都有极性(还原性半缩醛羟基位于糖链的一端)。

不同点：

项目	直链淀粉	纤　维　素
组成	α-*D*-葡萄糖	β-*D*-葡萄糖
连键	$\alpha(1\rightarrow4)$糖苷键	$\beta(1\rightarrow4)$糖苷键
天然结构	螺旋状	伸展链
功能	植物葡萄糖的储存形式，是动、植物的主要能源物质	植物细胞壁的主要结构成分，起支撑作用

3. 什么是糖蛋白？举例说明糖蛋白分子上糖链的生物学功能。

解：糖蛋白是由寡糖链与蛋白质共价相连形成的分子。蛋白质以 N-糖苷键或 O-糖苷键与一个或多个寡糖链共价相连。糖蛋白分子中蛋白质为主体，寡糖链为辅基。糖蛋白中的糖链数量有多有少，糖链长度不一，糖链中单糖残基的种类和排列顺序变化多样，因此糖蛋白含有丰富的结构信息。

糖蛋白分子上的糖链具有多种生物学作用：①影响糖蛋白的分泌和稳定性；②参与新生肽链的折叠；③影响寡聚蛋白亚基的缔合；④参与细胞识别和分子识别等。如抗体 IgG，含 3 条寡糖链，它们可以识别并结合、破坏外来抗原。有研究证明，抗体分子上的糖链如果去掉一个半乳糖，就会变成自身抗原；身体的免疫系统会将这种“抗原”（糖链被破坏后的抗体）识别为“异己”，从而产生抗体，引发自身免疫病。

第五章 核 酸

一、本章总结简图

- 核酸
  - 核酸的化学组成——核苷酸
  - 核酸的结构与功能
    - DNA
    - RNA
      - mRNA
      - tRNA
      - rRNA
  - 核酸的性质、分离与鉴定

本章内容重点是核酸的结构与功能，尤其是 DNA 的双螺旋结构要点以及 3 种 RNA 的结构特点。DNA 的功能比较明确，就是作为遗传物质；而 RNA 功能具有多样性，要分别加以讨论。另外要注意一些关于 RNA 的新进展，如核酶、小分子 RNA 等。核酸的基本性质、分离 DNA 和 RNA 的一般原则以及核酸的鉴定方法中，有一些基本概念要清楚。我们都知道核酸有两大类，即 DNA 和 RNA，最好用比较的方法进行学习，如二者在分布上有什么区别？在碱基和戊糖组成上、在结构与功能以及分离原则上又有什么区别？

二、要点内容与问题分析

1. 核酸的基本构成单位——核苷酸

- 核苷酸
  - 碱基
  - 戊糖
  - 磷酸
- 碱基、戊糖：β-糖苷键
- 戊糖、磷酸：磷酸酯键

核酸的基本结构单位是核苷酸（nucleotide）。应该弄清楚核苷酸的基本结构组成和化学键。核苷酸由戊糖、磷酸和碱基以 1∶1∶1 的分子比例组成，戊糖环上的 C1 与嘧啶碱基的 N1（或嘌呤碱基的 N9）以 β-糖苷键相连；戊糖的 C5 与磷酸基团以 $5'$-磷酯键相连。组成 DNA 的戊糖为 $2'$-脱氧核糖，碱基为 A、T、C、G。组成 RNA 的戊糖为核糖，碱基为 A、U、C、G。无论 DNA，还是 RNA，核苷酸之间都以 $3'$，$5'$-磷酸二酯键相连。

组成核酸的核苷酸是 $5'$-核苷酸。其中 $5'$-脱氧核糖单核苷酸（dAMP、dTMP、dCMP、dGMP）是生物遗传物质——DNA 的基本结构单位；$5'$-核糖单核苷酸（AMP、UMP、CMP、GMP）是各种 RNA 的基本结构单位。

2. DNA 双螺旋结构模型

1953 年，Watson 和 Crick 提出了 DNA 双螺旋结构模型。要点是：①DNA 是由两条反向平行的多核苷酸链围绕同一中心轴相互缠绕形成的右手双螺旋。②碱基位于双螺旋的内侧，由磷酸脱氧核糖形成的骨架在外侧，碱基平面与纵轴垂直，糖环平面与纵轴平行。③双螺旋平均直径为 2 nm，螺距为 3.4 nm，沿中心轴每旋转一周有 10 个核苷酸。④两条链依靠彼此间的氢键结合在一起，碱基按互补配对原则进行特异的碱基配对，A-T、C-G。A-T 之间 2 个氢键，C-G 之间 3 个氢键。DNA 的一条链是另一条链的互补链，碱基在一条链上的排列顺序不受任何限制，DNA 的遗传信息就储存在碱基顺序中。⑤双螺旋结构有两条螺形凹沟，一条为大沟，一条为小沟。

维持 DNA 双螺旋的力主要是氢键和碱基堆积力(范德华力)。DNA 双螺旋模型第一次提出了遗传信息的储存方式及 DNA 复制的分子机理。

3. tRNA 的结构特点

tRNA 为单链多聚核苷酸，核苷酸之间以 3′,5′-磷酸二酯键相连。

其主要结构特点是：

(1)分子较小，一般 70～90 个核苷酸。

(2)含有较多的稀有碱基。

(3)3′末端都为 CCA。

(4)5′末端多为 pG 或 pC。

(5)tRNA 二级结构为三叶草形，由五部分组成：氨基酸臂、DH 环、TΨC 环、额外环、反密码环。

(6)tRNA 三级结构为倒 L 形。

tRNA 的 3′末端是用来接收活化 AA 的部位；反密码环上有反密码子，可以识别 mRNA 上的密码子，在蛋白质合成中携带特异的氨基酸掺入蛋白质特定序列中。

4. mRNA 结构特点

mRNA 为单链多聚核苷酸，核苷酸之间以 3′,5′-磷酸二酯键相连。

(1)mRNA 种类多，分子质量质差异很大。

(2)真核细胞 mRNA 为单顺反子，有 5′-非编码区、3′-非编码区，中间的编码区编码一条多肽链。原核细胞 mRNA 为多顺反子，一条 mRNA 有多个编码区。

(3)真核细胞 mRNA 5′末端有一个“帽子”结构，最常见的有 $m^7G^{5'}ppp^{5'}Np$。“帽子”有防止 5′-核酸外切酶的降解作用，同时有助于核糖体与 mRNA 的识别与结合。

(4)大多数真核细胞 mRNA 3′末端有一个聚腺苷酸 poly(A)结构。poly(A)长度不等，是 mRNA 转录后加工形成的。poly(A)与 mRNA 分子的稳定性及运输有关。

5. rRNA

rRNA，又叫核糖体 RNA，其一级结构是由 3′,5′-磷酸二酯键相连的多核苷酸。rRNA 分子柔性大，高级结构复杂，既含有碱基配对的双螺旋区，也有局部存在的单链、突起、内环、发夹结构等。rRNA 是构成核糖体的重要骨架组分，为蛋白合成提供合适的场所。近些年还发现 rRNA 在识别 mRNA 和肽键合成中也发挥作用。细菌细胞的 rRNA 有 5S、16S 和 23S 三种，哺乳动物细胞有 5S、5.8S、18S 和 28S 四种。

6.核酸的基本性质

- 核酸性质
  - 核酸水解
    - 酸水解：糖苷键比磷酸酯键更易水解
      水解产物更容易为脱去碱基的磷酸核糖
    - 碱水解：DNA对碱一般稳定
      RNA的磷酸二酯键易被水解，产生核苷酸混合物
    - 酶水解：反应产物取决于酶的性质
  - 酸碱性质
    - 发生酸碱解离，有pI
    - 生理条件下，磷酸基团全部解离，多呈阴离子状态
  - 紫外吸收
    - 260 nm吸收峰，可测核酸含量
    - $\frac{A_{260}}{A_{280}}$可测核酸纯度
  - 核酸变性、复性及其应用

核酸性质主要包括水解、酸碱解离、紫外吸收特性及核酸的变性、复性。不同核酸水解方式不同，产物就不同。学习重点应放在认识核酸酶的作用特点上，尤其是限制性内切酶。核酸分子 pI 比较低，在生理条件下或常规电泳条件下分子带负电，这是核酸电泳的根据。

核酸分子由于碱基中有共轭双键，因此在近紫外区有吸收，吸收峰在 260 nm，这是紫外法测定核酸含量的理论基础。测定 260 nm 吸收值的另一个用途就是快速了解核酸制品的纯度。DNA 纯样品的$\frac{A_{260}}{A_{280}}$值大于 1.8，纯 RNA 的$\frac{A_{260}}{A_{280}}$值大于 2.0。如果低于这些数字，表明核酸溶液中含有蛋白质等污染。

7.核酸的变性和复性

天然核酸在某些物理及化学因素（如过酸、过碱、过热、加变性剂）作用下，双螺旋区因氢键断裂变成单链，紫外吸收升高，黏度下降，生物活性全部或部分丧失。这种现象称为核酸的变性（注意核酸变性与核酸降解不同。降解有 3′，5′磷酸二酯键的断裂）。在适当条件下，DNA 变性后的两条分开的核苷酸链可以靠氢键重新结合成为双螺旋，使其物理、化学及生物活性得到恢复，这便是核酸复性。

通过核酸的变性和复性操作，可使两条来源不同、但有碱基序列互补关系的 DNA 单链分子之间或 DNA 单链分子与 RNA 分子之间，在互补区段形成双链 DNA 分子或 DNA/RNA 异质双链分子，即核酸的分子杂交。核酸的变性、复性（或分子杂交）在分子生物学研究中用途广泛，如 Southern blot（DNA 印迹）：①可用来鉴定不同物种间是否存在同源基因；②鉴定转基因生物是否已有外源基因的整合；③鉴定同一生物某一基因的拷贝数等。Northern blot（RNA 印迹），也利用了核酸的变性、复性原理，常用来在 mRNA 水平研究基因的表达规律。

8.核酸 T_m 值

核酸在一定温度下可以发生热变性，使双螺旋发生解链。核酸热变性一般是爆发式的，变性作用发生在一个很窄的温度范围内。热变性使 DNA 双螺旋结构丧失一半时的温度称为核酸熔解（解链）温度，即 T_m。影响 T_m 的因素主要与核酸的 C-G 含量有关：C-G 含量越高，T_m 值越高。此外与 DNA 的均一性和介质中的离子强度也有一定关系。DNA 越纯，出现 T_m 的温度范围越窄。在高离子强度（如 1 mol/L NaCl）下，核酸 T_m 会升高，在此条件下储存核酸样品有利于核酸分子的稳定。

注意："T_m"和"K_m"是完全不同的概念。后者是酶的米氏常数。另外，除 DNA 外，RNA 分子因含有双螺旋，也可用 T_m 描述。

9. 核酸分离与鉴定

- 核酸分离鉴定
  - 核酸的分离
    - DNA：注意保持分子完整性
    - RNA：注意尽可能完全抑制RNase活性
  - 密度梯度超离心
    - 常用介质：氯化铯
    - 不同大分子密度：RNA＞DNA＞蛋白质
    - 不同形状DNA分子密度：超螺旋DNA＞环状DNA＞线形DNA
  - 核酸电泳
    - 琼脂糖凝胶电泳
      - 迁移率：超螺旋＞线形＞环形
      - 用途
        - 分离DNA
        - 分析DNA分子大小、浓度
        - RNA电泳要在变性条件下进行
    - PAGE：适合分离RNA样品和小于 1 kb的DNA片段
    - PFGE：（脉冲场凝胶电泳）被分离的DNA分子可达 1 万kb
  - 柱层析
    - 羟基磷灰石柱层析：双链DNA结合紧密
      - (1)可除去核酸混合物中的RNA和蛋白质
      - (2)结合温度改变，可以按碱基组成分离DNA
    - 亲和层析：分离带有特定序列的核酸分子
  - DNA序列分析
    - 化学法
    - 酶法

关于核酸的分离，首先应掌握基本原则，并弄清楚一些常见方法的基本原理和应用特点。

由于 DNA 分子一般很长、黏度很大，操作过程很容易引起机械损伤而变成小片段，这非常不利于 DNA 的后续研究，因此，在提取 DNA 时，除了在缓冲液中加入 EDTA，用以螯合二价阳离子，以抑制 DNase 活性（DNase 活性需要 Mg^{2+}）外，特别注意操作要温和，尽量保持 DNA 完整性。相对于 DNA，RNA 的弱点是分子很不稳定，极易受到 RNA 酶（RNase）的破坏。RNA 酶无处不在，性质稳定，而且其活性不需要特殊辅因子。因此，分离 RNA 的关键在于尽可能完全抑制环境中 RNase 活性。这便是为什么核酸分离/分析器皿需要高温等特殊处理的原因。

10. 真核生物 DNA 分离中的几种常见试剂及其用途

(1)提取液中的高浓度 NaCl：有利于核蛋白（DNA-蛋白复合物）的溶解。

(2)苯酚：为蛋白质强变性剂，可以抽提除去蛋白质。

(3)冷乙醇：沉淀分离 DNA；洗涤沉淀后的 DNA 以除去杂质。

(4)SDS、蛋白酶 K：变性、降解蛋白质，包括核酸水解酶。

11. 核酸电泳

核酸分子 pI 很低，在中性、偏碱性条件下磷酸基团发生解离，分子带大量负电荷，因此在电场中可以向正极移动。核酸分子在电泳中的迁移速度与环境和自身状态有关。具体来讲，迁移速度与电场强度、电泳胶的浓度、核酸分子大小、核酸分子构象等有关。电场强度越大，核酸分子迁移越快；凝胶的浓度越大，核酸分子迁移速度越小。相同电泳条件下，核酸分子越小，迁移速度越快。构象不同的同种核酸分子迁移速度不同，超螺旋 DNA 的迁移速度大于线性 DNA，线形 DNA 又大于环状 DNA。因此，电泳凝胶自下而上（自前沿到上样孔，或自正极到负极）被分离的核酸是：超螺旋 DNA→线性 DNA→环状 DNA。

电泳法分离核酸时，有两种常用电泳介质：聚丙烯酰胺凝胶和琼脂糖凝胶。无论哪种电泳，都是按核酸分子的大小来分离的，但分离范围和分辨率不同。琼脂糖电泳对核酸大小的分离范围更广，从质粒 DNA 到基因组 DNA，都可以通过凝胶浓度的调节对核酸进行常规有效分离。相对于琼脂糖凝胶电泳，聚丙烯酰胺凝胶孔径要小，适合分析小于 1 000 bp 的核酸片段；由于聚丙烯酰胺凝胶电泳对核酸大小的分离范围小，更适合分辨率要求高、希望突出几个甚至 1 个核苷酸差异的核酸样品分析，如核酸测序。虽然在一定程度上可以通过凝胶浓度的调节来扩大聚丙烯酰胺凝胶的分离范围，但由于琼脂糖电泳方法更简单、快捷，因此一般不随意用聚丙烯酰胺凝胶电泳代替琼脂糖凝胶电泳。

12. 核酸序列测定

核酸序列测定有多种方法，这里以双脱氧法测序为例重点介绍需要掌握的要点内容。具体原理和步骤见刘国琴主编《生物化学》教材核酸一章。

下图是对某未知 DNA 序列片段测试的结果，请根据该结果，写出被测 DNA 片段的序列。

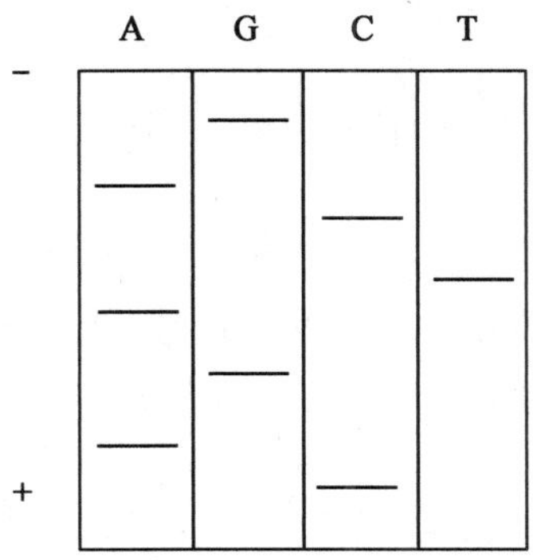

要点内容：①根据双脱氧测序方法，可知凝胶上获得的序列是被测未知 DNA 片段序列的互补序列；在进行胶上序列阅读时，从“＋”向“－”进行阅读，读出的是从 5′向 3′方向的序列，即 CAGATCAG，其互补序列即未知序列就是 3′-GTCTAGTC-5′，按照习惯写法，转化成 CT-GATCTG。②要掌握 dNTP 和 ddNTP 在实验中的作用，dNTP 是在测序过程中为链的延伸提供原材料，而 ddNTP 的掺入导致链终止。

13. 在核酸研究中有重要贡献的科学家

James D. Watson 和 Francis H. C. Crick（DNA 双螺旋结构模型），Frederick Sanger（测序 DNA），Maxam Gilbert（化学法测序 DNA）。

三、名词解释（特别提示：弄清基本概念有助于应对各种选择题）

1. B-DNA/A-DNA/Z-DNA

DNA 具有构象多态性，在相对湿度不同时获得的 DNA 晶体构象有区别。B-DNA 是在相对湿度为 92%的条件下获得的，双螺旋平均直径为 2 nm，螺距为 3.4 nm，沿中心轴每旋转一周有 10 个核苷酸（详见上文 DNA 双螺旋结构模型）。A-DNA 是在相对湿度 75% 时获得的，与 B-DNA 一样也是右手螺旋，但螺旋粗短；Z-DNA 是富含 CG 的 DNA 序列所形成的，与 B-DNA 相比，最大的区别是 Z-DNA 是左手螺旋，而且螺旋显得细长。

2. 核酸酶/DNase(DNA 酶)

核酸酶泛指催化核酸磷酸酯键水解的酶。核酸酶专一性不同，有的以 DNA 为底物，称为 DNase；有的以 RNA 为底物，称为 RNase；有的既可水解 DNA 又可水解 RNA；有的对水解位点的碱基序列有专一性要求，如限制性内切酶。不同的限制性内切酶水解位点不同，但都是专门水解 DNA 的双链。可见 DNA 酶是核酸酶中的一类，作用底物是 DNA，其作用方式多种多样。

3. DNA 超螺旋/DNA 三级结构

DNA 超螺旋是指双螺旋 DNA 进一步扭曲所形成的麻花状构象。超螺旋 DNA 比双螺旋 DNA 分子更紧密。超螺旋 DNA 的形成有利于线形 DNA 的包装。DNA 超螺旋在有关酶的作用下可以发生解旋，以利于与其他生物分子的互作、DNA 的复制和转录。与线形 DNA 相比，超螺旋 DNA 在超离心时下沉更快，在电泳时迁移也更快。

DNA 三级结构是指 DNA 双螺旋通过扭曲和折叠所形成的特定构象，包括连环、扭结、超螺旋等多种形式。DNA 超螺旋是 DNA 三级结构的一种形式。

4. 拓扑常数 *L*/DNA 的 *L* 值

L 值是一个用来描述超螺旋状态的拓扑常数，在不发生共价键断裂的情况下，一个超螺旋无论如何扭曲，其 *L* 值是不变的。

DNA 的 *L* 值即连环数(linking number)，是环状 DNA(或一端固定下的线形 DNA)的一个重要拓扑学特性，其数值等于 Watson-Crick 螺旋数(*T*)与超螺旋数(*W*)的总和。在拓扑异构酶的作用下，超螺旋 DNA 分子的 *L* 值是可以改变的。*L* 值不同的同种 DNA 分子互为拓扑异构体。

5. DNA 拓扑异构酶(topoisomerase)

DNA 拓扑异构酶是一类能剪接 DNA 分子、改变 DNA 拓扑状态的酶。有不同的拓扑异构酶，有的催化超螺旋的松开，有的则增加负超螺旋。拓扑异构酶在 DNA 复制、转录和重组中起重要作用。在生物体内，DNA 拓扑异构体之间的转变靠拓扑异构酶催化完成。

6. 核小体(nucleosomes)

核小体是真核生物染色质的基本结构单位，是由 DNA 绕组蛋白核心盘绕形成的 DNA—组蛋白复合体，在电镜下呈现出珠状结构。

核心为组蛋白八聚体，由组蛋白 H2A、H2B、H3、H4 各 2 分子组成；长度为 146 个核苷酸的 DNA 以左手螺旋在组蛋白核心上缠绕 1.75 圈；核小体之间由 54 bp 左右的 DNA 相连，其上附有组蛋白 H1。

DNA 组装成核小体后，长度缩短 7 倍。核小体还可以进行更高层次的组装。

7. Southern blot/Northern blot

Southern blot 即 DNA 印迹，是英国的分子生物学家 Southern 于 1975 年发明的一种利用分子杂交原理鉴定 DNA 的方法。技术要点是：将 DNA 样品进行限制性内切酶处理，并用琼脂糖凝胶电泳将不同长度的 DNA 进行分离，然后将 DNA 变性并原位转移至硝酸纤维素膜，与带有标记的核酸探针(已知序列)进行杂交反应，从而使能与探针互补的 DNA 片段得到检测。DNA 印迹可用来鉴定不同物种间是否存在同源基因，或鉴定转基因生物是否已有外源基因的整合，也可用于鉴定同一生物某一基因的拷贝数。

Northern blot 即 RNA 印迹，基本原理同上。首先将 mRNA 进行凝胶电泳分离，变性后转移到硝酸纤维素膜上，再利用特异核酸探针进行分子杂交，找出互补的目标核酸分子。注意在 RNA 印迹中被分析的样品是 mRNA。其主要用途是在 mRNA 水平对某基因的时空表达以及表达量进行分析。

8*. **小分子** RNA(small RNA; smRNA)/miRNA(microRNA)/siRNA(small interfering RNA)

高等生物基因组编码的一类小分子质量的 RNA，统称为 smRNA。smRNA 包括 miRNA 和 siRNA。miRNA 是一类 20～24 nt(核苷酸)小分子 RNA，可以通过与目标 mRNA 分子的某段序列进行碱基配对，引导细胞中的沉默复合体去降解该 mRNA 或阻碍 mRNA 进行蛋白质翻译。siRNA 为小的干扰 RNA，在细胞生长和发育过程中起重要调节作用。

9*. PAGE/PFGE

PAGE 是聚丙烯酰胺凝胶电泳，可对蛋白质、核酸进行分离、分析(详见蛋白质一章)。

PFGE(pulsed-field gel electrophoresis)即脉冲场电泳，专用于分离大分子 DNA (10 000 kb)。这种电泳装置配有多对电极。分离 DNA 的基本原理是：电泳装置可以按顺序改变电极对通电情况，从而改变电场方向；DNA 分子在凝胶中迁移时，不断按新的电场方向作出重新排列；DNA 分子越长，适应迁移的排列时间就越长，因而可以使大分子 DNA 得到有效分离。

四、选择题

1. 下述关于 Watson-Crick DNA 双螺旋特征的描述错误的是________。

A. 两条多核苷酸链以均匀螺旋形式相互缠绕成右手螺旋

B. A 和 T 之间的氢键以及 C 和 G 之间的氢键将两条链维系在一起

C. 一个完整螺旋的螺距为 3.4 nm，相邻碱基沿螺旋轴的距离为 0.34 nm

D. 碱基在螺旋内部，磷酸二酯骨架位于螺旋外侧

2. tRNA ________。

A. 5′端可以携带特异的活化氨基酸

B. 3′端可以携带特异的活化氨基酸

C. 三级结构为三叶草形

D. 含有识别氨基酸的密码子

3*. ________可以在 mRNA 水平鉴定基因表达。

A. Western blot

B. Southern blot

C. ELISA

D. Northern blot

4. 组成 DNA 的核苷酸是________。

A. 3′-脱氧核糖核苷酸

B. 2′-脱氧核糖核苷酸

C. 5′-脱氧核糖核苷酸

D. 3′,5′-脱氧核糖核苷酸

5. 对于 DNA、tRNA、mRNA、rRNA 来说，________。

A. 它们分子中核苷酸的连键性质是相同的，一般都是 3′,5′-磷酸二酯键

B. 只有 DNA 和 mRNA 的连键是 3′,5′-磷酸二酯键

C. 它们分子中核苷酸的连键性质各不相同

D. 除 DNA 外，3 种 RNA 分子的核苷酸连键性质是相同的，都是 3′,5′-磷酸二酯键

6. 溴化乙锭(EB)________。

A. 是 DNA 分子荧光染料，只染色 DNA

B. 是 RNA 分子荧光染料，只染色 RNA

C. 既可染色 RNA，又可染色 DNA，使用安全，染色明显

D. 染色后的核酸电泳凝胶不能用肉眼直接观察结果

7. 下面关于 A_{260}/A_{280} 比值的应用阐述哪一条是正确的？________。

A. DNA 样品的 A_{260}/A_{280} 比值略大于 1.8 时，说明样品纯度高

B. DNA 样品的 A_{260}/A_{280} 比值大于 1.8 时，说明样品不纯，有蛋白质污染

C. RNA 样品的 A_{260}/A_{280} 比值大于 1.8 时，说明样品纯度高

D. RNA 样品的 A_{260}/A_{280} 比值大于 1.8 时，说明样品不纯，有蛋白质污染

8. 限制性内切酶________。

A. 既可以水解 DNA，又可水解 RNA

B. 只能水解双链 DNA，不能水解 RNA

C. 既可以切割双链核酸，又可切割单链核酸

D. 是一种专门定点切割蛋白质内部肽键的酶

9. 核酸变性后，________。

A. 紫外吸收升高，黏度下降

B. 紫外吸收和黏度都升高

C. 氢键发生断裂，黏度升高

D. 3′,5′-磷酸二酯键发生断裂，紫外吸收升高

10. T_m 值和 K_m 值，________。

A. 前者可反映核酸分子的碱基组成规律，后者可反映核酸分子的稳定性

B. 前者可反映核酸分子的碱基组成规律，后者可反映酶分子的稳定性

C. 前者可反映核酸分子的热稳定性，后者可反映酶分子与底物的亲和性

D. 前者可反映酶分子的热稳定性，后者可反映核酸分子与酶的亲和性

11. 用琼脂糖凝胶电泳分析同一个 DNA 样品时，对于单链、双链、环状、超螺旋来说，________。

A. 迁移速度最快的是超螺旋 DNA，最慢的是环状 DNA

B. 迁移速度最快的是双螺旋 DNA，最慢的是环状 DNA

C. 迁移速度最快的是环状 DNA，最慢的是双螺旋 DNA

D. 迁移速度最快的是单链 DNA，最慢的是超螺旋 DNA

12. ________互为拓扑异构体。

A. L 值不同的同种 DNA 分子

B. L 值相同的同种 DNA 分子

C. 分子质量相同、L 值不同的 DNA 分子

D. 分子质量相同、L 值相同的 DNA 分子

13. 下述关于核小体的阐述哪条是正确的？________。

A. 核小体是真核生物染色质的基本结构单位

B. 核小体由组蛋白组成

C. 核小体是由 RNA 分子绕组蛋白核心组装成的

D. 核小体组蛋白核心上的 DNA 以右手螺旋缠绕

14. 下述关于核小体的阐述哪条是错误的？________。

A. 核小体是原核生物的染色质颗粒

B. 在普通显微镜下无法观察到核小体

C. 核小体是由 DNA 分子绕组蛋白核心组装成的

D. 核小体上的 DNA 以左手螺旋形式缠绕组蛋白核心

15. DNA 合成需要的原料是________。

A. ATP、TTP、CTP、GTP

B. ATP、UTP、CTP、GTP

C. dATP、dUTP 、dCTP 、dGTP

D. dATP、dTTP、dCTP、dGTP

16. 下述关于 DNA 碱基的描述哪项是错误的？________。

A. 不同物种 DNA 碱基组成的比例不同

B. 同一生物不同组织 DNA 碱基组成相同

C. 除病毒的所有物种 DNA 中，[A]=[T]，[G]=[C]

D. 生命体的 DNA 碱基非常稳定，碱基结构不会随代谢发生变化

17. 真核生物 mRNA 的帽子结构中 3 个磷酸基的连接方向是________。

A. $2'\rightarrow5'$

B. $5'\rightarrow5'$

C. $3'\rightarrow3'$

D. $3'\rightarrow5'$

18. 如果 tRNA 的反密码子是 ACG，那么它将能识别 mRNA 分子的________密码子。

A. CGU

B. TGC

C. UGC

D. CGU 和 UGC

19. RNA 经稀 NaOH 水解后的产物是________。

A. $5'$ -核苷酸

B. $2'$ -核苷酸

C. 3′-核苷酸

D. 2′-核苷酸和 3′-核苷酸的混合物

20. 下列有关 DNA T_m 值的阐述哪种说法是正确的？________。

A. C+G 比例越高，T_m 值越低

B. T_m 值高的 DNA 对温度更敏感

C. T_m 值高的 DNA 不容易热变性

D. C+G 比例越高，变性 DNA 的温度范围越宽

21. DNA 经电泳分离后的电泳条带显示通常用________。

A. 紫外灯照射法

B. 紫外分光光度法

C. 地衣酚试剂显色

D. 二苯胺试剂显色

22. 真核生物染色体的最小结构单位是________。

A. 质粒

B. 核糖体

C. 染色质

D. 核小体

23. 人类基因组的碱基数目为________。

A. 2.9×10^9 bp

B. 2.9×10^6 bp

C. 3.9×10^9 bp

D. 3.9×10^6 bp

24. DNA 双螺旋结构模型是________提出的。

A. James D. Watson

B. Francis H. C. Crick

C. Max Perutz 和 John C. Kendrew

D. James D. Watson 和 Francis H. C. Crick

25. DNA 双螺旋结构模型是________年提出的。

A. 1943

B. 1953

C. 1963

D. 1973

26. 下述哪个配对项是错误的？________。

A. Miescher-DNA 发现

B. Avery-DNA 是遗传物质

C. Watson 和 Crick-DNA 双螺旋结构

D. Hoppe-Seyler-DNA 顺序

27. 下属 DNA 序列哪个含有回文结构？________。

A. GCATCC

B. CGATTAGC

C. GAGAGAGA

D. GCATATGC

28. ATP 不属于核苷，是因为它________。

A. 含有磷酸基团

B. 含有 3 个磷酸基团而不是 1 个

C. 缺乏核糖基团

D. 没有连接到羧基上

29. 在 DNA 分子中，每个脱氧核糖的________位羟基和________位羟基参与形成磷酸二酯键。

A. 2′;3′

B. 3;5

C. 3;4

D. 3′;5′

30. 根据查尔加夫定律(Chargaff rule)，DNA 样品的碱基组成规律是________。

A. (G+C)的百分数+(A+T)的百分数=100%

B. A═T，C═G

C. %A+%G+%C+%T=100%

D. 以上都对

31. 一个 DNA 四核苷酸片段“AGTC”，其自由羟基位于________。

A. A

B. A、G、T、C

C. C

D. G、T

32. DNA 拓扑异构酶的功能是________。

A. 从 DNA 末端逐个水解核苷酸

B. 增加或减少 DNA 的超螺旋

C. 使含氮碱基甲基化

D. 将 DNA 组装成核小体

(答案：1A　2B　3D　4C　5A　6D　7A　8B　9A　10C　11A　12A　13A　14A　15D　16D　17B　18A　19D　20C　21A　22D　23A　24D　25B　26D　27D　28A　29D　30D　31C　32B)

选择题要点解析

1. 选择 A。

［考点］DNA 双螺旋结构。

［解析］两条多核苷酸链并非以均匀螺旋形式相互缠绕，而是有一个大沟，一个小沟。

2. 选择 B。

［考点］tRNA 结构特点。

［解析］所有 tRNA 的 3′端为 CCA，是连接活化氨基酸的位点。tRNA 的二级结构为三叶草形，含有识别 mRNA 密码子的反密码子。

3. 选择 D。

［考点］DNA 印迹技术。

［解析］Southern blot 即 DNA 印迹技术，其基本原理是利用核酸分子杂交来检测 DNA 是否存在某段碱基序列。人们将类似的实验策略用于对 RNA 样品检测，并称之为“Northern blot”，即 RNA 印迹，这是一种将变性 RNA 转移到滤膜上，利用分子杂交原理研究基因表达规律的分析技术。“Western blot”为蛋白质免疫印迹。

4. 选择 C。

［考点］核苷酸多样性。

［解析］核苷酸有多种，DNA 中的核苷酸为 5′-脱氧核糖核苷酸，它们之间靠 3′,5′-磷酸二酯键相连。

5. 选择 A。

［考点］核酸连键共同性。

［解析］所有核酸分子都由核苷酸组成，连键性质一般都是 3′, 5′-磷酸二酯键。

6. 选择 D。

［考点］溴化乙锭的应用。

［解析］溴化乙锭(EB)为一扁平的小分子芳香环化合物，能够嵌入双链 DNA 中，在紫外光照射下发出红橙色(590 nm)荧光。RNA 因为含有部分螺旋，也能用 EB 显色。EB 具有致癌作用，在使用时不要直接接触皮肤，有关废物要特别处理。

7. 选择 A。

［考点］核酸制品纯度的快速测定。

［解析］用紫外分光光度法可以对分离的 DNA 样品进行快速纯度鉴定和浓度估算。读出样品在 260 nm 和 280 nm 下的吸光值，从 A_{260}/A_{280} 的比值可判断样品的纯度。比较纯的 DNA，A_{260}/A_{280} 一般为 1.8～2.2。蛋白质或酚类物质在 280 nm 有很强的吸收，核酸样品含有这些物质时，A_{260}/A_{280} 值将明显降低。RNA 因为以单链为主，光吸收值高，一般规定 A_{260}/A_{280} 值高于 2.0 才算纯度高。

8. 选择 B。

［考点］限制性内切酶的作用特点。

[解析] 限制性内切酶的主要作用特点：①专用于降解异源 DNA；②具有特异的识别序列；③同时水解 DNA 两条链，形成的 DNA 片段有平末端和黏末端两种。

9. 选择 A。

[考点] 核酸变性。

[解析] 天然核酸在某些物理、化学因素(如过酸、过碱、过热、变性剂等)作用下，双螺旋区会因氢键断裂变成单链，紫外吸收升高，黏度下降，生物活性丧失。这种现象称为核酸的变性。核酸变性时，碱基间的氢键和碱基堆积力受到破坏，但没有共价键的断裂。

10. 选择 C。

[考点] 区分核酸 T_m 与酶的米氏常数。

[解析] DNA 热变性时双螺旋破坏一半时所需要的温度称为 DNA 熔解温度(melting temperature，T_m)，T_m越高，表明核酸分子 C、G 含量越高，热稳定性越大。K_m 是酶的特征常数，K_m 越小，表示酶与底物的亲和力越大。

11. 选择 A。

[考点] 核酸构象与电泳迁移速度的关系。

[解析] 构象不同的同种核酸分子在凝胶电泳时的迁移速度不同：超螺旋 DNA＞线形 DNA＞环状 DNA。

12. 选择 A。

[考点] DNA 拓扑学。

[解析] 双螺旋在发生拓扑结构变化时遵循一个规律：$L=T+W$。L 为连接数，指超螺旋水平中一条链绕另一条链 360°所形成的交叉数，是双螺旋数(T)和超螺旋数(W)之和。拓扑异构体是指同一双螺旋体的不同状态，它们的 L 值不同。

13. 选择 A。

[考点] 核小体的概念。

[解析] 核小体是真核生物染色质的重复结构单位，由 DNA 盘绕组蛋白核心而成。组蛋白核心为八聚体，含有各 2 个拷贝的 H2A、H2B、H3 和 H4。盘绕组蛋白核心的 DNA 大约有 200 bp，其中 146 bp 以左手超螺旋形式在组蛋白核心外部盘绕 1.75 圈，其余部分用作 2 个核小体之间的连接 DNA，长度约 54 bp。

14. 选择 A。

[考点] 核小体的概念。

[解析] 参见上文。

15. 选择 D。

[考点] DNA 组成。

[解析] DNA 碱基组成 A、T、C、G，核糖在 2′-脱氧。“d”表示脱氧。

16. 选择 D。

[考点] DNA 碱基组成规律与碱基修饰。

[解析] 从核苷酸代谢一章可以看出，DNA 碱基在代谢中是发生变化的。另外，DNA 分子碱基修饰是表观遗传学的分子基础。

17. 选择 B。

[考点] mRNA 的帽子结构。

[解析] 5′帽子结构中存在 3 个磷酸基团，以 5′→5′连接。

18. 选择 A。

[考点] 核酸阅读方向和碱基互补。

[解析] 按照从 5′到 3′的阅读规定，ACG 即 5′-ACG-3′，所对应 mRNA 序列是 3′-UGC-5′，所以应是 CGU。

19. 选择 D。

[考点] RNA 对弱碱的敏感性。

[解析] RNA 的磷酸酯键被稀碱解时，首先形成 2′，3′-环磷酸酯，进一步水解产生 3′-核苷酸、2′-核苷酸的混合物。

20. 选择 C。

[考点] 核酸变性温度与碱基组成之间的关系。

[解析] 影响 T_m 值的主要因素之一是 DNA 的碱基组成。C+G 含量越高，T_m 值越高，因为 C≡G 对有 3 个氢键，变性时比 A=T 对分离开需要较多的能量。

21. 选择 A。

[考点] 核酸染色条带的观察技术。

[解析] 核酸电泳时，通常在凝胶制备过程中加入 EB，或在电泳完成后用含 EB 的水溶液对凝胶进行染色，然后在紫外光照射下观察核酸条带的橘黄色荧光。紫外分光光度法用于定量溶液中有关物质含量；地衣酚试剂常用于定量溶液中的 RNA，二苯胺用于定量溶液中的 DNA。

22. 选择 D。

[考点] 质粒、染色质概念。

[解析] 在染色体外还有游离的小的环状 DNA 分子，称为质粒(plasmid)。除细菌外，酵母和其他真菌中也有质粒。由于质粒与抗性有关，而且可以携带基因在物种间转移，因此成为现代分子生物学技术中基因分离、克隆和转移的主要工具。核糖体是蛋白质合成场所。染色质是在细胞分裂间期分散在核内的丝状物，可被碱性染料着色，能在电镜下观察到，它们由 DNA 分子和蛋白质一起组成，在细胞分裂期以染色体形式出现。

23. 选择 A。

[考点] 人类基因组。

[解析] 人类基因组大小在 3 亿碱基对左右。有不同数字，大多在 $(2.9\sim3.3)\times10^9$ bp [$(2.9\sim3.3)\times10^6$ kb]。

24. 选择 D。

[考点] DNA 双螺旋模型提出者。

[解析] 1953 年，Watson 和 Crick 共同提出 DNA 双螺旋结构模型。

25. 选择 B。

[考点] DNA 双螺旋模型。

[解析] 由于 DNA 双螺旋模型第一次呈现了遗传信息的储存方式(碱基顺序)以及 DNA 复制的分子机理(碱基互补),揭示了生物遗传的内在规律,为分子遗传学、分子生物学的研究拉开了序幕,人们不仅非常熟悉 Watson 和 Crick 两位科学家,而且对模型的提出年代非常关注。

26. 选择 D。

[考点] 生物化学著名科学家的成就。

[解析] Hoppe-Seyler 是生物化学学科建立之初贡献最大的科学家之一,他于 1877 年创办《生理化学杂志》。DNA 测序始发于 20 世纪 70 年代,著名的科学家有 Sanger 等。

27. 选择 D。

[考点] DNA 回文结构特点。

[解析] 回文结构主要特点是:含有反向重复序列,且出现在 DNA 两条链中呈二重对称。B 属于镜像重复,即反向重复序列在同一条 DNA 链中。限制性内切酶识别序列通常是回文结构。

28. 选择 A。

[考点] 核苷与核苷酸的区别。

[解析] 核苷酸是由核糖、碱基和磷酸基团组成的。核苷与核苷酸的区别在于前者没有磷酸基团。AMP、ADP、ATP 都属于核苷酸,只是磷酸基团数量不同。

29. 选择 D。

[考点] DNA 连键。

[解析] DNA 连键性质是 $3'$,$5'$-磷酸二酯键。$3'$、$5'$ 特指核糖上的碳原子编号。碱基上的原子编号没有“$'$”。

30. 选择 D。

[考点] DNA 碱基组成规律。

[解析] DNA 由 4 种碱基组成。无论何种生物的 DNA,碱基摩尔含量存在一定关系:[A]=[T],[C]=[G];嘌呤碱和嘧啶碱含量相同,即[A]+[G]=[C]+[T]。

31. 选择 C。

[考点] DNA 一级结构。

[解析] DNA 分子(或片段)是由脱氧核苷酸按照 $3'$,$5'$-磷酸二酯键相连形成多核苷酸链。该多核苷酸链有两个末端,一个是戊糖 $5'$碳原子上的磷酸基团,一个是戊糖 $3'$碳原子上的自由羟基。多核苷酸链的阅读和书写方向为 $5' \to 3'$。DNA 四核苷酸片段 AGTC 的自由羟基在 $3'$端,即胞嘧啶核苷酸上。

32. 选择 B。

[考点] DNA 拓扑异构酶。

[解析] DNA 拓扑异构酶有两种类型,其作用方式不同,但功能相同,都是通过改变 DNA 的超螺旋数,使 DNA 在拓扑异构体之间转变。

五、简答题

1. 指出核苷酸分子中的结构组成和连键性质，并讨论核苷酸的生物功能。

解：核苷酸由戊糖、磷酸和碱基以 1∶1∶1 的分子比例组成，戊糖环上的 C1 与嘧啶碱基的 N1（或嘌呤碱基的 N9）以 β-糖苷键相连；戊糖的 C5 与磷酸基团以 5′-磷酯键相连。

核苷酸种类很多，功能也是多方面的。

（1）组成核酸的核苷酸是 5′-核苷酸。其中 5′-脱氧核糖单核苷酸（dAMP、dTMP、dCMP 和 dGMP）是生物遗传物质——DNA 的基本结构单位；5′-核糖单核苷酸（AMP、UMP、CMP 和 GMP）是各种 RNA 的基本结构单位。RNA 在蛋白质合成、基因表达、调控中起重要作用。

（2）腺苷三磷酸——ATP，作为能量的瞬时载体，在生物大分子合成、细胞运动、物质运输、生物发光等生命活动中发挥作用，另外还在分子间磷酸基团转移中起"中转站"作用。

（3）核苷酸还参与许多辅酶、辅基的组成。

（4）环腺苷酸是细胞通信的媒介，在细胞信号转导中发挥作用。

2. 比较 RNA 和 DNA 的化学组成、连键性质以及生物功能。

化学组成：RNA 的基本结构单元是核苷酸，由核糖、磷酸和 A、U、C、G 4 种碱基以 1∶1∶1 的分子比例组成；DNA 的基本结构单元是脱氧核苷酸，由 2′-脱氧核糖、磷酸和 A、T、C、G 4 种碱基以 1∶1∶1 的分子比例组成。

连键性质：RNA 和 DNA 的连键性质相同。核糖（或脱氧核糖）环上的 C1 与嘧啶碱基的 N1（或嘌呤碱基的 N9）以 β-糖苷键相连；核糖（或脱氧核糖）的 C5 与磷酸基团以 5′-磷酯键相连。核苷酸（或脱氧核苷酸）之间都以 3′,5′-磷酸二酯键相连。

生物功能：DNA 的功能是作为细胞遗传物质。RNA 种类多，功能具有多样性。①参与蛋白质合成。其中 tRNA 的任务是携带活化的氨基酸，rRNA 则构成蛋白质合成的场所，mRNA 作为信使以蛋白质合成模板的形式将遗传信息从 DNA 传递到蛋白质。②参与 RNA 转录后加工与修饰。如 *L*-19 RNA 的自我剪接。③基因表达与调控。如小分子 RNA 的作用。④作为遗传物质。如病毒 RNA。⑤生物催化。如某些核酶具有氨酰酯水解活性和肽基转移酶活性。此外，RNA 在生物进化中具有重要作用。

3. 简述 DNA 双螺旋模型结构要点，并讨论 DNA 双螺旋结构模型的生物学意义。（见本章要点分析）

4. 简述 tRNA 的结构特点，并指出其在转运氨基酸中的重要功能位点。（见本章要点分析）

5. 讨论 mRNA 结构特点。（见本章要点分析）

6. 什么是"restriction endonuclease"？讨论其特点和用途。

"restriction endonuclease"即限制性内切酶，DNA 核酸酶的一种，是细菌体内存在的一类核酸内切酶，它可以识别外源 DNA 的特征序列并与之结合，从而限制外源 DNA 表达、避免入侵 DNA 干扰本身的遗传稳定性。

限制性内切酶的作用特点是：①专一性识别具有回文特征的 DNA 序列，定点切断磷酸二酯键;②切断 DNA 双链时形成黏性末端或平头末端。

在研究中,限制性内切酶在 DNA 重组与基因鉴定中有广泛用途。如突变种鉴定、DNA 限制图谱的制作等。

7. 什么是 T_m? 影响 T_m 值的因素有哪些? (见本章要点分析)

8. 下图是同种 DNA、不同状态下的光谱吸收结果。从该图可以得到什么结论?

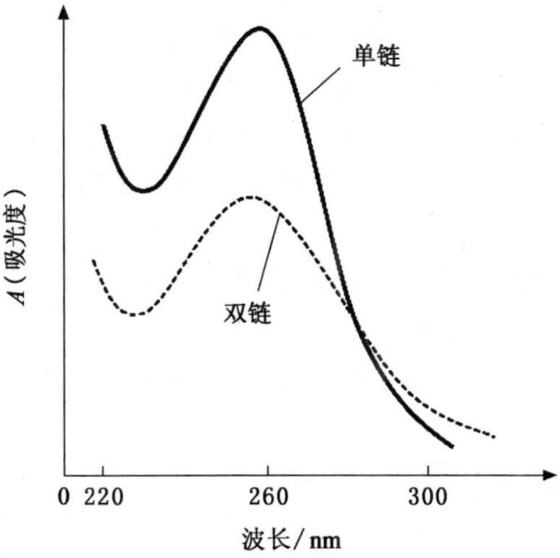

解:

(1)核酸在近紫外区有光吸收,吸收峰在 260 nm;

(2)在 260 nm,单链 DNA 比双链 DNA 吸收值高(即增色效应)。

六、实验题

1. 从生物材料制备 DNA 时常用到 SDS、EDTA 、酚/仿(饱和酚/氯仿)、乙醇等试剂,对 DNA 进行电泳鉴定时常用到溴化乙锭,请说明这 5 种试剂的作用。

解:

(1)SDS:作为去污剂和蛋白质变性剂,可以破坏细胞膜,变性蛋白质,抑制酶类活性,促进完整核酸分子从细胞中释放出来。

(2)EDTA: Mg^{2+} 是 DNA 酶的辅因子。EDTA 作为二价离子螯合剂,可以消除溶液中自由的 Mg^{2+},使 DNA 酶失去活性,从而保护 DNA 分子不被水解。

(3)酚/仿试剂:抽提除去核酸提取物中的膜类物质和蛋白质。

(4)乙醇:沉淀 DNA,也可以用来洗除 DNA 沉淀中的杂质。

(5)溴化乙锭:作为核酸专一性荧光染料嵌入双螺旋中,使分离的核酸条带在紫外光照射下能显现出来。

2. 如何快速判断核酸样品中是否有蛋白质污染?

解:可用紫外吸收法。通过用紫外分光光度计测定样品在 260 nm 和 280 nm 光密度值(A_{260},A_{280}),然后计算 A_{260}/A_{280} 的比值。如果 DNA 样品的 A_{260}/A_{280} 比值大于 1.8,RNA 的 A_{260}/A_{280} 比值大于 2.0,一般被视为高纯度样品。如果低于这些数字,表明核酸溶液中含有蛋白质等污染。此方法可以了解核酸制品的大致纯度,快速判断样品中是否有明显蛋白质污染。

3.介绍两种现代研究中常用于测定核酸样品含量的方法,并分析它们的应用特点。

解:

(1)紫外吸收法。核酸在 260 nm 有紫外吸收峰,在 260 nm 测定光吸收值 A_{260} 即 OD_{260}。如果是双螺旋 DNA 样品,A 值为 1 相当于 50 μg/mL;若是 RNA 样品,A 值为 1 相当于 40 μg/mL,从而可以计算获得核酸样品含量。

(2)琼脂糖凝胶电泳。利用一个已知含量的 DNA 样品作为标准,在同一个凝胶上进行电泳,溴化乙锭(EB)染色后,根据电泳条带粗细判断核酸样品的含量。

相比较而言,紫外吸收法快速、准确,而且不浪费样品,但要求样品达到一定纯度。琼脂糖凝胶电泳法对样品纯度要求不高,而且在已知浓度 DNA 做参考的情况下,样品浓度测定更为准确。

(此外,还有一些传统的旧方法:钼蓝比色法是通过测定磷含量对核酸定量;地衣酚显色法是通过测定 RNA 的戊糖含量对 RNA 定量;二苯胺显色法是通过测定 DNA 的脱氧核糖含量对 DNA 定量。这些方法已逐渐被现代方法替代。)

4*.用普通电泳法对制备的同一种质粒 DNA 进行分析时,出现了 3 条电泳带。这 3 条带分别是什么?请解释。

解:核酸分子在电泳中的迁移速度与环境和自身状态有关。迁移速度与电场强度、电泳胶的浓度、核酸分子大小、核酸分子构象等有关。在相同电泳条件下,核酸分子越小,迁移速度越快。同种质粒 DNA,分子质量相同。对同一种质粒 DNA 进行分析时出现 3 条电泳带,是构象不同引起的。构象不同的同种核酸分子迁移速度不同,超螺旋 DNA 的迁移速度大于线性 DNA,线形 DNA 又大于环状 DNA。

因此,在电泳凝胶上,迁移速度从快到慢的 3 条带应该是:超螺旋 DNA→线性 DNA→环状 DNA。

5*.实验室中分析核酸时,有时用琼脂糖凝胶电泳,有时用聚丙烯酰胺凝胶电泳。如何根据核酸样品选择凝胶介质?

解:无论哪种介质,都是按分子的大小来分离核酸的。比较而言,琼脂糖电泳对核酸大小的分离范围更广,从质粒 DNA 到基因组 DNA,都可以通过凝胶浓度的调节对核酸进行有效分离、分析;由于琼脂糖中常含有核酸酶,因此如果是 RNA 样品,应该注意在变性条件下进行电泳。相对于琼脂糖凝胶,聚丙烯酰胺凝胶孔径要小得多,适合分析小于 1 000 bp 的 DNA 片段或 RNA;聚丙烯酰胺凝胶不含核酸酶,更适合 RNA 样品的分离、分析。

6*.用于分离蛋白质的密度梯度常用蔗糖制备,而氯化铯密度梯度更常用于核酸分离。试分析其原因,并讨论氯化铯密度梯度超离心的应用效果。

解:①与蛋白质相比,核酸分子密度大,黏度大;②与蔗糖相比,氯化铯溶解度大,可制成高浓度、高密度的溶液;氯化铯黏度小,易扩散,有利于核酸的分离。因此,氯化铯密度梯度更常用于核酸分离。

核酸样品经过氯化铯密度梯度离心后,各成分按自身密度不同分别处于离心管的不同位置。就不同大分子来讲,RNA 密度>DNA 密度>蛋白质密度,因此,超离心后 RNA 位于离心管最下方,蛋白质位于最上层,DNA 分子位于中间。就不同构象的 DNA 而言,其分子密度表现为:超螺旋 DNA>线性 DNA;对于同种 DNA 分子来讲,单链 DNA 密度大于双链 DNA

密度;对于 G-C 含量不同的 DNA，G-C 含量越高,核酸分子密度越大。可见这些样品都可以选用氯化铯密度梯度超离心法进行分离。

7. 用什么方法可以有效地将同一个 DNA 样品中的单链 DNA 和双链的 DNA 分开？依据的基本原理是什么？

解：

(1)琼脂糖电泳

原理:两种形式的 DNA 电泳迁移率不同,单链的 DNA 迁移快。

(2)氯化铯密度梯度超离心

原理:两种形式的 DNA 密度不同,单链 DNA 比双链 DNA 密度大,沉降速度快。

(3)羟基磷灰石柱层析

原理:两种形式的 DNA 吸附能力不同,双链 DNA 与羟基磷灰石结合更紧。

七、论述题

解释核酸的变性和复性,并举例说明分子杂交在核酸研究中的应用。

要点分析：

天然核酸在某些物理及化学因素(如过酸、过碱、过热、加变性剂)作用下,双螺旋区因氢键断裂变成单链,紫外吸收升高,黏度下降,生物活性全部或部分丧失。这种现象称为核酸的变性。在适当条件下,DNA 变性后的两条分开的核苷酸链可以靠氢键重新结合成为双螺旋,使其物理、化学及生物活性得到恢复,这便是核酸复性。

通过核酸的变性和复性操作,可使两条来源不同但有碱基序列互补关系的 DNA 单链分子之间或 DNA 单链分子与 RNA 分子之间,在互补区段形成双链 DNA 分子或 DNA/RNA 异质双链分子,即核酸的分子杂交。分子杂交在分子生物学研究中用途广泛。

如 DNA 印迹。是一种利用分子杂交原理鉴定 DNA 的方法。技术要点是:将 DNA 样品进行限制性内切酶处理,并用琼脂糖凝胶电泳将不同长度的 DNA 进行分离,然后将 DNA 变性并原位转移至滤膜,与带有标记的核酸探针(已知序列)进行杂交反应,从而使能与探针互补的 DNA 片段得到检测。DNA 印迹可用来鉴定不同物种间是否存在同源基因,或鉴定转基因生物是否已有外源基因的整合,也可用于鉴定同一生物某一基因的拷贝数。(或以 RNA 印迹为例。RNA 印迹在操作过程中也利用了核酸的变性、复性原理,常用来在 mRNA 水平研究基因的表达规律)

第六章　酶与辅酶

一、本章总结简图

- 酶与辅酶
  - 酶的种类及命名
  - 酶活力及其测定(酶活力、活力单位、比活力、酶活性测定原则)
  - 酶促反应动力学
    - 底物浓度对酶促反应速度的影响
    - pH对酶促反应速度的影响
    - 温度对酶促反应速度的影响
    - 抑制剂对酶促反应速度的影响
  - 酶的作用机理
    - 酶活性中心
    - 酶专一性理论
    - 酶高效催化的因素
  - 酶的活性调节
    - 别构调节
    - 酶原激活
    - 共价调节
  - 维生素与辅酶

本章中有关酶的种类、命名可只作一般了解,复习重点是酶活力测定的基本原则、酶的作用机理、酶促反应动力学规律、酶活性调节。难点是酶作用机理。容易出的灵活题往往是一些与实验有关的分析题。需要强调指出的是,分析题有各种各样,但都离不开基本知识,因此学习重点应放在对基本知识的系统掌握上。

二、要点内容与问题分析

1.酶催化作用的特点

- 酶催化作用特点
  - 催化效率高
  - 高度专一性
  - 反应条件温和
  - 活性可被调节

酶是生物系统的反应催化剂,是细胞产生的具有催化活性的生物大分子。其主要作用特点一是通过显著降低反应活化能,提高催化效率;二是对所催化的反应具有高度专一性。此外,相对于无机催化反应,酶促反应条件温和,可以在常温、常压和有水的条件下正常进行。在体内,酶的活性受到严格调节。

2.酶的分类

- 酶类别
  - 按组成
    - 简单蛋白类
    - 结合蛋白类(全酶)
      - 酶蛋白
      - 辅因子
        - 辅基
        - 辅酶
        - 金属离子
  - 按分子结构
    - 单体酶
    - 寡聚酶
    - 多酶复合体
  - 按表达规律
    - 结构酶(structural enzyme)：体内表达受外界影响小，含量较稳定
    - 诱导酶(induced enzyme)：在某诱导物存在条件下细胞产生的酶
  - 按国际系统：氧化还原酶类、转移酶类、水解酶类、裂合酶类、异构酶类、连接酶类、易位酶

酶有各种广义的名称，如全酶、多酶复合体、聚合酶等，在问题的阐述或面对选择题时容易出现错误。从上图可以看出，酶的类别可从不同角度划分。按照组成可分为两大类：简单蛋白类的酶只含有多肽链，如溶菌酶；结合蛋白类的酶含有蛋白质和与之结合的辅因子。结合蛋白类的酶又叫全酶，由蛋白质部分和非蛋白质部分组成。全酶中脱去辅因子后的蛋白质部分称为脱辅酶(又叫酶蛋白)。辅因子包括3类：辅基、辅酶、金属离子。辅基与酶蛋白的结合为共价键，通过透析不能除去；而辅酶与酶蛋白的结合是非共价的，透析可除去。这里需要注意"酶蛋白"不能混为"蛋白酶"，这是两个截然不同的概念，后者是指专门水解蛋白质肽键的酶。

单体酶只有一条多肽链组成，分子质量较小，如溶菌酶。寡聚酶是由两个以上蛋白质亚基组成的酶，如大肠杆菌RNA聚合酶。多酶复合体是由多种酶靠非共价键彼此嵌合而成的，这些酶能够连续依次催化一个代谢过程中的各个反应(注意多酶复合体和多酶体系的区别。多酶体系是指能依次催化一个代谢过程的多步反应的一组酶，既包括在结构上呈嵌合体形式存在的多酶复合体，也包括以分散状态存在、功能密切相关的一组酶)。

按国际系统命名法将酶分为七大类。这里注意区分裂合酶(lyases)和连接酶(ligases)。裂合酶在催化反应时将基团加到双键或去基团形成双键；而连接酶的反应与ATP水解相偶联，催化新共价键的形成。按国际系统命名法，一种酶的具体名称包括系统名称和酶分类号。酶分类号由EC和4个数字组成。

3.酶活力单位、酶的比活力、酶转换数

按照国际酶学委员会规定，一个酶活力单位是指在最适条件下(25℃，最适pH，充足底物)，每分钟能催化1 μmol底物转化为产物所需要的酶量。酶活力单位用"IU"表示，1 IU相当于1 $\mu mol \cdot min^{-1}$。(习惯上也用"U"表示)

酶的比活力是指单位重量的酶所含有的活力单位数，酶比活用"$U \cdot mg^{-1}$""$U \cdot g^{-1}$"或"$U \cdot mL^{-1}$"为单位表示，也可直接用"$\mu mol \cdot min^{-1} \cdot mg^{-1}$"为单位表示。

酶转换数表示为K_{cat}，即在最适条件下，每个酶分子在每秒钟转化底物的分子数，单位是s^{-1}。

一般用酶活力单位数表示酶量，用酶比活表示酶制品的纯度，用酶转换数表示酶的催化效率。

4.酶活力及测定原则

酶活力(enzyme activity)是指酶催化一定化学反应的能力。酶促反应的速度用单位时间内(或单位体积内)底物的减少量或产物的增加量来表示。通过测定催化反应速度可了解酶活力。

一般来讲,酶的本质是蛋白质,测定酶活力时应坚持如下 3 个基本原则:

(1)测定酶促反应的初速度(initial velocity)v_0

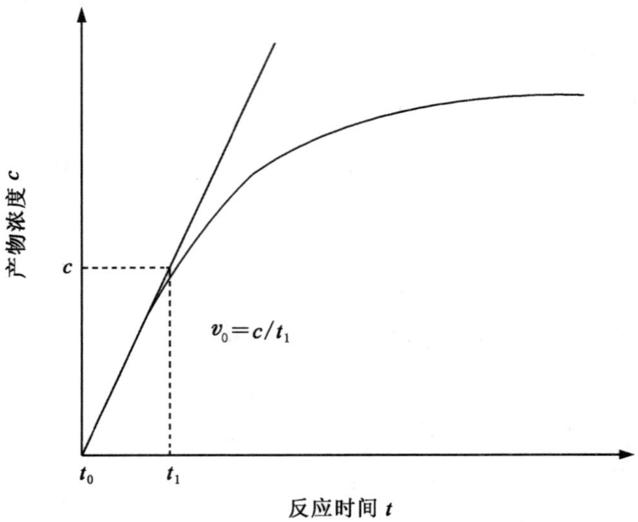

酶促反应进程曲线

从上图酶促反应进程曲线(注意坐标:纵坐标为产物浓度,横坐标为反应时间)来看,在反应初期(t_0-t_1),产物浓度随反应进程呈正比例增加,此时的反应速度为初速度 v_0;随着时间的延长,曲线逐渐平坦,即反应速度逐步下降;到一定时间后,产物浓度趋向平衡。其原因有:①产物浓度的增加使逆反应速度增加;②产物对酶的抑制作用(反馈抑制)使反应速度减慢;③反应时间过长引起部分酶分子失活等。

因此,要准确测定一种酶的催化活力,应测定产物浓度随反应时间呈线性增加时间段的速度,即 v_0。只有 v_0 能反映酶的真实催化能力。

(2)在最适条件下测定

酶在温和的条件下可以有效地进行催化反应,这是它的特点之一,但在体外测酶活时,温度、pH 和水溶液的离子成分、强度对酶活性是有影响的。pH 不仅影响酶分子的解离状态和稳定性,而且还影响底物的解离状态,过酸、过碱都会干扰酶与底物的结合和催化反应的正常进行。酶促反应速度对 pH 的反应曲线大多呈现钟形曲线,如下页图:

酶促反应速度达到最高时的 pH 为最适 pH。进行酶促反应时,要选择在最适 pH 下进行。

酶促反应随温度的变化曲线与反应速度-pH 图相似,随着温度升高虽然超过活化能障的分子数增加,可使反应加快,但温度过高会导致酶蛋白变性。因此要选择在最适温度下进行。

此外,溶液中的离子种类和离子强度对酶活性和酶的溶解度都有一定影响,应该选择合适的反应缓冲液。

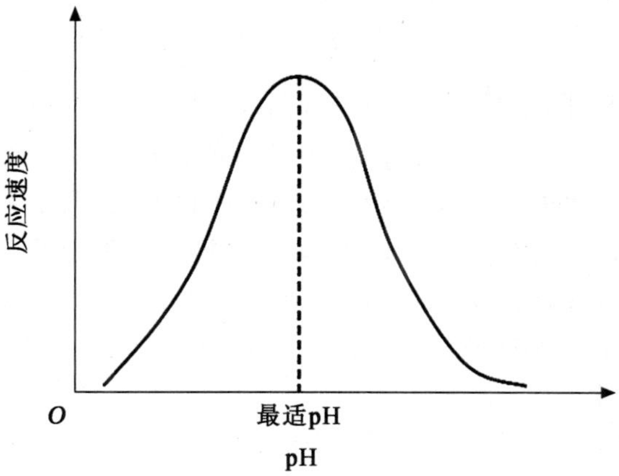

酶促反应速度随 pH 的变化曲线

(3)底物浓度远远超过酶量

根据米氏方程(见下文),当[S]≫K_m时,$v_0=V_{max}$,此时酶分子全部被底物饱和,反应速度与底物浓度无关。可见,测定酶活力时,反应系统中必须有足量的底物。酶催化效率很高,只有当底物浓度远远超过酶量时,酶分子才能在整个反应期间一直处于被底物饱和的状态,只有在此条件下才能正确测定酶活力。

5.酶促反应初速度与底物浓度的关系

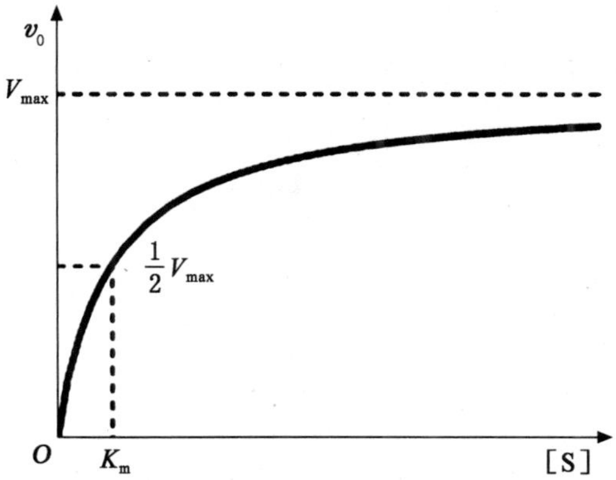

v_0-[S]曲线

上图表示酶促反应初速度 v_0 与底物浓度[S]的关系。如图所示,在底物浓度比较低时,v_0 随底物浓度的增加呈线性增加,为一级反应;随底物浓度进一步增加,v_0 的增加不再是线性增加,而是混合级反应;最后反应速度达到最大,为零级反应。说明酶促反应呈现"底物饱和效应"。"底物饱和效应"是酶促化学反应的鲜明特征。V_{max} 为最大反应速度,K_m 为米氏常数,单位为 mol·L^{-1},其物理意义是酶促反应速度达到最大反应速度一半时底物的浓度。

v_0、V_{max}、[S]之间的定量关系可用米氏方程表示:

$$v_0=\frac{V_{max}[S]}{K_m+[S]}$$

这里特别注意，v_0-[S]曲线和酶促反应进程曲线(见上文酶促反应测定原则)形状相似，但坐标不同，说明的问题也不同。v_0-[S]曲线反映的是酶促反应初速度随底物浓度增加时的变化规律，说明的是酶促反应的“底物饱和效应”特征；酶促反应进程曲线则说明只有初速度才能代表酶的催化活力。在分析或绘制此类图时，一定注意坐标的正确标注。

通过此方程可以计算酶处于某反应速度时 K_m 与[S]的关系。如反应速度达到最大反应速度 80%时，K_m 与[S]的关系为 $K_m=0.25$ [S](将 80%代入米氏方程即可)。

6. 用双倒数作图法测定 K_m 值

K_m 的测定有多种方法，常见的是双倒数作图法。

对米氏方程两边取倒数，可得双倒数方程：

$$\frac{1}{v_0}=\frac{K_m}{V_{max}[S]}+\frac{1}{V_{max}}$$

从该方程可知：由于 K_m和 V_{max} 是酶的动力学常数，$1/v_0$ 与 1/[S]是线性关系。以 $1/v_0$ 为纵坐标，以 1/[S]为横坐标，即可获得一条直线。直线斜率为 K_m/V_{max}，在纵轴上的截距为 $1/V_{max}$。

如果在不同底物浓度下分别测定出酶的初速度，即可获得一组 $1/v_0$ 对 1/[S]的数据，作图即可根据直线在横轴上的截距 X 值，由于 $-\frac{\frac{1}{V_{max}}}{X}=\frac{K_m}{V_{max}}$，因此，$K_m=-\frac{1}{X}$，即可求出 K_m，同时还可以根据直线在纵轴上的截距求出 V_{max}。

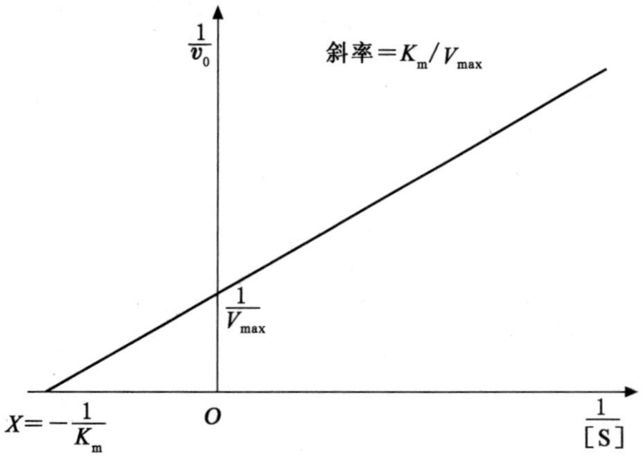

7. 酶活性抑制类型及特点

酶活性抑制是指因为某抑制剂与酶分子的结合、引起酶分子活力降低或丧失的现象。

酶活性抑制有可逆、不可逆之分。不可逆抑制剂与酶的必需基团以共价键结合，用透析的方法不能除去抑制剂；可逆抑制剂以非共价键与酶结合，透析后可以被除去。

可逆性抑制又分为 3 类：竞争性抑制、非竞争性抑制和反竞争性抑制。竞争性抑制时，酶的 V_{max} 不变、K_m 升高；非竞争性抑制时，V_{max} 降低、K_m 不变；反竞争性抑制时，V_{max} 和 K_m 均降低。

8*. 中间产物和“过渡态”

在酶促反应过程中，酶与底物之间通过原子间相互作用形成中间产物(如 ES)。中间产物的形成会使底物敏感键产生电子张力，导致底物结构处于瞬间带电活化状态。这个不稳定的高能状态即过渡态。中间产物可能处于不同能量状态，但处在过渡态的中间产物一定是被激活状态。过渡态的形成能够降低整个反应的活化能。中间产物相对比较稳定，可以从混合物中分离出来；但过渡态分子无法分离。

可结合下图进一步理解：较粗的曲线为普通化学反应的自由能随反应进程的变化曲线，分子达到过渡态需要的能量($\Delta G^{\#}_{uncat}$)要求很高。较细的曲线为酶促反应自由能随反应进程的变化曲线，底物 S 与酶 E 结合形成中间产物 ES，ES 经过过渡态形成 EP。ES 和 EP(P 为产物)均为比较稳定的中间产物。由于 ES 的形成，使整个反应的过渡态能量($\Delta G^{\#}_{cat}$)明显降低。酶促反应达到过渡态所需要跨越的能障(活化能)明显低于无酶反应。

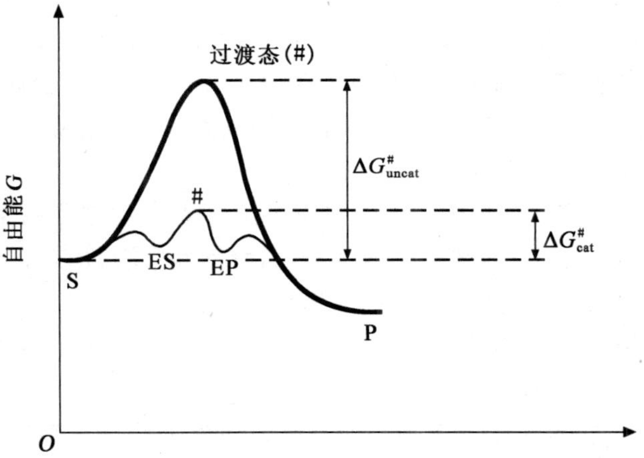

9. 酶的专一性

酶的专一性是指酶对所催化反应的专一性，包括底物专一性，也包括产物专一性。在这里，底物专一性是酶对底物的选择性；而产物专一性，是指酶促反应的产物是一定的，很少有副产物出现。专一性分为绝对专一性和相对专一性。相对专一性中有“基团专一性”和“键专一性”之分。绝对专一性中还包括立体异构专一性。

解释酶专一性的主要学说有锁钥学说和诱导契合理论。锁钥学说强调酶和底物结构上的互补性，而诱导契合理论认为酶与底物结合时，酶会受底物诱导发生构象变化，酶分子上的功能基团进行适当排列，酶与底物互补契合进行反应。诱导契合理论强调酶分子活性中心的柔性，酶分子可以诱导底物敏感键变化，而底物也可以诱导酶分子产生与底物互补的构象。

10. 几种蛋白酶的专一性

蛋白酶多种多样，都以蛋白质为底物，以水解方式使肽键断裂。不同蛋白酶对所水解肽键位置有专一性要求。胰蛋白酶(trypsin)水解碱性氨基酸——赖氨酸和精氨酸的羧基形成的肽键；胰凝乳蛋白酶(chymotrypsin)水解包括苯丙氨酸、酪氨酸和色氨酸在内的芳香族氨基酸或其他具有大的疏水侧链氨基酸的羧基形成的肽键。

11.酶高效催化的因素和机制

影响酶高效催化的因素是多方面的:①邻近效应及定向效应;②底物的形变与诱导契合;③酸碱催化;④共价催化;⑤金属离子催化;⑥酶活性中心疏水微环境的作用等。对不同的酶,起主要作用的因素不同。

如胰凝乳蛋白酶,其活性中心位于分子表面的一个凹穴(疏水性口袋),其中含3个重要的氨基酸残基:Ser195、His57和Asp102。当它水解蛋白质时,首先通过疏水性口袋对被水解肽键的氨基酸残基侧链进行选择结合,使芳香族氨基酸(或带有较大非极性侧链氨基酸)残基所形成的肽键靠近并定向于酶活性中心;之后酶活性中心的His57从Ser195上获得H^+,Ser195的羟基负电性增强,对底物肽键的羰基碳发生亲核攻击,形成一个带正电荷的四面体中间过渡态;活性中心的Asp102处于解离状态而带负电荷,正好对带正电荷的过渡态起稳定作用。处于过渡态的底物肽键发生断裂,使带氨基的产物游离,酰基-酶共价中间物形成。上述过程是一个快速过程,既有H^+的转移,即酸碱催化,又有亲核攻击引起的共价键形成,即共价催化。此后酰基-酶共价中间物慢速脱酰化,由水分子上的氧原子攻击羰基碳,与之相连的H原子趋向解离,H^+转移给His57,经过又一次四面体中间物的形成,使带羧基的产物游离下来。酶分子恢复原状,肽键被水解。可见胰凝乳蛋白酶水解肽键除了邻近及定向效应外,主要有共价催化、酸碱催化。

又如溶菌酶。溶菌酶底物是细菌细胞壁中由N-乙酰葡萄糖胺(NAG或GlcNAc)和N-乙酰胞壁酸(NAM或MurNAc)二糖单位构成的多糖,酶活性中心的Glu35、Asp52起主要作用,它通过邻近定向、诱导契合、底物变形、酸碱催化等专一性地水解NAM的C1和NAG的C4之间的糖苷键。简述如下:细菌细胞壁多糖中的NAG—NAM—NAG—NAM—NAG—NAM六糖片段(表示为A-B-C-D-E-F)与酶分子凹穴结合,酶构象发生变化,凹穴微合拢,同时底物*D*糖环发生形变,由稳定的椅式变为不稳定的半椅式构象。*D*糖与酶间的糖苷键邻近并定向在催化基团Glu35、Asp52附近,使酶和底物充分契合。在催化糖苷键水解时,Glu35起酸碱催化作用,其羧基解离出氢离子给糖苷键的氧原子,使此氧原子与*D*糖环上C1键断开,C1带上正电荷,而Asp52带的负电荷可以稳定C1正离子,直至来自环境中的氢氧根负离子与C1正离子结合。至此,一次反应完成,酶复原。

12.酶活性调节

酶活性调节是代谢调控的一种精细调节方式。生物体内一个代谢途径包括多步反应,每步反应速度不同。对于处于限速步骤的酶,其活性往往受到严格调节,从而使整个代谢反应得以调控。酶活性的调节方式有多种形式,主要有:

(1)别构调节。由别构酶完成。别构酶分子的非催化部位与某些化合物可逆、非共价结合后发生构象变化,活性状态随即发生变化,以此达到对代谢反应的调节。值得注意的是,别构酶的v_0-[S]曲线不是双曲线形,而是S形的曲线。别构酶不遵循米氏动力学规律,因此没有K_m。解释别构酶活性调节机制的模型有序变模型和齐变模型。

(2)共价调节。共价调节酶通过其他酶对其多肽链上某些基团进行可逆的共价修饰,使酶处于活性与非活性的互变状态,从而使酶活性得到调节(需要明确的是这里的“共价”指的是酶分子的某基团受到共价修饰使酶活性发生变化)。酶分子受到共价修饰后,其活性发生变化,这种“变化”可能是激活也可能是抑制。共价调节酶的下游底物往往是另一类酶,因此当接受某种信号,一分子共价调节酶被激活后,可以使下游代谢反应产生极大的调控效果。这便是共

- 酶活性调节
  - 别构调节
    - 定义：别构酶的调节部位与它的底物可逆非共价结合后发生构象变化，使酶活性状态改变，从而调节代谢反应
    - 别构酶的特点
      - 分子结构比较复杂，酶活性中心含有一个或多个调节部位
      - 与效应物的结合是非共价的，可逆的
      - v_0-［S］曲线为S形，不遵循米氏动力学
    - 别构模型：序变模型、齐变模型
  - 共价调节
    - 定义：共价调节酶的某些基团受其他酶可逆共价修饰，使自身在激活与失活之间相互转变，从而参与调节
    - 作用特点
      - 共价修饰
      - 可逆
      - 信号放大
    - 共价调节类型：磷酸化、腺苷酰化、甲基化……
  - 酶原激活
    - 定义：有些酶新合成时没有活性，经过蛋白水解酶专一性作用后，分子构象变化，才形成有活性的酶
    - 特点
      - 蛋白发生专一性水解
      - 不可逆

价调节酶的一个重要特点——可通过级联反应将化学信号极大地放大。例如，蛋白质磷酸化与脱磷酸化过程是生物体内存在的一种普遍的调节方式，几乎涉及所有的生理及病理过程，如代谢调控、细胞的增殖及生长发育等。

(3)酶原激活(详见下一个问题)。

13. 酶原激活

有些酶以无活性的前体形式合成和分泌，然后经特异性蛋白酶作用转变为有活性的酶。这些不具催化活性的酶的前体称为酶原(zymogen，proenzyme)。如胃蛋白酶原、胰蛋白酶原和胰凝乳蛋白酶原等。通过专一性蛋白质水解，使无活性酶原变为有活性的酶的过程称酶原激活。如胰凝乳蛋白酶原激活：在胰蛋白酶的作用下胰凝乳蛋白酶原的 AA_{15}—AA_{16} 之间发生水解，使 16 位 Ile 的 α-氨基带上正电；该 Ile 与 Asp194 发生静电作用，触发构象变化，形成一个疏水性口袋，酶活性中心因此形成。

特定肽键的断裂所导致的酶原激活在生物机体中广泛存在，是生物体调控酶活性的一种重要方式。

14. 酶工程

酶工程是利用化学工程技术或基因重组技术对酶分子进行修饰、改造或重新设计，旨在改善酶性质、提高酶应用效率或降低酶应用成本而开展的研究活动。如通过微生物发酵获得大量药用酶或工业用酶；通过吸附或共价交联将酶“挂”到固体介质上，制备利于分离和反复使用的“固定化酶”；通过基因工程大量生产“克隆酶”；通过基因定点突变获得“突变酶”；通过全新设计获得超自然的“优质酶”等。

三、名词解释(特别提示：弄清基本概念有助于应对各种选择题)

常见名词有许多，如诱导酶、全酶、酶蛋白、辅酶、辅基、K_m、酶促反应初速度、多酶体系、多酶复合体、核酶、酶原、酶原激活、调节酶、共价调节、别构调节、酶活性中心、酶专一性、共价修饰、诱导契合、锁钥学说、同工酶、$FMN/FMNH_2$、$FAD/FADH_2$、$NAD^+/NADH$、$NADP^+/NADPH$、CoA、CoQ 等，有些在上文已经解释，下面就几个主要的进行说明：

特注：2012年全国研究生联考题中的问答题：

NAD^+和FAD分子都具有的核苷酸是什么？呼吸链中含有FMN的复合物和含有FAD的复合物的名称分别是什么？

要点分析：

①NAD^+和FAD的名称分别是：烟酰胺腺嘌呤二核苷酸和黄素腺嘌呤二核苷酸，所以单从名称即可回答：腺苷酸；②呼吸链中，NADH-CoQ还原酶含有FMN，琥珀酸-CoQ还原酶含有FAD。

NADH-CoQ还原酶又叫"NADH脱氢酶""复合体Ⅰ"，琥珀酸-CoQ还原酶又叫"琥珀酸脱氢酶""复合体Ⅱ"。

该题似乎很容易获得正确答案，但实际上需要扎实的基础知识。要熟记辅酶缩写、中文含义，熟悉呼吸链酶复合体功能、电子传递链。

1. 酶活性中心

酶活性中心是指酶分子上结合底物并进行催化反应的特定区域，是由同一条多肽链或不同多肽链上的几个重要氨基酸残基相互靠近形成的。酶活性中心一般有两个功能部位，一个是底物结合部位，决定了酶的专一性；另一个是催化部位，决定了酶的催化效率。对于结合蛋白类的酶，辅基、辅酶是其活性中心的重要组成部分。酶活性中心往往位于酶分子表面的裂缝（或凹穴）中，是一个三维实体，占酶整个分子很小的一部分，有一定柔性。

2. 核酶(ribozyme)

化学本质是核酸、但有酶作用特点的一类生物分子被称为核酶。

除了自我剪接、自我剪切功能，近些年还发现有的核酶可以催化氨酰酯的水解，有的作为肽基转移酶催化肽链的合成，有的还能够以DNA、葡聚糖作为催化底物。

3. 同工酶

能催化相同的生化反应，但分子结构、理化性质和免疫性能等方面存在显著差异的一组酶被称为同工酶。它们分布在同一种属或同一个体的不同组织中，也可存在于同一细胞的不同细胞器中。同工酶是由两个或两个以上不同或相同的亚基缔合而成的，具有四级结构，单个亚基没有活性。细胞中同工酶的种类和比例与胚胎发生、细胞分化、机体状态及代谢调节有关。同工酶参与细胞的分化、发育和代谢的精细调节。

4. 与维生素、辅酶有关的名词

几种重要的水溶性维生素可作一般了解。β-胡萝卜素为维生素A原，其基本结构单位是异戊二烯。1分子β-胡萝卜素可生成2分子维生素A。缺乏维生素A易患夜盲症。维生素D的基本结构为环戊烷多氢菲。维生素D为一元醇，是胆固醇的衍生物，缺乏时骨骼发育不良。维生素E为抗氧化剂，有清除氧自由基的功能，可保护细胞膜，延缓衰老。维生素K与凝血有关。维生素C具有还原作用。

B族维生素多为辅基或辅酶的组成成分，参与许多代谢过程。重要的B族维生素，如维生素B_1是TPP(硫胺素焦磷酸)的成分，而TPP是脱羧酶的辅酶，其生化作用是参与脱羧反应。维生素B_2是FMN(黄素单核苷酸)和FAD(黄素腺嘌呤二核苷酸)的组成成分；FMN和FAD是脱氢酶的辅基，其生化作用是传递2个氢原子。维生素B_5是CoA的组成成分，CoA是酰基转移酶的辅酶，生化作用是转移酰基。维生素B_3是NAD^+/NADH(CoⅠ)、$NADP^+$/NADPH(CoⅡ)的组成成分；CoⅠ和CoⅡ均为脱氢酶的辅酶，其生化作用是转移氢负离子(即 $H^+ + 2e$)。维生素 B_6 可以形成磷酸吡哆醛和磷酸吡哆胺,这两者都是转氨酶的辅酶,其生化作用是参与转氨基反应。维生素 B_7 又叫生物素,它可直接作为羧化酶的辅基,其生化作用是传递羧基。维生素 B_{11} 又叫叶酸,其还原产物四氢叶酸是转移酶的辅酶,其生化作用是转移一碳单位。维生素 B_{12} 为维生素 B_{12} 辅酶的主要组成,维生素 B_{12} 辅酶是变位酶的辅酶。

常见辅基、辅酶的名称、生化作用应清楚,结构特点可作一般了解。有些重要辅酶、辅基可对照记忆:

$FMN/FMNH_2$:前者为黄素单核苷酸的氧化型,后者为其还原型,均是脱氢酶的辅基,维生素 B_2 的衍生物,生化作用是传递 2H。

$FAD/FADH_2$:前者为黄素腺嘌呤二核苷酸的氧化型,后者为其还原型,均为脱氢酶的辅基,维生素 B_2 的衍生物,生化作用是传递 2H。

$NAD^+/NADH$:又叫 CoⅠ,前者是烟酰胺腺嘌呤二核苷酸的氧化型,后者为其还原型,均为脱氢酶的辅酶,维生素 B_3 的衍生物,生化作用是传递 1 个氢负离子。

$NADP^+/NADPH$:又叫 CoⅡ,前者是烟酰胺腺嘌呤二核苷酸磷酸的氧化型,后者为其还原型,均为脱氢酶的辅酶,维生素 B_3 的衍生物,生化作用是传递 1 个氢负离子。

这里需注意氧化型 CoⅠ、CoⅡ都带有正电荷。另外还有 2 个重要的辅酶:

CoA:即辅酶 A,维生素 B_5 的衍生物,酰基转移酶的辅酶,活性部位为巯基,生化作用是转运脂酰基。

CoQ:即辅酶 Q,分子具有醌式结构,是一种电子载体,线粒体电子传递链的组分之一,存在于线粒体内膜上,可以在膜中移动,传递 H 和电子。

5.固定化酶/克隆酶/突变酶

它们都是酶工程的产物。"固定化酶"是通过吸附或共价交联等方法"挂"到某种固体介质上的酶,固定化酶在反应后易与反应底物、产物分开,便于反复使用。"克隆酶"是通过克隆酶基因、利用基因工程技术对酶进行大量表达而获得的酶制剂,克隆酶使细胞中天然存在的微量酶能得到大量制备。"突变酶"是通过对基因定点突变而获得的酶制剂。

6.在酶研究领域有重要的科学家

Daniel E. Koshland (底物诱导酶构象变化、诱导契合),Emil Fischer(酶专一性、锁钥学说),Leonor Michaelis 和 Maud Menten (米氏方程)。

四、选择题

1. 酶与化学催化剂相比,________。

A. 更有利于降低 $\Delta G^{\ominus\prime}$

B. 可以增加过渡态的能量

C. 不改变 $\Delta G^{\ominus\prime}$,但是改变产物和反应物的比例

D. 更有利于降低反应活化能

2. 关于酶-底物中间产物的描述错误的是________。

A. 酶与底物结合后酶的稳定性增加

B. 在底物浓度高到一定值时,酶的催化中心将被饱和,反应速度达到最大

C. 由于底物的快速反应,无法分离酶与底物的复合物

D. 酶-底物复合物可用X射线晶体衍射方法分析

3. 胰脏是产生胰蛋白酶的脏器,但该酶并不水解胰脏细胞的蛋白。请问下述原因正确的是________。

A. 胰脏的pH不适宜胰蛋白酶的活性

B. 新合成的胰蛋白酶需要特殊的蛋白水解酶对其进行激活

C. 新合成酶需要磷酸化修饰才能转变为活性酶

D. 胰脏细胞因含有特异酶可以抑制胰蛋白酶活性

4*. 在制备蛋白质测序样品时,往往需要先水解蛋白质产生短多肽。下述关于断裂位点的描述正确的是________。

A. 溴化氰断裂Thr的羧基端肽键

B. 胰蛋白酶断裂Lys和Arg的羧基形成的肽键

C. 胰蛋白酶断裂Lys和Arg的氨基形成的肽键

D. 胰凝乳蛋白酶断裂Lys、Arg和芳香族氨基酸的羧基端肽键

5. FAD在被还原过程中________。

A. 有黄素基团的转移

B. 可以带上两个氢原子

C. 发生磷酸化

D. 腺嘌呤环被打开

6. ________参与CoA的形成。

A. 泛酸

B. 硫胺素

C. 叶酸

D. 核黄素

7. 下述关于酶的活性调节哪项是错误的? ________。

A. 别构调节是可逆、非共价调节

B. 共价调节为不可逆调节

C. 酶原激活实质是蛋白质的水解激活

D. 酶原激活反应是不可逆的

8. NAD^+________。

A. 是NADPH的氧化态

B. 又叫辅酶Ⅱ,具有脱氢作用

C. 是烟酰胺腺嘌呤二核苷酸的还原型

D. 生化作用是传递一个氢负离子

9. 酶________。

A. 和底物结合可以降低反应活化能,降低正反应速度

B. 和底物的结合可以提高反应活化能,增加反应速度

C. 和底物形成的中间产物 ES 比产物能量状态低
D. 和底物形成的中间产物 ES 比产物能量状态高

10. 米氏方程________。
A. 显示了 K_m 与 V_{max} 的关系
B. 显示了酶反应初速度 v_0 与酶浓度的线性关系
C. 显示了酶反应初速度 v_0 与底物浓度[S]的定量关系
D. 显示了酶反应初速度 v_0 与底物浓度[S]的线性关系

11. 下述关于酶的阐述哪条是错误的？________。
A. 酶分子只有在含有辅酶或辅基时才呈现完全活性
B. 酶蛋白和蛋白酶含义不同
C. 酶分子活性中心往往是一个疏水环境
D. 具有催化活性的酶不一定遵循米氏动力学规律

12. β-胡萝卜素________。
A. 又称为维生素 A 原
B. 分子的基本结构为异戊二烯
C. 可形成 1 分子维生素 A
D. A 和 B

13. 从米氏常数 K_m 可以获悉________。
A. 酶的催化效率
B. 酶和底物之间的亲和力
C. 酶促反应进程和底物浓度的关系
D. 底物浓度的数值

14. 下述关于酶与辅因子的关系哪项是正确的？________。
A. 一种酶有多个特异性辅基或辅酶
B. 一种酶必须有一种辅基或辅酶
C. 一种辅基或辅酶可对多种酶的活性有贡献
D. 去掉辅基或辅酶后的酶蛋白将变性失活

15. 下述关于酶辅因子的阐述哪项是错误的？________。
A. 酶的辅因子可能是有机小分子，也可能是无机离子
B. 辅因子种类不同，与酶的结合紧密程度也不同
C. 酶的辅因子有的产生抑制效应，有的产生激活效应
D. 酶的辅因子是全酶实现完全活性所必需的

16. 一个酶制剂的酶活力单位数越高，表示该制品________。
A. 单位体积的酶浓度越高
B. 单位质量的酶含量越高
C. 相对酶量越大
D. 纯度越高

17. 核酶________。

A. 是定位于细胞核中的酶

B. 是核酸酶的简称

C. 是核心酶的简称

D. 化学本质是核酸

18*. 酶分离纯化效果好意味着________。

A. 蛋白质纯度高,酶回收率高

B. 酶总量大

C. 酶比活高

D. A 和 C

19. 加入竞争性抑制剂,酶的________。

A. V_{max} 不变,K_m 增加

B. V_{max} 减少,K_m 减小

C. V_{max} 不变,K_m 减小

D. V_{max} 减小,K_m 增加

20. 下述关于酶活测定的建议哪项是正确的? ________。

A. 要在最适条件下测定酶促反应初速度

B. 注意保持底物浓度高于酶浓度

C. 适当增加酶量可以提高酶比活

D. 通过延长反应时间可以提高酶比活

21. 同工酶的________。

A. 催化反应相同

B. 分子结构相同

C. 免疫学性质相同

D. 酶动力学参数相同

22. 下述关于别构剂的叙述哪项是错误的? ________。

A. 别构剂可以改变酶活性

B. 别构剂可以结合酶的催化部位

C. 别构剂能与酶分子可逆结合

D. 别构剂可以改变酶分子的构象

23. 有机磷杀虫剂能与酶分子的________残基反应形成共价结合。

A. Ser

B. Cys

C. Pro

D. His

24. RNase 属于________。

A. 氧化还原酶类

B. 水解酶类

C. 裂合酶类

D. 转移酶类

25. 提出锁钥假说的科学家是________。

A. Pehr Edman

B. Leonor Michaelis 和 Maud Menten

C. Daniel E. Koshland

D. Emil Fischer

26. 利用定点突变研究酶催化机理，需要________。

A. 改变活性中心定位

B. 制备含有不同氨基酸残基的酶分子

C. 对酶分子某氨基酸的 R 基团进行化学修饰

D. 改变环境 pH

27. 在中性 pH 下，组氨酸常作为酶活性中心关键残基发挥作用，是因为________。

A. 它属于疏水氨基酸

B. 它参与电子转移过程

C. 它处于非离子化状态

D. 它的 R 基团 pK_a 为 6～7

28*. 假如 Asp 和 Lys 位于一个酶分子的活性中心且参与酶催化过程。已知：这两个氨基酸残基的侧链 pK_R 分别为 3.2 和 9.6，该酶的最适 pH 为 6.4。那么，当该酶活性最高时，这两个氨基酸残基的状态分别是________。

A. Asp 质子化，Lys 去质子化

B. 二者均为质子化

C. Asp 去质子化，Lys 质子化

D. 二者均去质子化

29. 如果一个酶在进行催化反应时既离不开质子供体，又离不开质子受体，那么，该酶的 v_0-pH 曲线形状为________。

A. S 形

B. 双曲线形

C. 线形

D. 钟形

30. 酶原是没有活性的，通过________可激活其活性。

A. 重新折叠多肽链

B. 选择性蛋白质水解

C. 特定氨基酸残基的甲基化

D. 改变环境 pH

31. 下述哪一个设计方案适合测定酶促反应动力学常数？________。

A. 底物浓度一定，在不同酶浓度下测定反应速率

B. 酶浓度一定，在不同底物浓度下测定反应速率

C. 底物浓度和酶浓度一个增一个减，同时测定反应速率

D. 底物浓度和酶浓度恒定，随温度变化测定反应速率

32. 米氏方程推算过程中，酶促反应的哪一步被忽略？________。

A. 从 E+P 形成 ES

B. 从 ES 形成 E+P

C. 从 ES 形成 E+S

D. 从 E+S 形成 ES

33. 双倒数作图法（Lineweaver-Burk）可以用来测定________。

A. K_m

B. V_{max}

C. 酶抑制剂的抑制类型

D. 以上都可以

34. 酰基转移反应通常与哪种辅酶有关？________。

A. CoA

B. NAD^+

C. $NADP^+$

D. 上述都对

（答案：1D 2C 3B 4B 5B 6A 7B 8D 9D 10C 11A 12D 13B 14C 15C 16C 17D 18D 19A 20A 21A 22B 23A 24B 25D 26B 27D 28C 29D 30B 31B 32A 33D 34A）

选择题要点解析

1. 选择 D。

［考点］酶加速反应的机理。

［解析］$\Delta G^{\ominus\prime}$为一个反应的标准自由能变化。对于一个特定反应，$\Delta G^{\ominus\prime}$是不变的。酶具有一般化学催化剂的特点：能降低反应的活化能，加快反应速率；加入后不影响反应平衡常数；反应前后自身不发生变化；酶能更有效地加速反应，重要原因之一是它改变了反应途径，能和底物形成中间物并能稳定反应过渡态，从而更有效地降低了反应活化能。

2. 选择 C。

［考点］中间产物。

［解析］酶和底物结合更有利于酶的稳定。有时在纯化酶时加入一定量底物，就是这个原

因。酶促反应具有底物饱和效应，这从 v_0-[S] 曲线为双曲线即可知。由许多“酶-底物”中间物被分离，并成功进行结晶分析。

3. 选择 B。

[考点] 胰蛋白酶原激活。

[解析] 在胰脏细胞新合成的胰蛋白酶以无活性酶原形式存在，分泌到小肠后经蛋白酶特异水解激活。

4. 选择 B。

[考点] 蛋白质选择性水解。

[解析] 在人为控制下，可以将蛋白质在体外进行不完全水解。通过选择适当的试剂能够获得一定大小的肽段，这对于大分子蛋白质的准确测序是必需的。蛋白酶常用于蛋白质的不完全水解。此外，也常使用溴化氰来断裂 Met 羧基形成的肽键。

5. 选择 B。

[考点] FAD。

[解析] FAD 是黄素腺嘌呤二核苷酸的氧化形式，是常见辅基，其生物化学作用是传递 2 个氢原子，其还原形式是 $FADH_2$。

6. 选择 A。

[考点] CoA。

[解析] CoA 是典型的酰基载体，活性基团是巯基。3 泛酸(维生素 B_5)。核黄素参与 FAD/FMN 的形成；硫胺素是 TPP(硫胺素焦磷酸)的主体部分；叶酸能形成四氢叶酸。

7. 选择 B。

[考点] 酶活性调节。

[解析] 有些酶因自身某氨基酸残基发生可逆共价修饰，在活性形式和无活性形式之间发生变化，这称为酶的可逆共价修饰，简称共价调节。如蛋白质磷酸化反应由蛋白激酶完成，去磷酸化反应则由蛋白质磷酸酶完成。

8. 选择 D。

[考点] NAD^+。

[解析] 烟酰胺腺嘌呤二核苷酸称为 CoⅠ，其氧化态和还原态分别表示为 NAD^+、NADH，生化作用是传递一个氢负离子(或一个质子和一对电子)。

9. 选择 D。

[考点] 酶反应途径。

[解析] 酶能改变反应途径(虚线)，使过渡态 $ES^\#$ 大大降低，从而加速反应；在反应途径中，产物 P 的能量状态最低，酶和底物形成的中间产物 ES 或过渡态 $ES^\#$ 的能量状态都高于产物的能量状态。

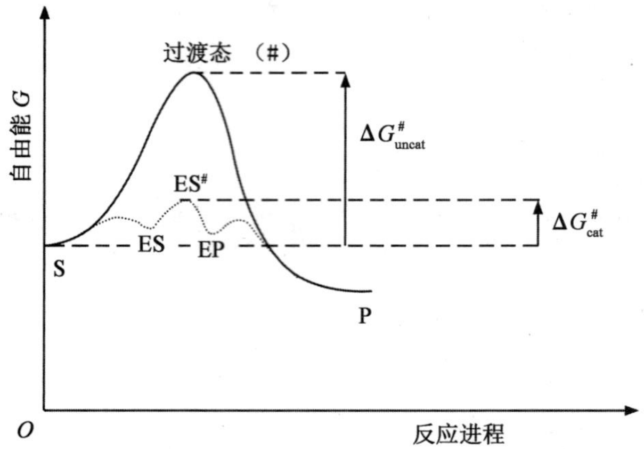

10. 选择 C。

[考点] 米氏方程含义。

[解析] 从下述米氏方程可以看出，它描述的是酶促反应初速度(v_0)与底物浓度[S] 的定量关系。v_0 对[S] 作图时呈双曲线，二者不是线性关系。

$$v_0=\frac{V_{max}[S]}{K_m+[S]}$$

11. 选择 A。

[考点] 米氏方程的限制。

[解析] 别构酶不遵循米氏动力学规律。有些酶没有辅酶、辅基，如溶菌酶；蛋白酶是专门水解蛋白质的一类酶，而酶蛋白通常指缀合酶的蛋白质部分。

12. 选择 D。

[考点] β-胡萝卜素和维生素 A 的关系。

[解析] β-胡萝卜素又称为维生素 A 原。1 分子 β-胡萝卜素可形成 2 分子维生素 A。

13. 选择 B。

[考点] 米氏常数应用。

[解析] K_m 值可近似反映酶与底物的亲和力，K_m 值越大，亲和力越小。酶的催化效率可用酶比活力表示，但用酶催化常数(K_{cat})更有效。催化常数又称为酶的转换数，其含义是酶被底物饱和时，每秒钟每一酶分子(或每一活性部位)转化底物的分子数。

14. 选择 C。

[考点] 酶与辅酶的关系。

[解析] 酶的辅基或辅酶往往是特异的，但一种辅酶或辅基可以与许多酶发生作用，如 NADH，是许多种脱氢酶的辅酶。脱辅酶和酶蛋白变性不是一个概念。

15. 选择 C。

[考点] 酶辅因子的作用。

[解析] 辅因子即全酶中的非蛋白质组分，既包括辅基，又包括辅酶，也包括无机离子。在全酶的催化反应中，酶蛋白与辅因子所起的作用不同。酶蛋白本身决定酶反应的专一性及高

效性；辅因子有不同作用：或用于维持酶分子的活性构象，或作为电子及特殊功能基团的载体，或在酶与底物之间起连接作用，或中和离子、降低反应中的静电斥力等。酶蛋白与辅因子单独存在时均无催化活力，只有在结合状态时方表现出完全的酶活力。酶的辅因子没有抑制作用。

16. 选择 C。

[考点] 酶活力单位。

[解析] 酶量一般用酶活力单位数表示，不用浓度或重量单位表示。如果没有活性，浓度再高、纯度再好，也没有价值。

17. 选择 D。

[考点] 核酶。

[解析] 核酶是指化学本质是核酸、具有酶催化特征的生物分子。核酸酶是指专用来水解核酸磷酸酯键的酶。核酶的功能有多样性：有的参与核酸水解，有的参与核酸合成，有的还参与酯键的水解甚至蛋白质的合成。

在 2012 年全国研究生联考题中，有一个选择题：T. Cech 和 S. Altman 荣获 1989 年诺贝尔化学奖是因为发现：A. Enzyme B. Ribozyme C. Abzyme D. Deoxyzyme。正确答案是 B。从该题得到一个信息，即在考研复习中，要适当关注：(1)生物化学领域一些重要事件；(2)重要生化名词的英文名称。

18. 选择 D。

[考点] 酶的分离纯化。

[解析] 酶的分离纯化要坚持 3 个原则：高纯度、高回收率、高活性。酶纯化效果不仅要看纯度、回收率，更要看比活力。

19. 选择 A。

[考点] 抑制剂对酶米氏动力学重要参数的影响。

[解析] 在竞争性抑制剂存在下，酶的 V_{max} 不变，K_m 值增大；在非竞争性抑制剂存在下，酶的 V_{max} 变小，但 K_m 值不变，这是因为抑制剂与底物结合在酶的不同部位，抑制剂不会影响底物与酶的结合；当反应体系中加入反竞争抑制剂时，V_{max} 减小，K_m 值降低。

20. 选择 A。

[考点] 酶反应初速度。

[解析] 要准确获得酶的催化活力，必须测定初速度，即“v_0”。从理论上来讲，v_0 是 $t_0=0$ 时的反应速度，但实际上，在最初数分钟反应时间内，底物浓度减少一般小于 5%，此时产物生成量几乎与时间成正比，因此可以理解为初速度。只有初速度能反应酶的真实催化能力，测定初速度是测定酶活力需要坚持的一个重要原则。“底物浓度要大大高于酶浓度”“在最适条件下测定”，是测定酶活力的另外两个原则。

21. 选择 A。

[考点] 同工酶。

[解析] 同工酶是指催化同一种化学反应，但酶结构和性质(理化性质、免疫性质、K_m 等)不同的一组酶。它们存在于生物的同一种属或同一个体的不同发育阶段，或同一发育阶段的不同组织，在细胞发育及代谢调节中起重要作用。

22. 选择 B。

[考点] 别构剂。

[解析] 一些代谢物与酶活性中心以外部位可逆结合、通过使酶构象发生变化来改变酶催化活性的调节方式称为别构调节。

23. 选择 A。

[考点] 酶的不可逆抑制。

[解析] 有机磷农药具有杀虫作用,就是因为它们能与乙酰胆碱酯酶的丝氨酸羟基共价结合,对酶产生不可逆抑制。

24. 选择 B。

[考点] 酶的分类。

[解析] 按国际系统命名法,酶分为七大类。RNase 是以 RNA 为底物的 RNA 酶,是核糖核酸酶的英文缩写形式,属于水解酶类。

25. 选择 D。

[考点] 重要科学家。

[解析] L. Michaelis 和 M. Menten 在酶促动力学研究方面具有重要贡献。他们曾提出一个简单模型用于解释酶促反应动力学特征,即:$E+S \leftrightarrow ES \rightarrow E+P$,由此推导出最初的“米氏方程”,用于定量描述底物浓度与酶促反应速度的关系。D. E. Koshland 提出的“诱导契合”学说用来解释酶的专一性。

26. 选择 B。

[考点] 酶催化机理研究方法。

[解析] 研究酶催化机理的方法有定点突变和化学修饰法等。“定点突变”是将酶基因的碱基进行选择性突变,经表达、纯化获得含有不同氨基酸残基的蛋白质,然后通过比较酶突变前后活性、专一性变化,来揭示某氨基酸残基在酶功能中的作用。

27. 选择 D。

[考点] 酶活性中心组氨酸的作用。

[解析] 组氨酸属于碱性氨基酸,易溶于水;其咪唑基 pK_R 为 6~7,这使得它在中性 pH 下有一半为质子化,另一半咪唑氮原子上含有自由电子对。因而可以作为“酸”给出质子,又可以作为“碱”接受质子,在酶的酸碱催化中起重要作用。

28. 选择 C。

[考点] 氨基酸解离状态与环境 pH 的关系。

[解析] 氨基酸解离状态随环境 pH 而发生变化。酶在最适 pH 下活性最高。该酶最适 pH 为 6.4,远高于 Asp 的侧链解离常数 pK_a(3.2),此时环境中的羟基会争夺氨基酸侧链上的质子,使 Asp 发生去质子化;相反,pH 6.4 远低于 Lys 的侧链解离常数 pK_a(9.6),Lys 的侧链会发生质子化。

29. 选择 D。

[考点] 酶的 v_0-pH 曲线。

[解析] 如果酶发生催化时需要质子供体和受体,显示该酶的最适反应条件在中性 pH 附

近。换句话说，在中性 pH 附近酶的催化速度最高。对于这类酶，环境 pH 过高或过低均会导致酶促反应初速度下降，因而 v_0-pH 曲线呈现钟形。普通酶的 v_0-[S]曲线、肌红蛋白氧合曲线为双曲线形，别构酶的 v_0-[S]曲线、血红蛋白的氧合曲线为 S 形。

30. 选择 B。

[考点] 酶原激活。

[解析] 酶原激活的实质是选择性蛋白质水解，即在酶原多肽链特定位点发生肽键水解，除去某肽段以形成酶活性中心。此过程虽然涉及多肽链重折叠，但必须建立在首先发生蛋白质特定位点水解的基础上。甲基化修饰和 pH 改变会影响酶活性，但不属于酶原激活。

31. 选择 B。

[考点] 酶促反应动力学。

[解析] 酶促反应动力学常数主要有 V_{max} 和 K_m，可通过米氏方程进行计算。而米氏方程表述的是反应初速度与底物浓度之间的关系，因此需要在酶浓度一定、底物浓度逐增的情况下测定。

32. 选择 A。

[考点] 米氏方程的推导。

[解析] 米氏方程的推导基于 Michaelis 和 Menten 提出的一个简单模型，即：$E+S \leftrightarrow ES \rightarrow E+P$。从中可以看出从 E+P 形成 ES 的反应是被忽略的。

33. 选择 D。

[考点] 双倒数作图法的应用。

[解析] 通过双倒数作图可以直接获得 K_m 和 V_{max}。此外，通过比较抑制剂添加前后双倒数直线的变化特点还可以推测该抑制剂的类型。例如，如果直线在纵轴上的截距不变，只是 X 变小，表明酶的 V_{max} 没有变化，只是酶与底物的亲和力下降，这恰好是竞争性抑制剂的特点。

34. 选择 A。

[考点] 辅酶的功能。

[解析] CoA 是典型的酰基载体，其活性基团是巯基。CoA 可以和羧酸的羧基形成硫酯类物质，如乙酰 CoA、脂酰 CoA 等，因此在酰基转移反应中发挥重要作用。

五、简答题

1. 什么是酶活力单位？举例说明为什么一般不用质量单位表示酶量？

解：按照国际酶学委员会规定，一个酶活力单位是指在最适条件下（25℃，最适 pH，充足底物），每分钟能催化 1 μmol 底物所需要的酶量。

催化活性是酶的一个独特属性。酶蛋白质量再多，纯度再高，如果没有活性，则是毫无意义的。因此，在表示酶量时，一般不用质量单位表示，而是用“活力单位”（U）表示。比如有一种酶制品，在最适条件下，每分钟催化 1 μmol 底物所需要的酶量是 0.5 μg，那么 5 μg 酶制剂则含有 10 U。用“10 U ”比用 5 μg 酶更能反映酶量。

2. 什么是酶的比活力？用“$U \cdot mg^{-1}$”和“$\mu mol \cdot min^{-1} \cdot mg^{-1}$”为单位表示酶比活力时，在数值上有什么区别？

解：酶的比活力，就是单位重量的酶所含有的活力单位数，表示为 $U \cdot mg^{-1}$。同样一种酶,有的比活力大,有的比活力小。比活力大的酶制品有效酶的纯度高。在酶的分离纯化过程中,常用酶比活力表示酶的纯度。酶的比活力还可以“$\mu mol \cdot min^{-1} \cdot mg^{-1}$”为单位表示。即指每分钟、每毫克酶转化底物的 μmol 数。用这两种单位表示酶的比活力时,在数值上是相同的[举一例说明:有 50 μg(0.05 mg)酶制剂,1 min 内催化生成了 2 μmol 产物。对该酶来讲,一个酶活力单位相当于 25 μg 酶制剂;每毫克酶制剂则含 40 U,即比活力为 40 U/mg(1 000 μg/25 μg)。如果按“$\mu mol \cdot min^{-1} \cdot mg^{-1}$”为单位表示,则比活力为:2 μmol/1 min/0.05 mg=40 $\mu mol \cdot min^{-1} \cdot mg^{-1}$。可见虽然是两种不同的表示,但数值相同]。

3.请分析酶促反应速度与底物浓度的关系,指出K_m、v_0和V_{max}的含义,写出K_m、v_0和V_{max}三者之间的关系式,并指出K_m和[S]在数量上呈现什么关系时$v_0=V_{max}$。

解:

(1)酶促反应速度与底物浓度的关系(可结合反应曲线解释)。

在底物浓度低时,v_0 随底物浓度的增加呈线性增加,为一级反应;随底物浓度继续增加,v_0 的增加不再是线性增加,而是混合级反应;最后反应速度趋向稳定,为零级反应。

(2)v_0 为反应初速度,即酶促反应产物随反应时间进程呈线性增加时的反应速度;V_{max} 为最大速度;K_m 为米氏常数,其物理意义是酶促反应速度达到最大反应速度一半时底物的浓度。

(3)三者之间的关系可用米氏方程表示:

$$v_0=\frac{V_{max}[S]}{K_m+[S]}$$

当[S]远大于 K_m时,$v_0=V_{max}$。

特注:2012 年全国研究生联考题论述题:

已知某米氏酶只能催化底物 S_1 或 S_2 转变产物,而且 S_1 的 $K_m=2.0\times10^{-4}\ mol \cdot L^{-1}$;$S_2$ 的 $K_m=3.0\times10^{-2}\ mol \cdot L^{-1}$。(1)分析哪一种底物是该酶的最适底物?(2)若两种底物的浓度都为 $0.2\times10^{-3}\ mol \cdot L^{-1}$,试计算两个酶促反应的速度与最大反应速度之比。

要点分析:

(1)K_m 越小,表明酶与底物亲和力越大,因此 S_1 是该酶最适底物;(2)将有关数据分别代入米氏方程,即可求出:对于 S_1,$v_0/V_{max}=1/2$;对于 S_2,$v_0/V_{max}=1/151$。

回答此题一要注意写出计算根据,即米氏方程;二要注意计算时小数点不要错位。

4.写出米氏方程,说明其含义,并指出推导米氏方程所基于的两个基本假设。

解:米氏方程如下:

$$v_0=\frac{V_{max}[S]}{K_m+[S]}$$

米氏方程表明了酶促反应初速度与底物浓度的定量关系。

两个基本假设:S+E↔ES 的反应是一个快速平衡过程;

ES↔P+E,即中间产物形成产物、释放出自由酶是一个限速步骤。

5.酶活性抑制和蛋白质变性含义是否相同?酶活性抑制有哪些类型?如何判定一种抑制剂对酶的抑制作用属于哪一种?

解:

(1)酶活性抑制和蛋白质变性含义不同。蛋白质变性是在物理、化学等因素影响下蛋白质构象发生变化、活性丧失的现象；如果蛋白质变性，就会完全失去活性。而酶活性抑制是指因为某抑制剂与酶分子的结合、引起酶分子活力降低或丧失的现象。

(2)酶活性抑制有可逆、不可逆之分。可逆性抑制又分为竞争性抑制、非竞争性抑制、反竞争性抑制。

(3)先用透析法确定是可逆抑制，还是不可逆抑制；通过透析可以解除抑制的为可逆抑制，否则为不可逆抑制。如果是可逆抑制，分别测定加入抑制剂前后酶的 V_{max} 和 K_m 值，然后进行比较分析：如果加入抑制剂后，酶的 V_{max} 不变、K_m 升高，则为竞争性抑制；如果 V_{max} 降低、K_m 不变，则为非竞争性抑制时；如果 V_{max} 和 K_m 均降低，则为反竞争性抑制。

6. 讨论可逆抑制剂对酶的抑制特点，并举一例说明可逆抑制剂在人类生产、生活或科学研究中的应用。

解：可逆抑制的类型和作用特点如下：

竞争性抑制：抑制剂与底物有类似结构，与底物竞争酶活性中心；增加底物浓度可解除这种抑制；V_{max} 不变，K_m 升高。

非竞争抑制：抑制剂与酶的结合位点不同于底物结合位点，抑制剂的结合不影响底物的结合；V_{max} 降低，K_m 不变。

反竞争抑制：抑制剂结合到底物结合部位以外，且只能结合到 ES 上；V_{max} 降低，K_m 降低。

应用举例：如抗癌药物 5′-氟尿嘧啶可以通过可逆抑制酶活性达到治疗效果。癌细胞的分裂需要大量 DNA 的合成，胸腺嘧啶核苷三磷酸是合成 DNA 的重要原料之一，其前体胸腺嘧啶核苷一磷酸(胸苷酸 dTMP)是由胸苷酸合酶催化 dUMP 产生的。5′-氟尿嘧啶在体内代谢可转变为氟脱氧尿苷酸(F-dUMP)，其结构与 dUMP 相似，可以竞争性抑制胸苷酸合酶的活性，从而抑制胸苷酸的合成，干扰 DNA 的合成和细胞分裂，因而可以达到抗癌效果。

7. 举一例说明不可逆抑制剂在人类生产、生活中的应用。

解：如青霉素的抗菌治疗。青霉素是糖肽转移酶的不可逆抑制剂，能与酶活性中心重要氨基酸残基——丝氨酸上的羟基共价结合，使酶失去活性，阻滞肽聚糖链发生交换，干扰细菌细胞壁物质的合成，使细菌生长受到抑制，从而达到抗菌效果。又如，有机磷农药用于杀灭害虫，其本质是有机磷化合物能与某些酶分子活性部位的丝氨酸羟基共价结合，从而使酶失活。

8. 酶高效催化的根本原因是什么？有哪些影响因素？结合实例讨论影响酶催化效率的主要因素。

解：酶高效催化的根本原因是酶和底物通过形成中间产物，有效地降低了反应的活化能。

影响酶高效催化的因素是多方面的：底物与酶的邻近效应及定向效应，底物的形变与诱导契合，酸碱催化，共价催化，金属离子催化及活性中心疏水微环境的作用等。对不同的酶，起主要作用的因素不同，可以分别受一种或几种因素的影响。

如胰凝乳蛋白酶，其活性中心位于分子表面的一个凹穴(疏水性口袋)，其中含 3 个重要的氨基酸残基——Ser、His、Asp。当胰凝乳蛋白酶水解蛋白质时，首先通过疏水性口袋对蛋白质氨基酸残基侧链进行选择，使芳香族氨基酸(或带有较大非极性侧链氨基酸)残基所形成的肽键靠近并定向于酶活性中心，形成中间复合物，之后酶活性中心通过酸碱催化和共价催化使肽键发生水解。

9. 酶活性调节有哪些种类？各有什么特点？

解：酶活性调节是细胞代谢调节的一种精细调节方式。酶活性的调节方式有多种形式，主要有：

(1)别构调节。由别构酶完成。别构酶为多亚基，分子结构比较复杂；别构酶分子的非催化部位与某些化合物可逆、非共价结合后发生构象变化，酶活性随即发生变化；别构调节酶不遵循米氏动力学规律。

(2)共价调节。由共价调节酶完成。共价调节酶的某些基团通过共价修饰和去修饰，使酶处于活性与非活性的互变状态，从而达到酶活性调节；共价调节是可逆的。

(3)酶原激活。特点是无活性的酶原经过蛋白酶的特异水解，才能形成有活性的形式；酶原激活是一个不可逆过程。

10. 什么是酶原？何为酶原激活？举例说明其生物学意义。

解：有些酶以无活性的前体形式合成和分泌，然后再经特异性蛋白酶作用转变为有活性的酶。这些不具催化活性的酶称为酶原。通过专一性蛋白质水解，使无活性酶原变为有活性的酶的过程称酶原激活。

如胰凝乳蛋白酶原激活。胰凝乳蛋白酶在胰脏细胞合成时没有活性，当分泌到小肠后，经胰蛋白酶作用，在特定位点发生水解，触发构象变化，形成一个疏水性口袋，酶活性中心形成，变成有活性的酶。这种酶原激活机制有利于保护胰脏的正常功能。如果蛋白酶合成后就有活性，就会破坏细胞。如出血性胰腺炎，就是由于蛋白酶原在未进入小肠时就被激活，使胰腺细胞蛋白质发生了自我降解，从而导致胰腺出血、肿胀。

2010 年全国研究生联考题中曾出现类似考题(什么是酶原激活？它有何生物学意义?)。基本答案同上，但无需举例。生物学意义回答可以更广泛一些：酶原激活有利于生物体在合适的时间、地点发挥酶的催化作用，使其他组织不被破坏，仍保持正常功能(如消化道、胰脏)；或使局部蛋白质发生降解，以促进发育(如蝌蚪在尾巴消失过程中的胶原蛋白酶原激活)。

11. 举例说明什么是核酶(ribozyme)？讨论发现核酶的意义。

解：化学本质是核酸、但有酶作用特点的一类生物分子被称为核酶。如 L19 RNA，在化学本质上属于核糖核酸，但能够催化多聚胞嘧啶核苷酸的水解和连接反应，具有核糖核酸酶和 RNA 聚合酶的双重催化活性。L19 RNA 催化效率高，底物专一性强，其动力学规律符合米氏动力学。

核酶的发现扩展了人们对酶和核酸的认识：

(1)核酸不仅作为信息载体，还可以作为生物催化剂；

(2)改变了“所有酶都是蛋白质”的传统观念；

(3)对生命起源的分子进化研究有重要启示。在生命进化的历程中，可能 RNA 先于蛋白质出现在地球上。

六、实验题

1. 在一个酶反应系统中加入一种小分子物质，结果酶反应速度明显受到抑制。请设计一个实验，区分该抑制作用是可逆的还是不可逆的。

要点分析：

(1)解释何为可逆抑制和不可逆抑制(见本章要点分析)。

(2)将含有酶和抑制剂的混合物进行透析(或凝胶过滤法)。

(3)对透析后的酶进行活力测定。

(4)比较透析前后酶活力。如果透析后能恢复酶活力即为可逆抑制;如果不能恢复,则为不可逆抑制。

2.有 50 μg 酶制剂,5 min 内催化生成了 10 μmol 产物,请计算:

(1)一个酶活力单位相当于多少微克酶制剂?

(2)25 mg 酶制剂中含多少酶活力单位(U)?

(3)酶的比活($\mu mol \cdot min^{-1} \cdot mg^{-1}$)是多少?

解:

(1)一个酶活力单位相当于 25 μg 酶制剂(50 μg/10 μmol/5 min=25 μg)。

(2)25 mg 酶制剂中含 1 000 U(25 mg=25 000 μg,25 000 μg/25 μg=1 000)。

(3)酶的比活为 40 $\mu mol \cdot min^{-1} \cdot mg^{-1}$(10 μmol/5 min/0.05 mg=40 $\mu mol \cdot min^{-1} \cdot mg^{-1}$)。

3.在酶的分离纯化过程中,除了测定酶的比活外,常需要计算酶的总活力和酶的回收率。比如,有一个 10 mg 粗酶制品,比活为 100 U/mg;经纯化获得 0.01 mg 纯酶制品,比活为 80 000 U/mg。请回答:酶的纯化倍数是多少? 酶的回收率(%)是多少?

解:

纯化倍数=比活(纯酶)/比活(粗酶)=800;

回收率=总活力(纯酶)/总活力(粗酶)=80 000×0.01/100×10=80%。

4.解释 K_m 含义和物理意义。如果用双倒数作图法测定一种酶的 K_m,如何设计实验和分析结果? 其根据是什么?

解:

(1)K_m 即米氏常数,其物理意义是酶促反应速度达到最大速度一半时底物的浓度,单位是 $mol \cdot L^{-1}$。K_m 为酶的特征常数。不同的酶,其 K_m 值不同。K_m 值表示酶与底物的亲和力,K_m 值越大,表明酶与底物的亲和力越小。

(2)实验设计与结果分析:在一定酶浓度下,分别测定一系列底物浓度[S]时酶的反应初速度(v_0 值),获得一组 v_0-[S]的实验数据。取倒数作图,以 $1/v_0$ 为纵坐标,以 1/[S]为横坐标,即可获得一条直线。在图上,直线斜率为 K_m/V_{max},在纵轴上的截距为 $1/V_{max}$。由此可知直线在横轴上的截距 $X=-1/K_m$。测出 X,即可求出 K_m 和 V_{max}。

(3)根据:米氏方程的双倒数方程。

$$\frac{1}{v_0}=\frac{K_m}{V_{max}[S]}+\frac{1}{V_{max}}$$

5.下图为一种酶修饰前后(修饰前为 a,修饰后为 b)在不同 pH 下的反应速度曲线,请分析酶改造后的效果。

解:酶修饰前,只在中性 pH 有比较高的活性;酶修饰后对 pH 适应范围比修饰前大幅度增加,在 pH=3~9 范围内均表现为高活性,表明修饰后的酶对 pH 稳定性明显提高。

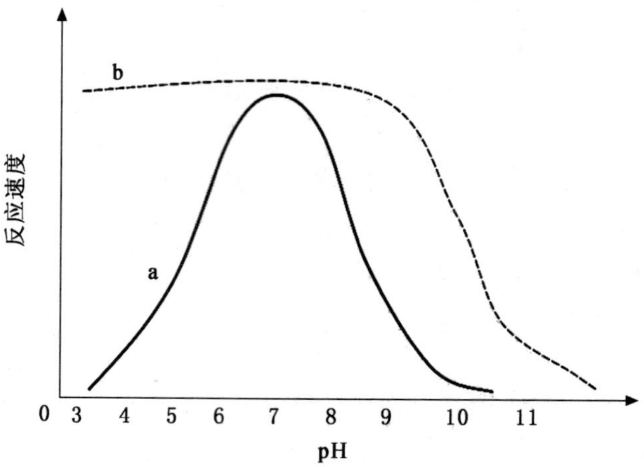

6. 用 10^{-3} μmol 某酶进行反应速度测定，测得 $V_{max}=6$ μmol · min^{-1}，请计算该酶的转换数 K_{cat} 是多少？

解：$K_{cat}=6\ \mu mol/(60\ s \cdot 10^{-3}\ \mu mol)=100\ s^{-1}$。

7. 试题分析举例

2009 年全国研究生联考题中实验题：酶纯化实验中，通常用 $(NH_4)_2SO_4$，请问：

(1)与其他中性盐沉淀剂相比，$(NH_4)_2SO_4$ 用作沉淀剂有何优点？

(2)如发现层析后酶的总活性较纯化前明显升高，可能的原因是什么？

(3)柱层析时，湿法装柱注意事项主要有哪些？

要点分析：

(1)用盐析法沉淀蛋白质是通过中性盐破坏蛋白质分子表面水化层、降低蛋白质溶解度来实现的。与 KCl、NaCl 等相比，$(NH_4)_2SO_4$ 用作沉淀剂的优点是：它是二价离子中性盐，而且在水中溶解度很高，溶解度的温度系数也较低，故能在低温下(4℃)以高浓度存在，争夺溶液中的水以及蛋白质分子表面结合的水分子，使蛋白质溶解度有效降低，从而使蛋白质在保持活性的情况下从溶液中沉淀出来。

(2)层析后酶活性明显提高，最可能的原因是：在层析前，酶溶液成分复杂，可能含有某种抑制酶的物质，当用层析法将酶分离后，抑制因子被清除，所以表现出总活性升高。

(3)湿法装柱就是将填料充分用溶剂(如水)溶胀后再装入层析柱中。应注意：在层析柱中事先装入少量水的情况下将填料边搅边倒，以避免柱床内产生气泡；倒入填料时要连续一次性完成，以避免柱床出现分层；层析柱要垂直，以避免柱床表面凹凸不平；柱填料应始终浸泡在水中，以防止干燥和柱床发生裂缝。

8. 试题分析举例

2010 年全国研究生联考题中实验题：

分离纯化蛋白酶的主要步骤和结果如下表：

分离步骤	分离液体积/mL	总蛋白含量/mg	总活力单位/IU
①离心分离	1 400	10 000	100 000
②硫酸铵盐析和透析	280	3 000	96 000
③离子交换层析	90	400	80 000
④亲和层析	6	3	45 000

问题：

1. 根据上述结果，计算②至④步骤中每步骤的比活力和纯化倍数？

2. 亲和层析的原理是什么？

解：需要首先计算出粗酶(第①步)的比活：100 000/10 000＝10(IU · mg^{-1})

第②步产品的比活：96 000/3 000＝32(IU · mg^{-1})

纯化倍数：32/10＝3.2

第③步产品的比活：80 000/400＝200(IU · mg^{-1})

纯化倍数：200/10＝20

第④步产品的比活：45 000/3＝15 000(IU · mg^{-1})

纯化倍数：15 000/10＝1 500

亲和层析的原理见教材。

七、论述题

1. 什么是酶活力？测定酶活力时应遵循什么原则？为什么？

酶活力是指酶催化一定化学反应的能力，通过测定催化反应速度可了解酶活力。

测定酶活力时应坚持如下 3 个基本原则：

(1)测定酶促反应初速度。在酶促反应初期，产物浓度随反应进程呈正比例增加，此时的反应速度为初速度 v_0；随着时间的延长，反应速度逐步下降；到一定反应时间后，产物浓度不再增加。其原因有 3 个：①产物浓度的增加使逆反应速度增加；②产物对酶的抑制作用；③部分酶分子失活。要准确测定一种酶的催化活力，应测定产物浓度随反应时间呈线性增加时间段的速度(v_0)。只有 v_0 能反映酶的真实催化能力。

(2)在最适条件下测定酶促反应速度。pH 不仅影响酶分子的解离状态和稳定性，而且还影响底物的解离状态；酶的本质一般是蛋白质，过酸、过碱能使酶变性。因此要选择在最适 pH 下进行酶促反应。一个反应的速度虽然可以在一定范围内随温度升高而加快，但温度过高会导致酶蛋白变性，因此应在最适温度下进行。此外，溶液中的离子种类和离子强度对酶活性和酶的溶解度都有一定影响，应该选择合适的反应缓冲液。

(3)底物浓度远超过酶量。酶反应速度很高，要准确测定酶活力，必须提供足量的底物，使所有酶处于饱和状态。

2. 图 A 3 条曲线中 2 条来自在抑制剂(竞争性、非竞争性)存在下分别测得的酶促反应动力学数据，另外 1 条来自对照，即没有加入任何抑制剂。请在 B 图画出 3 条对应曲线，并简述理由。

要点分析：

图 A 为酶反应速度与底物浓度的关系曲线，从该图可以看出：

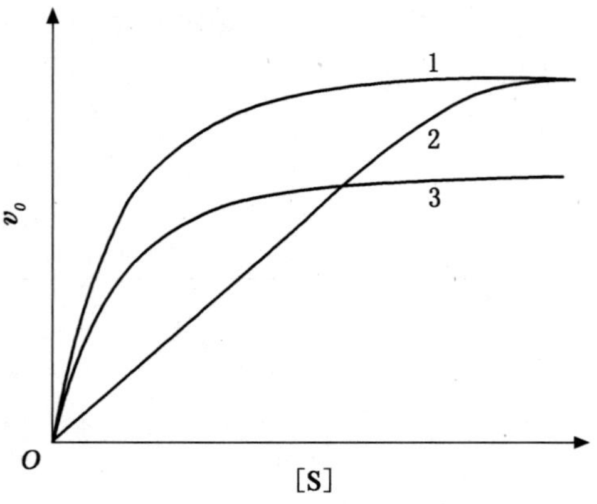

A

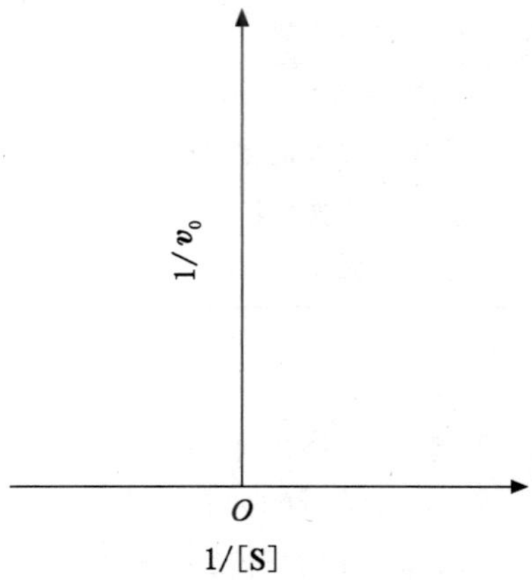

B

曲线 1 为正常状态下的 v_0-[S]曲线，因为随着底物增加，很快达到 V_{max}；曲线 2 为加入竞争性抑制剂后的 v_0-[S]，因为 V_{max} 没有变；曲线 3 为非竞争性抑制，因为 V_{max} 降低。

图 B 呈现的是$\frac{1}{v_0}$和$\frac{1}{[S]}$的关系，直线在纵坐标的截距为 $1/V_{max}$，在横坐标的交点 $X=-1/K_m$。

与对照(直线 1)相比，竞争性抑制(直线 2)时，抑制剂因与底物化学结构相似，将与底物竞争酶的活性位点，使酶对底物的亲和力降低，米氏常数 K_m 变大；但随着底物浓度增加，酶活性中心将被底物占据，因此反应还可以达到与对照相同的最大反应速度 V_{max}。非竞争性抑制剂的加入不会改变酶对底物的亲和力，因此 K_m 不变；但由于酶活性中心的抑制，V_{max} 会变小(直线 3)。

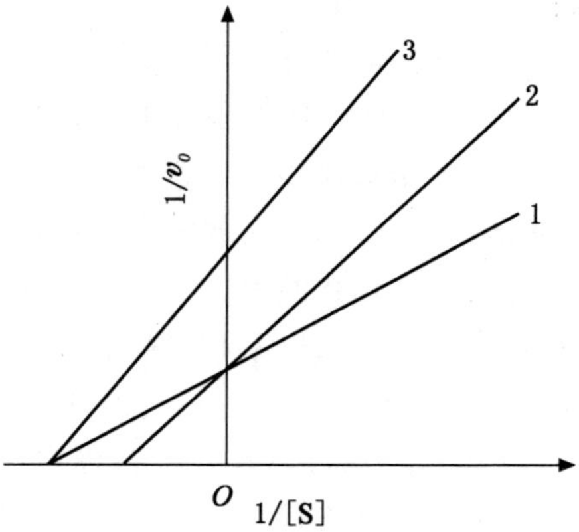

第七章　脂类与生物膜

一、本章总结简图

- 脂类与生物膜
  - 生物体内的脂类
    - 单纯脂：脂肪酸和醇类以酯键相连
    - 复合脂：分子含脂肪酸、醇类、磷酸(或含氮物质、糖等)
    - 衍生脂：萜类、类固醇及衍生物
  - 生物膜结构
    - 生物膜化学组成(脂类、膜蛋白、糖)
    - 生物膜结构特征
      - 脂双层
      - 膜组分的不对称分布
      - 生物膜流动性
    - 生物膜结构模型：流动镶嵌模型
    - 生物膜共性
      - 5~8 mm厚片层结构
      - 主要由脂类和膜蛋白分子组成的非共价集合体
      - 双亲性的磷脂分子形成脂双层
      - 膜结构具有不对称性
      - 膜组分具有流动性
  - 生物膜功能
    - 作为细胞物质的选择性屏障
    - 膜融合
    - 物质运输
    - 能量转换
    - 细胞识别与信号转导

脂类(lipids)又称类脂、脂质，一般笼统分为单纯脂、复合脂和衍生脂，学习重点应放在磷脂上，尤其磷脂酰胆碱(卵磷脂，PC)和磷脂酰乙醇胺(脑磷脂，PE)，它们共同的分子结构特点就是都为双亲性分子。PC和PE的双亲性是形成生物膜脂双层的基础。另一个重点是生物膜的结构和功能，要求能够完整描述生物膜的结构，并举例说明生物膜的功能。

二、要点内容与问题分析

1. 生物体内的脂类

生物体内的脂类可作一般了解。请结合下表进行学习：

项目	单纯脂	复合脂	衍生脂
分子组成	脂肪酸 甘油	脂肪酸 甘油 其他基团	萜类以异戊二烯为基本结构；类固醇类以环戊烷多氢菲为基本结构
举例	脂酰甘油	甘油磷脂 鞘氨醇磷脂 肌醇磷脂	β-胡萝卜素、维生素E、维生素K、胆固醇、性激素、脂肪酸
主要功能	细胞代谢燃料储存形式	构成生物膜，参与信号传递等	参与激素、维生素合成，参与代谢调节等

按生物功能可将脂类分子分为：储存脂类(storage lipid)、结构脂类(structural lipid)、活性脂类(active lipid)。按分子组成可分为：①简单脂：只有脂肪酸和甘油。如脂酰甘油类。②复合脂：除脂肪酸、甘油外，还有其他基团。如磷脂。③衍生脂：如萜类、类固醇类等。脂肪酸也属于此类。

我们来比较一下下面这些脂类分子的结构特点：

(1)脂酰甘油。含有脂肪酸、甘油。脂肪酸的羧基与甘油的羟基缩合、脱水形成酯，即为脂酰甘油。其中三酰甘油，又叫中性脂，是体内脂肪酸的储存形式。蜡是由长链脂肪酸(16个碳以上)与长链一元醇以酯键相连形成的脂，常温下以固体形式存在。

(2)磷脂。含有脂酰链、甘油、磷酸基团等。如磷脂酰胆碱、磷脂酰乙醇胺、磷脂酰肌醇。甘油磷脂的分子结构特点为双亲分子(amphipathic molecules)，有一个极性亲水性头部，两条碳氢链疏水性尾巴。磷脂是组成生物膜的主要脂类分子。

(3)萜和类固醇。萜类分子的基本结构单位是异戊二烯，如β-胡萝卜素属于四萜，含有8个异戊二烯；1分子胡萝卜素可形成2分子维生素A。类固醇以环戊烷多氢菲为基本结构，连有一个羟基和一个碳氢链，和萜一样整个分子也不含脂肪酸。萜和类固醇在细胞中含量少，但生物功能多样，如参与维生素和激素的合成等。人皮肤中的7-脱氢胆固醇经紫外线照射可以形成维生素D。

2.天然脂肪酸的结构特点

(1)脂肪酸碳原子数多为偶数；

(2)不饱和脂肪酸所含双键多为顺式结构；

(3)单不饱和脂肪酸双键位置一般在C9～C10之间，多不饱和脂肪酸双键之间大多相隔一个亚甲基；

(4)不饱和脂肪酸在高等植物和低温生活的动物中含量较高。

3.生物膜化学组成

生物膜由脂质、膜蛋白和糖类等组成。

(1)生物膜中的脂质有磷脂、胆固醇、糖脂等，其中以磷脂为主。不同来源的生物膜脂类组成具有特异性。

(2)膜蛋白主要有膜外周蛋白、内在蛋白两类。膜外周蛋白位于膜外表面，通过静电作用力和范德华力与膜结合；这类蛋白一般容易分离，通过提高提取液离子强度即可获得。膜内在蛋白通过分子的疏水部分插入脂双层呈镶嵌状，或整个分子穿过脂双层呈跨膜状，也有的通过共价连接锚定于脂双层(即膜锚蛋白)。内在蛋白的跨膜部分最常见的二级结构为α-螺旋。膜内在蛋白不易分离，需在提取液中加入非离子去污剂，如Triton X-100等；对于固定性强、活动度大的膜锚蛋白，还需要加入相关水解酶类才能分离出来。

生物膜的大多数功能是通过蛋白质实现的。不同功能的膜具有不同的蛋白质。蛋白质含量及种类越多，膜功能越复杂。

(3)生物膜中含有一定量的糖类。糖类分子以共价键与蛋白、脂质结合形成糖蛋白和糖脂。在质膜上，糖残基分布在细胞外侧，像天线一样接受外界信息，在细胞识别中发挥重要作用。

4.生物膜结构

生物膜是存在于细胞表面或细胞器上的一层厚为5～8 nm的片层结构，包括细胞膜和内膜系统。生物膜是由脂质、膜蛋白和糖类等生物分子靠疏水力、静电力和范德华力形成的超分子体系。

最广泛接受的生物膜结构理论是流动镶嵌模型：磷脂分子以脂双层形式排列，构成生物膜的连续相，作为膜内在蛋白的溶剂；膜蛋白和磷脂一起形成按二维排列的流体，其中膜蛋白和磷脂分子均具有流动性。

生物膜的最大结构特点，一是它的流动性，主要包括膜脂分子的侧向扩散运动、脂酰链"尾巴"的摆动以及膜蛋白的侧向扩散和旋转扩散；二是它的不对称性，膜蛋白、脂类分子和糖基在脂双层上分布是不对称的。

生物膜结构理论还在发展中。功能筏模型(functional rafts)是 Simons 和 Ikonen(1997)提出来的，认为细胞膜上有一种不能被去污剂溶解、由鞘脂和胆固醇集结而成的复合体，它可以作为连接蛋白质的平台(platforms)在脂双层中运动，以执行有关生物功能。

5. 生物膜的流动性及影响膜流动性的重要因素

生物膜流动性主要是指组成生物膜的脂质分子和膜蛋白可以自由侧向扩散运动。流动性是生物膜结构的主要特征之一。

影响生物膜流动性的重要因素：

(1)生物膜流动性受磷脂分子的脂酰链的饱和程度(双键含量)影响。比起不饱和脂酰链，饱和脂酰链伸展更充分，分子之间靠范德华力相互靠近，趋向于形成有序、紧密的晶状体阵列。因此，含饱和脂酰链多的脂双层，流动性差一些。相反，不饱和脂酰链多时，由于顺式双键的存在干扰了分子间的整齐排列，会增加流动性。

(2)生物膜的流动性受环境温度的影响。低温下，脂双层中的脂类分子由于脂酰链的相互靠近形成类似晶纤状的凝胶态；随着温度的升高，一种类似于溶液晶态固体的过渡态产生，即液晶态(liquid crystalline state)。此时，脂酰链相对无序，排列疏松。不同来源的生物膜，其膜脂组成不同，因此从凝胶态变成液晶态的相变温度不同。每种膜都有自己的相变温度。由于生物膜组成上的复杂性，从凝胶态向液晶态的转变是慢慢发生的。在正常环境温度下(10～40℃)，生物膜的相变可局部发生，液态区和凝胶区在一定温度下共存。不饱和脂酰链多，相变温度就低；饱和脂酰链多，相变温度就高。

(3)生物膜的流动性可以被调节。生物在不同生存条件下，会通过调节不饱和/饱和脂酰基比例来维持生物膜流动性，以保证膜的各种功能。另外，还可以通过增加胆固醇在生物膜中的比例来调节生物膜流动性。比如，在哺乳动物细胞膜上，胆固醇可占到质膜脂类的20%～25%。相对于磷脂的脂酰链，胆固醇分子呈短粗的刚性结构，它的存在既可使运动着的脂酰链运动性受阻，使高温下的生物膜流动性下降，又可破坏凝胶态脂酰链的紧密有序排列，使低温下的生物膜流动性增加。可见，胆固醇在相变温度以下，可以增加生物膜的流动性；在相变温度以上，可以降低生物膜的流动性。生物膜中的胆固醇对生物膜的流动性具有双重调节作用，有助于生物膜在正常环境温度下保持相对稳定的流动性，以执行正常的生物功能。

6. 膜蛋白流动性证明

最典型的证据来自1970年 Frye 和 Edidin 的细胞融合实验。由于大多本科生尚未做过这类实验，常出现描述错误。如"进行放射性标记后进行光学显微观察"。殊不知放射性标记是不能用光学显微镜直接观察的。有的虽然提到用抗体标记，但没有明确"针对不同细胞膜特异抗原的、带有不同荧光基团的抗体"。

现简述如下：

以人细胞和鼠细胞为材料，用带有不同荧光基团的抗体对两种细胞表面的特异抗原蛋白进行免疫荧光标记；然后在合适条件下将两种经过标记的细胞进行融合。在细胞融合初期，可看到杂合细胞的两半分别呈现不同颜色荧光；当保温一定时间以后，两种颜色的荧光点均匀分布于杂合细胞的表面。证明两种细胞的膜蛋白在脂双层中进行了自由侧向运动。

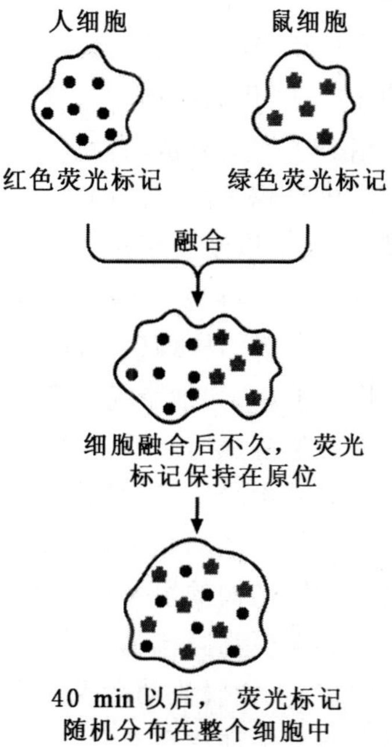

还有一种常用方法可证明膜蛋白的流动性。就是先将活细胞膜上的某种蛋白进行荧光标记，荧光显微镜下可见整个细胞呈现均匀荧光；然后再用激光对细胞某一点进行连续照射，使发生光漂白。此时，可见照射点的荧光被淬灭，显示为无荧光区。之后将细胞在合适温度下放置一定时间再观察。如果整个细胞表面又呈现均匀分布的荧光，则可证明生物膜上的蛋白质发生了流动。

7. 生物膜的功能

关于生物膜的功能，一般认为主要有“物质运输、能量转换、信号识别与传递”。实际上“使细胞局域化”和“膜融合”也是生物膜的重要功能。详见下图：

- 生物膜功能
  - 作为渗透屏障，生物膜将细胞内容物与外界分离，使细胞分隔成不同区域，维持生命活动的特殊环境，使新陈代谢有条不紊地进行
  - 通过膜融合参与细胞生物过程（如高尔基体囊泡分泌、内吞、外排、细胞分裂、精卵融合等）
  - 物质运输
    - 溶质（小分子）跨膜运输
      - 被动
        - 简单扩散
        - 协助扩散
          - 借助载体（如缬氨霉素作为K^+的载体）
          - 借助通道蛋白（如红细胞葡萄糖渗透酶）
      - 主动
        - 一级运输：以ATP作为能量供应，如Na^+、K^+-ATPase反向运输Na^+、K^+
        - 二级运输：能量来自跨膜离子梯度，如大肠杆菌乳糖渗透酶借助H^+梯度运输乳糖
    - 蛋白质跨膜运输：如受体识别——通过膜受体与被转运蛋白前体的信号肽或导肽识别完成蛋白质的定向分送
  - 能量转换：在膜上完成从光能→有机化合物的转变，如叶绿体类囊体被膜。从有机物→H^+梯度→ATP的转变，如线粒体内膜
  - 跨膜信号传递
    - 通过膜上的信号受体，如激素受体系统
    - 通过离子通道，如神经细胞的乙酰胆碱受体

上述5个方面中，物质的跨膜运输比较复杂，在举例和问题讨论时容易引起混乱。注意小分子和蛋白质大分子的运输区别，主动运输与被动运输、一级运输与二级运输的区别。

非极性气态分子（如O_2、CO_2）和疏水分子可以通过简单扩散顺浓度梯度进行跨膜运输，其运输速度与被运输的分子跨膜浓度差成正比，是一个自由能降低的过程。极性分子和离子的主动跨膜运输（active transport），则依赖于跨膜蛋白的介导，需要提供能量，进行的是逆浓度梯度运输。如细胞膜上Na^+、K^+-ATPase或称Na^+、K^+-泵对Na^+、K^+的选择性定向运输。

在主动运输中，有的不需要直接提供 ATP，但需要跨膜电化学梯度的驱动，这类主动运输属于二级运输（ATP 驱动的主动运输为一级运输），如大肠杆菌乳糖渗透酶借助 H^+ 梯度运输乳糖。主动运输的形式有多种，如单向运输、同向协同运输、反向协同运输。

有一些通道蛋白，可以同时进行物质运输和信号传递。如乙酰胆碱受体，作为选择性离子通道（channels）在运输 Na^+ 时，不仅需要跨膜电化学梯度，还需要来自上一个神经细胞突触的乙酰胆碱的信号刺激，由信号控制通道蛋白的“开”和“关”，实现对特异离子的定向运输。

8. 小分子物质跨膜运输及特点

可用比较分析的形式，强化对知识的理解，如下表：

运输类型	载体蛋白	动力学特征（底物饱和现象）	专一性	跨膜产生浓度梯度	能量要求	举例
简单扩散	不需要	否	否	否	不需要	O_2、CO_2 扩散
辅助扩散	需要	是	是	否	不需要	红细胞葡萄糖渗透
主动运输	需要	是	是	是	需要	Na^+、K^+-ATPase
离子通道	需要	否	是	否	需要信号刺激和顺浓度梯度的离子流	乙酰胆碱受体

三、选择题

1. 下列关于脂肪酸的阐述错误的是________。

A. 天然脂肪酸多为奇数碳原子

B. 多不饱和脂肪酸中的双键一般由亚甲基相隔

C. 含饱和脂酰链多的脂双层，流动性差一些

D. 饱和脂肪酸比不饱和脂肪酸熔点高

2. 下列关于脂类分子的阐述错误的是________。

A. 磷脂酰胆碱、磷脂酰乙醇胺、磷脂酰肌醇都含有脂肪酸

B. 磷脂酰胆碱、磷脂酰乙醇胺、磷脂酰肌醇都含有甘油

C. 蜂蜡含有脂肪酸

D. 脂酰甘油含有甘油，而磷脂酰胆碱、磷脂酰乙醇胺、磷脂酰肌醇不含甘油

3. 下列关于生物膜的阐述错误的是________。

A. 生物膜是几个分子厚的片状结构

B. 生物膜属于生物大分子

C. 生物膜是非共价的集合体

D. 生物膜是超分子复合体

4. 脂双层主要由________。

A. 两层生物膜组成

B. 磷脂分子组成

C. 脂肪酸、胆固醇等脂质分子组成的

D. 蛋白质、磷脂、糖类分子共同组成的

5. 下列关于生物膜的阐述错误的是________。
A. 生物膜中糖类分子可自由存在
B. 生物膜中糖类分子与膜脂分子的结合是共价的
C. 生物膜中糖类分子与膜蛋白的结合是共价的
D. 细胞膜中糖类分子位于膜的外侧

6. 生物膜中的胆固醇________。
A. 在低于相变温度时有增加膜流动性的作用
B. 在高于相变温度时有增加膜流动性的作用
C. 在植物细胞中有增加膜流动性的作用
D. 在动物细胞中的作用是降低膜流动性

7. 膜蛋白中________。
A. 跨膜蛋白比外周膜蛋白水溶性好
B. 跨膜蛋白比外周膜蛋白含有更多的疏水氨基酸残基
C. 跨膜蛋白在高离子强度溶液中可以有效分离
D. 外周膜蛋白比跨膜蛋白更难分离

8. 关于生物膜蛋白的阐述哪一条是错误的？________。
A. 生物膜中的蛋白质组成具有均一性
B. 生物膜上的蛋白质具有流动性
C. 蛋白质是生物膜功能的主要体现者
D. 不同来源的生物膜含有不同种类的蛋白质

9. 生物膜中的脂质分子________。
A. 可以在膜平面快速扩散
B. 可以快速扩散和任意翻转
C. 只能以单个分子运动
D. 以晶体结构严密排列

10. 下述哪种分子渗透通过脂双层的能力最强？________。
A. Lys
B. 小肽
C. 特异蛋白质
D. O_2

11. 生物膜上的 Na^+、K^+-泵________。
A. 是一种 ATP 合成酶
B. 可以对跨膜被动运输提供方便
C. 可以同向运输 Na^+ 和 K^+
D. 是一种 ATPase

12. Na^+、K^+-泵的功能是________。

A. 主动在细胞质中运输 Na^+ 和 K^+

B. 被动在细胞膜上运输 Na^+ 和 K^+

C. 主动将 Na^+ 运出细胞，将 K^+ 运进细胞

D. 主动将 K^+ 运出细胞，将 Na^+ 运进细胞

13. ________是饱和脂肪酸。

A. 油酸

B. 软脂酸

C. 花生四烯酸

D. 亚麻酸

14. 膜蛋白和脂双层之间的相互作用力主要是________。

A. 次级键

B. 二硫键

C. 氢键

D. 共价键

15. 生物膜在生理条件下呈现________。

A. 液态

B. 薄层晶体

C. 液晶态

D. 凝胶态

16. 通过提高提取液中离子强度可以将________有效分离。

A. 膜外周蛋白

B. 膜内在蛋白

C. 膜锚蛋白

D. 膜质分子

17. 关于脂肪酸的阐述哪项是错误的？________。

A. 反式不饱和脂肪酸营养价值更高

B. 高等动物既含有饱和脂肪酸，也含有不饱和脂肪酸

C. 一些植物能够合成 α-亚麻酸

D. 天然不饱和脂肪酸的双键均为顺式结构

18. 下述关于油脂测定指标的阐述哪项是错误的？________。

A. 油脂的皂化值越大，所含大分子脂肪酸越多

B. 油脂的碘值越高，质量越高

C. 油脂的酸值越高，质量越差

D. 油脂中反式脂肪酸越多，品质越差

19. 构成生物膜的脂类分子以________为主体。

A. 磷脂

B. 甘油三酯
C. 糖脂
D. 胆固醇

20. 生物膜具有不对称性是指________。
A. 脂双层的内、外膜上脂类分子厚度不同
B. 在脂双层的内、外层上脂类分子种类不同
C. 蛋白质在脂双层中有特异定位
D. 在脂双层的内、外层上生物分子组成种类不同，而且有些以特定方向存在

21*. ________含有胆碱。
A. 脑磷脂
B. 卵磷脂
C. 磷脂酸
D. 胆固醇

22. 跨膜主动运输________。
A. 一定需要提供 ATP
B. 不能自发进行
C. 只能借助蛋白质大分子进行顺浓度梯度运输
D. 只能进行单向运输

23*. G-蛋白________。
A. 只能结合 GTP
B. 既能结合 GTP，又能结合 GDP
C. 存在于细胞质，能水解 GTP，酶活性受 Ca^{2+} 调节
D. 存在于细胞膜外表面，用于直接接受胞外信号

24*. 磷脂酰肌醇分子中的磷酸肌醇部分________。
A. 具有双亲性
B. 具有疏水性
C. 有利于物质运输
D. 可以产生信号分子

25*. 从天然植物种子中分离到 2 种甘油磷脂：A 和 B。A 比 B 的相变温度高，那么，________。
A. A 含有较多的不饱和脂肪酸
B. B 含有较多的顺式不饱和脂肪酸
C. A 含有较多的反式不饱和脂肪酸
D. B 含有较多的反式不饱和脂肪酸

26. “20:0”显示该脂肪酸为________，而“$20:3\Delta^{9,11,12}$”显示为________。
A. 简单脂肪酸；复合脂肪酸
B. 复合脂肪酸；简单脂肪酸

C. 饱和脂肪酸；不饱和脂肪酸

D. 单不饱和脂肪酸；多不饱和脂肪酸

27. 有关细胞中自由脂肪酸浓度的阐述哪项是正确的？________。

A. 脂肪酸很少自由存在于细胞内，因为它们很容易破坏细胞膜

B. 脂肪酸的合成位点是胞外基质，因此细胞内脂肪酸浓度很低

C. 脂肪酸在细胞内高浓度存在，以便用于细胞膜构建

D. 由于线粒体不断合成脂肪酸，所以细胞内脂肪酸含量比较高

28. “ω-3”所表示的脂肪酸________。

A. 含有 2 个双键

B. 为饱和脂肪酸

C. 有一个双键位于脂肪酸链远离羧基链末端的第 3 个碳原子处

D. 有一个双键位于 α-碳原子后第 3 个碳原子处

29. 反式脂肪酸的物理特征更像________。

A. ω-3 脂肪酸

B. *cis*-脂肪酸

C. 不饱和脂肪酸

D. 饱和脂肪酸

30. 甘油磷脂含有________头和________长链脂酰尾。

A. 极性；极性

B. 极性；疏水

C. 疏水；极性

D. 疏水；疏水

31. 甘油磷脂的极性头部可能带有________。

A. 正电荷

B. 负电荷

C. 极性但不带电荷

D. 以上都对

32. 类固醇分子________。

A. 在甾核 C-3 位点有一个羟基

B. 在甾核 C-17 位点有一个羟基

C. 在甾核 C-3 和 C-17 各有一个羟基

D. 含有 5 个稠环而不是 4 个

33. 三酰甘油不能形成脂双层，是因为它们________。

A. 具有疏水尾部

B. 没有极性头部

C. 有极性头部

D. 不能参与疏水互作

34. 在细胞质膜上，________。

A. 寡糖朝向胞外而不是胞内

B. 蛋白质可以在脂双层中运动

C. 脂类分子可以在脂双层中运动

D. 以上都对

（答案：1A 2D 3B 4B 5A 6A 7B 8A 9A 10D 11D 12C 13B 14A 15C 16A 17A 18A 19A 20D 21B 22B 23B 24D 25B 26C 27A 28C 29D 30B 31D 32A 33B 34D）

选择题要点解析

1. 选择 A。

[考点] 脂肪酸碳原子数规律。

[解析] 自然界存在的脂肪酸绝大多数是含偶数碳原子的直链一元酸。

2. 选择 D。

[考点] 磷脂分子结构。

[解析] 甘油磷脂是由磷脂酸与含羟基化合物组成的磷脂酰化合物。而磷脂酸是二酰甘油的磷酸化衍生物。磷脂酰胆碱、磷脂酰乙醇胺、磷脂酰肌醇都属于甘油磷脂。

3. 选择 B。

[考点] 生物膜基本概念。

[解析] 生物膜是由膜脂和膜蛋白定向排列、高度组织化的大分子装配体，属于超分子复合体。

4. 选择 B。

[考点] 脂双层。

[解析] 具有双亲性特征的膜脂分子是脂双层结构的分子基础。在水环境中，膜脂分子的亲水头部通过氢键与水分子相互作用而向着水相，疏水尾部依赖疏水力的作用而相互聚拢，自动组装成双分子层。生物膜不同于脂双层，它包括蛋白质、磷脂和糖类分子等。

5. 选择 A。

[考点] 生物膜中糖的存在形式。

[解析] 糖以糖脂或糖蛋白形式存在生物膜，以共价键连接，而不是自由存在。

6. 选择 A。

[考点] 胆固醇在生物膜中的作用。

[解析] 胆固醇对生物膜的流动性具有双重调节作用。在相变温度以上，胆固醇的存在可以降低膜的流动性和通透性，从而使膜趋于凝胶态；在相变温度以下，胆固醇可以降低磷脂分子的有序排列，增强膜的流动性。

7. 选择 B。

[考点] 膜蛋白的存在形式。

[解析] 膜蛋白分为外周蛋白和内在蛋白。外周蛋白分布于膜外表面，内在蛋白以不同程度镶嵌在脂双层或整个跨过脂双层。外周蛋白通过极性氨基酸残基以次级键与膜脂的极性头部结合，可被高离子强度溶液分离。跨膜蛋白属于内在蛋白，通过非极性氨基酸残基与膜脂分子的疏水部分相互作用，分离难度大，需要加入非离子去污剂。

8. 选择 A。

[考点] 膜蛋白的功能。

[解析] 生物膜中的蛋白质组成非常丰富，是生物膜功能的主要体现者。不同来源的生物膜，蛋白质含量和种类均不同。

9. 选择 A。

[考点] 膜脂的流动性。

[解析] 磷脂分子在膜内可作侧向扩散、旋转扩散、翻转扩散等多种形式运动。侧向扩散和旋转扩散比较快，而翻转扩散很慢，需要克服脂双层中部疏水区对其极性头部的排挤作用。运动可以单个分子，也可以是多分子的“板块”形式。

10. 选择 D。

[考点] 脂双层的屏障作用。

[解析] 脂双层的形成驱动力主要是疏水力。脂双层结构是厚度为 5～8 nm 的非共价协同结构，自我封闭，对离子和大多数极性分子高度不透。非极性小分子可以渗透通过脂双层。

11. 选择 D。

[考点] 生物膜的主动运输。

[解析] Na^+、K^+-泵是生物膜进行主动运输的典型例证。Na^+、K^+-泵即 Na^+、K^+-ATP 酶（ATPase），每水解 1 分子 ATP，向膜外泵出 3 个 Na^+，向膜内泵入 2 个 K^+。

12. 选择 C。

[考点] Na^+、K^+-泵的作用特点。

[解析] 参见上一题。

13. 选择 B。

[考点] 常见脂肪酸。

[解析] 油酸含有一个双键，亚麻酸含有 3 个双键，花生四烯酸含 4 个双键。软脂酸是 16 碳饱和脂肪酸。

14. 选择 A。

[考点] 膜蛋白与脂双层之间的作用力。

[解析] 外周蛋白主要通过极性氨基酸残基以次级键与膜脂的极性头部结合；内在蛋白主要通过非极性氨基酸残基与膜脂分子的疏水部分相互作用。虽然还有一类膜蛋白——膜锚蛋白，是以共价键形式连到膜脂上的，但数量少，不是主要形式。分离膜锚蛋白需要利用专一性的水解酶，如磷脂酶。膜锚蛋白通常划分为内在蛋白。

15. 选择 C。

[考点] 生物膜的流动性。

[解析] 生物膜是由膜脂和膜蛋白分子按二维排列的流体,生理状况下呈液晶态。流动性和不对称性是生物膜的主要结构特征,也是膜行使生物功能的基础。

16. 选择 A。

[考点] 膜蛋白分离。

[解析] 参见上文题 7。

17. 选择 A。

[考点] 反式不饱和脂肪酸。

[解析] 不饱和脂肪酸有顺(*cis*)、反(*trans*)异构体,分别以“*c*”和“*t*”加以标注。天然不饱和脂肪酸多为顺式异构体,常将“*c*”省略。油脂的部分氢化作用会使双键发生异构化,由顺式变为反式构型。富含反式脂肪酸的食品有致病嫌疑。

18. 选择 A。

[考点] 油脂测定指标。

[解析] 油脂的皂化值越高,表示它含小分子脂肪酸越多。天然油脂在室温下长期暴露在空气中,会发生自动氧化,产生游离脂肪酸。酸值越低,表示油脂的储存品质越好。碘、溴可在双键处发生加成反应,产生饱和的卤化脂。碘值越大,表示油脂中不饱和脂肪酸含量越高。

19. 选择 A。

[考点] 生物膜脂类组分。

[解析] 膜脂主要包括磷脂、糖脂和胆固醇,以磷脂含量最高,占总膜脂的 55%～75%。

20. 选择 D。

[考点] 生物膜不对称性。

[解析] 膜脂和膜蛋白在脂双层两侧的分布具有不对称性。磷脂分子,如磷脂酰胆碱和鞘磷脂多分布在膜的外层,而磷脂酰乙醇胺、磷脂酰丝氨酸和磷脂酰肌醇多分布在膜的内层。膜蛋白分布的不对称主要体现在 3 个方面:①内在蛋白在脂双层中的镶嵌具有方向性;②外在蛋白的分布不对称,如 Mg^{2+}-ATP 酶、磷酸二酯酶等均分布在膜的外表面,而腺苷酸环化酶分布在膜内表面;③糖蛋白与糖脂的糖基分布不对称,通常暴露于膜外。生物膜的不对称性保证了膜在执行功能时按一定方向进行。

21. 选择 B。

[考点] 卵磷脂分子结构。

[解析] 磷脂酰胆碱俗称卵磷脂,是生物膜的主要脂类成分。在 pH 7 时,磷脂酰胆碱易解离形成兼性离子形式,磷酰胆碱部分为极性亲水端,脂肪酸碳氢链为非极性疏水端。

22. 选择 B。

[考点] 跨膜主动运输。

[解析] 跨膜主动运输的特点是:①具有方向性,能逆浓度梯度进行;②具有专一性,即被转运物质是特定的;③需要专一性转运蛋白,运输速度呈现饱和现象;④需要提供能量,能量形式为 ATP 或跨膜离子梯度。依赖于 ATP 的运输为一级运输,依赖于离子梯度的运输为二级运输。

23. 选择 B。

[考点] G 蛋白在信号转导中的作用。

[解析] G 蛋白是鸟苷酸结合蛋白，广泛存在于各种细胞膜上；G 蛋白不能直接接受胞外信号，而是在膜受体与胞内效应体之间起信号传递作用。G 蛋白由 α、β 和 γ 3 种亚基组成，α 亚基上面有 GTP 和 GDP 结合位点。G 蛋白依赖自身的活性变化实现跨膜信号转导。

24. 选择 D。

[考点] 磷酸肌醇信号分子。

[解析] 磷脂酰肌醇不仅构成生物膜，还可以产生信号分子，参与细胞钙信号途径。

25. 选择 B。

[考点] 生物膜流动性与脂酰链饱和度的关系。

[解析] 生物膜流动性受磷脂分子脂酰链饱和度的影响。不饱和度越高，相变温度越低，流动性越好，这是因为顺式双键的存在干扰了分子间的整齐排列。相反，饱和度越高，相变温度也越高，流动性越差，这是因为饱和脂酰链伸展更充分，它们之间更容易借助范德华力相互靠近而形成有序、紧密的晶状体列阵。

26. 选择 C。

[考点] 脂肪酸简写符号。

[解析] 脂肪酸结构的简写法：先写出碳原子数目，然后写出双键数目，之间用冒号隔开，最后用“Δ＋数字”表示双键位置。“:0”表示无双键，为饱和脂肪酸。

27. 选择 A。

[考点] 脂肪酸结构特点。

[解析] 脂肪酸由极性羧基和非极性烃基组成，既有亲水性又有疏水性，为两亲化合物，大量接触细胞膜会对后者造成伤害。在细胞中，脂肪酸通常与甘油形成中性脂(甘油三酯)得以保存或运输，很少以游离形式存在。

28. 选择 C。

[考点] 必需脂肪酸的俗称。

[解析] 按照系统命名原则，脂肪酸的羧基碳被指定为 C-1；在通俗命名中，脂肪酸羧基后的第一个碳原子为 α 碳原子，之后依次以 β、γ 等表示，离羧基最远的碳原子定为 ω。“ω-3”表示从 ω-碳端数起，第一个双键位于 C3～C4 之间。ω-3 即亚麻酸($18{:}3^{\Delta 9,12,15}$)，为多不饱和脂肪酸。

29. 选择 D。

[考点] 反式脂肪酸。

[解析] 饱和脂肪酸与不饱和脂肪酸的空间构象不同，前者烃链垂直，分子间容易有序聚集，熔点比较高；后者在双键处存在一个 30°刚性弯曲，分子间不容易形成有序聚集。天然不饱和脂肪酸的双键通常为顺式(*cis*)，在催化剂作用下(或经其他不当处理)容易转化为反式(*trans*)结构。反式不饱和脂肪酸烃链之间结合紧密，熔点升高，类似于饱和脂肪酸物理特征。反式不饱和脂肪酸对人体有害。

30. 选择 B。

[考点] 甘油磷脂结构特点。

[解析] 甘油磷脂是由磷脂酸与含羟基化合物组成的磷脂酰化合物。其头部包括带负电荷的磷酸基团和含羟基化合物(其中有些带正电荷,如胆碱、乙醇胺、丝氨酸),因而具有极性和亲水性;其尾部是指两条长长的脂酰链,具有疏水作用。

31. 选择 D。

[考点] 甘油磷脂。

[解析] 甘油磷脂分子具有双亲性,头部亲水,尾部疏水。不同磷脂头部结构不同,除了共同的带负电荷的磷酸基团外,其 X 基团上有的带正电,如卵磷脂、脑磷脂;有的正负电荷都有,如磷脂酰丝氨酸;而磷脂酰甘油的 X-基团不带电,但有极性。

32. 选择 A。

[考点] 类固醇结构。

[解析] 类固醇是环戊烷多氢菲的羟基衍生物,种类很多,但其分子的共同点是:环戊烷多氢菲由 3 个六元环和 1 个五元环稠合而成;在甾核 C-3 位点有 1 个羟基;在甾核 C-17 位点有 1 个分支烃链。

33. 选择 B。

[考点] 三酰甘油性质。

[解析] 三酰甘油是由 3 分子脂肪酸和 1 分子甘油脱水缩合成的酯,没有极性头部,很难溶于水。由短链脂肪酸组成的三酰甘油略溶于水,当有乳化剂时能和水形成乳状液。磷脂、糖脂具有双亲性,可以形成脂双层。

34. 选择 D。

[考点] 生物膜结构特征

[解析] 生物膜由膜脂和膜蛋白组成,流动性和不对称性是生物膜的主要结构特征。不仅膜蛋白可以在脂双层中运动,磷脂分子在膜内也可以作侧向扩散、旋转扩散、翻转扩散等多种形式运动;膜脂和膜蛋白在脂双层两侧的分布不对称,例如糖蛋白的寡糖基都是朝向胞外,可以像天线一样接受胞外信号。

四、简答题

1. 解释脂双层,并讨论其结构特点。

解:

(1)脂双层是生物膜的基本结构,主要由磷脂分子组成,如磷脂酰胆碱、磷脂酰乙醇胺。磷脂分子含有 1 个带电荷的亲水性头部和 2 个长长的疏水链尾巴,为双亲性分子。许多磷脂分子的疏水链尾对尾靠疏水力排列在一起,亲水头部外露在两侧,即形成脂双层。

(2)脂双层的特点:脂双层具有流动性,可作为膜蛋白的溶剂;脂双层对离子和大部分极性分子是高度不通透的;脂双层的形成是一个快捷的自组装过程,疏水作用力是主要的驱动力;脂双层是一个自我封闭的连续系统,局部破坏后可自我修复。脂双层具有不对称性,包括膜脂的不对称性和蛋白的不对称性等。

2. 生物膜的共性有哪些？

解：

(1)生物膜是一种 6～10 nm 厚的片层结构，有封闭的边界；

(2)生物膜主要由脂类和蛋白质组成，还含有一些与脂类和蛋白质分子共价连接的糖类；

(3)组成生物膜的膜脂分子很小，具有双亲性，以脂双层形式存在；

(4)膜的特异功能是通过特异蛋白质实现的；

(5)膜是非共价的集合体(或超分子复合物)；

(6)生物膜结构是不对称的；

(7)生物膜是流动的结构(由蛋白质和脂类分子排列成的二维液体)；

(8)大多数膜是极化的(electrically polarized)。

3. 什么是生物膜的主动运输？讨论主动运输与被动运输的区别？

解：跨膜主动运输是与耗能相偶联的穿过生物膜运输物质的过程。主动运输和被动运输的区别应该从被运输物质、运输方向、载体蛋白要求、运输速度、能量要求几个方面进行讨论。见下表：

项　目	主动运输	被动运输
被运输物质	极性分子、离子	非极性气态分子、疏水分子
运输方向	逆电化学梯度(浓度梯度、膜电位)	顺电化学梯度
载体蛋白	专一性载体蛋白	有或无
运输速度	有底物饱和现象	正比于跨膜浓度差
能量要求	需提供能量(ATP 或跨膜离子梯度)	自发进行

4. 什么是 Na^+、K^+-泵？讨论其分子机理和生物学意义。

解：Na^+、K^+-泵，即 Na^+、K^+-ATPase，存在于某些细胞的细胞膜上；可利用 ATP 的水解定向主动跨膜运送 Na^+、K^+；每水解 1 分子 ATP，向细胞膜外泵出 3 个 Na^+，向细胞膜内泵入 2 个 K^+，产生跨膜的离子梯度。

作用机理：该蛋白为四聚体，由 $\alpha_2\beta_2$ 4 个亚基组成，其中 2 个为跨膜的催化亚基；在膜催化亚基的内侧有 Na^+ 和 ATP 结合位点，在外侧有 K^+ 结合位点。“构象变化假设”认为，通过 Na^+、K^+-ATPase 的磷酸化和去磷酸化，使蛋白质复合体从一种构象转变为另一种构象，由此进行 Na^+、K^+ 在相反方向上的运送。

Na^+、K^+-泵的生物学意义：①维持细胞的膜电位，使细胞处于可兴奋状态；②调节细胞的体积；③产生的跨膜离子梯度驱动某些细胞糖和氨基酸等代谢物的主动运输。

五、实验题

膜蛋白的流动性是如何证明的？(见前文要点分析)

六、论述题

1. 阐述生物膜的结构。

要点分析：

(1)概述。生物膜是存在于细胞表面或细胞器上的一层厚为 6～10 nm 的片层结构，包括细胞膜和内膜系统。

(2)简述生物膜化学组成:磷脂、膜蛋白、糖(作为结合糖存在)。磷脂分子具有双亲性;膜蛋白主要有外周蛋白和内在蛋白,外周蛋白存在于膜表面,内在蛋白则靠疏水键镶嵌在膜中;糖分子以结合态与脂质分子或蛋白质共价相连。

(3)结合流动镶嵌模型讨论:磷脂分子以脂双层形式排列,作为膜内在蛋白的溶剂;膜蛋白和磷脂一起形成按二维排列的流体。生物膜的最大结构特点,一是它的流动性,即蛋白质和膜脂分子均可运动,以侧向扩散运动为主;二是它的不对称性,即膜蛋白、脂类分子和糖基分布都是不对称的,如糖基一般分布在非细胞质一侧。

(4)生物膜结构理论还在发展中。(可结合"板块镶嵌模型"讨论,见前文要点分析)

2. 讨论生物膜流动性的重要影响因素和可能的调节。(见本章要点分析)

3. 生物膜有哪些功能?各举一例加以说明。

要点分析:

(1)作为渗透屏障(permeable barriers),使细胞分隔为不同区域,维持细胞特定环境,使新陈代谢有条不紊地进行。如叶绿体作为光合作用的场所。

(2)膜融合参与许多生物学过程。如精卵结合产生受精卵过程中的膜融合。

(3)物质运输。如细胞膜上 Na^+、K^+-ATPase,可以对 Na^+、K^+ 进行选择性定向主动运输。

(4)胞外信号的跨膜转导。如神经细胞膜上的乙酰胆碱受体介导神经信号跨突触的传递。

(5)能量转换。如线粒体内膜电子传递组分能将储存在 NADH、$FADH_2$ 中的还原力转化为跨膜电势,跨膜电势驱动 ATP 合酶使 ADP 发生氧化磷酸化形成 ATP,将能量暂时储存在 ATP 的高能键中。

第八章 生物氧化

一、本章总结简图

生物氧化
- 生物能学相关的几个概念（$\Delta G^{\ominus}$、$\Delta G^{\ominus\prime}$和$\Delta G'$）
- 生物氧化（定义、特点）
- 高能化合物与高能磷酸化合物
- 线粒体电子传递链
  - 电子传递体
  - 电子传递顺序
  - 电子传递顺序测定
- 氧化磷酸化
  - 氧化磷酸化与电子传递相偶联
  - 偶联机理及支持证据
  - F_0F_1-ATP合酶
  - ATP合成机理

本章重点是线粒体电子传递和氧化磷酸化。

二、要点内容与问题分析

1*.几个关于生物能学的概念

生物氧化是一个能量转化的过程。在生物氧化这一章里，经常提到“氧化还原电势”“标准氧化还原电势”“标准氧化还原电势差”“自由能”“标准自由能”“自由能变化”等概念。如在线粒体电子传递链中，电子载体的顺序是按标准氧化还原电势大小排列的；电子传递释放的自由能要储存在 ATP 中。要深刻理解这些知识要点，有必要弄清几个与生物能学有关的概念，并了解其应用。

在生物氧化过程中，有一系列的氧化还原反应。反应能否自发进行，应该依据“熵”(S)值进行判断。如果是熵增过程，则可自发进行。但问题是，在生物化学反应中，直接测定熵变 ΔS 非常困难，因此一般通过计算自由能的变化来推测。

自由能是用于做功的能，用“G”表示；在标准状态下（25℃，溶质浓度＝1 mol/L，大气压＝1 atm）的自由能为标准自由能，用“$G^{\ominus}$”表示；生物化学反应条件（pH＝7）下标准自由能用“$G^{\ominus\prime}$”表示。在标准状况下，如果一个反应的标准自由能的变化 $\Delta G^{\ominus}$ 为负值，则为放能反应，那么反应可以自发进行。在非标准状况下，反应能否自发进行，则应依据自由能的变化 ΔG 判断。

怎样获得 ΔG 的值呢？

$$\Delta G = \Delta G^{\ominus\prime} + 2.303RT\lg[\text{产物浓度}]/[\text{反应物浓度}]$$

式中：R 为气体常数，T 为绝对温度。

首先应该计算出 $\Delta G^{\ominus\prime}$，这可通过氧化还原电势计算，即：

$\Delta G^{\ominus\prime} = -nF\Delta E^{\ominus\prime}$（其中，$n$ 为每摩尔反应物转移的电子摩尔数，F 为法拉第常数，96485 C/mol，$\Delta E^{\ominus\prime}$ 为标准氧化还原电势差）。

我们先来看一下什么是标准氧化还原电势差。

在一个氧化还原反应中有电子供体和电子受体。参加氧化还原反应的分子在供给和接受电子的趋势上是不同的，这种得到或失去电子的趋势叫作氧化还原电势，用“E”表示，单位是V。在标准状况下（25℃，溶质浓度$=1\ \text{mol}\cdot\text{L}^{-1}$，大气压$=1$ atm）的氧化还原电势称为标准氧化还原电势，用“$E^{\ominus}$”表示。在生物化学反应中，因反应体系中$[H^+]\neq 1\ \text{mol}\cdot\text{L}^{-1}$，而接近于pH=7，因此，其标准氧化还原电势用“$E^{\ominus\prime}$”表示。

在线粒体电子传递过程中，典型的电子供体是NADH，末端电子受体是O_2。无论电子受体还是供体，其标准氧化还原电势是可以测得的，对于O_2和NADH，$E^{\ominus\prime}$分别为：

$$O_2/H_2O \qquad E^{\ominus\prime}=+0.816\ \text{V}$$

$$NAD^+/NADH \qquad E^{\ominus\prime}=-0.32\ \text{V}$$

如果将二者组成一个氧化还原反应，那么：

标准氧化还原电势差：$\Delta E^{\ominus\prime}=E^{\ominus\prime}_{受体}-E^{\ominus\prime}_{供体}=+0.82-(-0.32)=1.14\ (\text{V})$；

所以，标准自由能变化就是：$\Delta G^{\ominus\prime}=-nF\Delta E^{\ominus\prime}=-2\times 96\ 480\times 1.14=-220.0\ (\text{kJ}\cdot\text{mol}^{-1})$。

在某一特定的产物浓度和反应物浓度反应条件下，需要计算出自由能变化：

$$\Delta G=\Delta G^{\ominus\prime}+2.303RT\ \lg[产物浓度]/[反应物浓度]$$

根据ΔG的大小可以判断反应是否能自发进行。如果ΔG小于零，反应就能自发进行。

在标准状况下，各溶质浓度为$1\ \text{mol}\cdot\text{L}^{-1}$（[产物浓度]/[反应物浓度]=1）；或在非标准状况下、但平衡常数为1（[产物浓度]/[反应物浓度]=1）时：

$$\Delta G=\Delta G^{\ominus\prime}=-nF\Delta E^{\ominus\prime}$$

在标准状况下$\Delta G^{\ominus\prime}$和ΔG相等，因此，可由$\Delta G^{\ominus\prime}$判断反应能否自发进行。

其实，生物系统是一个开放系统，无法真正趋向平衡。它不断进行着大分子的降解，能量的转化和利用以及生命分子的合成。有机体最终达到平衡是死亡时刻。因此，对于一个生物化学氧化还原反应，更有意义的是，了解标准自由能的变化$\Delta G^{\ominus\prime}$，而不是推测反应是否能自发进行。在生物体内，一个在热力学上不能自发进行的反应，往往被其他能自发进行的反应所驱动。因此，如果想了解某一个反应在某一状态能否自发进行时计算ΔG，而只想了解反应的能量变化时，可只考虑$\Delta G^{\ominus\prime}$。比如，ATP在水解为ADP时，$\Delta G^{\ominus\prime}=30.5\ \text{kJ}\cdot\text{mol}^{-1}$。

2. ATP

ATP是本章的一个重要概念。从中文名称到分子结构，从活化形式到水解方式以及其生物学作用，均应重点掌握。有关的内容常以是非题形式出现，也可以问答题形式出现。

ATP，即腺苷三磷酸（或三磷酸腺苷），分子中核糖C1的β位羟基与腺嘌呤以糖苷键相连，核糖的C5羟基与3个相连的磷酸基团以酯键相连。分子中含有2个高能键，均为酸酐键。ATP的活化形式是Mg^{2+}-ATP。ATP分子上与γ位磷酸基团相连的高能磷酸键被水解后，生成ADP和无机磷，并释放出自由能$30.5\ \text{kJ}\cdot\text{mol}^{-1}$；ADP上的高能键可进一步水解，释放出等量自由能；在有些反应中，ATP α位磷酸基团和β位磷酸基团之间的高能键发生水解，生成AMP和PPi，释放出比$30.5\ \text{kJ}\cdot\text{mol}^{-1}$更高的自由能，PPi可进一步水解形成无机磷。

ATP在细胞中作为即时性的能量载体，可快速用于生命体中的做功过程，如渗透功（过膜主动运输)、机械功、生物大分子合成、生物荧光等。ATP 还有一个重要作用,就是在酶促磷酸基团转移中起“共同中间传递体”(“中转站”)的作用。带有磷酸基团的生物分子之间在转移磷酸基团时,比 ATP 磷酸基团转移势能高($\Delta G^{\ominus'}$ 更负)的化合物不能直接将磷酸基团转移给比 ATP 磷酸基团转移势能低的化合物,而必须先转移给 ADP 形成 ATP,再由 ATP 将磷酸基团转移给下游化合物(能量更低的化合物)。

3.线粒体电子传递链

线粒体电子传递链又叫呼吸链,是指从 NADH、$FADH_2$ 开始,按标准氧化还原电势由低到高(或由负到正)的顺序而排列成的一系列电子传递体,它们存在于线粒体内膜上。如下图:

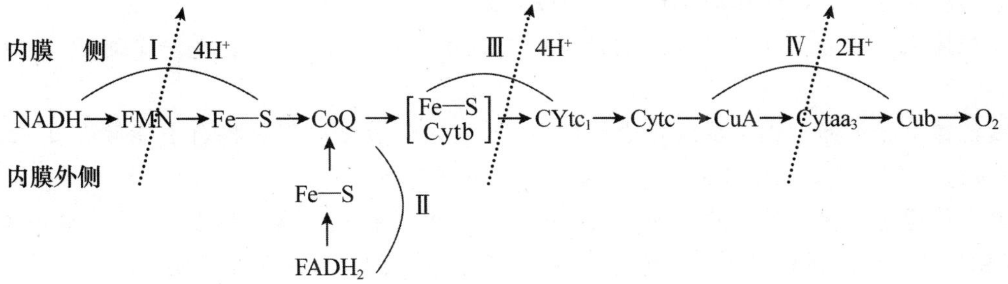

线粒体电子传递链的组分实质上包括:4 种镶嵌在线粒体内膜中的酶复合体(Ⅰ、Ⅱ、Ⅲ、Ⅳ),1 个由单亚基组成、位于线粒体内膜外侧的膜外周蛋白 Cyt c,1 个活动性强的非蛋白质组分 CoQ(或直接称 Q)。在 4 个酶复合体中,有 3 个是质子泵(Ⅰ、Ⅲ、Ⅳ),在电子传递过程中可将质子从线粒体内膜内侧泵到线粒体膜间隙中。线粒体电子传递链有 2 个电子入口,一个是 NADH,另一个是 $FADH_2$,末端氧化酶为 Cyt aa_3,最终电子受体为 O_2。

4.呼吸链电子传递体排列顺序的测定

(1)测定氧化还原电势。首先测定不同传递体的氧化还原电势 $E^{\ominus'}$,然后按从低到高(从负到正)的顺序排列即可。

如 QH_2/Q:$E^{\ominus'}=+0.04$; NADH:$E^{\ominus'}=-0.32$;FMN:$E^{\ominus'}=-0.30$;Cyt a_3:$E^{\ominus'}=+0.39$;Cyt c_1:$E^{\ominus'}=+0.22$;Cyt c:$E^{\ominus'}=+0.23$。那么排列顺序应为:NADH→FMN→Q→Cyt c_1→Cyt c→Cyt a_3。

(2)测定差异光谱:每种电子传递体有自己的特征吸收峰,且对于同一种电子传递体,其在还原态和氧化态的特征吸收峰有差异。比如,Cyt c 在还原态有 3 个特征吸收峰,分别位于 415 nm、521 nm、550 nm,而其氧化态仅在 415 nm 有吸收峰。向一个含有线粒体内膜组分的反应系统加入电子供体(如苹果酸或 NADH),使线粒体内膜上的各电子传递体处于还原态;然后加入电子的最终受体 O_2,并及时检测反应系统的光谱变化,确定各传递体由还原态变成氧化态的先后顺序。最先变成氧化态的电子递体一定更靠近 O_2,最后转变的远离 O_2。以此确定从电子供体到 O_2 的电子传递链顺序。

(3)利用专一性电子传递抑制剂。有 3 类抑制剂:鱼藤酮、安密妥抑制 NADH-Q 还原酶活性,使 NADH 上的电子不能传递给 CoQ;抗霉素 A 抑制电子从 QH_2→Cyt c_1;氰化物、叠氮化物、CO 抑制电子从 Cyt c→O_2。

在一个有底物、完整线粒体且有氧供应的电子传递反应系统中,加入某种抑制剂,那么位于被抑制组分前面的传递体将处于还原态,之后的传递体将处于氧化态。如加入抗霉素 A,测得 Cyt a、Cyt a_3处于氧化态,而 Cyt c 处于还原态,那么在电子传递顺序上,Cyt c 一定位于 Cyt a、Cyt a_3 的上游。

5. 化学渗透学说

化学渗透学说认为电子沿呼吸链传递伴随着 H^+ 从线粒体内膜基质"泵"到内膜外侧,从而在内膜两侧形成了跨膜的 pH 梯度(ΔpH)和电位梯度(Δψ),二者合称为质子驱动力(proton-motive force,PMF),该驱动力使 ADP 和 Pi 形成 ATP。化学渗透学说阐述的是关于电子传递释放出的能量和氧化磷酸化合成 ATP 的偶联机理。

6. 线粒体氧化磷酸化和电子传递的偶联关系

线粒体氧化磷酸化和电子传递的偶联关系是本章的一个重点,也是一个难点,应该深刻理解。

线粒体电子传递过程是释放自由能的过程,氧化磷酸化过程是将自由能储存在 ATP 中的过程,这两个过程是相偶联的。这可以从两个方面进行理解:

电子传递是氧化磷酸化的前提。没有电子传递就没有氧化磷酸的发生,这可通过电子传递抑制剂 CN^- 在抑制线粒体电子传递后 ATP 不能合成的实验现象来证实。

氧化磷酸化的进行有利于电子传递。线粒体电子传递链快速传递电子,不仅需要高还原力物质(如 NADH 或 $FADH_2$),或代谢底物(如可产生 $FADH_2$ 的琥珀酸,或可产生 NADH 的苹果酸),还需要氧化磷酸化的正常进行,这可从寡霉素特异性抑制氧化磷酸化后导致电子传递明显减弱的实验现象证实。

7. F_OF_1-ATP 合酶

F_OF_1-ATP 合酶是存在于线粒体内膜上的一种跨膜蛋白复合体,该蛋白能将线粒体内膜电子传递释放的自由能转化为 ATP。其分子由 F_1 和 F_O 两部分组成。F_1 为球形头部,伸向线粒体基质内,蛋白亚基组成为 $\alpha_3\beta_3\varepsilon\delta\gamma$;$F_1$ 具有亲水性。F_O 跨线粒体内膜,为质子通道,亚基组成为 ab_2c_{12}。在体内,当质子通过 F_O 通道时,F_1 便合成 ATP。

注意合成酶、合酶的区别:合成酶(synthetase)——一种连接酶,所催化的反应需要核苷三磷酸;合酶(synthase)——具有合成和裂解双重作用的酶。

三、名词解释(特别提示:弄清基本概念有助于应对各种选择题)

1. 高能化合物/高能磷酸化合物

高能化合物比高能磷酸化合物概念更广,前者指化学键发生水解时释放出的自由能大于 21 kJ · mol^{-1}/5 kcal · mol^{-1}(也有教材写 25 kJ · mol^{-1})以上的化合物,种类很多,如 ATP、ADP、1,3-二磷酸甘油酸、磷酸烯醇式丙酮酸、酰基辅酶 A、磷酸肌酸、磷酸精氨酸、S-腺苷甲硫氨酸等。按连键性质高能化合物可以分为磷氧键型(如 ATP)、氮磷键型(如磷酸肌酸)、硫酯键型(如酰基辅酶 A)和甲硫键型(S-腺苷甲硫氨酸)。

高能磷酸化合物是高能化合物中的一类,其高能键的构成有磷酸基团的参与。如 ATP、ADP、1,3-二磷酸甘油酸、磷酸烯醇式丙酮酸、磷酸肌醇等。S-腺苷甲硫氨酸属于高能化合物,但不属于高能磷酸化合物。

2. ATP/ADP/AMP

分别为:腺苷三磷酸/腺苷二磷酸/腺苷一磷酸。ATP 和 ADP 为高能磷酸化合物,在生物能量转换和酶促磷酸基团转移中起重要作用。ATP 含有 2 个高能键,ADP 含有 1 个高能键。AMP 不属于高能磷酸化合物。

细胞中 ATP/ADP/AMP 共同组成腺苷酸库。从三者的浓度关系可以计算出能荷:[ATP]+1/2[ADP]/[ATP]+[ADP]+[AMP]。低能荷促进 ATP 的形成反应,高能荷则对 ATP 的合成途径有抑制作用,细胞由此保持 ATP 含量的相对稳定。

3. $G/\Delta G/\Delta G^{\ominus}/\Delta G^{\ominus'}$

G 表示自由能。每种物质都有自己特定的自由能。

ΔG 表示一个化学反应(或一个过程)自由能的变化,其大小主要依赖于反应物的性质和它们的浓度;只有当 ΔG 为负值时,该反应才能进行。

$\Delta G^{\ominus}$ 为标准自由能的变化,即在标准状况下(25℃,各物质浓度为 1 mol·L^{-1},气压为 1 atm)一个反应的自由能变化。一个反应的 $\Delta G^{\ominus}$ 是特定的,它是 ΔG 的一部分。可用 $\Delta G^{\ominus}$ 判断在标准状况下一个反应能否自发进行。

$\Delta G^{\ominus'}$ 是标准状况下(但 pH=7 时)一个生物化学反应的标准自由能变化,是生物化学反应 ΔG 的一部分。根据 ΔG 可以判断反应能否自发进行;只有在平衡常数为 1 时,才可用 $\Delta G^{\ominus'}$ 判断反应是否自发进行。

4. 生物氧化/氧化磷酸化/底物水平磷酸化

生物氧化是需氧细胞呼吸作用中的一系列氧化-还原反应,指有机物氧化分解成 CO_2 和水,并释放出能量形成 ATP 的过程。与化学氧化(非生物氧化)相比,生物氧化有 3 个特点:①在正常体温、生理 pH、有水的条件下进行;②在酶的催化下,经过一系列连续的化学反应,逐步氧化、逐步释放能量;③生物氧化过程释放的能量先储存在 ATP 中。

生物氧化包括生物大分子形成的乙酰 CoA 进入柠檬酸循环后的氧化过程以及线粒体电子传递的终端氧化过程。

氧化磷酸化是指伴随生物氧化的终端氧化过程、F_OF_1-ATP 合酶利用线粒体电子传递过程中释放的自由能由 ADP 和 Pi 生成 ATP 的过程。

底物水平磷酸化是指代谢底物先形成磷酸化或硫酯化的衍生物,然后再生成 ATP。例如,糖酵解反应中生成的 1,3-二磷酸苷油酸、磷酸烯醇式丙酮酸进一步反应形成 ATP,都属于底物水平磷酸化。

5. 线粒体电子传递抑制剂/解偶联剂/氧化磷酸化抑制剂

线粒体电子传递抑制剂能抑制电子传递,作用实质是通过抑制电子传递酶复合体的活性,使来自高还原力(NADH 或 $FADH_2$)的电子无法传递给最终的电子受体 O_2。如抗霉素 A、CN^-。电子传递被抑制后,跨线粒体内膜的质子梯度就不能形成,更没有氧化磷酸化的发生。

解偶联剂能将线粒体氧化磷酸化和电子传递两个过程分开,作用实质是破坏跨线粒体内膜的质子梯度。如 DNP。解偶联后,电子传递可以进行,反应体系中的氧不断被消耗,但氧化磷酸化不能进行。

氧化磷酸化抑制剂通过作用于 F_OF_1-ATP 合酶抑制氧化磷酸化,不直接作用于电子传递链。

如寡霉素(oligomycin)。在氧化磷酸化受到抑制时,电子传递(或氧消耗速度)也会受到抑制。此时若加入解偶联剂,氧消耗即刻恢复,说明寡霉素对利用氧的抑制作用可被解偶联剂解除。

四、选择题

1. 下述分子哪个不属于高能化合物? ________。
A. 3-磷酸甘油
B. 磷酸烯醇式丙酮酸
C. 三磷酸腺苷
D. 乙酰 CoA

2. 下述分子哪种不属于高能磷酸化合物? ________。
A. ADP
B. 磷酸烯醇式丙酮酸
C. AMP
D. 磷酸肌酸

3. 下列阐述哪项是错误的? ________。
A. 标准自由能用 $\Delta G^{\ominus}$ 表示
B. 每一个反应都有其特定的标准自由能变化
C. 从一个化学反应的平衡常数可以求出标准自由能变化
D. pH=7 时的标准自由能变化用 $\Delta G^{\ominus'}$ 表示

4. 下列关于自由能的阐述哪项是正确的? ________。
A. 当 ΔG 是负值时反应就可以自发进行
B. 只有当 $\Delta G^{\ominus}$ 是负值时反应才能自发进行
C. 可用 $\Delta G^{\ominus}$ 判断标准状况下一个化学反应的速率
D. 可用 $\Delta G^{\ominus'}$ 判断一个生物化学反应的速率

5. 下列关于 ATP 的阐述哪条是错误的? ________。
A. ATP 分子中核糖上的 C_5 羟基与 3 个相连的磷酸基团以酯键相连
B. ATP 的活化形式是 $MgATP^{2-}$
C. ATP 含有 3 个高能键
D. ATP 在酶促磷酸基团转移中发挥重要作用

6. 线粒体________。
A. 电子传递链含有 4 个质子泵
B. 电子传递链最终电子受体是 Cyt a_3
C. Cyt c 位于内膜内侧
D. 电子传递链组分 CoQ 具有很强的运动性

7. 下列关于线粒体电子传递链的阐述哪条是错误的? ________。
A. 电子传递链中 NADH 是 FAD 的电子供体

B. 电子传递链中 NADH 是 FMN 的电子供体

C. Cyt c 是线粒体的标志蛋白

D. CoQ 是电子传递链中唯一的非蛋白组分

8. 下列关于线粒体电子传递抑制剂的阐述哪条是错误的？________。

A. 鱼藤酮阻止 NADH 上的电子向 CoQ 传递

B. 抗霉素 A 抑制电子从 QH_2 向 Cyt c_1 传递

C. 氰化物抑制电子从 Cyt c→O_2 传递

D. 寡霉素抑制电子从 QH_2→Cyt c_1 传递

9. 下列关于线粒体电子传递链的阐述哪条是正确的？________。

A. NADH-CoQ 还原酶分子中含有电子传递组分 NAD^+

B. NADH-CoQ 还原酶分子中含有电子传递组分 FMN

C. 琥珀酸-CoQ 还原酶分子中含有电子传递组分 FMN

D. 琥珀酸-CoQ 还原酶分子中含有电子传递组分 NAD^+

10. 细胞色素 c ________。

A. 是一种小的有机色素分子

B. 是一种无机色素分子

C. 是一种缀合蛋白质

D. 含有一条多肽链

11. 从呼吸链________。

A. 能判定 ATP 在细胞中的具体合成部位

B. 能了解质子泵的作用机制

C. 能了解线粒体能量偶联机制

D. 能了解线粒体电子传递链的组成与电子传递顺序

12. 下述电子载体中，________又是递氢体。

A. NAD^+ 和 Cyt c

B. FMN、FAD 和 Cyt b

C. CoQ 和 Cyt a

D. FMN、FAD、NAD^+ 和 CoQ

13. 能使线粒体电子传递和氧化磷酸化解偶联的试剂是________。

A. 2,4-二硝基苯酚

B. 寡霉素

C. 一氧化碳

D. 氰化物

14. 参与呼吸链电子传递的金属离子是________。

A. 镁离子和铁离子

B. 钼离子和铁离子

C. 铜离子和铁离子

D. 铜离子和镁离子

15. 在使用解偶联剂时，线粒体内膜________。

A. 膜电势升高

B. 膜电势降低

C. 膜电势不变

D. 两侧 pH 升高

16. 线粒体电子传递链泵出的质子，________。

A. 经过 F_OF_1-ATP 合酶回到线粒体基质时有 ATP 合成

B. 可自由返回线粒体基质

C. 不能被 2,4-二硝基苯酚带回线粒体基质

D. B 和 C

17. 在含完整线粒体且有氧供应的反应系统中，加入________能提高氧消耗量。

A. NAD^+

B. FAD

C. 苹果酸

D. FMN

18. 下列氧化还原对标准氧化还原电势最高的是________。

A. $CoQ/CoQH_2$

B. 细胞色素 b(Fe^{2+}/Fe^{3+})

C. $NAD^+/NADH$

D. $FAD/FADH_2$

19. 氧化磷酸化的特异抑制剂是________。

A. 寡霉素

B. 抗霉素 A

C. 缬氨霉素

D. 鱼藤酮

20*. 葡萄糖氧化为 CO_2 和 H_2O，释放的自由能大小________。

A. 与反应物活化分子数无关，但与反应途径有关

B. 与反应物活化分子数有关

C. 与反应途径无关

D. 与反应途径有关

21. 按照化学渗透学说，驱动 F_OF_1-ATP 合酶合成 ATP 的力是________。

A. 跨线粒体内膜的膜电势

B. 跨线粒体内膜的化学势

C. 跨线粒体内膜的电化学势

D. 自身动力

22. 糖酵解过程产生的 NADH ________。

A. 只能进入线粒体电子传递链

B. 只能为某些生物化学反应提供还原力

C. 可以直接进入线粒体电子传递链

D. 可以通过穿梭系统被线粒体电子传递链所利用

23. 下述有关氧化磷酸化的阐述哪条是错误的？________。

A. 只有完整的线粒体才能进行氧化磷酸化

B. 破坏跨线粒体内膜的质子梯度，必然破坏氧化磷酸化

C. 线粒体电子传递链对氧化磷酸化有影响

D. 氧化磷酸化对线粒体电子传递链没有影响

24. 下述哪种物质不能依赖自身转运体转运，但可以通过别的方式进入线粒体基质？________。

A. 谷氨酸

B. 天冬氨酸

C. NADH

D. ATP

25. 线粒体电子传递链各组分________。

A. 均存在于酶复合体中

B. 只能进行电子传递

C. 氧化还原电势一定存在差异

D. 既能进行电子传递，也能进行氢的传递

26. 线粒体电子传递链的 4 个酶复合体中，只有________没有质子泵功能。

A. 复合体Ⅰ

B. 复合体Ⅱ

C. 复合体Ⅲ

D. 复合体Ⅳ

27. 2,4-二硝基苯酚可以用作________。

A. 木材杀虫剂

B. 减肥药物

C. 线粒体电子传递抑制剂

D. 蛋白酶抑制剂

28. 在呼吸链电子传递过程中伴随有质子的流动，这将________。

A. 使 pH 在线粒体基质和膜间隙间保持相同水平

B. 降低线粒体基质 pH

C. 降低线粒体基质和膜间隙 pH

D. 降低线粒体膜间隙 pH

29. 在原核细胞中，电子传递链和 ATP 合酶复合体位于________。

A. 质膜

B. 细胞质

C. 线粒体内膜

D. 内质网

30. 下述哪种物质能自由通过线粒体内膜？________。

A. H^+

B. CO_2

C. ATP

D. 乙酸

31. 在线粒体电子传递链中，电子是从________。

A. NADH 和 QH_2流向 O_2

B. O_2 流向 NAD^+和 Q

C. O_2 流向 NADH

D. ATP 流向 O_2

32. 化学渗透学说用于解释________。

A. Na^+和 K^+跨细胞膜的主动运输

B. 协助扩散跨膜运输如何达到饱和上限

C. 血-脑屏障

D. 质子梯度驱动 ATP 合成

33. 线粒体的内膜对________通透的，对________是不通透的。

A. 质子；水

B. 阳离子；阴离子

C. 带电分子；不带电分子

D. 不带电分子；带电分子

34. 线粒体内膜能形成跨膜质子梯度主要是因为________。

A. 它含有 ATP 合酶复合物

B. 含有大量专一性转运蛋白

C. 它对质子是不通透的

D. 富含营养性蛋白和酶类

（答案：1A 2C 3A 4A 5C 6D 7A 8D 9B 10C 11D 12D 13A 14C 15B 16A 17C 18B 19A 20C 21C 22D 23D 24C 25C 26B 27A 28D 29A 30B 31A 32D 33D 34C）

选择题要点解析

1. 选择 A。

[考点] 高能化合物。

［解析］高能化合物中以高能磷酸化合物为常见，如 1，3-二磷酸甘油酸、乙酰一磷酸、氨甲酰磷酸，ATP、ADP，磷酸烯醇式丙酮酸、磷酸肌酸、磷酸精氨酸等。此外，有硫酯键相连的乙酰 CoA，以甲硫键相连的 S-腺苷甲硫氨酸。3-磷酸甘油不含高能键。

2. 选择 C。

［考点］高能磷酸化合物。

［解析］AMP 为一磷酸腺苷，不含高能磷酸键。参看上一题。

3. 选择 A。

［考点］标准自由能。

［解析］热力学规定：在标准状况下（25℃，1 个大气压，浓度为 1 mol・L^{-1}）的自由能称为标准自由能，用符号"$G^{\ominus}$"表示；$\Delta G^{\ominus}$ 表示标准自由能变；生物化学反应多数在 pH 为 7 的环境中进行，其标准自由能变用"$\Delta G^{\ominus'}$"表示。根据 $\Delta G^{\ominus'}(T) = -RT\ln K^{\ominus}$，从平衡常数（$K^{\ominus}$）可以计算标准自由能变化。

4. 选择 A。

［考点］自由能变的用途。

［解析］自由能变是一个反应能否自发进行的根据。"ΔG"为反应的自由能变，由两部分组成：一部分是 $\Delta G^{\ominus'}$，为固定数值；另一部分是可变值，与温度、反应物和产物浓度有关。如果给定一个温度，并给出反应物、产物的瞬时浓度，即可计算出 ΔG。只要 $\Delta G<0$，反应就能自发进行。

5. 选择 C。

［考点］ATP 的分子结构与功能。

［解析］ATP 简称腺三磷，由腺嘌呤、核糖及三磷酸单位组成。3 个磷酸基团依次称为 α、β、γ 磷酸基团。β 和 γ 磷酸基团水解时各释放出 30.5 kJ・mol^{-1} 的能量，而 α 磷酸基团水解时释放出 14.2 kJ・mol^{-1} 能量，所以 ATP 中含有 2 个高能键。ATP 的主要作用是作为即时性能量供体，同时在酶促磷酸基团转移中起"中转站"作用。

6. 选择 D。

［考点］线粒体电子传递链组分。

［解析］线粒体电子传递链含 3 个质子泵，最终电子受体是氧气，Cyt c 位于内膜外表面。CoQ 为小分子，呈脂溶性，可以在线粒体内膜脂双层中自由扩散，是一个非常活跃的流动电子载体，也是线粒体电子传递链中唯一的非蛋白组分。

7. 选择 A。

［考点］电子传递链中第一个电子传递体。

［解析］NADH 是线粒体电子传递链的主要电子供体。NADH 将电子传递给复合体Ⅰ中的 FMN。

8. 选择 D。

［考点］电子传递抑制剂。

［解析］安密妥、鱼藤酮是一类植物毒素，对鱼、昆虫毒性很强，专一性抑制复合体Ⅰ的酶活性。抗霉素 A 是一种从灰色链球菌分离出来的抗菌素，专一性抑制复合体Ⅲ的酶活性。氰化物、硫化氢、叠氮化物、CO 等专一性抑制复合体Ⅳ酶活性。

9. 选择 B。

[考点] 电子传递组分。

[解析] 复合体Ⅰ又称 NADH-CoQ 还原酶，含有 40 多条多肽链、1 个 FMN、7 个铁硫中心(Fe-S)；起电子传递作用的组分是 FMN 和铁硫中心。复合体Ⅱ即琥珀酸-CoQ 还原酶，含有 4 个蛋白质亚基、1 个 FAD、3 个 Fe-S 中心；起电子传递作用的组分是 FAD 和铁硫中心。

10. 选择 C。

[考点] 细胞色素 c 分子组成。

[解析] 细胞色素 c 是线粒体内膜上的一个外在蛋白，含有一条多肽链和一个血红素辅基。Cyt c 存在于所有生物中，保守性很强。

11. 选择 D。

[考点] 电子传递链概念。

[解析] 代谢物脱下的氢经过一系列按一定顺序排列的氢传递体和电子传递体的传递，最后传递给分子氧并生成水，这种氢和电子的传递体系，称为电子传递链。

12. 选择 D。

[考点] 电子传递链的递氢作用。

[解析] 从下图可以看出电子传递链中的递氢体，有 NAD^+、FMN、FAD 和 CoQ。

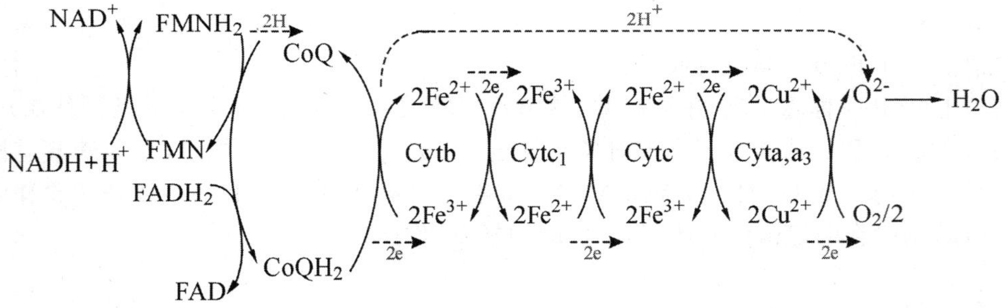

13. 选择 A。

[考点] 解偶联剂。

[解析] 电子传递链与氧化磷酸化的偶联关系可被解偶联剂解除。2,4-二硝基苯酚是一种典型的解偶联剂，它属于酸性芳香族化合物，通过在生物膜中自由运动，携带质子跨膜扩散，从而消除跨线粒体内膜的质子梯度，影响氧化磷酸化的进行，但电子传递照常进行。寡霉素是氧化磷酸化抑制剂，而一氧化碳和氰化物是呼吸链专一性抑制剂。

14. 选择 C。

[考点] 线粒体电子传递中的金属离子。

[解析] 线粒体电子传递链复合体Ⅰ、Ⅱ、Ⅲ都含有铁硫中心，复合物Ⅳ含有铜中心。

15. 选择 B。

[考点] 解偶联剂的作用实质。

[解析] 参见上文题 13。

16. 选择 A。

[考点] 质子流。

[解析] 电子传递的结果是导致 H^+ 从线粒体内膜基质“泵”到内膜外的膜间隙中，形成一个跨内膜 H^+ 梯度。当质子从 F_OF_1-ATP 合酶的 F_O 质子通道，回流到线粒体基质时，驱使 F_1 的 β 亚基合成 ATP。

17. 选择 C。

[考点] 电子传递链底物。

[解析] 电子传递链的直接电子供体是 NADH 和 $FADH_2$，但许多以线粒体为材料的实验，经常通过加入苹果酸或琥珀酸来维持电子传递链运转，这是因为苹果酸被线粒体苹果酸脱氢酶氧化、脱下的氢能将 NAD^+ 还原为 NADH；而琥珀酸脱下的氢则转移给 FAD 生成了 $FADH_2$。

18. 选择 B。

[考点] 电子传递链排列顺序。

[解析] 电子传递链是按照标准氧化还原电势从低到高（从负到正）的顺序排列的，因此只要弄清了电子传递链基本顺序，就很容易得到答案。从下图可以看出，细胞色素 b(Fe^{2+}/Fe^{3+}) 位于 NADH、$FADH_2$ 和 $CoQH_2$ 的下游，所以标准氧化还原电势最高。

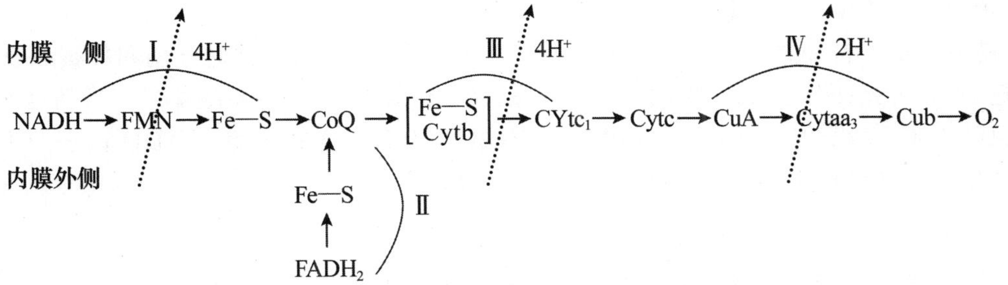

19. 选择 A。

[考点] 氧化磷酸化抑制剂。

[解析] 寡霉素是一种有毒的抗真菌剂，能专一性抑制 F_OF_1-ATP 合酶的活性，是典型的氧化磷酸化抑制剂。抗霉素 A 和鱼藤酮都是线粒体电子传递链的特异抑制剂。缬氨霉素是钾离子(K^+)载体，能协助 K^+ 跨膜扩散，破坏细胞膜两侧的 K^+ 浓度，因而有杀菌作用。

20. 选择 C。

[考点] 反应自由能。

[解析] 反应速度与反应物活化分子数有关；反应释放的自由能是固定的，与反应速度无关，与反应途径也无关。对于葡萄糖来讲，无论是生物氧化，还是化学氧化，最终产物和释放的自由能是一定的，只是在过程上有根本区别：①生物氧化是在正常体温、生理 pH、有水的温和条件下进行的，不需要剧烈条件；②生物氧化是代谢物在一系列酶的作用下，逐步氧化，分次释放能量，而不是以爆发式进行；③生物氧化释放的能量主要用于 ATP 合成，而非光和热。

21. 选择 C。

[考点] 化学渗透学说。

[解析] 根据化学渗透学说及相关研究证据，线粒体内膜上电子的定向传递可以导致 H^+

从线粒体内膜基质“泵”到内膜外的膜间隙中，形成一个跨内膜的电化学梯度；这个电化学势包括两个方面：H^+梯度（ΔpH）和电势梯度（Δψ）。电化学势是H^+返回膜内的动力，可以驱动F_OF_1-ATP合酶合成ATP。

22. 选择D。

[考点] 线粒体穿梭系统。

[解析] 糖酵解在细胞质中进行，电子传递链在线粒体内膜上进行。糖酵解产生的NADH不仅可以为细胞质中某些反应提供还原力，还可以通过线粒体电子传递链产生ATP，但是线粒体因内膜屏障作用不允许NADH进入线粒体，必须借助穿梭系统：磷酸甘油穿梭或苹果酸-天冬氨酸穿梭。

23. 选择D。

[考点] 氧化磷酸化和电子传递链的关系。

[解析] 氧化磷酸化和电子传递链存在紧密偶联关系。电子传递产生跨膜质子梯度是氧化磷酸化的基础，因此只有完整的线粒体才能进行氧化磷酸化。氧化磷酸化依赖于电子传递链的正常进行，反过来，氧化磷酸化又影响电子传递链的电子传递速度。

24. 选择C。

[考点] 苹果酸-天冬氨酸穿梭机制。

[解析] NADH不能通过线粒体内膜。线粒体内膜上存在二羧酸转运酶和谷氨酸-天冬氨酸转运酶，前者允许苹果酸、α-酮戊二酸穿过，后者允许谷氨酸、天冬氨酸穿过。借助这2个转运酶以及细胞质、线粒体中的苹果酸脱氢酶、谷氨酸-天冬氨酸转氨酶，NADH的还原力可以从细胞质转移到线粒体中，即所谓“苹果酸-天冬氨酸”穿梭。

25. 选择C。

[考点] 线粒体电子传递链组分的电子传递和氢传递功能。

[解析] 线粒体电子传递链组分大部分存在于4个酶复合体中，少数自由存在，如能在脂双层中自由移动的CoQ，以及内膜外表面上的Cyt c；各组分中，有些既能传递电子，也能传递氢，有些只能传递电子。参见上文题12图。

26. 选择B。

[考点] 线粒体呼吸链中的质子泵。

[解析] 除了复合体Ⅱ，其余3个复合体都是质子泵，泵出的质子数目参见上文题18图。

27. 选择A。

[考点] 解偶联剂的用途。

[解析] 2,4-二硝基苯酚（DNP）是典型的解偶联剂。它存在时，线粒体电子传递照常进行，但ATP无法合成，导致代谢“燃料”大量消耗。因而，DNP可用作杀虫剂和木材防腐剂。DNP切忌用作人类减肥剂，因为对生命危害极大。

28. 选择D。

[考点] 呼吸链质子流方向。

[解析] 根据化学渗透理论，伴随线粒体呼吸链电子传递过程，质子从线粒体基质泵到线粒体内外膜间隙中，这将降低膜间隙的pH。

29. 选择 A。

[考点] 呼吸链的定位。

[解析] 所有生物细胞都需要呼吸。在真核生物中，呼吸链相关酶位于线粒体内膜上。原核生物没有线粒体，呼吸链组分和 ATP 合酶复合体位于质膜上。

30. 选择 B。

[考点] 线粒体内膜通透性。

[解析] 线粒体有双层膜，外膜上有孔蛋白，对小分子和离子具有通透性；内膜对大部分极性分子和包括 H^+ 在内的离子不通透。CO_2 属于非极性分子。

31. 选择 A。

[考点] 线粒体电子流向。

[解析] 线粒体电子传递是一个热力学自发过程，电子总是从 E'_0 值小（负值）的电子载体流向 E'_0 值大（正值）的电子载体。NADH 是高还原力物质，为重要电子供体；O_2 为电子传递链最终电子受体。线粒体电子传递链另一个电子供体是 $FADH_2$。

32. 选择 D。

[考点] 氧化磷酸化偶联机理。

[解析] 化学渗透学说是用来解释线粒体氧化磷酸化偶联机理的。电子传递的结果是形成一个跨线粒体内膜的质子梯度，该质子梯度驱动 ATP 合成。

33. 选择 D。

[考点] 线粒体内膜特性。

[解析] 同题 30。

34. 选择 C。

[考点] 线粒体内膜特性。

[解析] 同题 30。

五、简答题

1. 什么是线粒体电子传递链？请对其组分进行简要说明。（见本章要点分析）

2. 什么是化学渗透学说？有哪些证据支持？

解：化学渗透学说认为电子沿呼吸链传递伴随着 H^+ 从线粒体内膜基质"泵"到内膜外侧，从而在内膜两侧形成了跨膜的 pH 梯度（ΔpH）和电位梯度（$\Delta\psi$），二者合称为质子驱动力（protonmotive force，PMF），该驱动力使线粒体内膜内侧的 ADP 和 Pi 形成 ATP。

化学渗透学说主要有以下证据：

(1)线粒体内膜对 H^+、K^+、Cl^- 等不通透；

(2)电子传递中产生了跨线粒体内膜的质子梯度；

(3)只有完整的线粒体才能进行 ATP 的合成；

(4)破坏质子梯度和电位差，必然破坏氧化磷酸化；

(5)人为创造线粒体内外质子梯度，在没有氧化底物时也能合成 ATP。

3. DNP作为解偶联剂的作用实质是什么？生物体内的解偶联过程有什么生物学意义？

解：DNP即2,4-二硝基苯酚，能将线粒体氧化磷酸和电子传递两个过程解偶联。DNP是一种疏水性物质，可以在膜中自由移动；又是一种弱酸，可以解离出质子。DNP通过在线粒体内膜上的自由移动，将线粒体电子传递过程中泵出的质子再带回线粒体内，严重破坏跨线粒体内膜的质子梯度，从而切断氧化磷酸化合成ATP的驱动力。但由于DNP不影响电子传递链本身的功能，因此DNP存在时线粒体电子传递可以照常进行。

生物体内存在解偶联作用，由解偶联蛋白完成。其生物学意义主要是使新生动物和冬眠动物能自发产生热量，保持体温。

4. 比较 F_OF_1-ATP合酶与 F_1-ATPase的区别。

解：F_OF_1-ATP合酶是存在于线粒体内膜上的一种跨膜蛋白复合体，能将线粒体内膜电子传递释放的自由能转化为ATP。其分子由 F_1 和 F_O 两部分组成。F_1 为球形头部，伸向线粒体基质内；F_O 跨线粒体内膜，为质子通道。

在完整的 F_OF_1-ATP合酶分子上，F_1 的功能是利用质子流的能量合成ATP；当 F_1 处于分离状态时没有合成ATP的能力，只有水解ATP的活性，因此又叫 F_1-ATPase。可见 F_1-ATPase是从 F_OF_1-ATP合酶上分离下来的 F_1 水溶性部分。

5. 举例说明真核细胞质中的NADH是如何进入线粒体中被再氧化的。

解：

(1)通过NADH的穿梭机制。线粒体内膜对NADH不通透，细胞质NADH的还原力需要经过线粒体的穿梭系统(shuttle system)实现再氧化。

(2)举例：如磷酸甘油穿梭。糖酵解过程在细胞质中进行，它产生的高还原力物质NADH虽然不能直接穿过线粒体内膜，但NADH上的电子可以通过甘油-3-磷酸进入线粒体。有两种酶参与这个过程：在细胞质中是以NADH为辅酶的甘油-3-磷酸脱氢酶，在线粒体中是以FAD为辅基的甘油-3-磷酸脱氢酶。因此，1分子NADH经过穿梭后在线粒体基质中形成1分子 $FADH_2$。$FADH_2$ 可直接进入电子传递链。经过穿梭，1分子NADH变成了1分子 $FADH_2$。

细胞质中的NADH也可以通过苹果酸-天冬氨酸穿梭进入线粒体。(见教材)

6. 如何理解"线粒体氧化磷酸化和电子传递相偶联"？(见本章要点分析)

7. 什么是生物氧化？请比较燃烧和生物氧化的反应特点。

解：生物氧化指有机物氧化分解成 CO_2 和水，并释放出能量形成ATP的过程，反应实质是需氧细胞呼吸作用中的一系列氧化-还原反应。

特点比较：

(1)燃烧在高温条件下进行，而生物氧化是在细胞内正常体温、生理pH、有水的条件下进行；

(2)燃烧过程快速而剧烈，而生物氧化是在酶的催化下，经过一系列连续的化学反应，逐步氧化、逐步释放能量；

(3)燃烧以热和光的形式将能量释放出来，而生物氧化过程释放的能量储存在ATP中。

六、实验题

1. 举例说明如何测定电子传递链中电子递体的排列顺序。(见本章要点分析)

2. 请设计一个实验证明“只有完整的线粒体才能将电子传递释放的自由能用作 ATP 的合成”。

要点分析：

从生物样品分离线粒体，鉴定其完整性；以完整线粒体为测试样品，加入一个反应系统(缓冲条件；含有高还原力物质 NADH、$FADH_2$ 或能被线粒体利用生成这些物质的反应底物，如苹果酸、琥珀酸；含有 ADP 和 Pi)，反应一定时间后，测定 ATP 含量。

同时设计另一个实验：将完整线粒体用超声波破坏成碎片，作为对照样品，用相同的方法进行反应，然后测定 ATP 含量。

比较两种状况下 ATP 的生成量。如果在含有完整线粒体的反应液中有 ATP 合成而对照中无，则证明只有完整的线粒体才能将电子传递释放的自由能用作 ATP 的合成。

七、论述题

1. 下图是与线粒体电子传递和氧化磷酸化有关的说明图。请分析该图所表达的含义。

要点分析：

(1)该图阐述的是线粒体内膜上电子传递链和氧化磷酸化的能量偶联机理。

(2)电子传递链的描述(参考前文要点分析)。

(3)参考化学渗透学说对图进行解释：在线粒体内膜上，当电子从 NADH 经呼吸链传递时，电子传递复合体Ⅰ、Ⅲ、Ⅳ将质子从线粒体内膜内侧泵到外侧，形成跨线粒体内膜的电势梯度和化学势梯度(质子梯度)。电子传递所释放的自由能就暂时储存在这种电化学梯度中，此为 ATP 合成的驱动力。

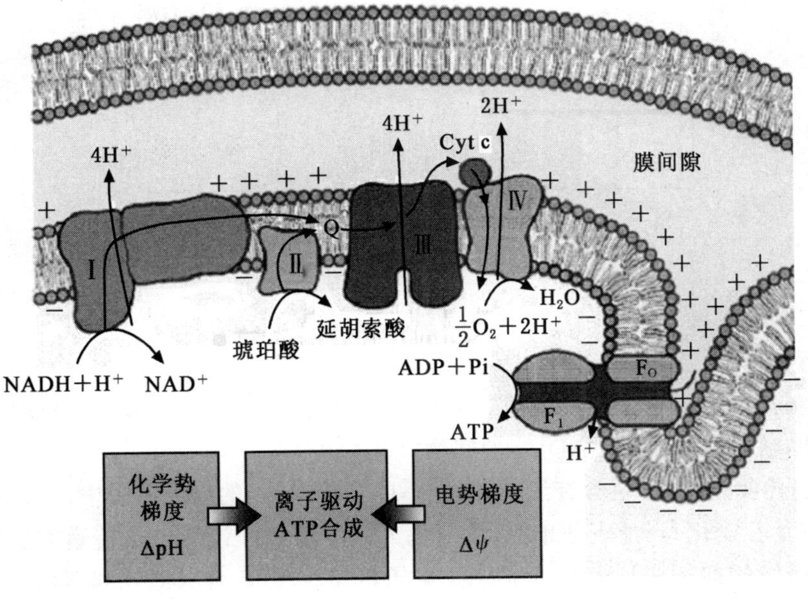

(引自 Lehninger Principles of biochemistry，2000)

(4)位于线粒体内膜上的 F_OF_1-ATP 合酶由 F_1 和 F_O 两部分组成，当质子通过 F_O 质子通道流回线粒体基质时，F_1 利用 ADP 与 Pi 合成 ATP。

2. 在含有完整线粒体的反应系统中，其中之一先后加入 ADP 和 Pi、琥珀酸以及电子传递链抑制剂 CN^-；另一个先后加入琥珀酸、ADP 和 Pi、氧化磷酸化抑制剂（寡霉素）以及 DNP（2,4-二硝基苯酚），分别测得相应的氧消耗和 ATP 合成情况，结果如下（图 1 和图 2）。①请对这 2 个图所显示的结果给予解释，并阐述线粒体电子传递和氧化磷酸化的关系；②说明 DNP 的作用实质。

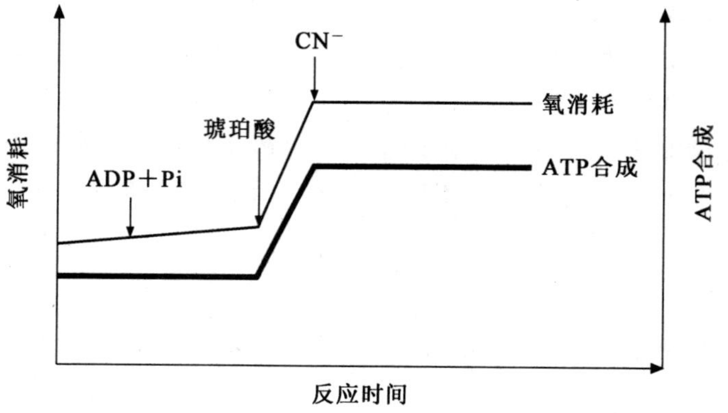

图 1

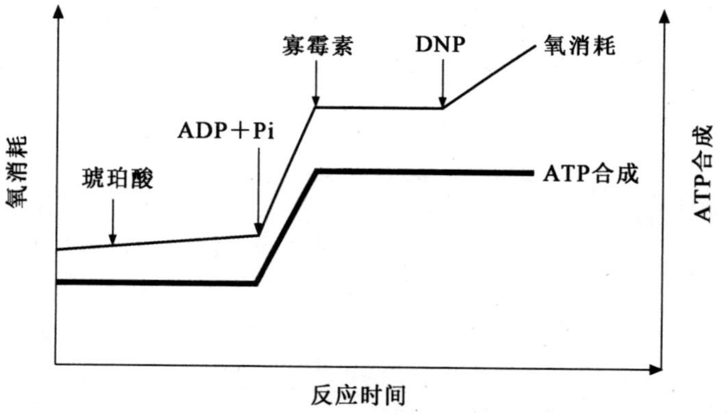

图 2

要点分析：

(1)氧消耗速度显示电子传递速度，ATP 合成速度显示氧化磷酸化。ADP 和 Pi 是氧化磷酸化的底物，琥珀酸是产生 $FADH_2$ 的底物。

图 1：氧消耗曲线显示，在含有线粒体（完整电子传递链）的反应系统中加入 ADP/Pi，电子传递速度没有什么变化；当加入琥珀酸，氧消耗大幅度增加。说明电子传递需要电子供体（底物）。加入呼吸链的抑制剂 CN^- 完全抑制了电子传递。ATP 合成曲线和氧消耗曲线一致，说明只有 ADP 和 Pi 是不能合成 ATP 的，ATP 的合成依赖于电子传递的进行。

图 2:ATP 合成曲线显示,仅有琥珀酸时,ATP 无法合成,只有当 ATP 合成底物 ADP 和 Pi 也加入时,才合成 ATP。加入氧化磷酸化抑制剂寡霉素可以抑制氧化磷酸化,但同时氧消耗也同步降低,说明氧化磷酸化对电子传递有重要影响。

"ATP 的合成依赖于电子传递的进行,反过来又作用于电子传递"的现象说明线粒体电子传递和氧化磷酸化之间存在偶联关系。

(2)DNP 为解偶联剂,可以使氧化磷酸化和电子传递两个过程分离。因为 DNP 是一种疏水性物质,可以在膜中自由移动;它又是一种弱酸,可以解离出质子,将内膜外侧的质子运回膜内侧,这就破坏了跨膜质子梯度,从而使线粒体的氧化磷酸化因为没有驱动力而不能进行。DNP 存在时电子传递可以照常进行,因此氧消耗继续增加。

第九章　糖　代　谢

一、本章总结简图

- 糖代谢
  - 多糖
    - 淀粉的降解与合成
    - 糖原的降解与合成
  - 二糖 → 蔗糖的降解与合成
  - 单糖 → 葡萄糖
    - 降解
      - 糖酵解、三羧酸循环
      - 磷酸戊糖途径
    - 合成 → 葡萄糖异生

整个糖代谢包括降解与合成两部分，主要内容涉及多糖、二糖、单糖。我们分别选取多糖中的淀粉、糖原，二糖中的蔗糖和单糖中的葡萄糖，以其降解与合成为重点内容进行总结。其中葡萄糖降解过程中的糖酵解、三羧酸循环、磷酸戊糖途径以及有关葡萄糖合成的葡萄糖异生途径更为重要。

二、要点内容与问题分析

- 淀粉代谢
  - 降解
    - 水解
      - α-淀粉酶
      - β-淀粉酶
      - 脱支酶（水解α-1，6-糖苷键）
      - 麦芽糖酶（水解麦芽糖）
    - 磷酸解
      - 淀粉磷酸化酶
      - 转移酶
      - α-1，6-糖苷酶
  - 合成
    - ADPG焦磷酸化酶
    - 淀粉合酶
    - 分支酶

1. *淀粉代谢

应掌握淀粉降解与合成的主要过程，重点掌握参与淀粉降解与合成过程的酶。从图中可以清楚地观察到各种酶的名称及其催化的反应。另外，还有一些问题应该明确。

（1）比较 α-淀粉酶与 β-淀粉酶的异同。

α-淀粉酶是内切酶，它可以水解淀粉内部的α-1，4-糖苷键，而 β-淀粉酶则是外切酶，它只能从淀粉的非还原端依次水解一个个麦芽二糖，但它不能越过已经存在的 α-1，6-糖苷键继续切割。下表是两者的比较。

酶的名称	酶的作用位点	产　　物	酶的耐受性
α-淀粉酶	内切 α-1,4-糖苷键	α-极限糊精、麦芽糖、葡萄糖	耐高温、不耐酸碱
β-淀粉酶	外切 α-1,4-糖苷键	β-极限糊精、麦芽二糖	耐酸碱、不耐高温

(2)比较直链淀粉与支链淀粉的异同。

酶的名称	相对分子质量	分　　支	所含糖苷键	遇碘呈色
直链淀粉	$1.0\times10^5\sim2.0\times10^6$ 600～1 200 个葡萄糖残基	不分支	α-1,4-糖苷键	蓝色
支链淀粉	$1.0\times10^6\sim6.0\times10^6$ 6 000～37 000 个 葡萄糖残基	每隔 25～50 葡萄糖残基分支一次	α-1,4-糖苷键和 α-1,6 糖苷键	紫色、 紫红色

(3)比较水解与磷酸解两个概念。

水解(hydrolysis):反应中加入水分子,以其为进攻基团切断像糖苷键、肽键等化学键,产生 2 个产物分子的反应。

磷酸解(phosphorolysis):反应中,以磷酸分子作为进攻基团切断分子内的化学键,产生带有磷酸基团的产物。例如,淀粉水解产物是葡萄糖,而淀粉磷酸解的产物是 1-磷酸葡萄糖。

(4)淀粉通过磷酸解进行降解。

淀粉磷酸化酶是参与淀粉磷酸解的主要酶类,它可以催化下面的反应

$$\text{淀粉}+n\text{Pi} \rightleftharpoons (\text{1-磷酸葡萄糖})_n$$

该反应是可逆反应,但在生物体内,反应总是向着 1-磷酸葡萄糖生成的方向进行。淀粉磷酸化酶从淀粉的非还原端逐个水解 α-1,4-糖苷键。就直链淀粉而言,只需淀粉磷酸化酶本身就能完成降解;对于支链淀粉而言,还需要转移酶和α-1,6-糖苷酶共同完成降解。

(5)淀粉的合成过程。

淀粉合成的关键步骤是 ATP 和 1-磷酸葡萄糖在 ADPG 焦磷酸化酶的作用下形成 ADPG 的过程,该反应是可逆的。由于焦磷酸化酶的存在,产生的焦磷酸被迅速分解,因而反应总是朝着生成 ADPG 的方向进行。淀粉合酶将 ADPG 中的葡萄糖分子转移到淀粉非还原端葡萄糖环的 4 位羟基上形成新的 α-1,4-糖苷键,从而不断加长淀粉链的长度,即淀粉的合成是由 ADPG 提供葡萄糖单位;同时在分支酶的作用下形成 α-1,6-糖苷键,产生分支,使直链淀粉形成支链淀粉或者使支链淀粉分支程度增加。

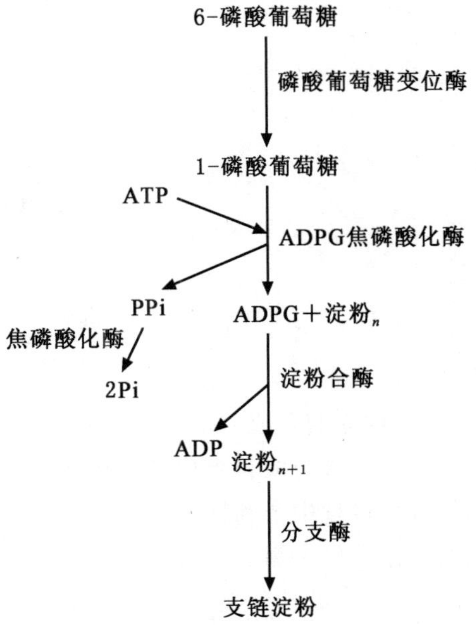

2. *糖原代谢

- 糖原的代谢
  - 降解
    - 糖原磷酸化酶
    - 糖原脱支酶
      - 4-α-葡萄糖苷转移酶活性
      - 淀粉-1,6-糖苷酶活性
  - 合成
    - UDPG焦磷酸化酶
    - 糖原合酶
    - 淀粉(1,4-1,6)糖苷转移酶

与淀粉代谢非常相似。应掌握糖原降解与合成的主要过程、关键酶的名称以及关键酶的调控机制。

(1)糖原的降解。

糖原磷酸化酶催化糖原非还原端 α-1,4-糖苷键的磷酸解,但当距离含有 α-1,6-糖苷键的葡萄糖残基 4 个葡萄糖残基时酶不能继续作用,此时需要糖原脱支酶的协助完成糖原的降解。糖原脱支酶是一个双功能的酶,同时具有 4-α-葡萄糖苷转移酶活性和淀粉-1,6-糖苷酶活性。4-α-葡萄糖苷转移酶活性能够催化支链上 3 个葡萄糖残基转移到主链非还原端,形成新的 α-1,4-糖苷键;淀粉-1,6-糖苷酶活性能够切除只含 1 个葡萄糖残基的 α-1,6-糖苷键,最终起到去除支链的作用。通过上述酶的作用,糖原彻底降解。

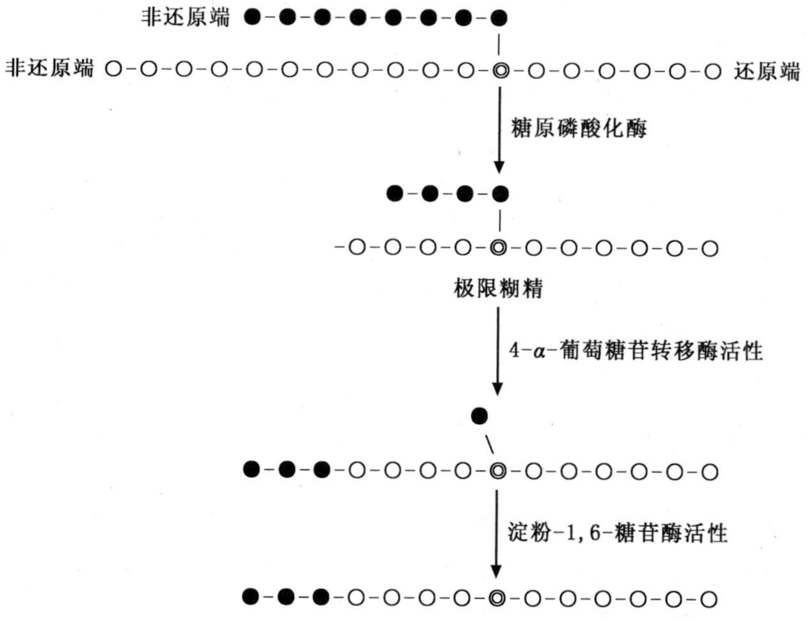

(2)糖原的合成。

糖原合成与淀粉合成非常相似。糖原合酶催化的反应是糖原合成的主要调控步骤。在糖原的合成过程中葡萄糖由 UDPG 提供,UDPG 是由焦磷酸化酶催化 1-磷酸葡萄糖与 UTP 生成的。糖原是多糖的一种,与支链淀粉相比,其分支程度更高,几乎每隔 8～10 个葡萄糖残基就产生分支,而且分支较短。

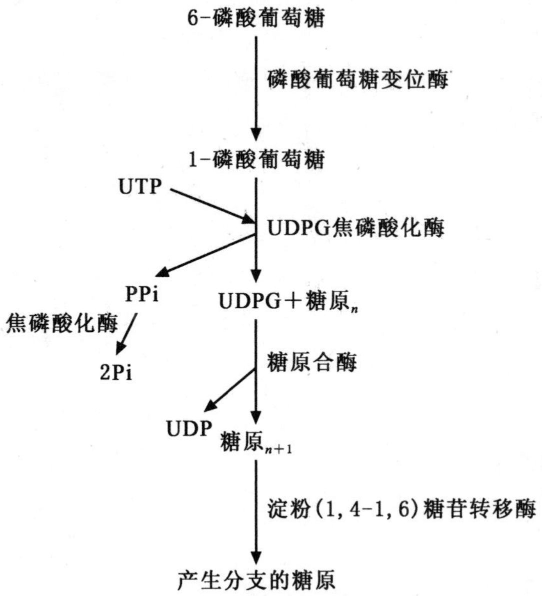

(3)* 生物体对糖原代谢的调控。

第一，明确糖原合成调控的关键酶是糖原合酶，糖原降解调控的关键酶是糖原磷酸化酶。

第二，明确糖原合酶和糖原磷酸化酶是采用磷酸化与脱磷酸化的共价修饰方式进行调节的，如下表。

第三，在细胞中两者的调控是相对立的，即在上游酶的催化下，如果糖原合酶磷酸化，则糖原磷酸化酶也磷酸化，此时糖原合酶为非活性形式，糖原合成受到抑制，同时糖原磷酸化酶是有活性的磷酸化形式，糖原降解途径有效进行，反之亦然。上游的酶又受到激素的调节，诸如胰高血糖素、肾上腺素、胰岛素。因此，糖原的合成和降解在某一激素的调节下，合成或降解只能有一条途径有效进行，不会出现细胞中既进行糖原合成同时又进行糖原分解这种无效行为。如下图。

酶的名称	活性形式	非活性形式
糖原合酶	—OH(去磷酸化)	—P (磷酸化)
糖原磷酸化酶	—P (磷酸化)	—OH(去磷酸化)

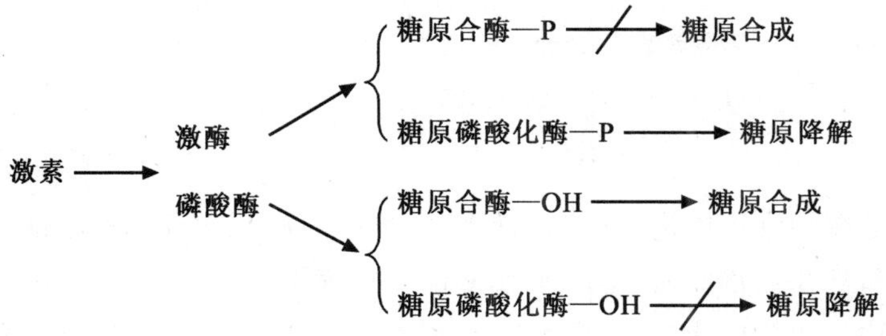

3.蔗糖代谢

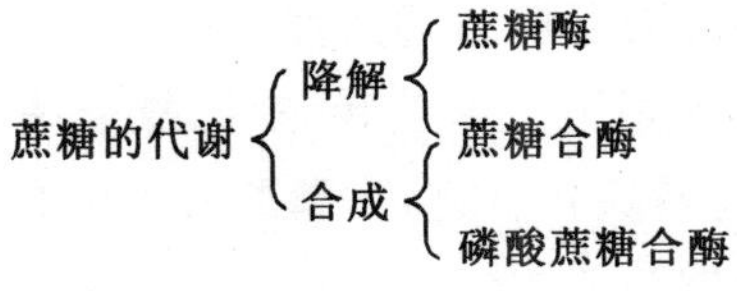

主要掌握参与蔗糖降解与合成过程的酶。

蔗糖酶：催化蔗糖＋H_2O ⟶ 葡萄糖＋果糖的反应，是植物体内蔗糖降解的主要方式。

蔗糖合酶：催化蔗糖＋UDP ⟷ UDPG＋果糖的反应，该反应是可逆反应，因而该酶也可以催化蔗糖合成。事实上，在生理 pH 下，该酶催化的反应向分解蔗糖生成 UDPG 的方向进行，产生的 UDPG 用于多糖合成。

磷酸蔗糖合酶：催化 UDPG＋6-磷酸果糖⟷磷酸蔗糖＋UDP，形成的磷酸蔗糖在磷酸蔗糖磷酸酶的作用下，水解产生蔗糖。此途径是植物体内蔗糖合成的主要途径。

4.糖酵解

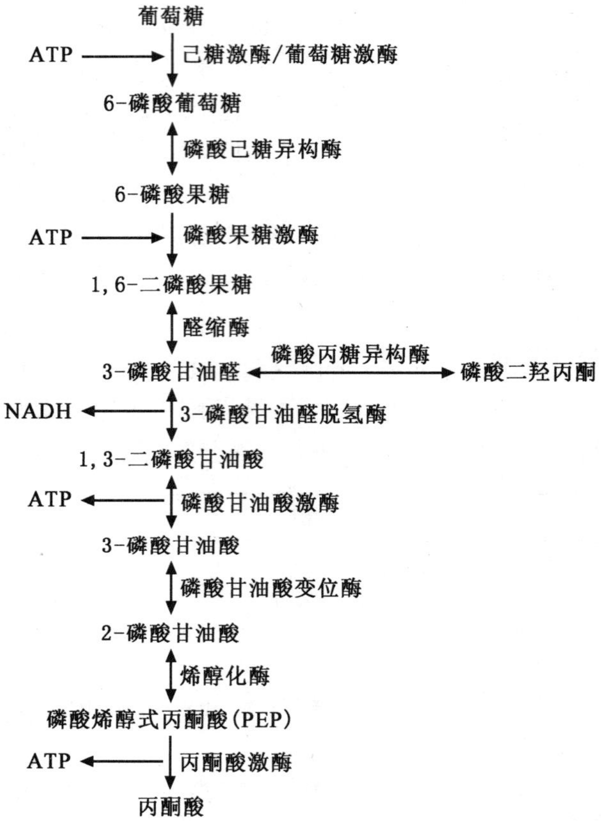

糖酵解代谢是在细胞质中进行的，包括 10 步反应，分为 2 个阶段，即从葡萄糖到 3-磷酸甘油醛的耗能阶段和从 3-磷酸甘油醛到丙酮酸的产能阶段。在 10 步反应中，有 3 步不可逆反应，分别由己糖激酶/葡萄糖激酶、磷酸果糖激酶和丙酮酸激酶催化，这 3 个酶也是该途径代谢调控的关键酶，其中磷酸果糖激酶(磷酸果糖激酶Ⅰ)催化的反应是整个途径最为关键的调控反应，即是限速反应步骤。3-磷酸甘油醛脱氢酶催化 3-磷酸甘油醛脱氢产生 NADH 和 1,3-二磷酸甘油酸，该酶含有—SH，碘乙酸可抑制其活性，从而抑制糖酵解。在无氧条件下，NADH 脱氢产生 NAD^+，进入酒精发酵或乳酸发酵途径；在有氧条件下，NADH 进入电子传递链产生 ATP。1,3-二磷酸甘油酸是高能磷酸化合物，在磷酸甘油酸激酶的作用下，将其高能基团转移给 ADP 形成 ATP，此步反应与后续的丙酮酸激酶催化的磷酸烯醇式丙酮酸(PEP)产生丙酮酸的反应都属于底物水平磷酸化反应，是糖酵解代谢中两步直接产能反应。

要求掌握糖酵解途径(EmP)中的每一步反应，特别是单向的不可逆反应、涉及 ATP 产生以及 ATP 消耗的反应、NADH 产生和底物水平磷酸化反应等步骤；糖酵解代谢中的关键调控酶及相关的调节因素，这些内容往往是考试的重点内容。

(1)计算1分子葡萄糖经过糖酵解产生丙酮酸能够生成的ATP数量。

- 首先列出糖酵解中吸能和产能的反应步骤。

葡萄糖⟶6-磷酸葡萄糖	−1分子ATP
6-磷酸果糖⟶1,6-二磷酸果糖	−1分子ATP
1,3-二磷酸甘油酸⟶3-磷酸甘油酸	2分子ATP
磷酸烯醇式丙酮酸⟶丙酮酸	2分子ATP
净产生	2分子ATP

- 其次考虑NADH的去向,需要考虑无氧条件和有氧条件两种不同的情况。

在无氧条件下,NADH不进入电子传递链,也就是不产生ATP;

在有氧条件下, NADH进入电子传递链;

原核生物没有细胞器,电子传递链位于细胞质膜,NADH进入后产生2.5分子ATP。

真核生物有细胞器,电子传递链位于细胞中的线粒体内膜上,NADH不能随意进入电子传递链,必须经过苹果酸/天冬氨酸穿梭或者磷酸甘油穿梭才能进入电子传递链产生能量。如果通过苹果酸/天冬氨酸穿梭将产生2.5分子ATP,如果通过磷酸甘油穿梭则产生1.5分子ATP。

总之,在无氧条件下,1分子葡萄糖产生2分子ATP;有氧条件下,原核生物产生7分子ATP,真核生物如果通过苹果酸/天冬氨酸穿梭则产生7分子ATP,如果通过磷酸甘油穿梭则产生5分子ATP。

(2)磷酸果糖激酶是控制糖酵解途径的关键酶。

磷酸果糖激酶是一个别构酶(变构酶)。ATP、柠檬酸是它的别构抑制剂,而AMP、2,6-二磷酸果糖是它的别构激活剂。ATP既是酶的别构抑制剂,同时也是酶的底物。当细胞中ATP浓度高的时候,ATP与酶的别构位点结合,结果导致酶的构象发生变化,使酶与底物6-磷酸果糖的结合能力下降,酶活性降低。细胞中的2,6-二磷酸果糖是由磷酸果糖激酶Ⅱ催化6-磷酸果糖与ATP形成的,它的增加可促进磷酸果糖激酶(磷酸果糖激酶Ⅰ)活性增强,从而促进糖酵解。

(3)糖酵解产物丙酮酸的去向。

在有氧条件下,丙酮酸可以继续氧化产生乙酰CoA,进入相关代谢途径。

在无氧条件下,有些生物丙酮酸在丙酮酸脱羧酶和乙醇脱氢酶的作用下进入酒精发酵途径形成乙醇;也可在乳酸脱氢酶的催化下进入乳酸发酵途径产生乳酸。

丙酮酸也可在丙酮酸羧化酶的作用下形成草酰乙酸,草酰乙酸而后进入葡萄糖异生途径生成葡萄糖。

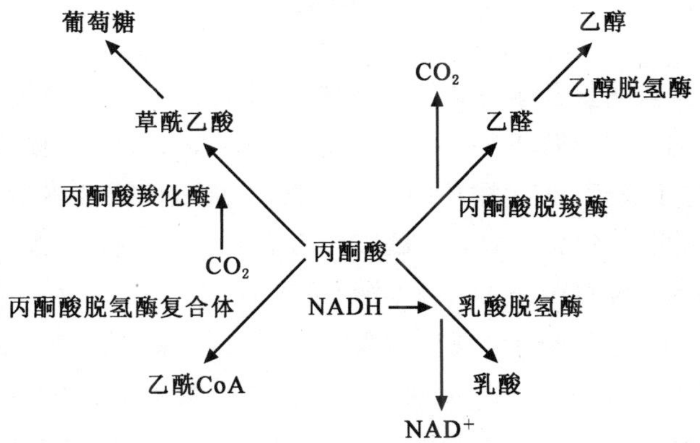

相关考题出现在 2012 年(农学门类联考)研究生入学考试第 42 题:试论述哺乳动物肌肉细胞在无氧和有氧条件下葡萄糖氧化分解的主要途径。答题要点:①写出在无氧条件下,葡萄糖经过 EMP 途径生成的丙酮酸进入乳酸发酵途径的要点内容;②写出在有氧条件下,葡萄糖经过 EMP 途径生成丙酮酸,丙酮酸脱氢脱羧生成乙酰 CoA,后乙酰 CoA 经过 TCA 循环彻底氧化分解为 CO_2 和水的要点内容即可。

(4)讨论糖酵解代谢的生物学意义。

解析:从以下 3 个方面考虑:

物质方面:途径中的中间产物联系其他代谢,如 6-磷酸葡萄糖,它本身或者通过转化成磷酸戊糖途径和糖原代谢途径的中间产物;磷酸烯醇式丙酮酸、丙酮酸参与氨基酸代谢。

能量方面:对于厌氧生物而言,糖酵解产生的能量为细胞生存和生长提供了可靠的保障,对于好氧生物而言,糖酵解产生的能量也占其能量代谢的一部分。

代谢途径本身:糖酵解是有氧代谢和无氧代谢的共同途径,同时糖酵解代谢中的 7 步可逆反应与葡萄糖异生途径是一致的。

5. 三羧酸循环

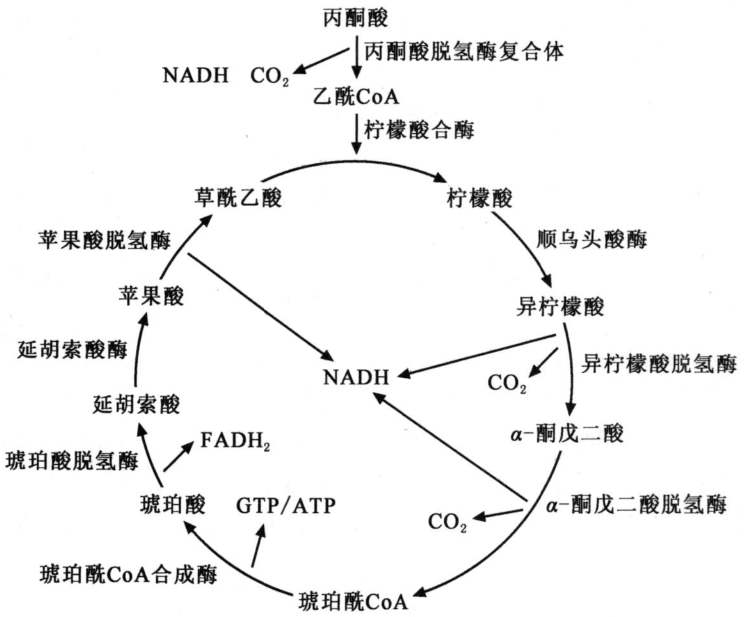

丙酮酸在丙酮酸脱氢酶复合体的催化下,脱羧产生乙酰 CoA 和 1 分子 NADH 。此步反应是连接糖酵解途径和三羧酸循环 TCA[tricarboxylic acid cycle,又称柠檬酸循环(citric acid cycle)]的关键步骤,它不属于 TCA 循环的反应步骤,在细胞的线粒体中进行。丙酮酸脱氢酶复合体由 3 个酶(丙酮酸脱氢酶、二氢硫辛酰胺转乙酰基酶、二氢硫辛酰胺脱氢酶)和 6 个辅因子(TPP、Mg^{2+} 、HS-CoA、NAD^+ 、FAD、硫辛酸)组成。

关于该部分内容,也有可能会出现将辅酶与之结合的综合填空问题,例如:丙酮酸脱氢酶复合体发挥作用不需要下列________维生素参与。A. 维生素 PP;B. 维生素 B_6;C. 维生素 B_2;D. 维生素 B_1。应该选择 B。其中维生素 PP 是烟酰胺类辅酶(NAD^+ / $NADP^+$),维生素

B_2 是核黄素类辅酶(FAD/FMN),维生素 B_1 是硫胺素,在体内与 ATP 反应生成焦磷酸硫胺素(TPP),是许多脱羧酶的辅酶,而维生素 B_6 不是丙酮酸脱氢酶复合体的辅酶。此外,值得注意的是,维生素 B_5 是 HS-CoA 的组成成分,因此维生素 B_5 参与了丙酮酸脱氢酶复合体催化的反应。

TCA 循环在细胞的线粒体中进行,包括 8 步反应,通常是考试的重点内容。应该掌握 TCA 循环的每一步反应、中间产物、能量计算、代谢调控以及其中一些小的知识点。例如:由琥珀酰 CoA 合成酶催化的琥珀酰 CoA 产生 1 分子 GTP/ATP 转化为琥珀酸,是该循环中唯一的底物水平磷酸化反应;琥珀酸脱氢酶是该循环中唯一的膜结合蛋白;丙二酸是琥珀酸脱氢酶的抑制剂;α-酮戊二酸脱氢酶是一个复合体,与丙酮酸脱氢酶复合体相似,也有 3 个酶(α-酮戊二酸脱氢酶、二氢硫辛酰胺转琥珀酰酶、二氢硫辛酰胺脱氢酶)和 6 个辅因子(TPP、Mg^{2+}、HS-CoA、NAD^+、FAD、硫辛酸)。关注一些常见酶的辅酶及英文缩写。例如:**2010 年(农学门类联考)研究生入学考试题 34 题:下列化合物中,属于脱羧酶辅酶的是:A. TPP B. CoA-SH C. ACP D. NAD^+。答案是 A。**该题目考察的是学生对酶与辅酶的对应关系的掌握情况以及生物化学中一些常见的英文缩写的意义。例如:**2009 年研究生统考题中的 39 题,简述三羧酸循环的特点。**该题目答题要点应该涉及三羧酸循环 8 步反应的反应地点、反应的起始步骤;生成 NADH 与生成 $FADH_2$、CO_2 以及底物水平磷酸化的反应步骤;调控反应的关键酶及催化的反应;是糖、脂肪酸和氨基酸的共同代谢途径。这种题目是综合考查学生对整个三羧酸循环知识的掌握情况。同学们可以根据真题的特点在认真复习各途径的基础上,自己准备相关内容的一些题目和答案要点。

(1)TCA 循环的主要调控位点及相关调控因素。

TCA 循环的主要调控位点是由柠檬酸合酶、异柠檬酸脱氢酶、α-酮戊二酸脱氢酶 3 个酶催化的反应。

相关调控因素主要涉及底物的供应能力和产物的抑制效应两个方面,详见下表:

酶的名称	催化的反应	促进因素	抑制因素
柠檬酸合酶	草酰乙酸 + 乙酰 CoA ⟶ 柠檬酸	ADP	琥珀酰 CoA 柠檬酸 ATP、NADH
异柠檬酸脱氢酶	异柠檬酸⟶α-酮戊二酸	Ca^{2+}、ADP	ATP
α-酮戊二酸脱氢酶	α-酮戊二酸⟶琥珀酰 CoA	Ca^{2+}	NADH 琥珀酰 CoA

(2)1 分子丙酮酸彻底氧化分解为水分子和二氧化碳可以产生的 ATP 数量。

首先应将每一步与 ATP、NADH、$FADH_2$ 产生有关的反应步骤列举出来,以便进行能量计算,注意不要漏掉 TCA 循环中唯一的底物水平磷酸化反应。

常出现的类似考题还有:例如计算 1 分子乙酰 CoA 或者葡萄糖分子彻底氧化分解为水分子和二氧化碳可以产生多少 ATP。

回答的关键是将糖酵解、丙酮酸转化为乙酰 CoA、TCA 循环 3 个过程的产能情况分别计算,根据具体问题,使用不同过程的能量计算结果。

糖酵解 → 原核生物		7ATP
糖酵解 → 真核生物	苹果酸-天冬氨酸穿梭	7ATP
	磷酸甘油穿梭	5ATP
丙酮酸⟶乙酰 CoA	1 分子 NADH	2.5ATP
TCA 循环	3 分子 NADH	相当于 7.5ATP
	1 分子 $FADH_2$	相当于 1.5ATP
	底物水平磷酸化	1GTP/ATP
		合计 10ATP

值得注意的是，在脂肪酸的能量计算甚至氨基酸代谢能量计算时也会用到这些数据，因此要掌握每一过程的产能情况。

(3)TCA 循环的生物学意义。

解析：应该从物质代谢和能量代谢两方面考虑。如前面分析 1 分子乙酰 CoA 可以产生 10 分子的 ATP，是提供生物体能量的主要代谢途径；TCA 循环的众多中间产物是联系氨基酸、核苷酸和脂肪酸代谢的桥梁，是物质代谢的最终途径。

(4)TCA 循环的回补反应。

TCA 循环中的任何一个中间产物进入其他代谢途径都会导致该循环无法正常进行。事实上，TCA 循环的诸多中间产物都会参加其他代谢途径，同时其他代谢途径的中间产物也会进入 TCA 循环。例如，草酰乙酸、柠檬酸、α-酮戊二酸、琥珀酰 CoA 等。为了维持正常的 TCA 循环，不同的生物体、不同的组织器官可以通过以下反应产生草酰乙酸、苹果酸补充 TCA 循环中间产物的不足。

参与回补反应的酶	回补反应	不同生物器官组织
丙酮酸羧化酶	丙酮酸＋HCO_3^-＋ATP⟷草酰乙酸＋ADP＋Pi	肝、肾
磷酸烯醇式丙酮酸羧激酶	磷酸烯醇式丙酮酸＋CO_2＋GDP⟷草酰乙酸＋GTP	心、骨骼肌
磷酸烯醇式丙酮酸羧化酶	磷酸烯醇式丙酮酸＋HCO_3^-⟷草酰乙酸＋Pi	高等植物、酵母、细菌
苹果酸酶	丙酮酸＋HCO_3^-＋NAD(P)H⟷苹果酸＋$NAD(P)^+$	真核生物、原核生物

(5)TCA 循环中间产物。

关注几个重要中间产物：草酰乙酸、异柠檬酸、α-酮戊二酸、琥珀酰 CoA、延胡索酸、苹果酸，找出它们与其他代谢的联系。例如：草酰乙酸、α-酮戊二酸通过一步转氨基直接形成天冬氨酸和谷氨酸，使糖代谢和氨基酸代谢相联系。

2010 年(农学门类联考)研究生入学考试题 33 题：下列氨基酸中，由三羧酸循环中间产物经一步转氨基反应生成的是________。

A. 丙氨酸　　B. 天冬氨酸　　C. 谷氨酰胺　　D. 丝氨酸

答案是 B。该题目考察的是学生对 TCA 循环中间产物在代谢途径联系上作用的了解。相关的题目可以有很多。

例如：下列 TCA 循环中间产物中________在尿素循环中也出现过。

A. 异柠檬酸 B. 柠檬酸 C. 琥珀酸 D. 延胡索酸

答案是 D。尿素循环过程会释放延胡索酸，过程在细胞质中进行。产生的延胡索酸通过转化为苹果酸，能够进入线粒体，参与 TCA 循环或者其他代谢途径。

例如：卟啉环的合成前体来自下列 TCA 循环中间产物________。

A. 异柠檬酸 B. 草酰乙酸 C. 琥珀酰 CoA D. 琥珀酸

答案是 C。

例如：下面列举的化合物来源于 TCA 循环的中间产物，它们分别是什么，请填空。

A. 葡萄糖____________________

B. 天冬氨酸____________________

C. 磷酸烯醇式丙酮酸____________________

D. 谷氨酰胺____________________

E. 血红素____________________

答案分别是 A. 草酰乙酸 B. 草酰乙酸 C. 草酰乙酸 D. α-酮戊二酸 E. 琥珀酰 CoA

(6)丙酮酸脱氢酶复合体的调控机制。

丙酮酸脱氢酶复合体由丙酮酸脱氢酶、二氢硫辛酰胺转乙酰基酶、二氢硫辛酰胺脱氢酶 3 个酶组成，后两者是由化学质量作用定律来调控的，即底物促进、产物抑制，也就是 NAD^+、NADH 分别促进和抑制二氢硫辛酰胺脱氢酶；HS-CoA、乙酰 CoA 分别促进和抑制二氢硫辛酰胺转乙酰基酶。丙酮酸脱氢酶（主要是哺乳动物、不是细菌）还有磷酸化与脱磷酸化的共价修饰方式。丙酮酸脱氢酶磷酸化形式无活性，脱磷酸化形式有活性。丙酮酸脱氢酶的两种形式由丙酮酸脱氢酶激酶与丙酮酸脱氢酶磷酸酶催化形成，如下图：

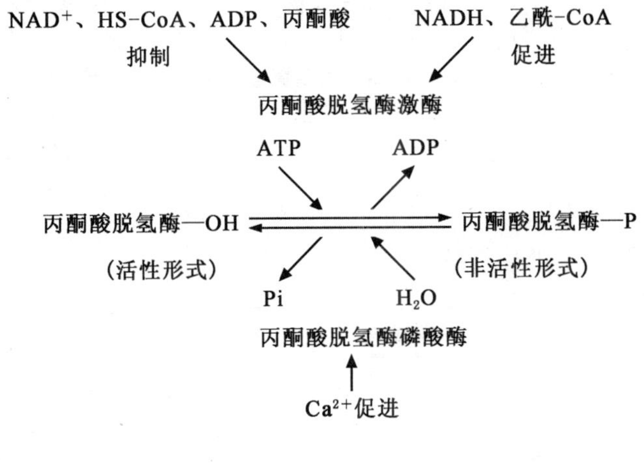

6. 磷酸戊糖途径

磷酸戊糖途径（pentose phosphate pathway，简称 PPP 途径）是葡萄糖氧化的途径之一，也被称为磷酸己糖支路（hexose monophosphate pathway，HMP）或者戊糖磷酸循环（pentose phosphate cycle），分为氧化和非氧化两个阶段。在氧化阶段的反应中，由 6-磷酸葡萄糖脱氢酶催化 6-磷酸葡萄糖脱氢生成 6-磷酸葡萄糖酸内酯和 1 分子 NADPH，由 6-磷酸葡萄糖酸脱氢酶催化 6-磷酸葡萄糖酸脱氢生成 5-磷酸核酮糖和 1 分子 NADPH，其中 6-磷酸葡萄糖脱氢酶催化的反应是磷酸戊糖途径的主要调控步骤，氧化阶段产生的 NADPH 为生物体物质合成提供了还原力。在非氧化阶段，由磷酸戊糖异构酶催化 5-磷酸核酮糖转化为 5-磷酸核糖，5-磷酸核糖可以用于 DNA、RNA 和其他核苷酸衍生物的合成，也是组氨酸合成的前体物质；同时在转醛酶、转酮酶等酶的作用下生成糖酵解途径的中间产物 6-磷酸果糖、3-磷酸甘油醛等。如果反应体系中加入 6 分子 6-磷酸葡萄糖，经过磷酸戊糖途径则可以产生 6 分子 CO_2、12 分子 NADPH 以及 5 分子 6-磷酸葡萄糖，相当于 1 分子 6-磷酸葡萄糖彻底氧化分解为 6 分子 CO_2、12 分子 NADPH。

应该掌握磷酸戊糖途径氧化阶段的反应步骤，了解非氧化阶段转醛酶、转酮酶的基本作用特点，能够写出磷酸戊糖途径的生物学意义。

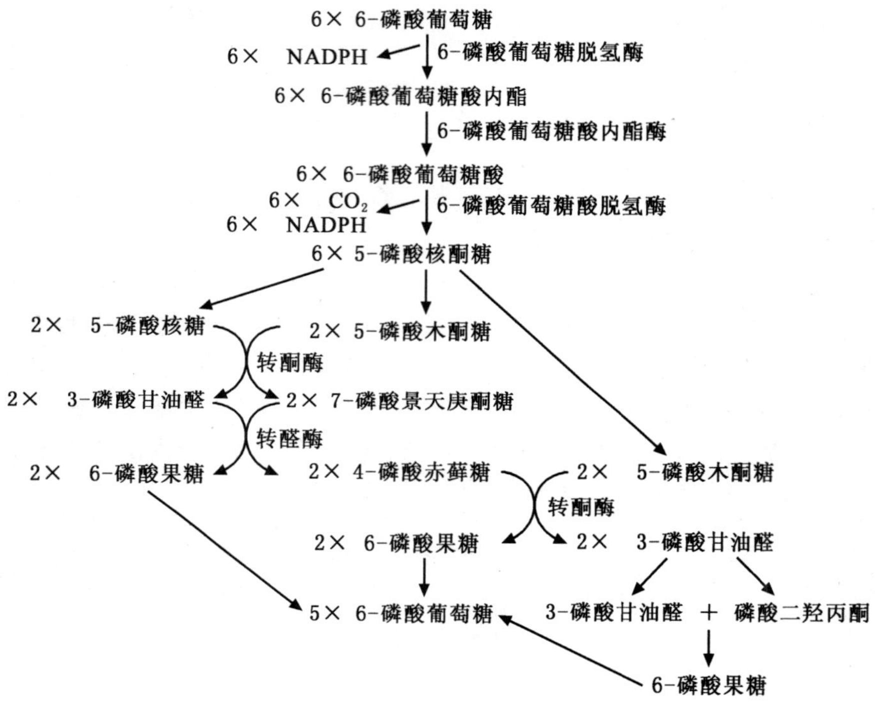

（1）比较转醛酶、转酮酶的作用特点。

酶的名称	转移基团	基团供体	基团受体
转酮酶	二碳糖醛基团	酮糖	醛糖
转醛酶	三碳二羟丙酮基团	酮糖	醛糖

（2）讨论磷酸戊糖途径的生物学意义。

解析：从反应途径中间产物和反应终产物两方面考虑其意义。

反应中间产物：

5-磷酸核糖可以合成 DNA、RNA 和其他核苷酸衍生物，也是组氨酸合成的前体物质。

4-磷酸赤藓糖和由 3-磷酸甘油醛转化的磷酸烯醇式丙酮酸合成莽草酸，进而合成芳香族氨基酸。

3-磷酸甘油醛、4-磷酸赤藓糖、5-磷酸核酮糖、7-磷酸景天庚酮糖是光合作用卡尔文循环的中间产物。

反应终产物：

NADPH为生物体物质合成提供还原力。

NADPH可以在尼克酰胺核苷酸转氢酶的作用下产生NADH，NADH进入电子传递链产生能量。

$$NADPH + NAD^{+} \longleftrightarrow NADP^{+} + NADH$$

注意：磷酸戊糖途径发生在细胞质中。

相关考题出现在2012年(农学门类联考)研究生入学考试第25题：真核生物中，磷酸戊糖途径进行的部位是 ________。

A. 细胞核　　B. 线粒体　　C. 细胞质　　D. 微粒体

选择C

7. 葡萄糖异生作用

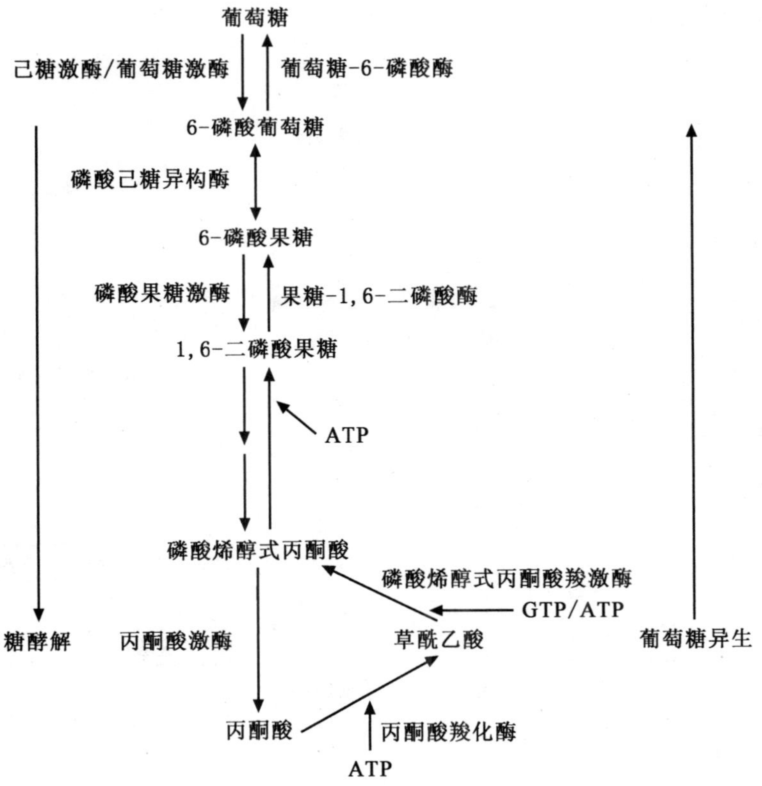

由非糖物质合成葡萄糖的过程被称为葡萄糖异生作用(gluconeogenesis)。对于真核细胞，葡萄糖异生反应部分发生在线粒体中，部分发生在细胞质中。葡萄糖异生作用和糖酵解有许多共同的反应步骤，所不同的是糖酵解的3步不可逆反应，在葡萄糖异生中需要通过4步反应来完成，即分别由丙酮酸羧化酶、磷酸烯醇式丙酮酸羧激酶催化丙酮酸向磷酸烯醇式丙酮酸的转化，由果糖1,6-二磷酸酶催化1,6-二磷酸果糖向6-磷酸果糖的转化以及由葡萄糖-6-磷酸酶催化的6-磷酸葡萄糖向葡萄糖的转化。

应该掌握葡萄糖异生作用的4步不可逆反应及相关酶的名称，了解常见的可以进行葡萄糖异生作用的非糖物质有哪些。

(1)葡萄糖异生作用与糖酵解相比的特殊反应。

有以下4步反应：

$$6\text{-磷酸葡萄糖}\xrightarrow{\text{葡萄糖-6-磷酸酶}}\text{葡萄糖}$$

$$1,6\text{-二磷酸果糖}\xrightarrow{\text{果糖-1,6-二磷酸酶}}6\text{-磷酸果糖}$$

$$\text{丙酮酸}+HCO_3^-+ATP\xrightarrow{\text{丙酮酸羧化酶}}\text{草酰乙酸}+ADP+Pi$$

$$\text{草酰乙酸}+ATP/GTP\xrightarrow{\text{磷酸烯醇式丙酮酸羧激酶}}\text{磷酸烯醇式丙酮酸}+ADP/GDP+Pi$$

(2)常见的可以进行葡萄糖异生作用的非糖物质。

不同生物进行葡萄糖异生作用的物质不同，常见的有乳酸、甘油、氨基酸、丙酮酸、乙酸、丙酸等，它们进入葡萄糖异生作用的途径如下图。

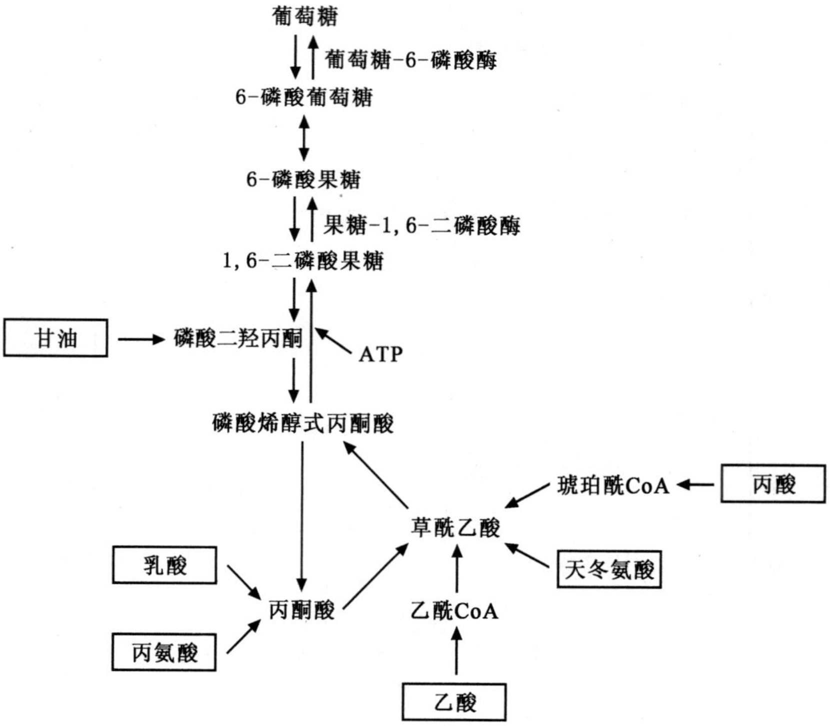

该部分内容应该注意，哪些酶是糖酵解途径和葡萄糖异生作用途径中特有的，哪些是共有的，这些是填空题常涉及的知识点。例如，下列________共同参与了糖酵解途径和葡萄糖异生作用途径的代谢过程。A. 葡萄糖激酶；B. 葡萄糖-6-磷酸酶；C. 丙酮酸激酶；D. 醛缩酶。应该选择D。

三、名词解释

1. 葡萄糖异生作用

生物体由非糖物质合成葡萄糖的过程被称为葡萄糖异生作用(gluconeogenesis)。

*2. 科里循环

葡萄糖在肌肉中经历糖代谢产生能量，在缺氧条件下，形成乳酸。乳酸进入血液流入肝脏中，利用脂肪氧化产生的能量合成葡萄糖，葡萄糖再从肝脏进入血液转移到肌肉中，这个循环被称为科里循环(Cori cycle)。该循环没有净生成葡萄糖，只是将肝脏中的化学能以葡萄糖的形式转移到肌肉等周边组织。

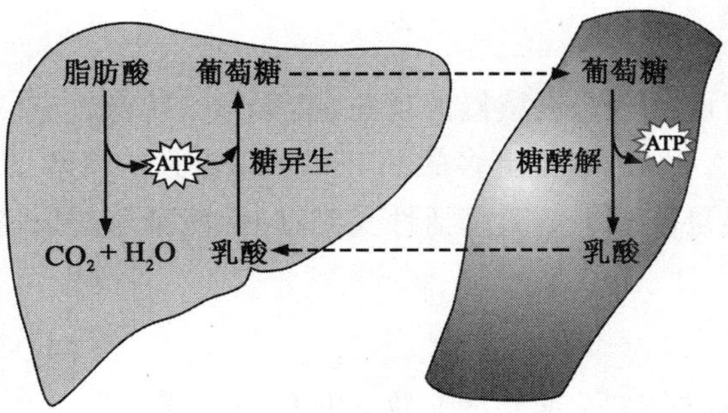

*3. 葡萄糖-丙氨酸循环

葡萄糖在肌肉中经历糖代谢产生能量和丙酮酸，在转氨酶的作用下肌肉中多余的氨被转移给丙酮酸形成丙氨酸，丙氨酸进入血液，继而流入肝脏。在肝脏中丙氨酸脱氨，重新形成丙酮酸，丙酮酸通过葡萄糖异生作用合成葡萄糖，进入血液、肌肉继续循环。丙氨酸脱掉的氨则进入尿素循环代谢为尿素排出体外，这个过程被称作葡萄糖-丙氨酸循环(glucose-alanine cycle)。该循环是肌肉排除氨并且获得能量的一条途径。

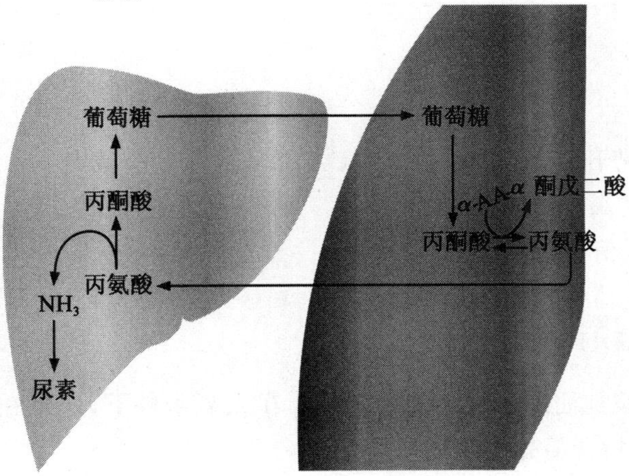

*4. **底物循环/无效循环**

在糖代谢和葡萄糖异生作用中存在以下两个反应：

$$6\text{-磷酸果糖}+\text{ATP}\xrightarrow{\text{磷酸果糖激酶}}1,6\text{-二磷酸果糖}+\text{ADP}$$

$$1,6\text{-二磷酸果糖}+H_2O\xrightarrow{\text{果糖-1,6-二磷酸酶}}6\text{-磷酸果糖}+\text{Pi}$$

若两个反应同时进行，结果是：

$$\text{ATP}+H_2O\longrightarrow\text{ADP}+\text{Pi}$$

即 ATP 水解产生热能，这一对反应被称作底物循环(substrate cycle)。这个不经济的过程也被称作无效循环(futile cycle)。正常情况下不会进行这样的循环，但在特殊情况下，此种循环可为生物体提供热能，维持体温。

*5. **巴斯德效应**

在有氧条件下，糖酵解反应速度减慢的现象，被称为巴斯德效应(Pasteur effect)。在有氧条件下，丙酮酸进入 TCA 循环，产生更多的 ATP。而 ATP 是糖酵解途径调控关键酶磷酸果糖激酶的别构抑制剂，结果磷酸果糖激酶活性受到抑制，糖酵解反应速度减慢。

四、选择题

1. 下列________反应与 TCA 循环的底物氧化反应无关。

A. 二氧化碳的生成

B. 黄素辅酶的生成

C. 硫辛酸作为辅酶参与的相关反应

D. 嘧啶核苷酸的氧化

2. TCA 循环中 α-酮戊二酸的氧化脱羧经历了下列除________以外的辅因子参与的酶催化反应。

A. 辅酶 A

B. NAD^+

C. ATP

D. 硫辛酸

3. 在________情况下，乙酰 CoA 进入 TCA 循环的速度会减慢。

A. [AMP] 浓度较高

B. [ATP]/[ADP]值比较低

C. [ATP]/[ADP]值比较高

D. [NAD^+]/[NADH]值比较高

4. 碘乙酸是 3-磷酸甘油醛脱氢酶的抑制剂。在无氧条件下，如果在酵母细胞中加入碘乙酸，下列________化合物会最先发生积累。

A. 葡萄糖

B. 乳酸

C. 丙酮酸

D. 1,6-二磷酸果糖

5. 下列有关 PPP 途径的描述,错误的是________。

A. PPP 途径调节的关键酶是 6-磷酸葡萄糖酸脱氢酶

B. PPP 途径能够生成脂肪酸合成所需要的还原性物质

C. PPP 途径能够生成核苷酸合成的前体物质

D. PPP 途径的中间产物磷酸二羟丙酮能够进入 EMP 途径和葡萄糖异生途径,也可以进入脂代谢途径

6. 糖酵解途径中,催化底物水平磷酸化反应的酶是________。

A. 葡萄糖激酶

B. 磷酸果糖激酶

C. 丙酮酸激酶

D. 3-磷酸甘油醛酸脱氢酶

7. 调节糖酵解途径的最关键酶是________。

A. 葡萄糖激酶

B. 磷酸果糖激酶

C. 丙酮酸激酶

D. 3-磷酸甘油醛脱氢酶

8. 3-磷酸甘油醛脱氢酶催化的反应产生________。

A. NADH

B. NADPH

C. $FADH_2$

D. $FMNH_2$

9. 下列反应中,________不是 TCA 循环中反应。

A. 丙酮酸→乙酰 CoA

B. 异柠檬酸→α-酮戊二酸

C. α-酮戊二酸→琥珀酰 CoA

D. 苹果酸→草酰乙酸

10. 下列酶中,________是线粒体膜结合蛋白。

A. 苹果酸脱氢酶

B. 异柠檬酸脱氢酶

C. α-酮戊二酸脱氢酶

D. 琥珀酸脱氢酶

11. 原核生物 1 分子葡萄糖经过糖酵解和 TCA 循环彻底氧化分解产生________ ATP。

A. 30 个

B. 32 个

C. 10 个

D. 12.5 个

12. 下列反应中，________反应产生 $FADH_2$。

A. 异柠檬酸→α-酮戊二酸

B. α-酮戊二酸→琥珀酰 CoA

C. 琥珀酸→延胡索酸

D. 苹果酸→草酰乙酸

13. 丙二酸是下列________酶的竞争性抑制剂。

A. 苹果酸脱氢酶

B. 异柠檬酸脱氢酶

C. α-酮戊二酸脱氢酶

D. 琥珀酸脱氢酶

14. 碘乙酸是下列________酶的抑制剂。

A. 葡萄糖激酶

B. 磷酸果糖激酶

C. 丙酮酸激酶

D. 3-磷酸甘油醛脱氢酶

15. 下列________是 TCA 循环中的底物水平磷酸化反应。

A. 异柠檬酸→α-酮戊二酸

B. α-酮戊二酸→琥珀酰 CoA

C. 琥珀酰 CoA→琥珀酸

D. 琥珀酸→延胡索酸

16. 下列酶中，________是磷酸戊糖途径中的关键调控酶。

A. 6-磷酸葡萄糖脱氢酶

B. 6-磷酸葡萄糖酸脱氢酶

C. 转酮酶

D. 转醛酶

17. 下列________酶催化葡萄糖异生过程中 6-磷酸葡萄糖生成葡萄糖的反应。

A. 6-磷酸葡萄糖脱氢酶

B. 6-磷酸葡萄糖酸脱氢酶

C. 葡萄糖 6-磷酸酶

D. 葡萄糖激酶

18. 磷酸戊糖途径中催化产生 NADPH 的酶有________。

A. 转酮酶

B. 转醛酶

C. 6-磷酸葡萄糖酸脱氢酶

D. 6-磷酸葡萄糖酸内酯酶

19. 同时参与催化 TCA 循环回补反应和葡萄糖异生作用的酶有________。

A. 丙酮酸羧化酶

B. 苹果酸酶

C. 葡萄糖 6-磷酸酶

D. 果糖 1,6-二磷酸酶

20. 下列反应中，________是 TCA 循环过程中产生 CO_2 的反应。

A. 异柠檬酸→α-酮戊二酸

B. 丙酮酸→乙酰 CoA

C. 琥珀酰 CoA→琥珀酸

D. 琥珀酸→延胡索酸

21. 磷酸戊糖途径氧化反应阶段的重要产物有________。

A. 5-磷酸木酮糖、磷酸二羟丙酮

B. 5-磷酸核酮糖、NADPH

C. 5-磷酸核糖、6-磷酸果糖

D. 果糖 1,6-二磷酸、4-磷酸赤藓糖

22. 下列________是丙酮酸脱氢酶复合体的辅因子。

A. TPP、Mn^{2+}、HS-CoA、NAD^+、FAD、硫辛酸

B. TPP、Mg^{2+}、HS-CoA、NAD^+、FAD、硫辛酸

C. TPP、Mg^{2+}、乙酰 CoA、NAD^+、FAD、硫辛酸

D. TPP、Mg^{2+}、HS-CoA、$NADP^+$、FAD、硫辛酸

23. 在下列参与 TCA 循环的酶中，最关键的调节酶是________。

A. 苹果酸脱氢酶

B. 异柠檬酸脱氢酶

C. α-酮戊二酸脱氢酶

D. 柠檬酸合酶

24. 乳酸是非糖物质，它可以通过________进入葡萄糖异生途径。

A. 丙酮酸

B. 乙酰 CoA

C. 延胡索酸

D. 草酰乙酸

25. 植物合成蔗糖的主要途径是由________参与催化进行的。

A. 蔗糖酶

B. 蔗糖合酶

C. 磷酸蔗糖合酶

D. α-淀粉酶

26. 植物蔗糖合成时，葡萄糖的供体是________。

A. UDPG

B. ADPG

C. 6-P-G

D. 1-P-G

27. 同时参与 EMP 循环途径和葡萄糖异生作用代谢过程的酶有________。

A. 磷酸甘油酸激酶

B. 葡萄糖-6-磷酸酶

C. 柠檬酸合酶

D. 丙酮酸羧化酶

28. 科学家________没有对糖酵解 EMP 途径的研究工作做出贡献。

A. Gustav Embden

B. Otto Meyerhof

C. Jacob Parnas

D. Arthur Kornberg

29. ________催化糖酵解途径中 1,3-二磷酸甘油酸生成 3-磷酸甘油酸的化学反应。

A. 丙酮酸激酶

B. 磷酸甘油酸激酶

C. 甘油激酶

D. 磷酸烯醇式丙酮酸激酶

30. 下列________化合物没有出现在磷酸戊糖途径中。

A. 5-磷酸木酮糖

B. 7-磷酸景天庚酮糖

C. 4-磷酸赤藓糖

D. 4-磷酸赤藓酮糖

31. 异柠檬酸脱氢酶________。

A. 受到高浓度琥珀酰 CoA 的激活

B. 受到高浓度 NADH 的激活

C. 不受高浓度 ADP 的影响

D. 受到高浓度 ATP 抑制

32. 糖酵解途径________。

A. 包括 3-磷酸甘油醛转化为 1,3-二磷酸甘油酸在内的 3 步不可逆反应

B. 有 2 步底物水平磷酸化反应

C. 受到 2,6-二磷酸果糖的抑制

D. 涉及 2 个激酶参与的反应

33. 磷酸戊糖途径________。

A. 为一些生物分子的合成提供了还原力

B. 关键调节酶是 6-磷酸葡萄糖酸内酯酶

C. PLP 是转酮酶和转醛酶的辅基

D. 涉及二碳基团和四碳基团的转移

34. 下列有关淀粉和糖原代谢的描述，错误的是________。

A. 两者的合成需要糖核苷酸参与

B. 糖原合酶受到磷酸化的调节

C. α 和 β 淀粉酶参与淀粉的磷酸解

D. 糖原磷酸化酶主要参与糖原的降解

35. 下列有关葡萄糖异生的描述，正确的是________。

A. 真核细胞葡萄糖异生只发生在细胞质中

B. 丙酮酸羧化酶是葡萄糖异生的关键调节酶

C. 2,6-二磷酸果糖促进葡萄糖异生

D. 葡萄糖异生与糖酵解途径是完全可逆的两条途径

（答案：1D　2C　3C　4D　5A　6C　7B　8A　9A　10D　11B　12C　13D　14D　15C　16A　17C　18C　19A　20A　21B　22B　23D　24A　25C　26A　27A　28D　29B　30D　31D　32B　33A　34C　35 B）

选择题要点解析

1. 选择 D。

[考点] TCA 循环的产物。

[解析] 1 分子乙酰 CoA 经过 TCA 循环能够生成 2 分子 CO_2、1 分子 ATP、1 分子 $FADH_2$ 和 3 分子 NADH。选项 B，黄素辅酶可以认定为是 $FADH_2$，选项 C，硫辛酸是 α-酮戊二酸脱氢酶复合体的辅酶。选项 D，嘧啶核苷酸的氧化与 TCA 循环反应无关。

2. 选择 C。

[考点] TCA 循环中 α-酮戊二酸脱氢酶复合体。

[解析] 该酶辅因子有 6 个，但是没有 ATP。所以选择 C。

3. 选择 C。

[考点] TCA 循环的调节。

[解析] TCA 循环能够生成大量还原性辅酶 $FADH_2$ 和 NADH 以及 ATP。所以，选项 C 中[ATP]/[ADP]值较高，对该循环有抑制作用，循环会减慢。而其他选项都是有利于循环加快的条件。所以选择 C。

4. 选择 D。

[考点] EMP 途径的反应。

[解析] 碘乙酸是3-磷酸甘油醛脱氢酶的抑制剂。3-磷酸甘油醛脱氢酶催化3-磷酸甘油醛生成1,3-二磷酸甘油酸的反应,加入碘乙酸,该酶受到抑制,则底物3-磷酸甘油醛浓度以及其上游化合物浓度应该升高。选项B、C化合物都处于3-磷酸甘油醛的下游,因此不可能积累。选项A、D都处于3-磷酸甘油醛上游,其中选项D,即1,6-二磷酸果糖最接近3-磷酸甘油醛,所以它首先积累。

5. 选择A。

[考点] PPP途径各项内容。

[解析] 该途径的最关键调节酶是6-磷酸葡萄糖脱氢酶,因此选项A是错误的。

6. 选择C。

[考点] EMP途径中催化底物水平磷酸化反应的酶。

[解析] 在EMP途径中有两步反应,催化这两步反应的酶分别是丙酮酸激酶和磷酸甘油酸激酶,在这4个选项中,只有丙酮酸激酶。

7. 选择B。

[考点] EMP途径的调节酶。

[解析] 参与EMP途径调节的酶通常有3个,即选项A、B、C,过去有些教材上也写D选项,其中磷酸果糖激酶最为关键,所以选择B。

8. 选择A。

[考点] EMP途径中NADH的生成。

[解析] 在EMP途径中,只有一步是生成NADH的反应,催化该反应的酶是3-磷酸甘油醛脱氢酶,注意不要和3-磷酸甘油脱氢酶混淆。

9. 选择A。

[考点] TCA循环的8步反应。

[解析] 丙酮酸脱氢脱羧产生乙酰CoA的反应不属于任何途径,它只是连接EMP和TCA循环的枢纽。

10. 选择D。

[考点] TCA循环发生的地点。

[解析] TCA循环发生在线粒体中,参与TCA循环的酶绝大多数存在于线粒体基质中,只有琥珀酸脱氢酶存在于线粒体内膜内侧。

11. 选择B。

[考点] 原核生物葡萄糖彻底氧化分解产生能量的情况。

[解析] 如辅导书中分段计算能量,葡萄糖彻底氧化分解分为3个阶段,即EMP途径、丙酮酸脱氢脱羧和TCA循环,考虑到EMP途径产生的NADH进入电子传递链产生能量的问题,分析可知,原核生物NADH可以直接进入电子传递链产生2.5个ATP。由此,3个阶段产生的能量是7+5+20,合计32个ATP。如果题目是真核生物,那么答案则有两种可能或者是30或者是32,原因在于细胞质中的NADH通过不同的穿梭途径产生不同的ATP数量,如

果是磷酸甘油穿梭,则生成 30 个 ATP,如果是苹果酸天冬氨酸穿梭则生成 32 个 ATP。

12. 选择 C。

[考点] 糖代谢中脱氢反应。

[解析] 从选项中可知,所有反应都是 TCA 循环的反应,而且全部是脱氢反应,但是辅酶是 FAD 的酶是琥珀酸脱氢酶。

13. 选择 D。

[考点] 酶的抑制剂。

[解析] 选项中的所有酶都是 TCA 循环中涉及的酶,而丙二酸与琥珀酸结构类似,是琥珀酸脱氢酶的竞争性抑制剂。通常在 TCA 循环中,也常常考查该抑制剂。

14. 选择 D。

[考点] 酶的抑制剂。

[解析] 选项中的所有酶都是 EMP 途径中涉及的酶。碘乙酸是 3-磷酸甘油醛脱氢酶的抑制剂,该项研究是促成 EMP 途径发现的里程碑事件。

15. 选择 C。

[考点] TCA 循环中的底物水平磷酸化反应。

[解析] 4 个选项均为 TCA 循环的反应,在 TCA 循环中只有一步底物水平磷酸化反应,即选项 C。

16. 选择 A。

[考点] 磷酸戊糖途径的调节酶。

[解析] 磷酸戊糖途径的调节酶有 2 个,分别是 6-磷酸葡萄糖脱氢酶和 6-磷酸葡萄糖酸脱氢酶,前者是该途径中最为关键的调节酶,它的活性决定该途径的进行速度。

17. 选择 C。

[考点] 葡萄糖异生作用的反应。

[解析] 4 个选项中,A 和 B 选项属于磷酸戊糖途径,D 选项属于 EMP 途径,只有 C 选项属于葡萄糖异生途径,而且其作用是催化 6-磷酸葡萄糖生成葡萄糖的反应。

18. 选择 C。

[考点] 参与磷酸戊糖途径的酶。

[解析] 4 个选项的酶都属于磷酸戊糖途径,但是催化脱氢反应产生 NADPH 的酶有 2 个,即 6-磷酸葡萄糖脱氢酶和 6-磷酸葡萄糖酸脱氢酶,只能选择 C。

19. 选择 A。

[考点] TCA 循环的回补反应与葡萄糖异生作用的反应。

[解析] 在 4 个选项中,C 和 D 选项属于葡萄糖异生作用,而 B 选项参与 TCA 循环的回补反应,只有丙酮酸羧化酶既能够参与 TCA 循环的回补,也能参与葡萄糖异生作用。注意掌握催化 TCA 循环回补反应的酶。

20. 选择 A。

[考点] TCA 循环的反应。

[解析] TCA 循环反应能够形成不同的产物，有些产生 NADH，有些产生 CO_2，有的产生 ATP。这里考查的是生成 CO_2 反应。在 TCA 循环反应中生成 CO_2 的反应有两步：一步是从异柠檬酸到 α-酮戊二酸，一步是从 α-酮戊二酸到琥珀酰 CoA。在给出的选项中，只有 A 符合条件。选项 B 指出的反应不属于 TCA 循环。

21. 选择 B。

[考点] 磷酸戊糖途径的重要中间产物。

[解析] 磷酸戊糖途径有 2 个阶段：氧化阶段和非氧化阶段。氧化阶段反应的产物是 5-磷酸核酮糖和 NADPH。所以选择 B。其他选项是将 2 个阶段的中间产物混合给出，或者是非氧化阶段给出 2 个产物。

22. 选择 B。

[考点] 丙酮酸脱氢酶复合体的辅因子类型。

[解析] A 选项中 Mn^{2+} 错；C 选项中乙酰 CoA 错；D 选项中 $NADP^+$ 错。只有 B。注意掌握 6 个辅因子种类。

23. 选择 D。

[考点] TCA 循环调节的关键酶。

[解析] TCA 循环调节的关键酶有 3 个，分别是选项 B、C、D，其中 D 最为重要。选项 A 不是 TCA 循环的调节酶。

24. 选择 A。

[考点] 葡萄糖异生的前体。

[解析] 乳酸可以在乳酸脱氢酶的催化下生成丙酮酸，而后进入葡萄糖异生途径，因此选择 A，而其他选项是陷阱。

25. 选择 C。

[考点] 参与植物蔗糖合成的关键酶。

[解析] 4 个选项中，A 和 D 参与蔗糖的降解，而 B 选项蔗糖合酶能够合成蔗糖，但主要作用是降解蔗糖，只有磷酸蔗糖合酶，即选项 C 是植物合成蔗糖的关键酶。

26. 选择 A。

[考点] 植物蔗糖的合成。

[解析] 植物蔗糖合成时，葡萄糖供体是 UDPG，而不是别的选项给出的物质。

27. 选择 A。

[考点] EMP 途径和葡萄糖异生作用共有的酶。

[解析] 选项 B、C 和 D 属于葡萄糖异生作用，而选项 A 属于 EMP 途径。由于葡萄糖异生作用与 EMP 途径有共用的反应，A 选项的酶同时在两条途径中出现。

28. 选择 D。

[考点] 对 EMP 途径发现有重大贡献的科学家。

[解析] 见辅导书上科学家列表。前 3 个科学家都对糖酵解途径发现有所贡献。

29. 选择 B。

[考点] 催化 EMP 途径中具体反应的酶,此处是底物水平磷酸化的变相考查。

[解析] 选择 B,其他选项是陷阱。

30. 选择 D。

[考点] 磷酸戊糖途径的中间化合物。

[解析] 选项 A、B 和 C 均属于磷酸戊糖途径,只有 D 选项,即 4-磷酸赤藓酮糖不是,该选项主要是与 4-磷酸赤藓糖对比的。

31. 选择 D。

[考点] 三羧酸循环的调节。

[解析] 异柠檬酸脱氢酶是三羧酸循环的调节酶之一。高浓度 ATP 抑制它的活性,而 Ca^{2+} 和 ADP 对该酶有激活作用。

32. 选择 B。

[考点] 糖酵解途径的知识点。

[解析] 选项 A 中,3-磷酸甘油醛转化为 1,3-二磷酸甘油酸是可逆的反应,所以该选项是错误的。选项 C 错误,因为是 2,6-二磷酸果糖有促进 EMP 途径关键调节酶磷酸果糖激酶的作用。选项 D 错误,在 EMP 途径中存在 4 个激酶:己糖激酶/葡萄糖激酶、磷酸果糖激酶、丙酮酸激酶和磷酸甘油酸激酶。

33. 选择 A。

[考点] 磷酸戊糖途径的相关知识。

[解析] 选项 A 的内容是该途径的生理学意义。值得注意的是 TPP,而不是 PLP,是转酮酶和转醛酶的辅基,因此选项 B 是错误的。

34. 选择 C。

[考点] 多糖合成与分解。

[解析] 选项 C 错误的。因为是 α 和 β 淀粉酶参与淀粉的水解,而不是磷酸解。

35. 选择 B。

[考点] 葡萄糖异生。

[解析] 选项 A,真核细胞葡萄糖异生发生在细胞质和线粒中。选项 C,2,6-二磷酸果糖抑制葡萄糖异生。选项 D,葡萄糖异生与糖酵解途径不是完全可逆的两条途径。因此,A、C、D 3 个选项错误。

五、简答题

1.请写出磷酸戊糖途径的生物学意义。(见本章要点分析)

2.请写出糖酵解途径的生物学意义。(见本章要点分析)

3.请写出 TCA 循环的生物学意义。(见本章要点分析)

4.计算原核生物 1 分子葡萄糖经过糖酵解和 TCA 循环彻底分解成二氧化碳和水产生的 ATP 数量。

解析:本考题考点为糖酵解和 TCA 循环的产能步骤。因此,答题要点应该将糖酵解、丙酮酸脱羧以及 TCA 循环的产能过程写清楚,而后计算。具体要点如下:

- 1 分子葡萄糖经过糖酵解能够产生 2 个 ATP、2 个 NADH 以及 2 个丙酮酸;
- 1 分子丙酮酸经过氧化能够产生 1 个乙酰 CoA 和 1 个 NADH,即 2.5 个 ATP;
- 1 分子乙酰 CoA 经过 TCA 循环能够产生 3 个 NADH、1 个 $FADH_2$ 和 1 个 GTP/ATP;
- 对于原核生物而言,没有细胞器,因此糖酵解阶段产生的每个 NADH 相当于 2.5 个 ATP,根据前面分阶段能量计算,得知原核生物 1 分子葡萄糖经过糖酵解和 TCA 循环彻底分解成二氧化碳和水产生的 ATP 数量是:

$$2+2.5\times2+2.5\times2+10\times2=32(\text{ATP})$$

如果是真核生物,由于细胞质中 NADH 有两条穿梭途径,分别是磷酸甘油穿梭(糖酵解阶段产生的 2 个 NADH,相当于 3 个 ATP)和苹果酸-天冬氨酸穿梭(糖酵解阶段产生的 2 个 NADH,相当于 5 个 ATP),所以依据穿梭途径不同,真核生物 1 分子葡萄糖经过糖酵解和 TCA 循环彻底分解成二氧化碳和水产生的 ATP 数量为 30 个或者 32 个。

5.* 哺乳动物胰高血糖素如何调控细胞中的糖酵解代谢?

解析:从前面的分析可知,磷酸果糖激酶Ⅰ催化糖酵解代谢调控关键步骤,磷酸果糖激酶Ⅰ本身是一个别构酶,其别构激活剂是 2,6-二磷酸果糖,因此 2,6-二磷酸果糖的含量变化将影响磷酸果糖激酶Ⅰ的活性,从而决定糖酵解的反应速度。

哺乳动物中 2,6-二磷酸果糖含量又受到磷酸果糖激酶Ⅱ活性的影响。磷酸果糖激酶Ⅱ具有双重活性,当磷酸果糖激酶Ⅱ以非磷酸化的形式存在时,它催化 6-磷酸果糖与 ATP 形成 2,6-二磷酸果糖,即具有磷酸果糖激酶的活性;当磷酸果糖激酶Ⅱ以磷酸化的形式存在时,它催化 2,6-二磷酸果糖水解为 6-磷酸果糖,即具有果糖-2,6-二磷酸酶的活性。该酶究竟表现何种活性还受到胰高血糖素通过蛋白激酶 A 的调控。如图所示。

当动物感到饥饿时,血糖浓度降低,血液中胰高血糖素浓度增加。胰高血糖素通过细胞膜介导,激活蛋白激酶 A,蛋白激酶 A 使磷酸果糖激酶Ⅱ磷酸化,催化 2,6-二磷酸果糖水解为 6-磷酸果糖,结果降低了 2,6-二磷酸果糖的含量,细胞糖酵解速度降低,6-磷酸葡萄糖的利用减少,从而维持血糖浓度。

同时,丙酮酸激酶也是糖酵解途径的关键调节酶,它也受到蛋白激酶 A 的磷酸化调节,当丙酮酸激酶被磷酸化后,其活性受到抑制,所以胰高血糖素也可以抑制丙酮酸激酶的活性,从而抑制糖酵解途径。

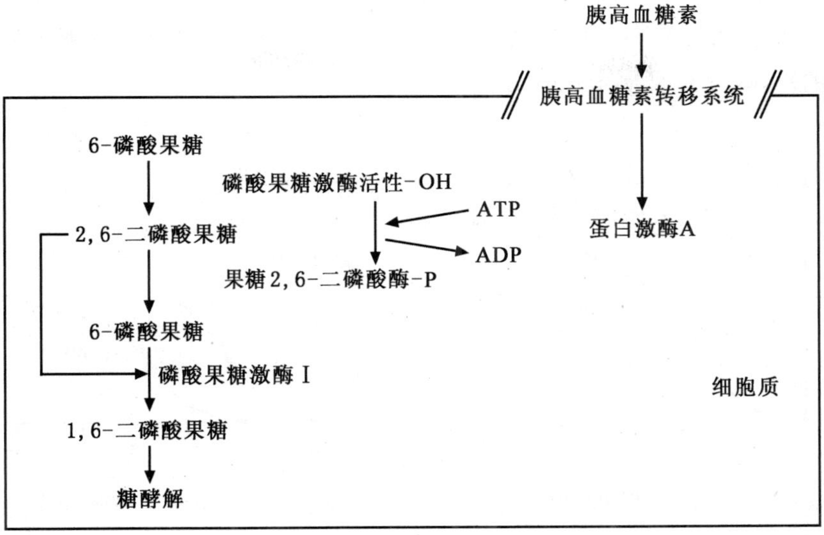

6.* **何为前手性分子?**

解析:所谓前手性分子(prochiral molecular)是指一类可以与具有不对称活性位点的酶发生不对称反应产生手性分子的对称分子。例如,柠檬酸就是一个前手性分子,从结构上看柠檬酸是一个对称分子,但是在后续顺乌头酸酶催化的反应中产生了手性分子异柠檬酸。从下图可知,草酰乙酸与乙酰 CoA 反应生成柠檬酸这个含 6 个 C 原子的分子,如果柠檬酸是对称分子,后续反应应该产生两种分子:异柠檬酸和 A 分子。但是,事实上只有一种异柠檬酸产物,而没有另一种 A 分子,说明柠檬酸是前手性分子。

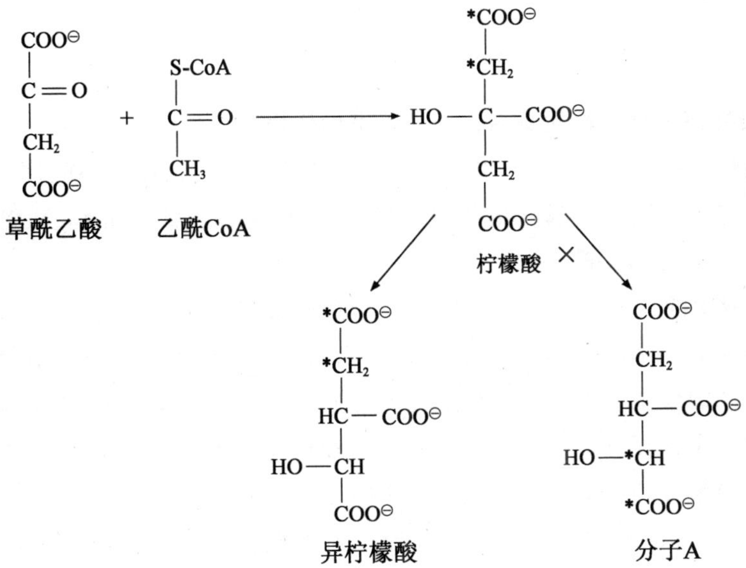

7. 下面图 A 和 B 表明了在 ATP、AMP 和 2,6-二磷酸果糖(F26P)存在时,哺乳动物磷酸果糖激酶(PFK-I)的活性随着 6-磷酸果糖(F6P)浓度变化而变化的趋势。请解释它们对磷酸果糖激酶活性的影响。(参照 Moran,2012)

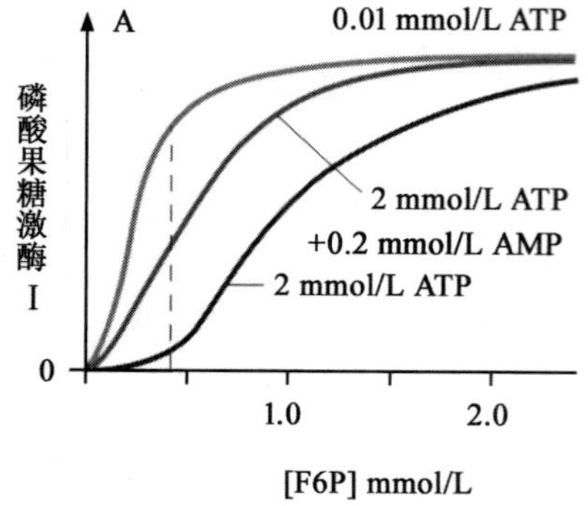

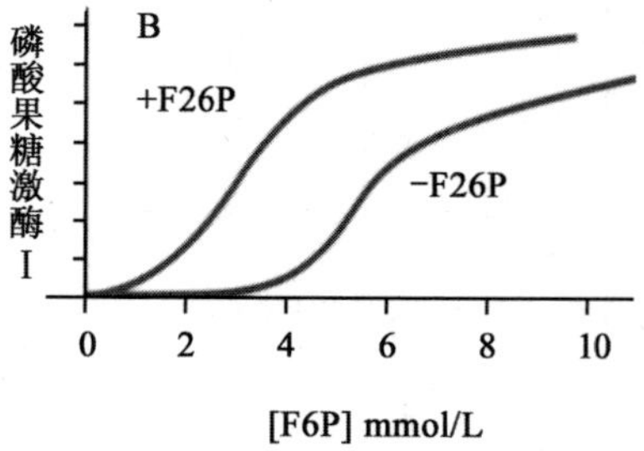

解析:磷酸果糖激酶(PFK-I)是哺乳动物糖酵解途径的关键调节酶。图 A 和图 B 都是近似 S 形曲线,说明磷酸果糖激酶(PFK-I)是别构酶。

从图 A 可以看出,高浓度 ATP 抑制酶活性的增长,AMP 的加入能够缓解 ATP 对酶活性的抑制。ATP 既是该酶的底物,也是它的抑制剂,因此低浓度的 ATP 加入,有助于酶活性的提高。高浓度 ATP 加入,曲线右移,增加了 $S_{0.5}$ 降低酶活性。AMP 是该酶的激活剂,有促进酶活性的作用。

图 B 表明,加入 2,6-二磷酸果糖(F26P)后,曲线左移,$S_{0.5}$ 减小,说明 2,6-二磷酸果糖促进酶的活性,是酶的激活剂。

六、论述题

请描述 6-磷酸葡萄糖在糖代谢中作为交叉点的作用。

分析:该考题的考点内容集中于 6-磷酸葡萄糖在糖代谢几条途径中的作用。根据下图进行描述。答题要点应该包括 6-磷酸葡萄糖在糖酵解、糖原的合成与分解、PPP 途径以及葡萄糖异生代谢中的作用。具体要点如下:

- 进食后血液中的葡萄糖浓度会增加。葡萄糖从血液进入细胞后,在葡萄糖激酶或者己糖激酶的作用下形成 6-磷酸葡萄糖。另外,糖原物质能够降解产生 1-磷酸葡萄糖,1-磷酸葡萄糖在葡萄糖变位酶的作用下生成 6-磷酸葡萄糖。如果生物体需要能量,则葡萄糖进入糖酵解途径,并继续进行 TCA 循环产生能量。同时 6-磷酸葡萄糖还能够进入 PPP 途径,在 6-磷酸葡萄糖脱氢酶和 6-磷酸葡萄糖酸脱氢酶等酶的作用下生成 NADPH 和 5-磷酸核糖,NADPH 可以为其他生物分子的合成提供还原力,也能够在尼克酰胺核苷酸转氢酶的作用下生成 NADH,形成能量;而 5-磷酸核糖是合成组氨酸与核苷酸的前体。
- 当生物体中 6-磷酸葡萄糖含量高时,6-磷酸葡萄糖能够经过 1-磷酸葡萄糖合成糖原储存起来。

• 当血液中葡萄糖含量低时，生物体在没有进食补充葡萄糖的条件下，如果糖原降解也无法满足血液葡萄糖的需要，此时生物体能够由其他非糖物质合成 6-磷酸葡萄糖，6-磷酸葡萄糖在葡萄糖-6 磷酸酶的作用下，生成葡萄糖。葡萄糖通过其转运体进入血液，补充血糖。

• 从图中可以看出 6-磷酸葡萄糖参与了糖代谢的几条途径，是连接糖代谢几条途径的关键中间产物，在糖代谢中有很重要的作用。

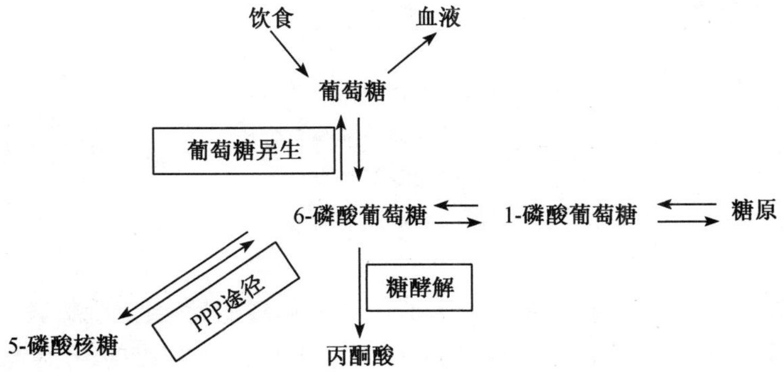

第十章　脂　代　谢

一、本章总结简图

脂代谢
- 脂的消化、吸收和转运
- 三酰甘油的降解与合成
- 磷脂的降解与合成
- 胆固醇的降解与合成

生物体内的脂类物质有非常重要的生理功能，诸如储藏能量，组成生物膜，作为激素分子、脂溶性维生素以及调节作用的分子（如前列腺素）等。根据其结构特点，分为与脂肪酸相关的脂类，包括三酰甘油、磷脂、鞘脂、类二十烷酸，与异戊烯类相关的脂类，包括固醇、脂溶性维生素和萜类等，也有学者将其分为单纯脂、复合脂和衍生脂。本章的重点主要集中在脂肪酸的β-氧化、脂肪酸的从头合成途径以及三酰甘油、磷脂和胆固醇的降解与合成代谢方面。

二、要点内容与问题分析

1. 脂的消化、吸收和转运

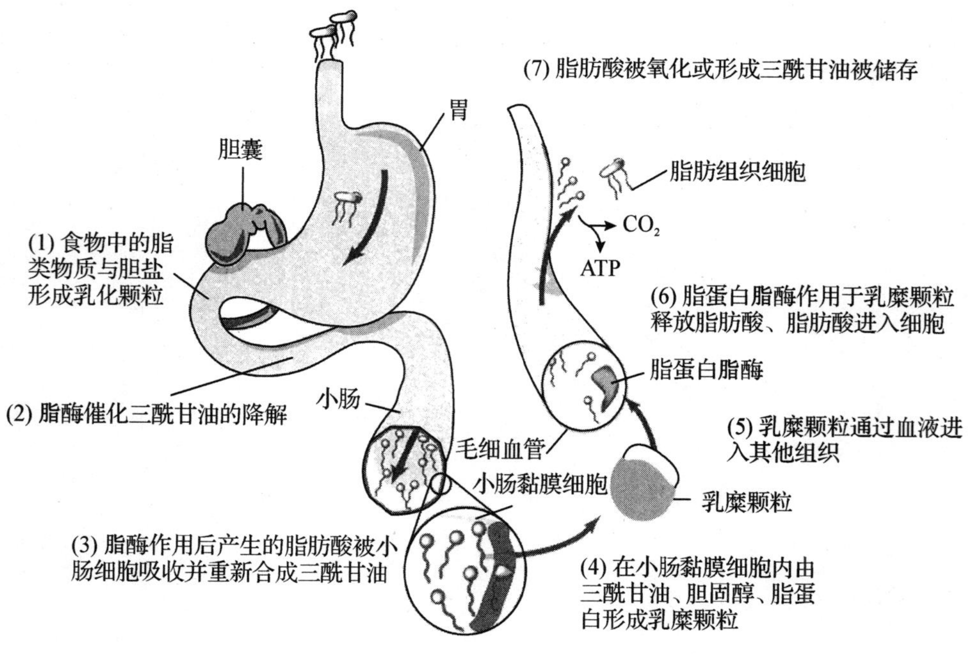

（引自：R Boyer · Concepts in Biochemistry，2006）

哺乳动物食物中的脂类物质主要包括三酰甘油（脂肪）、少量磷脂以及固醇。脂类物质的消化主要在小肠中进行。由于脂类物质是疏水性的，它需要包被一层胆盐从而增加其溶解性。胆盐是固醇的衍生物，具有双亲性，在肝脏中合成后进入胆囊，而后被分泌进入小肠。三酰甘油在胰腺分泌的胰脂酶的作用下，C1、C3 位点的脂肪酸链被水解产生脂肪酸和 2-单酰甘油，二者进入小肠黏膜细胞。在小肠黏膜细胞内脂肪酸和 2-单酰甘油再重新合成三酰甘油，三酰甘油与固醇及脂蛋白三者合成乳糜颗粒。乳糜颗粒进入淋巴液、血液，将脂类物质运送到其他组织。

脂类物质的水溶性较差，它们在血液中的运输是以脂蛋白的形式进行的。血清中的脂蛋白，分别是乳糜颗粒（chylomicron）、极低密度脂蛋白（very low density lipoprotein，VLDL）、低密度脂蛋白（low density lipoprotein，LDL）和高密度脂蛋白（high density lipoprotein，HDL）4 类。这 4 类蛋白的功能如下表所示。

脂蛋白	密度 /(g/mL)	颗粒直径 /Å	蛋白质 /wt%	固醇 /wt%	磷脂 /wt%	三酰甘油 /wt%	功能
乳糜颗粒	＜0.95	800～5 000	2	4	9	85	将食物中的脂类物质运输到其他组织
VLDL	0.95～1.006	300～800	10	20	20	50	将肝脏中的脂类物质，主要是三酰甘油运输到其他组织
LDL	1.006～1.063	180～280	25	45	20	10	将肝脏中合成的固醇运输到其他组织
HDL	1.063～	50～120	55	17	24	4	将周边组织和血液中过剩的胆固醇运回肝脏中

掌握食物中主要脂类物质三酰甘油的消化、吸收和转运的过程，血液中运输脂类的脂蛋白类型及功能。

2. 三酰甘油的降解与合成

三酰甘油降解
- 三酰甘油的降解
- 甘油的去向
- 脂肪酸的降解
  - β-氧化
  - α-氧化
  - ω-氧化
  - 乙醛酸循环
  - 酮体代谢

三酰甘油是生物体内重要的贮存脂，是体内重要的能量来源。三酰甘油降解产生的能量远大于糖原。三酰甘油由脂肪酸和甘油组成，因此三酰甘油的代谢主要集中在脂肪酸的代谢以及甘油的代谢两方面。

三酰甘油的降解是在细胞质中进行的。三酰甘油在脂酶、二酰甘油脂酶和单酰甘油脂酶的催化下逐个水解三酰甘油的 3 个酯键，形成甘油和脂肪酸。甘油在甘油激酶和磷酸甘油脱氢酶的作用下，产生 3-磷酸甘油和磷酸二羟丙酮，磷酸二羟丙酮随后参与诸如磷酸戊糖途径、糖酵解或葡萄糖异生等代谢。脂肪酸需要进入线粒体才能进一步氧化分解，因此在脂酰 CoA 合成酶的作用下，利用能量 ATP 与 HS-CoA 合成脂酰 CoA 和 AMP，消耗 2 个高能磷酸键。线粒体内膜存在肉碱(肉毒碱)转移系统，脂酰 CoA 在其帮助下进入线粒体，继续进行β-氧化，产生乙酰 CoA，乙酰 CoA 继而进入其他代谢途径参与代谢，如下图所示。

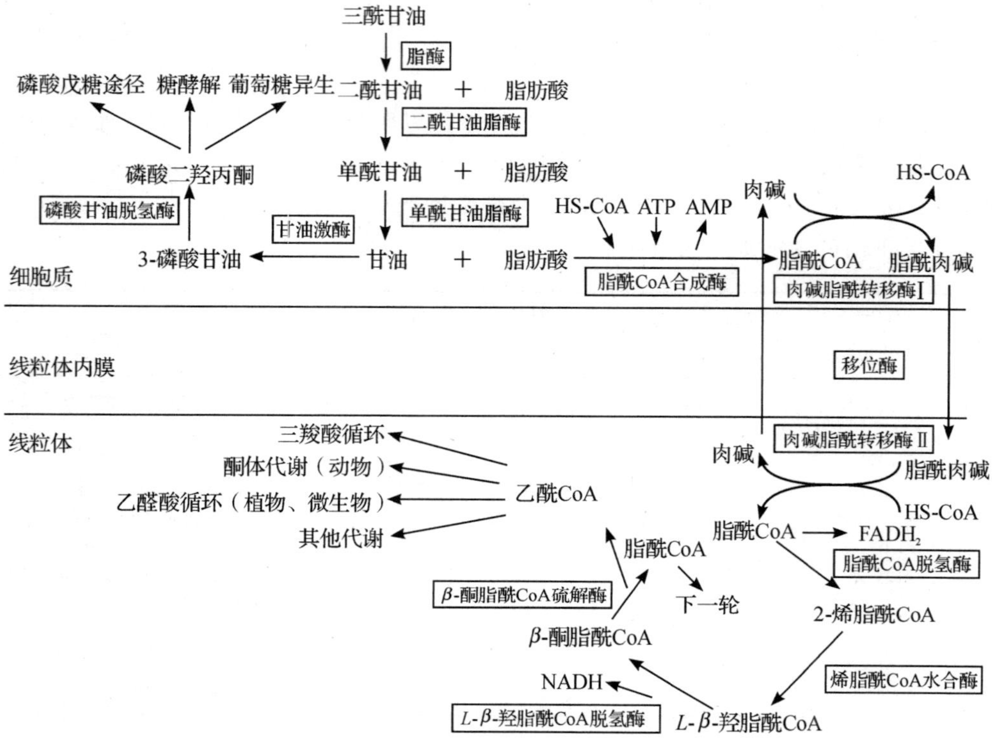

首先，要求掌握三酰甘油降解为甘油和脂肪酸所需要酶的名称，甘油的去向，最重要的是脂肪酸的氧化，其中β-氧化的全过程必须掌握；其次，了解脂肪酸α-氧化、ω-氧化的概念及底物特点，乙醛酸循环过程的关键酶及酮体代谢的生理学意义。

(1)脂酰 CoA 进入线粒体的过程。

在线粒体的内膜上存在肉碱转移系统。该系统包括肉碱脂酰转移酶Ⅰ、移位酶和肉碱脂酰转移酶Ⅱ，肉碱脂酰转移酶Ⅰ催化线粒体内膜外侧脂酰 CoA 与肉碱形成脂酰肉碱的反应，产生的脂酰肉碱在移位酶的作用下从细胞质运到线粒体的内部，脂酰肉碱在肉碱脂酰转移酶Ⅱ的催化下重新形成脂酰 CoA 和肉碱。肉碱在移位酶的作用下再被运到线粒体内膜的外侧，循环使用。值得一提的是，肉碱脂酰转移酶Ⅰ是脂肪酸β-氧化途径调控的关键酶。

(2)β-氧化的过程。

β-氧化的内容是考查的重点内容。考题可以以填空、选择、判断、问答以及名词解释各种题型形式出现。

- 例如：β-氧化可以以选择题的形式出现：

β-氧化包括________ 5 个过程。

A. 脱氢、活化、再脱氢、硫解、水合

B. 活化、脱氢、硫解、水合、脱氢

C. 活化、水合、脱氢、脱氢、硫解

D. 活化、脱氢、水合、脱氢、硫解

应该选择 D。

● 例如：β-氧化可以以问答题形式出现：

请简述参与脂肪酸 β-氧化的酶及其功能。该类问题涉及的主要知识点如下：

脂酰 CoA 合成酶：

催化脂肪酸与 HS-CoA 形成脂酰 CoA，此过程需要 ATP 水解，产生 AMP（注意不是 ADP，因此消耗 2 个高能磷酸键，在计算能量的时候，要特别注意该步骤，按耗费 2ATP 计算）。此外，对于哺乳动物，有针对短、中和长链脂肪酸激活的脂酰 CoA 合成酶。

脂酰 CoA 脱氢酶：

脂肪酸链的长短不同，生物体有不同的脂酰 CoA 脱氢酶同工酶。它催化脂酰 CoA α 碳和 β 碳脱氢形成反式 Δ^2-烯脂酰 CoA，脱掉的氢和电子形成 $FADH_2$，后进入电子传递链。

烯脂酰 CoA 水合酶：

该酶可以催化 Δ^2-反-烯脂酰-CoA 生成 L-β-羟脂酰 CoA。

L-β-羟脂酰 CoA 脱氢酶：

该酶具有绝对立体异构专一性，只能催化 L-β-羟脂酰 CoA 进行反应，对 D-β-羟脂酰 CoA 底物没有作用。脱掉的氢和电子形成 NADH，而后进入电子传递链。

β-酮脂酰 CoA 硫解酶：

催化-β-酮脂酰 CoA 中碳链 α，β 碳原子间化学键断裂产生乙酰 CoA 和比过去少 2 个碳原子的脂酰 CoA。

(3)计算具有 16 个碳的饱和脂肪酸链经过 β-氧化后，能够产生的 ATP 数量。

通过上面知识的学习，我们知道 β-氧化包括脂肪酸的活化、脱氢、水合、再脱氢、硫解 5 个过程，涉及能量的过程包括脂肪酸的活化、脱氢、再脱氢 3 个过程，产物乙酰 CoA 进入 TCA 循环也可以产生能量，因此能量计算分为下面几个过程：

脂肪酸的活化	消耗 2 ATP			
一轮 β-氧化脱氢 $FADH_2$	相当于 1.5 ATP	7 次	10.5	ATP
一轮 β-氧化再脱氢 NADH	相当于 2.5 ATP	7 次	17.5	ATP
产物乙酰 CoA	相当于 10 ATP	8 个	80	ATP
合计			106	ATP

在计算此类题时，应该注重问题中需要计算的物质是饱和脂肪酸还是不饱和脂肪酸以及脂肪酸链的长度，因为这些因素涉及能量的问题，答题时注意分析。

(4)不饱和脂肪酸的 β-氧化过程。

自然界存在的不饱和脂肪酸常常是顺式双键，在 β-氧化过程中，需要的底物是 Δ^2-反式烯脂酰 CoA，而不饱和脂肪酸降解产生的产物往往不符合 β-氧化的要求，此时生物体内存在 Δ^3，Δ^2-烯脂酰 CoA 异构酶和 2，4-二烯脂酰 CoA 还原酶，它们可以帮助产生符合 β-氧化要求的底物，使不饱和脂肪酸彻底完成 β-氧化。如下图亚油酸的 β-氧化：

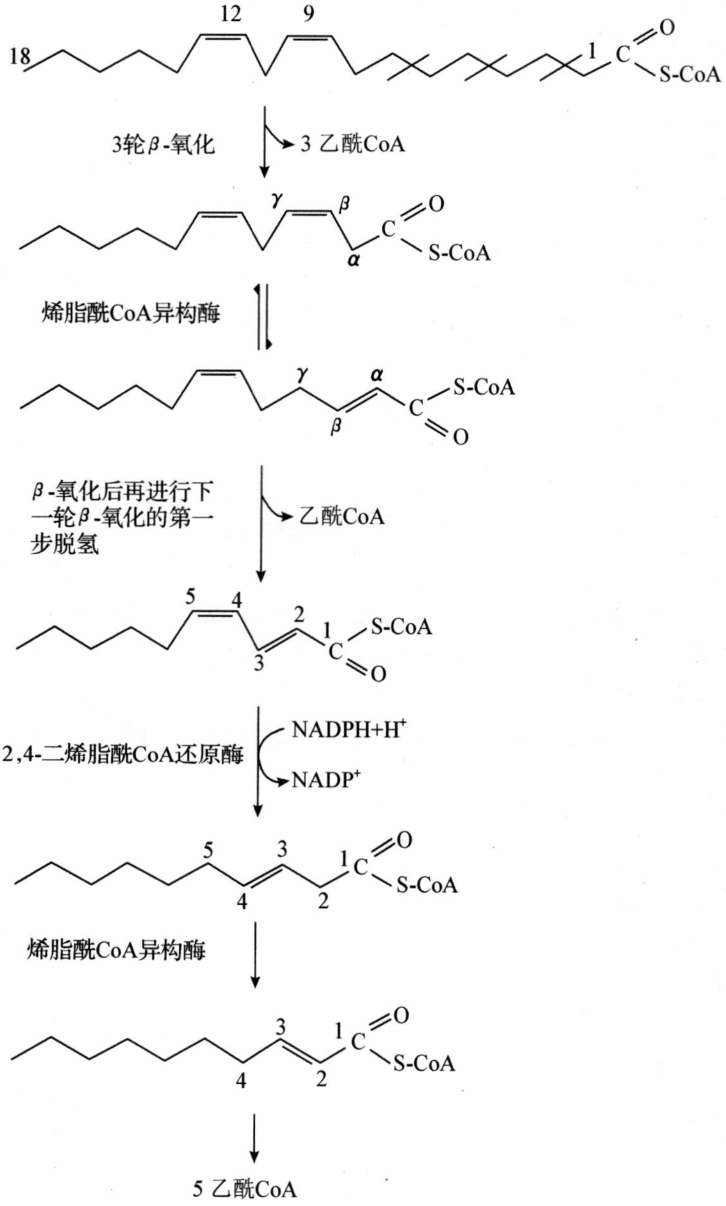

（引自 Nelson. Principles of Biochemistry，2017）

(5)比较含有奇数碳原子和偶数碳原子脂肪酸链β-氧化的产物。

从β-氧化的反应可知，脂肪酸链每经过一轮β-氧化，将产生一个乙酰 CoA 和比过去脂肪酸链少 2 个碳原子的脂酰 CoA。如果脂肪酸链为偶数，产物全部是乙酰 CoA；如果脂肪酸链为奇数，则将产生 1 个丙酰 CoA 和一些乙酰 CoA。乙酰 CoA 可以进入其他代谢途径，丙酰 CoA 也可以通过一些化学反应产生琥珀酰 CoA，琥珀酰 CoA 可以进入其他代谢途径。乙酰 CoA、琥珀酰 CoA 都可以通过 TCA 循环彻底氧化产生能量。

（6）乙醛酸循环的关键酶以及乙醛酸循环的生物学意义。

在植物、某些非脊椎动物、一些微生物中存在乙醛酸循环。乙醛酸循环与 TCA 循环有许多共同步骤，催化不同步骤反应的关键酶是异柠檬酸裂解酶和苹果酸合酶。从下面的图中可以发现，乙醛酸循环相当于输入 2 个乙酰 CoA 分子，净产生 1 个琥珀酸分子，琥珀酸可以进入 TCA 循环，产生能量，也可以经过葡萄糖异生产生葡萄糖。

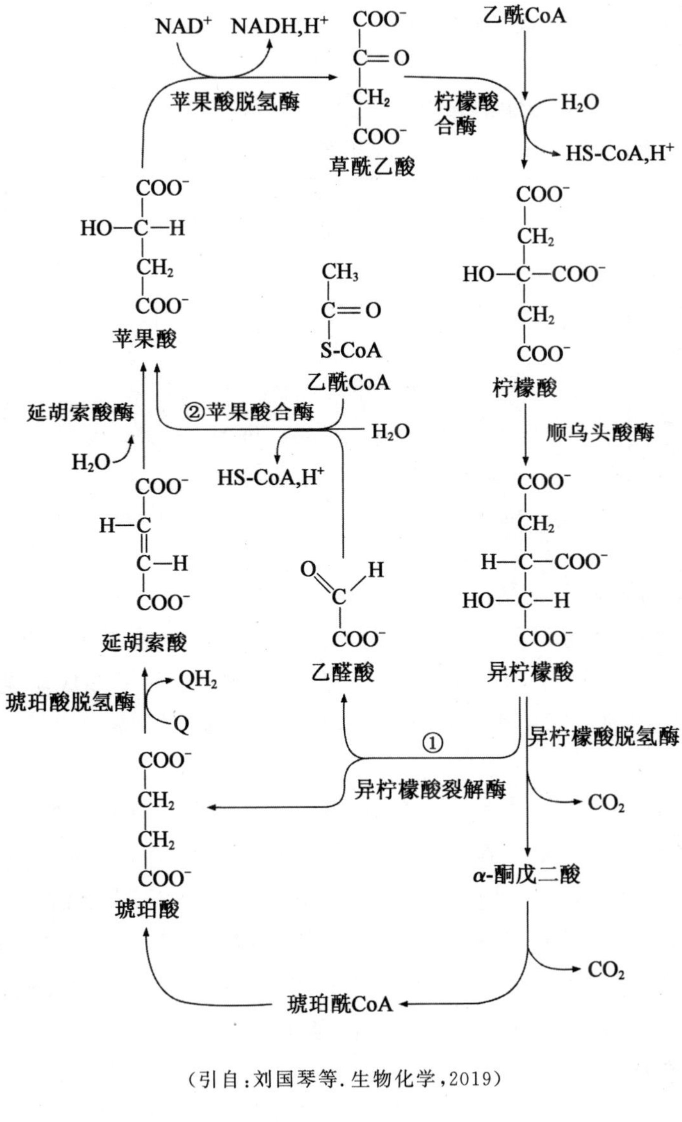

（引自：刘国琴等. 生物化学，2019）

乙醛酸循环具有非常重要的生物学意义。它是连接糖代谢和脂代谢的桥梁。对于油料植物种子，乙醛酸循环非常重要。在种子萌发时，乙醛酸体中的脂肪酸经过 β-氧化产生乙酰 CoA，乙酰 CoA 经过乙醛酸循环产生琥珀酸，琥珀酸进入线粒体，在线粒体中不仅可以经过 TCA 循环产生能量，而且可以通过 TCA 循环的中间产物进入氨基酸代谢，合成氨基酸，进而合成蛋白质，同时也可以通过 TCA 循环产生葡萄糖异生的前体物质，进而合成碳水化合物，为种子萌发提供所需要的各种物质。

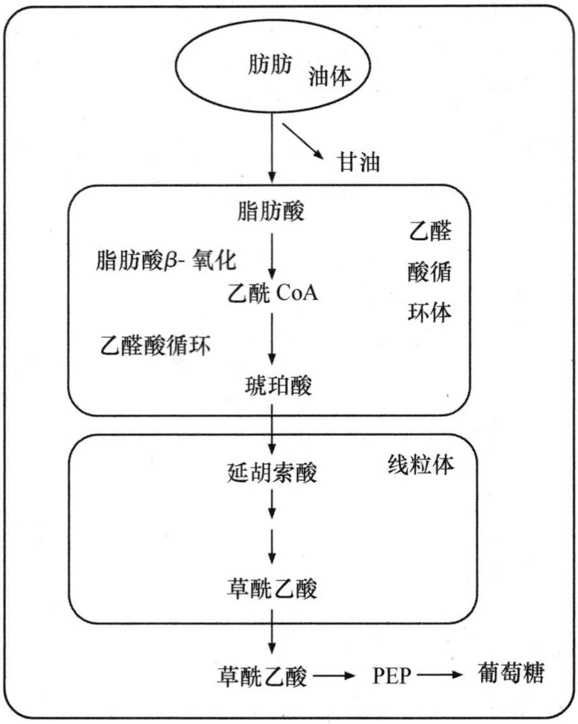

（改编自 Nelson Lehninger Principle of Biochemistry，2017）

（7）* 酮体代谢的生物学意义。

在人体和大多数哺乳动物肝脏中，脂肪酸进行 β-氧化能够产生大量乙酰 CoA，通常情况下乙酰 CoA 进入 TCA 循环，但是在特定的条件下，乙酰 CoA 形成所谓的酮体，即丙酮、乙酰乙酸、*D*-β-羟基丁酸。肝脏中产生的酮体物质通过血液运输到其他组织，在那里进入 TCA 循环产生能量。

当人体处于饥饿状态下，血糖供应不足时，肝脏中的草酰乙酸进入葡萄糖异生途径合成葡萄糖，以维持血糖浓度。由于缺少草酰乙酸，TCA 循环进行缓慢，结果大量的乙酰 CoA 累积，造成乙酰 CoA 形成酮体。在严重饥饿时，人脑中葡萄糖供应不足，此时酮体可以部分代替葡萄糖为脑提供能量，维持脑的正常功能，因此酮体代谢的存在为生物提供了又一能量物质。在健康人体内，酮体产生的量很少；而在病态条件下，例如，在未治疗的糖尿病病人体内才会积累大量的酮体物质，严重的将产生酮血症、酮尿症，甚至死亡。

3. 三酰甘油的合成

三酰甘油合成
- 脂肪酸的合成
  - 脂肪酸的从头合成
  - 脂肪酸的延长合成
- 甘油的来源
- 三酰甘油的合成

主要内容包括三酰甘油的合成、甘油的来源、脂肪酸的从头合成途径、延长合成、不饱和脂肪酸的合成等。对于三酰甘油的合成、甘油的来源这些内容，只要求掌握最基本的酶和反应过程，对于脂肪酸的从头合成途径则应该搞清楚所有的内容，并能够与脂肪酸的 β-氧化进行对比。

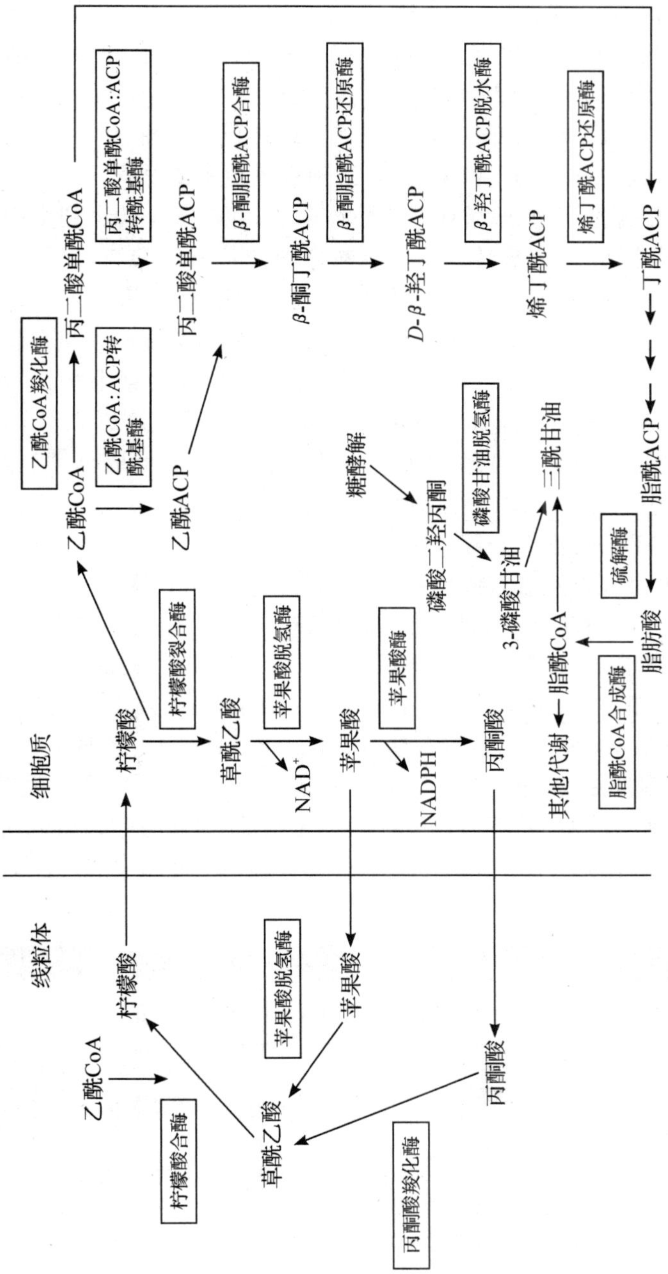

脂肪酸的合成是在细胞质中进行的，合成脂肪酸的最初原料是乙酰 CoA。丙酮酸脱氢以及脂肪酸的β-氧化都可以产生乙酰 CoA。乙酰 CoA 存在于线粒体中，如果用于脂肪酸的合成原料，需要进入细胞质中。真核生物细胞的线粒体膜上存在柠檬酸、苹果酸、丙酮酸转运体，乙酰 CoA 通过所谓的柠檬酸-丙酮酸循环，以柠檬酸的形式进入细胞质，之后在柠檬酸裂合酶的作用下，产生乙酰 CoA 和草酰乙酸。通过这种方式乙酰 CoA 被运输到细胞质中参与脂肪酸的合成。乙酰 CoA 在乙酰 CoA 羧化酶的催化下产生丙二酸单酰 CoA（脂肪酸合成的直接前体物质），两者在脂肪酸合酶的催化下从头合成不超过 16 碳的脂肪酸链。细胞中所需要的更长的脂肪酸链是在延长途径下由 16 碳的脂肪酸即棕榈酸起始合成的。从头合成的棕榈酰 ACP 在硫解酶的作用下形成自由的脂肪酸棕榈酸，随后在脂酰 CoA 合成酶的催化下产生脂肪酸的活化形式棕榈酰 CoA，然后进入延长合成途径产生大于 16 碳的脂肪酸链。细胞质中糖酵解途径中间产物磷酸二羟丙酮在磷酸甘油脱氢酶的作用下，三酰甘油水解产生的甘油在甘油激酶的作用下都可以形成 3-磷酸甘油，3-磷酸甘油与细胞质中合成的脂酰 CoA 在磷酸甘油转酰基酶、磷酸酶、二酰甘油转酰基酶的作用下最终合成三酰甘油。

(1)真核生物将线粒体中的乙酰 CoA 转运到细胞质中的过程。

真核生物通过柠檬酸-丙酮酸循环将线粒体中的乙酰 CoA 转运到细胞质中。在线粒体内膜上存在柠檬酸、苹果酸、丙酮酸转运体。线粒体中的草酰乙酸与乙酰 CoA 在柠檬酸合酶的作用下形成柠檬酸，柠檬酸在其转运体的作用下进入细胞质，随后在柠檬酸裂合酶的作用下裂解产生草酰乙酸与乙酰 CoA，乙酰 CoA 可以进入脂肪酸合成途径。细胞质中的草酰乙酸在苹果酸脱氢酶的催化下，利用 NADH 提供的氢和电子，被还原为苹果酸。苹果酸在苹果酸酶的作用下，脱氢、脱羧产生 NADPH 和丙酮酸。苹果酸或丙酮酸可以在其转运体的帮助下回到线粒体中，二者分别在苹果酸脱氢酶、丙酮酸羧化酶的催化下形成草酰乙酸，完成该循环。该循环不仅将线粒体中的乙酰 CoA 转运到细胞质中，同时还生成一部分 NADPH。脂肪酸合成所需要的还原力 NADPH，很大一部分来自该循环。

(2)脂肪酸合成过程以及参与脂肪酸从头合成途径的酶。

脂肪酸合成的二碳单位供体是丙二酸单酰 CoA，在乙酰 CoA 羧化酶催化下，由乙酰 CoA、HCO_3^- 和 ATP 合成，该酶是脂肪酸从头合成途径调控的关键酶。乙酰 CoA 羧化酶由 3 部分组成，分别是乙酰 CoA 羧化酶(acetyl CoA carboxylase)、生物素羧基载体蛋白(biotin-carboxyl carrier protein，BCCP)、转羧基酶(transcarboxylase)。乙酰 CoA 羧化酶负责将羧基转给生物素羧基载体蛋白，转羧基酶负责将羧基转移给乙酰 CoA，产生丙二酸单酰 CoA。

不同生物脂肪酸合酶不同，下面以脊椎动物为例，介绍脂肪酸合酶的功能。脊椎动物的脂肪酸合酶以同型二聚体形式发挥作用。每一条肽链都有 6 个酶活性和 1 个酰基载体蛋白(ACP)结构域。如下图所示：

参与脂肪酸从头合成途径的酶(以脊椎动物为例)如下表所示。

酶的名称	功　能
乙酰 CoA/丙二酸单酰 CoA：ACP 转移酶(MAT)	催化乙酰 CoA 转移到脂肪酸合酶复合体的 β-酮脂酰 ACP 合酶的巯基臂上 催化丙二酸单酰 CoA 转移到脂肪酸合酶复合体的酰基载体蛋白 ACP 的巯基臂上
β-酮脂酰 ACP 合酶(KS)	催化丙二酸单酰 ACP 与乙酰基的缩合反应
β-酮脂酰 ACP 还原酶(KR)	催化 β-酮脂酰 ACP 的还原，由 NADPH 提供氢和电子
β-羟脂酰 ACP 脱水酶(DH)	催化 β-羟脂酰 ACP 脱水产生反式烯脂酰 ACP，注意底物必须是 D 型
烯脂酰 ACP 还原酶(ER)	催化烯脂酰 ACP 形成脂酰 ACP，由 NADPH 提供氢和电子
硫酯酶(TE)	催化脂肪酸与 ACP 之间硫酯键断裂，脂肪酸释放

脂肪酸从头合成途径包括缩合、还原、脱水、再还原 4 个过程。

(3)比较脂肪酸的合成过程与脂肪酸 β-氧化过程。

从以下几个方面进行比较，反应进行的场所不同、催化反应的酶不同、中间产物差别、脂酰基载体不同、反应过程等。主要目的是说明两者是截然不同的两条代谢途径。

软脂酸(棕榈酸)从头合成与β-氧化过程的差别

区别点	脂肪酸从头合成	脂肪酸β-氧化
细胞内进行部位	细胞质	线粒体
脂酰基载体	ACP	CoA
加入或断裂的二碳单位	丙二酸单酰 CoA	乙酰 CoA
电子供体或受体	NADPH+H^+	NAD^+、FAD
β-羟脂酰基的立体异构	*D* 型	*L* 型
酶	7 种(多酶复合体或多功能蛋白)	4 种,联合程度不明
能量	消耗 7 个 ATP 及 14 个 NADPH+H^+	产生 129 个 ATP
对 HCO_3^- 和柠檬酸的需求	需要	不需要
底物的转运	柠檬酸穿梭系统	肉碱转运
反应方向	从 ω 位到羧基	从羧基端开始降解
循环次数	7 次	7 次

(4)参与三酰甘油合成的酶及其催化的反应。

解析:

主要关注参与反应的几个酶和重要中间产物,如:溶血磷脂酸和磷脂酸等,填空时涉及的可能性较大。

相关考题出现在 2012 年(农学门类联考)研究生入学考试第 27 题:下列脂类化合物中含有胆碱基的是________。

A. 磷脂酸　　B. 卵磷脂　　C. 丝氨酸磷脂　　D. 脑磷脂

选择 B

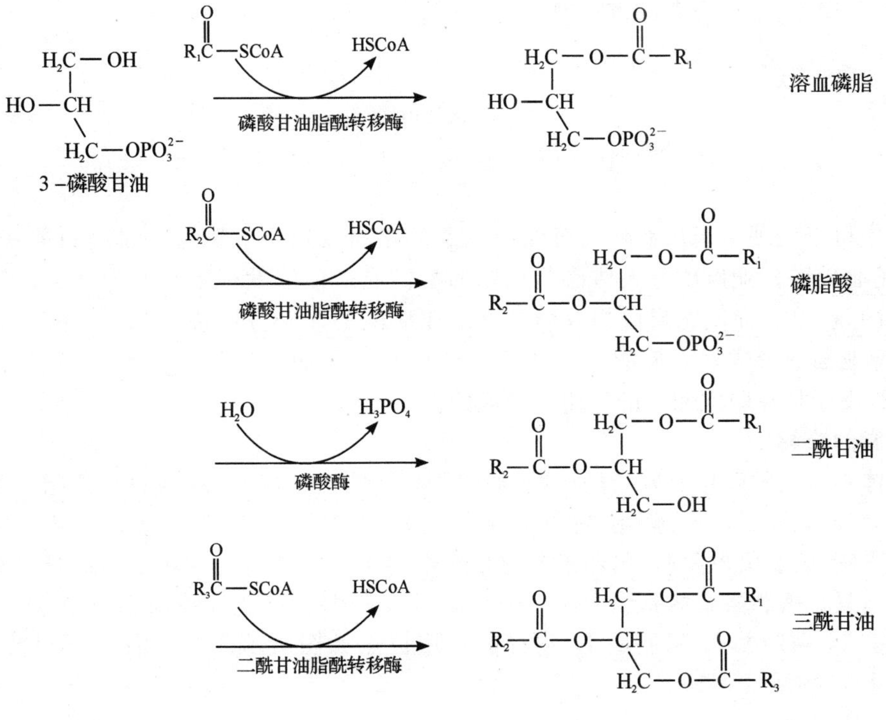

(5)脂肪酸的延长合成过程。

细胞中脂肪酸从头合成途径只能合成16碳的脂肪酸链，细胞内所需要的更长的脂肪酸链是在延长途径下由16碳的脂肪酸即棕榈酸起始合成的。参与脂肪酸延长合成的酶与脂肪酸从头合成途径的酶不同。对于不同生物而言，脂肪酸链的延长合成在不同地点完成，例如动物的脂肪酸链延长合成在内质网和线粒体中进行；而植物的脂肪酸链延长合成在叶绿体和前质体中进行。

(6)不饱和脂肪酸在生物体中的合成过程。

生物体细胞中常见的不饱和脂肪酸为油酸(18:1)、亚油酸(18:2)、亚麻酸(18:3)、花生四烯酸(20:4)。它们都是16碳以上的脂肪酸链，其合成是在脂肪酸延长合成过程中经过脱饱和作用完成的。如下图所示。

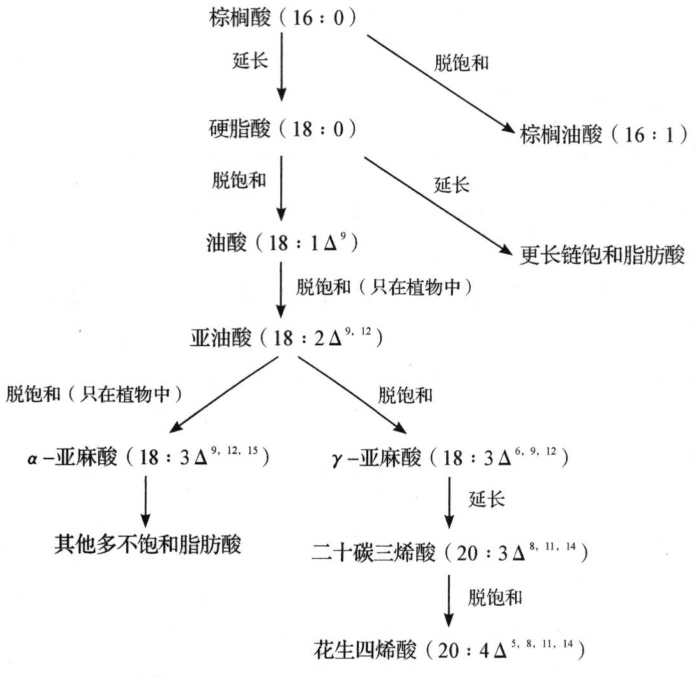

(引自：Lehninger. Principles of Biochemistry, 2021)

从图中可以发现由于从油酸到亚油酸以及从亚油酸到 α-亚麻酸的过程只能在植物中发生，因此亚油酸和 α-亚麻酸是人体必需的脂肪酸。同时能够发现植物脱饱和，双键形成是朝着脂肪酸的 ω 方向，而动物形成的双键是朝着脂肪酸的羧基方向进行，如亚油酸的双键位置是9、12，但亚油酸形成 α-亚麻酸后双键位置是9、12、15；而亚油酸形成 γ-亚麻酸的双键位置是6、9、12，反应是在脱饱和酶的作用下完成的。

4. 磷脂的降解

生物体中常见的磷脂有磷脂酰胆碱(卵磷脂)、磷脂酰乙醇胺(脑磷脂)、磷脂酰丝氨酸、磷脂酰肌醇、二磷脂酰甘油(心磷脂)等甘油磷脂以及部分鞘磷脂，其中磷脂酰胆碱和磷脂酰乙醇胺是中性磷脂，磷脂酰丝氨酸、磷脂酰肌醇是酸性磷脂。甘油磷脂的基本结构是磷脂酸，不同的甘油磷脂只是磷脂酸磷酸基团中的一个氢被不同基团所替代。磷脂的降解主要涉及磷脂酶 A_1、磷脂酶 A_2、磷脂酶C、磷脂酶D，它们的作用位点如图所示。磷脂酶B同时具有磷脂酶 A_1、磷脂酶 A_2 的活性。

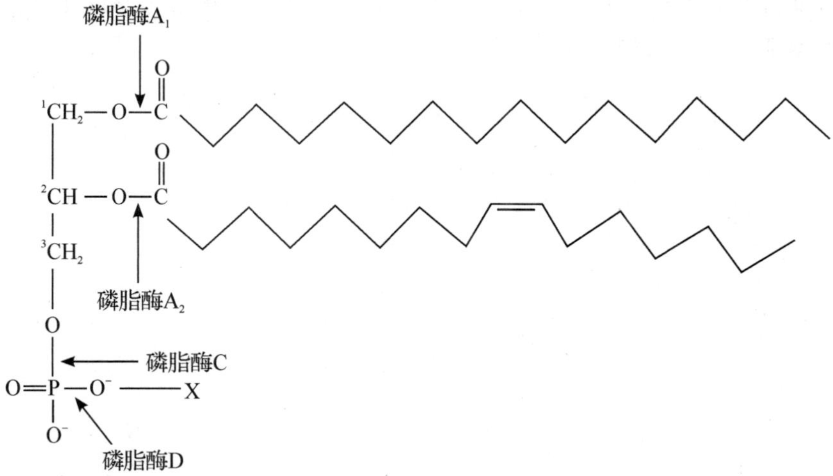

动物摄食的食物中有少量磷脂，磷脂的吸收在小肠中进行。胰脏分泌胰磷脂酶，主要是磷脂酶 A_2，分解甘油磷脂产生溶血磷脂和脂肪酸。两种产物均被小肠细胞吸收，溶血磷脂在小肠细胞中重新形成甘油磷脂。这些甘油磷脂通过血液进行运输。

本部分内容应该掌握磷脂酶 A_1、磷脂酶 A_2、磷脂酶 C、磷脂酶 D 催化磷脂降解的位点。

5.磷脂的合成

生物体常见的磷脂分为甘油磷脂和鞘磷脂。甘油磷脂又分为中性磷脂和酸性磷脂，其合成如下图。

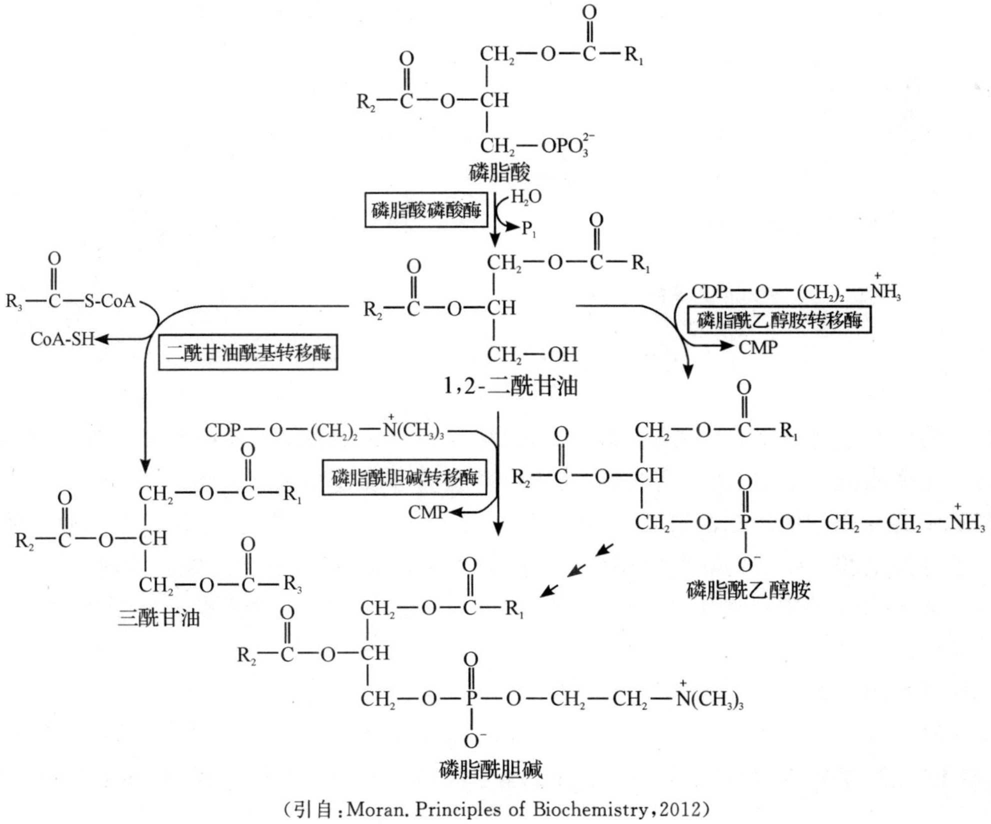

（引自：Moran. Principles of Biochemistry，2012）

此图为磷脂酰胆碱和磷脂酰乙醇胺的合成过程，从磷脂酸开始先形成1,2-二酰甘油，之后再产生磷脂酰胆碱和磷脂酰乙醇胺。

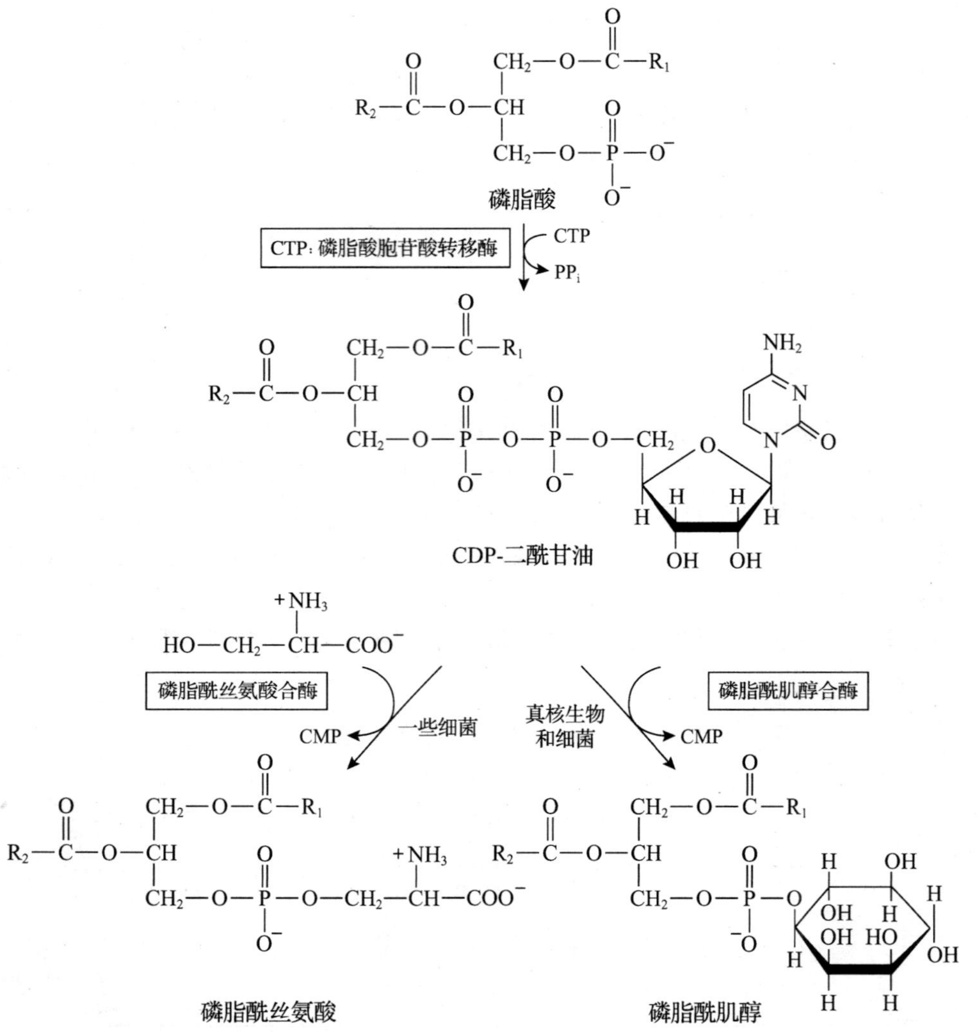

(引自:Moran. Principles of Biochemistry,2012)

此图为磷脂酰丝氨酸、磷脂酰肌醇合成过程，反应从磷脂酸开始，先形成CDP-二酰甘油，之后再产生磷脂酰丝氨酸、磷脂酰肌醇，与中性磷脂的形成过程有所不同。

鞘磷脂的合成前体是棕榈酰CoA和丝氨酸，两者合成二氢鞘氨醇，而后生成鞘脂的基本骨架分子神经酰胺。鞘磷脂和鞘糖脂(脑苷脂、神经节苷脂等)都由神经酰胺合成。

本小节要求分清中性磷脂和酸性磷脂，并知道其合成分别经过形成1,2-二酰甘油、CDP-二酰甘油中间产物。

6.胆固醇的降解

胆固醇的降解不像脂肪酸等物质氧化产生二氧化碳和水，它的代谢结果是产生许多活性物质，如雌二醇、睾丸素、胆盐、胆固醇酯以及维生素 D_3 等，为生物体所利用(如下图所示)。

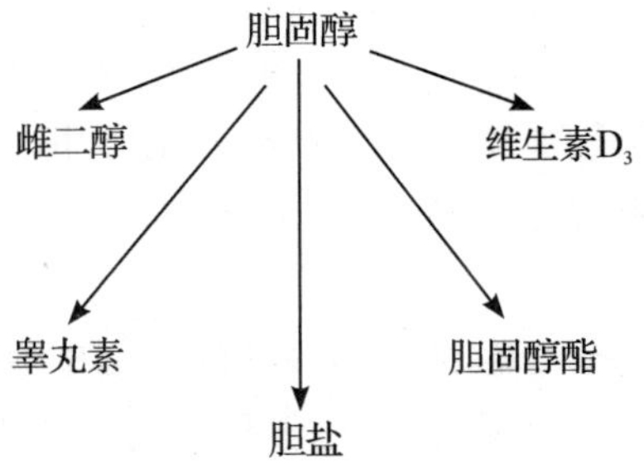

7.胆固醇的合成

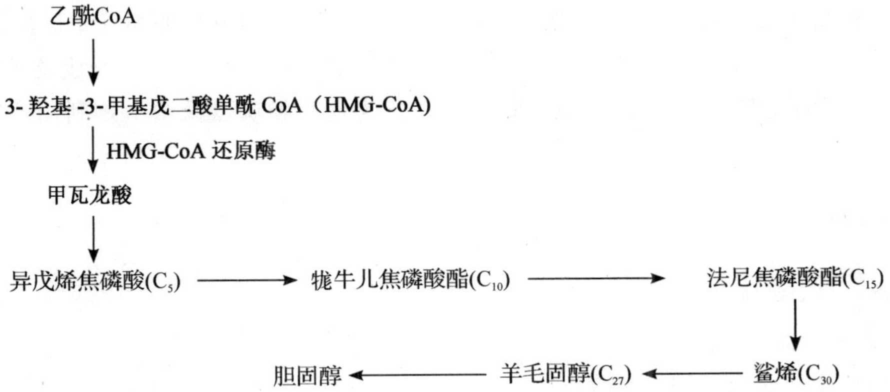

胆固醇的合成分为3个阶段：

第一阶段：乙酰CoA生成异戊烯焦磷酸；

第二阶段：由异戊烯焦磷酸开始，经过牻牛儿焦磷酸酯、法尼焦磷酸酯生成鲨烯；

第三阶段：从鲨烯开始经过羊毛固醇生成胆固醇。

胆固醇的合成内容比较烦琐，只需要掌握固醇合成的3个阶段及其中间产物。

胆固醇合成的关键调节酶是HMG-CoA还原酶。

相关考题出现在2012年（农学门类联考）研究生入学考试第26题：胆固醇生物合成的限速酶是________。

A. HMG-CoA合成酶 B. HMG-CoA裂解酶 C. HMG-CoA还原酶 D. 硫基酶

选择C

三、名词解释

1. β-氧化(β-oxidation)

β氧化指脂肪酸在一系列酶的作用下，在碳链的α,β-碳原子上脱氢氧化并断裂，生成1分子乙酰CoA的过程。

关键知识点：搞清楚脂肪酸链碳的命名。

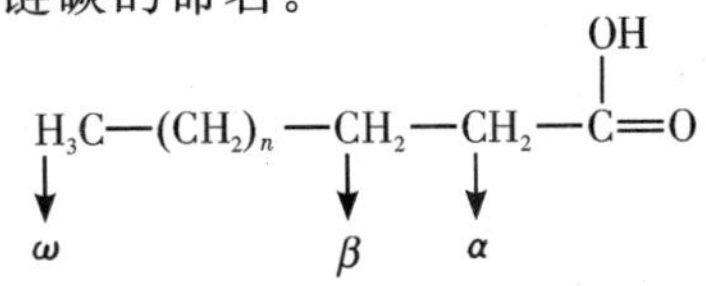

2. α-氧化 (α-oxidation)

脂肪酸在一些酶的催化下，其α-碳原子发生氧化，结果生成1分子二氧化碳和比原来少1个碳原子的脂肪酸，这种氧化作用称为脂肪酸的α-氧化作用。奇数碳脂肪酸、含甲基的支链脂肪酸或过长的C_{22}、C_{24}等长链脂肪酸常发生α-氧化。

3. ω-氧化(ω-oxidation)

在酶的催化下，脂肪酸的烷基端碳，即远离羧基的末端碳原子(ω-碳原子)发生氧化，生成α、ω-二羧酸。脂肪酸的这种氧化作用称ω-氧化作用。动物体内12碳以下脂肪酸、植物体内在ω端具有含氧官能团的脂肪酸以及微生物降解烃类或脂肪酸时能够发生ω-氧化。

4. 乙醛酸循环 (glyoxylate cycle)

存在于植物和微生物中与TCA循环有一些共同反应的有机酸代谢循环。该途径与TCA循环相比具有特殊的异柠檬酸裂合酶和苹果酸合酶，能够利用乙酰CoA净合成琥珀酸。该途径是TCA循环的支路，是油料植物种子脂肪酸转化为糖类物质以及微生物利用乙酸作为碳源进行代谢的途径。

四、选择题

1. 肉毒碱(肉碱)是________。

A. 15碳的脂肪酸

B. 是组成蛋白质的一种氨基酸

C. 是脂肪酸转运所必需的物质

D. 仅存在于肉食哺乳动物

2. 脂肪酸的β-氧化需要以下几个酶，如β-羟脂酰CoA脱氢酶(1)、硫解酶(2)、烯脂酰CoA水合酶(3)和脂酰CoA脱氢酶(4)。按照氧化反应的过程，这4个酶排列顺序为________。

A. 1,2,3,4

B. 3,1,4,2

C. 1,4,3,2

D. 4,3,1,2

3. 彻底氧化1 mol下列脂肪酸，________产生的ATP数量最多。

A. 18:1的单不饱和脂肪酸

B. 18:2的多不饱和脂肪酸

C. 16:0的饱和脂肪酸

D. 16:1的单不饱和脂肪酸

4. 下列________化合物是脂肪酸β-氧化的中间产物。

A. $CH_3—(CH_2)—CO—COOH$

B. $CH_3—CO—CH_2—CO—S—CoA$

C. $CH_3—CH_2—CO—CO—S—CoA$

D. $CH_3—CH_2—CO—CH_2—CO—OPO_3^{2-}$

5. 脂肪酸从头合成的限速步骤是________。

A. 乙酰 CoA 和丙二酸单酰 CoA 的缩合反应

B. 从乙酸产生乙酰 CoA 的反应

C. 从丙二酸和 CoA 生成丙二酸单酰 CoA 的反应

D. 乙酰 CoA 羧化酶催化的反应

6. 脂肪酸进行 β-氧化时，通过________从细胞质进入线粒体。

A. 肉碱转移系统

B. 磷酸甘油穿梭系统

C. 苹果酸-天冬氨酸穿梭系统

D. 柠檬酸-丙酮酸转运系统

7. 脂肪酸在进行 β-氧化之前需要完成活化过程，该过程由________催化完成，消耗________个高能磷酸键。

A. 乙酰 CoA 羧化酶，1

B. 乙酰 CoA 羧化酶，2

C. 脂酰 CoA 合成酶，1

D. 脂酰 CoA 合成酶，2

8. 脂肪酸 β-氧化第一步脱氢是在脂肪酸链的________位置进行的。

A. α 与 β 之间

B. β 与 γ 之间

C. β 碳原子上

D. ω 碳原子上

9. 脂肪酸 β-氧化过程第一次和第二次脱氢将分别产生________。

A. 1 分子 NADH

B. 1 分子 $FADH_2$，1 分子 NADH

C. 1 分子 NADPH，1 分子 $FADH_2$

D. 1 分子 NADPH，1 分子 $FMNH_2$

10. 不饱和脂肪酸进行 β-氧化需要________特殊的酶参与。

A. 烯脂酰 ACP 还原酶和烯脂酰 CoA 异构酶

B. 烯脂酰 CoA 异构酶和 2,4-二烯脂酰 CoA 还原酶

C. 烯脂酰 CoA 水合酶和脂酰 CoA 合成酶

D. 烯脂酰 ACP 还原酶和 2,4-二烯脂酰 CoA 还原酶

11. 含奇数碳原子的脂肪酸链经过 β-氧化的产物是________。

A. 丙酰 CoA

B. 乙酰 CoA

C. 乙酰 CoA 和丙二酸单酰 CoA

D. 乙酰 CoA 和丙酰 CoA

12. 下面________反应是 TCA 循环中没有而乙醛酸循环特有的反应，催化该反应的酶是________。

A. 异柠檬酸→乙醛酸，柠檬酸裂解酶

B. 乙醛酸→*L*-苹果酸，苹果酸酶

C. 乙醛酸→*L*-苹果酸，苹果酸合酶

D. 柠檬酸→异柠檬酸，顺乌头酸酶

13. 真核细胞脂肪酸 β-氧化是在________中进行，而脂肪酸的从头合成是在________中进行。

A. 线粒体，线粒体

B. 细胞质，线粒体

C. 线粒体，细胞质

D. 叶绿体，细胞质

14. ________属于酮体。

A. 丙酮、乙酰乙酸

B. 丙酮、乙酰 CoA

C. 丙酮酸、乙酰乙酸

D. 丙酮、*D*-β-氨基丁酸

15. 真核生物将线粒体中的乙酰 CoA 通过________运输到细胞质中。

A. 肉碱转移系统

B. 磷酸甘油穿梭系统

C. 苹果酸-天冬氨酸穿梭系统

D. 柠檬酸-丙酮酸转运系统

16. 脂肪酸从头合成途径所需要的 NADPH，主要来自________。

A. 磷酸甘油穿梭，NADH

B. 柠檬酸-丙酮酸转运系统，磷酸戊糖途径

C. 肉碱转移系统，TCA 循环

D. 苹果酸-天冬氨酸穿梭系统，糖酵解

17. 脂肪酸从头合成的过程由________催化完成。

A. 脂酰 CoA 合成酶

B. 乙酰 CoA 羧化酶

C. 脂肪酸合酶

D. 乙酰 CoA 合成酶

18. 脂肪酸 β-氧化产生________，而脂肪酸合成利用________。

A. NADPH，NADH

B. $FMNH_2$，NADPH

C. NADH，NADPH

D. $FADH_2$，NADH

19. ________是人体必需脂肪酸。

A. 亚油酸、油酸

B. 亚油酸、软脂酸

C. γ-亚麻酸、软脂酸

D. 亚油酸、α-亚麻酸

20. 动物脂肪酸的延长分别在________中进行。

A. 线粒体，内质网

B. 细胞质，核糖体

C. 线粒体，高尔基体

D. 细胞核，内质网

21. 脂肪酸的从头合成过程包括________。

A. 缩合、还原、脱水、再还原

B. 还原、缩合、脱水、再还原

C. 脱水、还原、缩合、再还原

D. 缩合、还原、还原、脱水

22. 人体在降解带支链的植烷酸需首先进行________。

A. ω-氧化

B. β-氧化

C. α-氧化

D. γ-氧化

23. 油料植物种子脂肪酸转化为糖需要在下列________细胞器中完成。

A. 内质网和线粒体

B. 乙醛酸体和高尔基体

C. 内质网和乙醛酸体

D. 线粒体和乙醛酸体

24. 调节脂肪酸从头合成途径的关键酶是________。

A. 柠檬酸裂合酶

B. 乙酰 CoA 羧化酶

C. 脂肪酸合酶

D. 脂酰 CoA 合成酶

25. 调节脂肪酸β-氧化途径的关键酶是________。

A. 脂酰 CoA 合成酶

B. 脂酰 CoA 脱氢酶

C. 肉毒碱脂酰转移酶Ⅰ

D. 肉毒碱脂酰转移酶Ⅱ

26. 当生物体由磷酸甘油和脂酰 CoA 合成三酰甘油时，生成的第一个中间产物是________。

A. 溶血磷脂酸

B. 磷脂酸
C. 三酰甘油
D. 二酰甘油

27. 油酸(18:1)降解时，除了脂肪酸β-氧化所需要的酶外，还需要特殊的________参与。
A. 烯脂酰 CoA 异构酶与 2,4-二烯脂酰 CoA 还原酶
B. 2,4-二烯脂酰 CoA 还原酶
C. 烯脂酰 CoA 异构酶
D. 烯脂酰 ACP 还原酶

28. 乙酰 CoA 羧化酶的变构激活剂是________。
A. 棕榈酰 CoA
B. 硬脂酰 CoA
C. 长链脂酰 CoA
D. 柠檬酸

29. 下列参与乙酰 CoA 羧化酶催化反应的物质是________。
A. 维生素 PP
B. 维生素 B_7
C. 维生素 B_6
D. 维生素 B_2

30. 甘油通过生成________中间产物进入糖酵解途径。
A. 二羟丙酮
B. 甘油醛
C. 磷酸二羟丙酮
D. 3-磷酸甘油酸

31. 低密度脂蛋白________。
A. 简称 LDL(low density lipoprotein)
B. 是高密度脂蛋白降解产生的
C. 能够将小肠中的脂类物质运送到肝脏
D. 能够将周边组织中多余的胆固醇带回肝脏

32. 下列有关脂蛋白的描述，错误的是________。
A. 血液中常见脂蛋白为乳糜颗粒、极低密度脂蛋白、低密度脂蛋白和高密度脂蛋白
B. 乳糜颗粒能够将小肠中的脂类物质运送到周围组织和肝脏
C. 高密度脂蛋白能够将周边组织中多余的胆固醇带回肝脏
D. 低密度脂蛋白在肝脏中生成，将肝脏中的脂类物质运输到周边组织

33. 下列有关胆固醇代谢的描述，错误的是________。
A. 胆固醇合成的关键调节酶是 HMG-CoA 还原酶
B. 乙酰 CoA 是胆固醇合成的前体
C. 胆固醇降解的目的是产生大量的 ATP

D. 胆固醇是合成维生素 D_3 的前体

34. 下列有关真核生物脂肪酸代谢的描述，正确的是________。
A. 长链脂肪酸能够直接进入线粒体进行氧化
B. 脂肪酸合成后，以脂酰 ACP 的形式直接参与磷脂分子合成
C. 哺乳动物不能合成 α-亚麻酸
D. 脂肪酸降解可以产生大量的 NADPH

35. 有关哺乳动物脂肪代谢的陈述，正确的是________。
A. 脂肪合成受到胰高血糖素的促进
B. 脂肪降解受到胰岛素的促进
C. 脂肪降解不受到激素的调节
D. 肾上腺素促进脂肪的降解

（答案：1C 2D 3A 4B 5D 6A 7D 8A 9B 10B 11D 12C 13C 14A 15D 16B 17C 18C 19D 20A 21A 22C 23D 24B 25C 26A 27C 28D 29B 30C 31A 32D 33C 34C 35D）

选择题要点解析

1. 选择 C。
［考点］脂肪酸 β-氧化中物质运输。
［解析］肉碱是将脂肪酸从细胞质转运到线粒体进行氧化的载体，它是 *L*-β-羟基-γ-三甲氨基丁酸。因此，选项 A、B 都不对。而且，肉碱不只存在于哺乳动物中，所以选项 D 也不对。

2. 选择 D。
［考点］脂肪酸 β-氧化的反应及催化反应的酶。
［解析］脂肪酸 β-氧化是脱氢、水合、再脱氢，最后硫解。催化反应的酶的排列顺序只有选项 D 正确。

3. 选择 A。
［考点］脂肪酸 β-氧化产生能量的情况。
［解析］脂肪酸 β-氧化生成能量主要和脂肪酸碳链的长度相关，其次是饱和度。碳链越长，饱和度越高产生的能量越多。产生能量的排列顺序是 18:1 的单不饱和脂肪酸＞18:2 的多不饱和脂肪酸＞16:0 的饱和脂肪酸＞16:1 的单不饱和脂肪酸。所以选择 A。

4. 选择 B。
［考点］脂肪酸 β-氧化的反应，主要是中间产物。
［解析］脂肪酸 β-氧化反应的中间产物包括脂酰 CoA、烯脂酰 CoA、羟脂酰 CoA 和酮脂酰 CoA。而只有选项 B 符合要求，其余是干扰选项。

5. 选择 D。
［考点］脂肪酸从头合成过程的调节。

[解析] 脂肪酸从头合成过程的关键调节酶是乙酰 CoA 羧化酶，它催化丙二酸单酰 CoA 的生成。只有选项 D 正确。

6. 选择 A。

[考点] 脂肪酸的运输。

[解析] 细胞中许多代谢途径都发生在特定的细胞区域，因此物质运输是代谢进行的一个必需过程。脂肪酸的 β-氧化发生在线粒体中，而原料脂肪酸存在于细胞质中。细胞通过肉碱转移系统完成脂肪酸的转运。B、C 选项是 NADH 从细胞质进入线粒体的穿梭途径；D 选项是细胞将乙酰 CoA 从线粒体转运到细胞质的转运系统，该系统为细胞进行脂肪酸从头合成提供原料。

7. 选择 D。

[考点] 脂肪酸的活化。

[解析] 细胞进行脂肪酸 β-氧化，脂肪酸运输前要进行活化。该过程是在脂酰 CoA 合成酶催化下完成。因此，每活化 1 分子脂肪酸，消耗 1 分子 ATP，生成 1 分子 AMP，即消耗 2 个高能键。选项 A 中的乙酰 CoA 羧化酶可催化乙酰 CoA 产生丙二酸单酰 CoA，是脂肪酸从头合成途径的关键调节酶。

8. 选择 A。

[考点] 脂肪酸 β-氧化中脱氢反应。

[解析] 脂肪酸 β-氧化过程有两步脱氢反应，第一步脱氢是发生在 α 和 β 碳原子之间。因此只能选择选项 A。

9. 选择 B。

[考点] 脂肪酸 β-氧化中脱氢反应。

[解析] 脂肪酸 β-氧化过程有两步脱氢反应，催化第一步脱氢的酶，其辅酶是 FAD；催化第二步脱氢的酶，其辅酶是 NAD^+，因此，只能选择选项 B。

10. 选择 B。

[考点] 不饱和脂肪酸的 β-氧化。

[解析] 不饱和脂肪酸的 β-氧化除需要正常脂肪酸 β-氧化的酶外，还需要特殊的酶。对于多不饱和脂肪酸而言，需要两种酶，即选项 B。对于单不饱和脂肪酸只需要一种烯脂酰 CoA 异构酶则可。这里的题目没有强调脂肪酸的类型，选项又是两个酶，因此选择选项 B。

11. 选择 D。

[考点] 奇数碳脂肪酸 β-氧化的产物。

[解析] 偶数碳脂肪酸 β-氧化的产物是乙酰 CoA，而奇数碳脂肪酸 β-氧化的产物有两种，即乙酰 CoA 和丙酰 CoA，因此选择选项 D。

12. 选择 C。

[考点] 乙醛酸循环。

[解析] 乙醛酸循环与 TCA 循环有些共同的反应，但是各自有自己独立的反应。本题目是考查学生对乙醛酸循环特有反应的掌握情况。选项 A、B 和 C 的反应都是正确的，只是催化

反应的酶，只有选项 C 是正确的。

13. 选择 C。

[考点] 脂肪酸 β-氧化和从头合成途径的细胞定位。

[解析] 细胞有许多代谢途径都有自己的特定发生区域，需要同学们总结记忆。此题选项 C 正确。

14. 选择 A。

[考点] 酮体物质。

[解析] 通常所讲的酮体物质包括丙酮、乙酰乙酸和 D-β-羟基丁酸。选项中丙酮酸、D-β-氨基丁酸都是干扰选项。

15. 选择 D。

[考点] 脂肪酸从头合成途径物质运输。

[解析] 见第 1 题解析。

16. 选择 B。

[考点] 脂肪酸从头合成途径 NADPH 来源。

[解析] 通常 NADPH 来源于磷酸戊糖途径和柠檬酸-丙酮酸转运系统。选择选项 B。

17. 选择 C。

[考点] 催化脂肪酸从头合成过程的酶。

[解析] 4 个选项中只有选项 C 正确。其余选项的酶催化的是其他反应。

18. 选择 C。

[考点] 脂肪酸从头合成途径和脂肪酸 β-氧化的反应。

[解析] 脂肪酸 β-氧化的反应脱氢能够产生 $FADH_2$ 和 NADH，而脂肪酸从头合成途径是利用 NADPH。选项 C 正确。

19. 选择 D。

[考点] 人体必需脂肪酸。

[解析] 人体不能够自己合成的脂肪酸被称为必需脂肪酸。只有选项 D 正确。

20. 选择 A。

[考点] 脂肪酸的延伸合成。

[解析] 细胞合成脂肪酸有两条途径：从头合成和延伸途径。脂肪酸从头合成途径通常在线粒体中进行，而延伸途径则不然，植物脂肪酸合成的延伸途径通常发生在细胞质，而动物则既可以在线粒体中进行，也可以在内质网中进行。

21. 选择 A。

[考点] 脂肪酸从头合成途径的过程。

[解析] 脂肪酸从头合成途径的过程包括缩合、还原、脱水、再还原 4 个步骤。其他都是干扰选项。

22. 选择 C。

［考点］脂肪酸的 α-氧化。

［解析］该题目是脂肪酸 α-氧化的典型例子。其他是干扰选项。

23. 选择 D。

［考点］乙醛酸循环和葡萄糖异生作用。

［解析］植物油料种子利用乙醛酸循环将脂肪酸转化为糖，该系列反应发生在乙醛酸体和线粒体，当然还有细胞质。这里的选项给出了其中前两个细胞器，因此选择选项 D。

24. 选择 B。

［考点］脂肪酸从头合成途径的调节。

［解析］脂肪酸从头合成途径的关键调节酶是乙酰 CoA 羧化酶。

25. 选择 C。

［考点］脂肪酸 β-氧化途径的调节。

［解析］脂肪酸 β-氧化途径的关键调节酶是肉碱脂酰转移酶Ⅰ。

26. 选择 A。

［考点］磷脂的合成。

［解析］磷脂合成的前体是磷酸甘油和脂酰 CoA，合成的第一个产物是溶血磷脂酸，第二个产物是磷脂酸，然后才是二酰甘油，直到磷脂合成。因此，只有选项 A 正确。

27. 选择 C。

［考点］不饱和脂肪酸的 β-氧化。

［解析］见第 5 小题。

28. 选择 D。

［考点］乙酰 CoA 羧化酶的调节。

［解析］乙酰 CoA 羧化酶既受到别构调节，也受到共价修饰调节。柠檬酸是乙酰 CoA 羧化酶的别构激活剂，而棕榈酰 CoA（也称为软脂酰 CoA）和长链脂酰 CoA 是该酶的别构抑制剂。

29. 选择 B。

［考点］乙酰 CoA 羧化酶的辅酶。

［解析］维生素 PP 是尼克酸和尼克酰胺，维生素 B_2 是核黄素，二者通常是脱氢酶的辅酶。维生素 B_6 吡哆醛、吡哆醇、吡哆胺，通常参与转氨基反应。维生素 B_7 是生物素，是参与羧基转移的。乙酰 CoA 羧化酶包括 3 部分，其中生物素羧基载体蛋白需要维生素 B_7。

30. 选择 C。

［考点］甘油与糖酵解的关系。

［解析］甘油通过甘油激酶转化为 3-磷酸甘油，之后在磷酸甘油脱氢酶催化下生成磷酸二羟丙酮，进入糖酵解途径，或者其他途径。

31. 选择 A。

[考点] 脂蛋白的功能。

[解析] 选项 B 低密度脂蛋白是由极低密度脂蛋白在甩掉部分脂类物质后形成的，不是高密度脂蛋白降解产生的。选项 C 和 D 是其他脂蛋白的功能。

32. 选择 D。

[考点] 脂蛋白的功能。

[解析] 选项 D 指的是极低密度脂蛋白的功能。

33. 选择 C。

[考点] 胆固醇代谢。

[解析] 选项 C 胆固醇在体内主要转化为其他活性物质，如激素、维生素 D_3 等，不是用来生成 ATP 的。

34. 选择 C。

[考点] 脂肪酸代谢。

[解析] 选项 C 哺乳动物能够自身合成 γ-亚麻酸（18：3Δ6，9，12），不能合成 α-亚麻酸（18：3Δ9，12，15）。

35. 选择 D。

[考点] 动物脂肪代谢调节。

[解析] 哺乳动物体内脂肪降解受到胰岛素的抑制，受到胰高血糖素和肾上腺素的促进，因此选项 D 是正确的。

五、简答题

1. 请计算 1 分子亚油酸(16:1)进行 β-氧化所产生的 ATP 数量，并写出具体计算过程。

分析：该类题目主要考点集中于饱和脂肪酸与不饱和脂肪酸的 β-氧化过程两个内容。注意由于不饱和键存在的位置不同，β-氧化过程的反应步骤就不完全是脱氢、水合、脱氢、硫解四个过程的循环，中间脱氢过程会减少。答题内容包括脂肪酸活化，脂酰 CoA 通过肉碱系统进入线粒体、脂酰 CoA 在线粒体中的 β-氧化过程。具体要点如下：

- 脂肪酸的活化（见本章要点分析）。
- 肉碱转移系统（见本章要点分析）。
- 脂酰 CoA 在线粒体内的 β-氧化过程：一次 β-氧化包括脱氢、水合、脱氢、硫解，其中脂酰 CoA 脱氢酶催化的脱氢过程产生 1 分子 $FADH_2$，相当于 1.5 个 ATP；而 L-β-羟脂酰 CoA 脱氢酶催化的脱氢过程产生 1 分子 NADH，相当于 2.5 个 ATP。

首先计算 16：0 的脂肪酸产生的能量。经过 7 轮 β-氧化，16：0 脂肪酸将产生 7 个 NADH 和 7 个 $FADH_2$ 以及 8 个乙酰 CoA，考虑脂肪酸活化消耗的 2 个高能磷酸键，其能量生成是 $7\times(1.5+2.5)+8\times10-2=106$ ATP。与 16：0 的脂肪酸β-氧化相比较，16：1 的脂肪酸进行 β-氧化时少一次脱氢产生 $FADH_2$ 的过程，即少生成 1.5 个 ATP，所以能量生成是 $106-1.5=104.5$ ATP。

2. 请描述生物合成 1 分子棕榈油酸(16:1)所涉及的生物化学过程。

分析：该类题目主要考点集中在脂肪酸从头合成途径和生物体不饱和脂肪酸的合成途径两个主要内容。因此，答题时分为两个阶段，首先描述脂肪酸的从头合成过程，从乙酰 CoA 进入线粒体开始，一直到 16 碳的棕榈酸（软脂酸）合成；接着描述不饱和脂肪酸的合成。具体要点如下：

- 乙酰 CoA 从线粒体进入细胞质，将柠檬酸-丙酮酸转运系统写清楚（见本章要点分析）。
- 乙酰 CoA 的活化过程。

$$\text{乙酰CoA} + HCO_3^- + H^+ \xrightarrow[\text{乙酰CoA羧化酶}]{ATP \quad ADP} \text{丙二酸单酰CoA}$$

- 脂肪酸合酶催化的软脂酸（16:0）的合成过程（见本章要点分析）。
- 以动物而言，其脱饱和酶存在于内质网膜上，底物是脂酰 CoA，所以从头合成的软脂酰 ACP 必须在硫解酶的作用下产生软脂酸，而后软脂酸在脂酰 CoA 合成酶的作用下产生软脂酰 CoA，最后在脱饱和酶的催化下，由 O_2 和 NADPH 参与生成棕榈油酸。

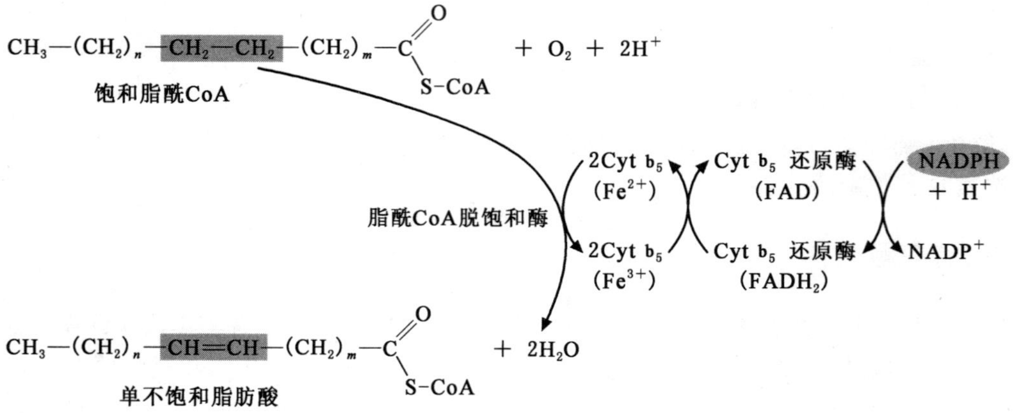

3. * 请描述哺乳动物食物中主要脂类物质三酰甘油的消化、吸收和转运的过程（见本章要点分析）。

4. * 请写出哺乳动物血清中运输脂类物质的脂蛋白类型及其功能（见本章要点分析）。

5. * 请从脂肪酸①棕榈油酸、②油酸、③亚油酸和④α-亚麻酸中选择哪些是下列 A-F 不饱和脂肪酸的合成前体，并填写在画线上。

A. 18:1 顺-Δ^{11} ________

B. 18:3 顺-$\Delta^{6,9,12}$ ________

C. 20:2 顺-$\Delta^{11,14}$ ________

D. 20:3 顺-$\Delta^{5,8,11}$ ________

E. 22:1 顺-Δ^{13} ________

F. 22:6 顺-$\Delta^{4,7,10,13,16,19}$ ________

分析：本题目的考点主要是涉及不饱和脂肪酸的合成。首先了解棕榈油酸是16：1顺-Δ^{9}，油酸是18：1顺-Δ^{9}，亚油酸是18：2顺-$\Delta^{9,12}$，以及α-亚麻酸是18：3顺-$\Delta^{9,12,15}$；其次了解脂肪酸合成的延伸方向，以便推测不饱和双键编号的变化，即延伸方向是在羧基端加碳，因此双键编号增加2；再者了解脱饱和的过程，对于植物脱饱和，双键位置移动方向朝向ω端，而动物的脱饱和，双键位置移动方向朝向羧基端。根据以上3条可以推测得出结果。

即 A.(1)由16：1顺-Δ^{9}加二碳，得到18：1顺-Δ^{11}；

B.(3)由18：2顺-$\Delta^{9,12}$朝向羧基端脱饱和1次，得到18：3顺-$\Delta^{6,9,12}$；

C.(3)由18：2顺-$\Delta^{9,12}$加二碳，得到20：2顺-$\Delta^{11,14}$；

D.(2)由18：1顺-Δ^{9}加二碳，随后朝向羧基端脱饱和二次，得到20：3顺-$\Delta^{5,8,11}$；

E.(2)由18：1顺-Δ^{9}加2次二碳，得到22：1顺-Δ^{13}；

F.(4)由18：3顺-$\Delta^{9,12,15}$加2次二碳，得到22：3顺-$\Delta^{13,16,19}$，而后朝向羧基端脱饱和3次，得到22：6顺-$\Delta^{4,7,10,13,16,19}$。

六、论述题

1.1分子硬脂酸(18：0)和3分子葡萄糖都含有18个碳原子。请分析说明对于哺乳动物而言，1分子硬脂酸经过β-氧化和TCA循环与3分子葡萄糖经过糖酵解和TCA循环代谢产生的能量是否相同，写出依据，并说明从你的计算结果可以得出什么结论。

解析：此类题目是将一些基本的重点内容结合起来进行考察。本题目要点包括脂肪酸β-氧化过程和葡萄糖糖酵解和TCA的代谢过程。首先计算硬脂酸β-氧化产生的能量，写出细节；然后计算3分子葡萄糖糖糖酵解和TCA产生的能量，写出细节。

具体要点如下：

● 计算硬脂酸β-氧化产生的能量，过程同简答题1。硬脂酸产生9个乙酰CoA，相当于$9\times10=90$个ATP，8次β-氧化，产生$8\times(1.5+2.5)=32$个ATP，由于脂肪酸的活化，用掉2个高能磷酸键，所以，产生120个ATP。

● 1分子葡萄糖经过糖酵解，净生成2个ATP和2分子NADH，如果NADH按照磷酸甘油穿梭进入线粒体，相当于3个ATP(如果NADH按照苹果酸-天冬氨酸穿梭进入线粒体，相当于5个ATP)；丙酮酸脱羧氧化产生1分子NADH，相当于2.5个ATP；乙酰CoA经过TCA循环产生10个ATP(写出细节)，因此1分子葡萄糖经过糖酵解生成30个(或者32个)ATP。

● 比较发现，虽然硬脂酸和葡萄糖均含有18个碳原子，但是硬脂酸可以生成120个ATP，而3分子葡萄糖只能生成90个(96个)ATP，因此可知脂肪酸储存能量高于糖类分子。硬脂酸中有2个氧原子，而葡萄糖中含有6个氧原子，硬脂酸还原状态高，其储存能量也多，所以生物选择含脂肪酸较多的脂肪作为能量储存物质。

2.比较软脂酸从头合成与软脂酸β-氧化的过程。

解析：本题目要点包括脂肪酸的从头合成过程和脂肪酸的β-氧化过程。回答时应该首先描述脂肪酸的从头合成过程；其次描述脂肪酸的β-氧化过程；对比两者。

- 软脂酸的从头合成过程(同简答题 2)。
- 软脂酸的 β-氧化过程(同简答题 1)。
- 比较异同(本章要点分析图),说明两者是不同的过程,不是同一过程的可逆过程。

3. 请说明磷酸二羟丙酮在联系糖代谢与脂代谢中的作用(见 2008 年硕士入学农学门类联考题生物化学部分 41 题,要点分析见代谢调控部分)。

第十一章　氨基酸代谢

一、本章总结简图

- 氨基酸代谢
  - 氨基酸合成
    - 氮素来源(生物固氮、硝酸盐还原、氨的同化)
    - 碳骨架来源
    - 转氨作用
    - 一碳单位、硫的摄入
  - 氨基酸降解
    - 脱氨作用
    - 脱羧反应
    - 碳骨架去向
    - 氨的去向

分析氨基酸的结构可以发现氨基酸的碳骨架中 α 碳原子上的一个氢被—NH_2 所替代,因此氨基酸的合成或者分解都可以分为氨基与碳骨架代谢两大部分。对于氨基酸的合成代谢而言,主要涉及氮素的来源、碳骨架的来源以及最后氨基酸的形成 3 部分内容;对于氨基酸的分解代谢而言,从结构分析可知,通过脱氨作用产生—NH_4^+ 和碳骨架,通过脱羧基或者羟基化作用能够产生一些生理活性物质为生物体所利用,所以本部分内容就分为脱氨作用、脱羧反应、碳骨架去向、氨的去向 4 个方面。

二、要点内容与问题分析

(一)氨基酸合成

1. 氮素的来源与利用

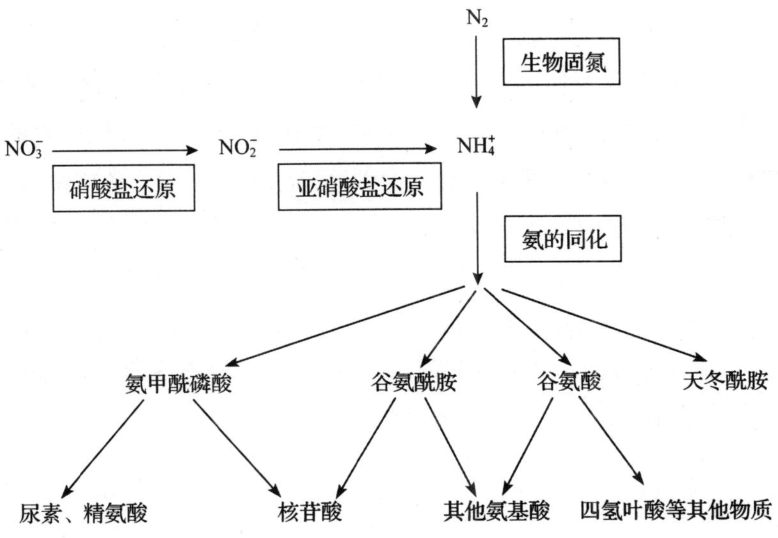

氮素是生物体的基本元素之一。自然界的氮素广泛分布于大气、土壤等各种环境。并不是所有生物都能够直接利用环境中的氮素，只有部分植物、细菌能够通过生物固氮、硝酸盐还原等方式直接利用大气或者土壤中的氮素。有些生物体，例如哺乳动物，就不能直接利用环境中的氮素，只能从食物中摄取。

应该掌握生物固氮的概念、固氮酶的特性、固氮反应的特殊要求等；硝酸盐、亚硝酸盐还原的过程；氨同化的方式 3 部分内容。

(1)参与固氮反应的酶及固氮反应的条件。

生物固氮：

即部分微生物和藻类在常温常压下通过体内复杂的固氮酶系统把大气中的分子态氮转化为有机体可利用的氨态氮的作用过程。

$$N_2+8e^-+8H^++16ATP+16H_2O \longrightarrow 2NH_3+H_2+16ADP+16Pi$$

参与固氮反应的酶被称为固氮酶，固氮酶包括固氮还原酶(铁蛋白)和固氮酶(钼铁蛋白)。固氮还原酶的作用是为氮气的还原提供具有很强还原力的高能电子，固氮酶则利用高能电子将氮气还原为氨。固氮酶必须在厌氧条件下才具有功能。

固氮反应要求在绝对厌氧条件下进行，同时需要大量的电子和能量。

(2)植物和某些藻类能够将土壤中的硝酸盐转化为氨离子。

植物和某些藻类通过硝酸盐和亚硝酸盐的还原，将土壤中的硝酸盐转化为氨离子，具体反应如下：

$$NO_3^- + NAD(P)H + H^+ \longrightarrow NO_2^- + NAD(P)^+ + H_2O \quad \text{(硝酸盐还原酶)}$$
$$NO_2^- + 6e^- + 8H^+ \longrightarrow NH_4^+ + 2H_2O \quad \text{(亚硝酸盐还原酶)}$$

对于植物而言，硝酸盐的还原可以在根中进行，也可以在叶中进行，而且在细胞质中反应；而亚硝酸盐还原在植物根细胞的白色体和叶细胞的叶绿体中进行。

(3)生物体内氨的同化方式。

经过生物固氮和硝酸盐还原所形成的无机 NH_4^+ 并不能直接进入生物体氨基酸代谢和其他物质的合成代谢过程，这些无机的 NH_4^+ 必须转化为生物体可利用的形式，这个过程被称为氨的同化。氨的同化方式有两种：第一种是形成谷氨酰胺、谷氨酸；第二种是产生氨甲酰磷酸。通过谷氨酸、谷氨酰胺、氨甲酰磷酸的进一步代谢，无机的 NH_4^+ 以有机氮素的形式进入生物体。当然，生物体还可以直接将无机的 NH_4^+ 提供给天冬氨酸形成天冬酰胺。

• 合成谷氨酰胺、谷氨酸的同化方式：

不同生物由于含有不同氨同化的酶，因而氨同化存在一定差别。植物体内存在谷氨酰胺合成酶(glutamine synthetase, GS)、谷氨酸合酶(glutamate synthase, GOGAT)以及谷氨酸脱氢酶(glutamate dehydrogenase, GDH)，它们都与谷氨酰胺、谷氨酸的合成有关。

其中谷氨酰胺合成酶、谷氨酸合酶催化的反应如下：

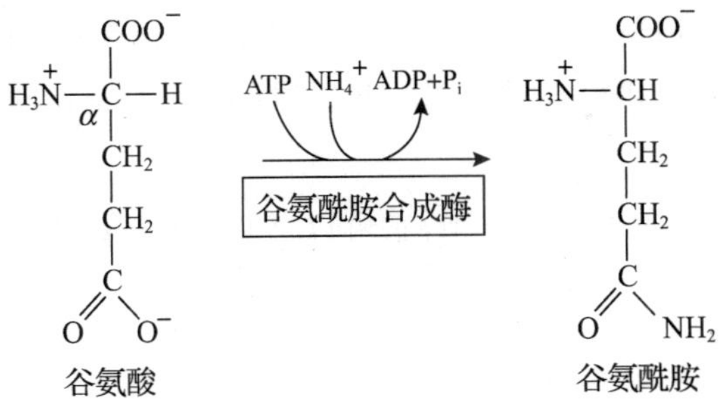

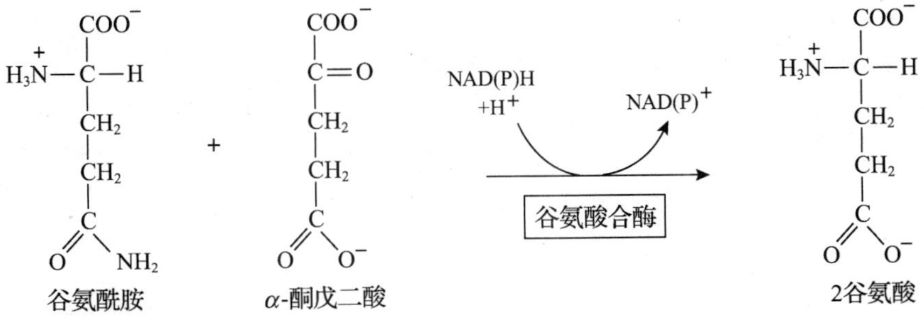

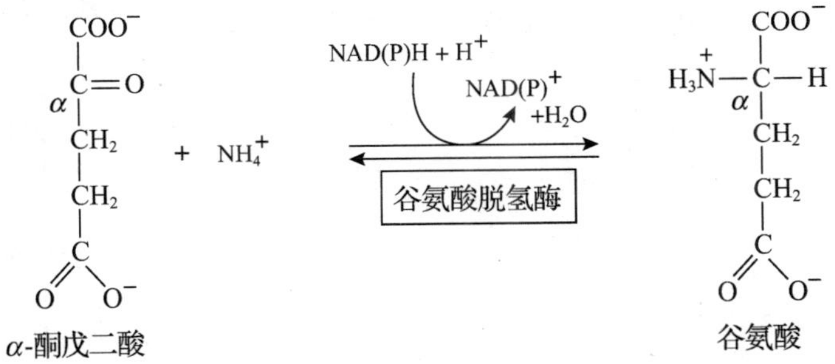

这些反应不仅使 NH_4^+ 形成谷氨酰胺，而且也可以使 NH_4^+ 形成谷氨酸，是植物氨同化的主要方式。在植物和细菌中，GS 和 GOGAT 催化的反应是偶联的，最终结果是加入 1 分子 α-酮戊二酸，净生成 1 分子谷氨酸；而从谷氨酸脱氢酶催化的反应来看，也合成谷氨酸。但是由于该酶对氨的浓度要求比较高，一般植物在正常生长条件下，细胞内氨的浓度很难满足它的要求，因此谷氨酸脱氢酶主要在氨基酸的降解中起作用，即反应朝着 α-酮戊二酸形成的方向进行。然而，在某些藻类中，氨的浓度较高，谷氨酸脱氢酶可能是氨同化的主要方式。注意一定要区分谷氨酰胺合成酶和谷氨酸合酶，二者催化完全不同的反应。

- 合成氨甲酰磷酸的同化方式：

对于细菌而言，氨甲酰磷酸合成酶催化氨甲酰磷酸的合成，合成的氨甲酰磷酸用于精氨酸的合成以及核苷酸的合成。对于真核生物而言，氨甲酰磷酸合成酶有两种，分别是氨甲酰磷酸合成酶Ⅰ型和Ⅱ型。真核生物中氨甲酰磷酸合成酶Ⅰ型存在于细胞的线粒体中，催化尿素循环中氨甲酰磷酸的合成，主要用于消耗细胞中多余 NH_4^+，而不是利用 NH_4^+；氨甲酰磷酸合成酶Ⅱ型，催化来源于谷氨酰胺的 NH_4^+ 与天冬氨酸合成氨甲酰磷酸，生成的氨甲酰磷酸用于核苷酸的合成，所以真核生物氨甲酰磷酸合成酶Ⅱ型催化的反应是氨的同化方式之一。

● 天冬酰胺的合成方式：

天冬酰胺合成酶广泛分布于生物体中，它可以催化 NH_4^+ 或者谷氨酰胺与天冬氨酸合成天冬酰胺，从而利用 NH_4^+。

2. 碳骨架的来源

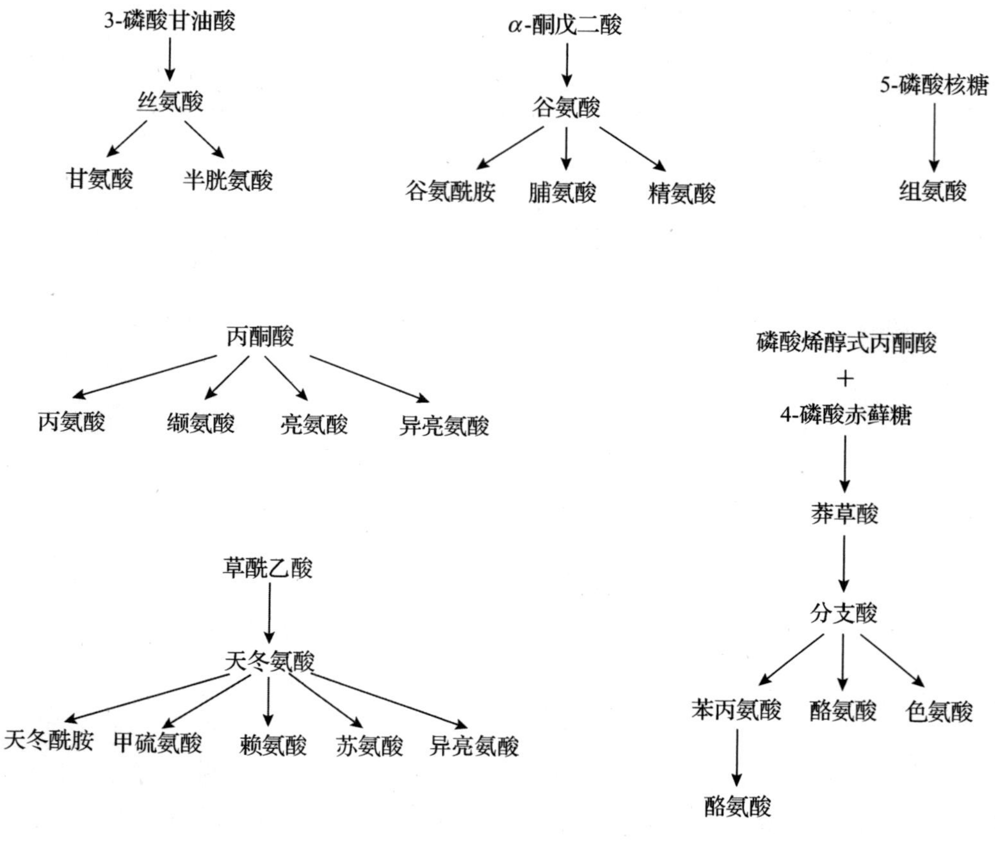

氨基酸合成时其碳骨架主要来源于糖代谢中糖酵解中间产物 3-磷酸甘油酸、磷酸烯醇式丙酮酸、丙酮酸，三羧酸循环的中间产物草酰乙酸、α-酮戊二酸，以及磷酸戊糖途径的中间产物 4-磷酸赤藓糖、5-磷酸核糖，习惯称之为丝氨酸族(3-磷酸甘油酸)、丙氨酸族(丙酮酸)、天冬氨酸族(草酰乙酸)、谷氨酸族(α-酮戊二酸)、芳香氨基酸族(磷酸烯醇式丙酮酸和 4-磷酸赤藓糖)、组氨酸族(5-磷酸核糖)。自然界中的生物，例如哺乳动物，并不能够合成自身所需要的所有氨基酸，有些自身不能合成的氨基酸诸如赖氨酸、甲硫氨酸、苏氨酸、缬氨酸、亮氨酸、异亮氨酸、苯丙氨酸、色氨酸，属于必需氨基酸，而只能部分合成，但是不能满足需要，又必须从食物中摄取的那些氨基酸，如组氨酸、精氨酸，属于半必需氨基酸。

要求掌握画线部分的内容以及不同氨基酸起始于何种碳骨架。

3.转氨作用

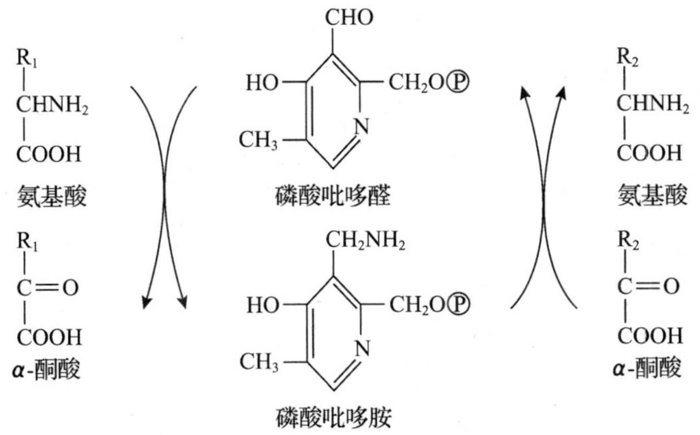

生物体通过同化作用将无机 NH_4^+ 转化成谷氨酸，谷氨酸在转氨酶的作用下能够将—NH_2 转移给其他酮酸产生新的氨基酸。生物体中存在谷氨酸-丙酮酸转氨酶、谷氨酸-草酰乙酸转氨酶等多种转氨酶，它们催化谷氨酸转移—NH_2 给相应的酮酸，能够生成丙氨酸、天冬氨酸等多种氨基酸，同时谷氨酸本身也可以合成许多氨基酸和其他物质，因此谷氨酸是氨基酸合成中提供氨基的重要化合物。转氨酶的辅酶是磷酸吡哆醛。

转氨作用不仅在氨基酸代谢中占有重要的地位，而且在氨基酸的降解过程中也同样重要。通过转氨作用将氨基酸上面的—NH_2 转移给 α-酮戊二酸，产生谷氨酸，原氨基酸形成 α-酮酸，继而进入糖代谢途径，同时形成的谷氨酸在谷氨酸脱氢酶的作用下，发生氧化脱氨，多余的氨通过尿素循环排出体外。

4.一碳单位、硫的摄入

在氨基酸的合成过程中，需要各种具有一个碳原子的基团，这种基团被称作一碳单位。参与氨基酸、核苷酸等物质合成的一碳单位如下表，携带一碳单位的载体是四氢叶酸。

一碳单位	甲基	亚甲基	次甲基	亚氨甲基	甲酰基	羟甲基
分子结构	—CH_3	—CH_2—	—CH═	—CH═NH	—CHO	—CH_2OH

动物不能直接利用硫酸根中硫元素，其体内硫元素是通过食物摄取的。植物和微生物能够将硫酸根中的硫转变为有机硫加以利用。植物吸收利用硫酸根的过程如下：

一定要明确，植物吸收的硫酸根离子必须在 ATP 硫酸化酶的催化下，形成硫酸根的活化形式腺苷 5′-磷酸硫酸(adenosine 5′-phosphosulfate，APS)，才能被利用。硫酸根离子的另一种活化形式是 3′-磷酸腺苷-5′-磷酸硫酸(3′phosphoadenosine 5′-phosphosulfate，PAPS)。

(二)氨基酸降解

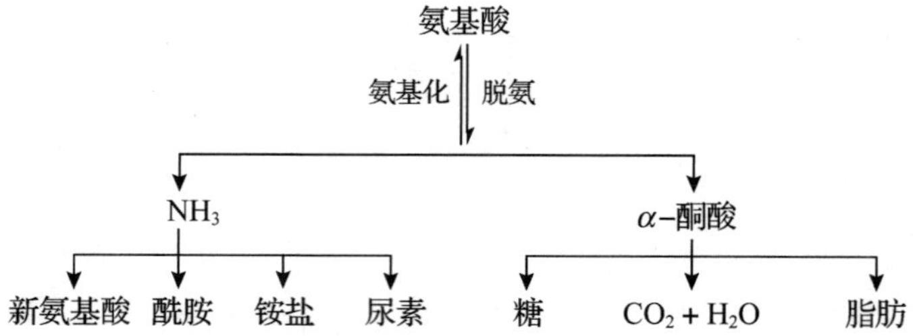

氨基酸分解与转化简图

多数氨基酸是通过脱掉氨基形成α-酮酸进行降解的,随后脱掉的氨基可以重新参与新氨基酸的合成、形成酰胺将氨基储存起来、形成铵盐、进入尿素循环;α-酮酸则可以参与脂肪的合成、经过葡萄糖异生合成葡萄糖或者进入 TCA 循环彻底氧化成二氧化碳和水。

1. **脱氨作用**

不同生物脱氨的方式不同,归结起来有转氨作用、氧化脱氨、联合脱氨、非氧化脱氨、脱酰胺作用等多种脱氨方式,其中非氧化脱氨方式形式多样,不作为要点进行描述。

以动物为例,在氨基酸降解过程中,起主要作用的是联合脱氨方式。

- 联合脱氨是转氨作用、氧化脱氨的结合方式,即在转氨酶的作用下,多数氨基酸将其氨基转移给α-酮戊二酸,产生谷氨酸与相应的酮酸,谷氨酸在谷氨酸脱氢酶的催化下发生氧化脱氨基作用产生α-酮戊二酸和氨离子,氨离子进入尿素循环。

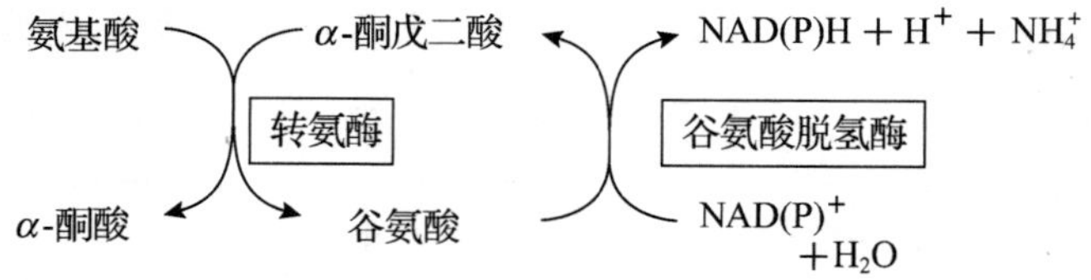

嘌呤核苷酸循环是指次黄嘌呤核苷酸(IMP)与天冬氨酸反应产生腺苷酰琥珀酸,后者被腺苷酰琥珀酸裂合酶催化产生腺嘌呤核苷酸(AMP)和延胡索酸,而后 AMP 水解脱氨,形成 IMP,IMP 继续参与上述反应的过程。如下图所示:

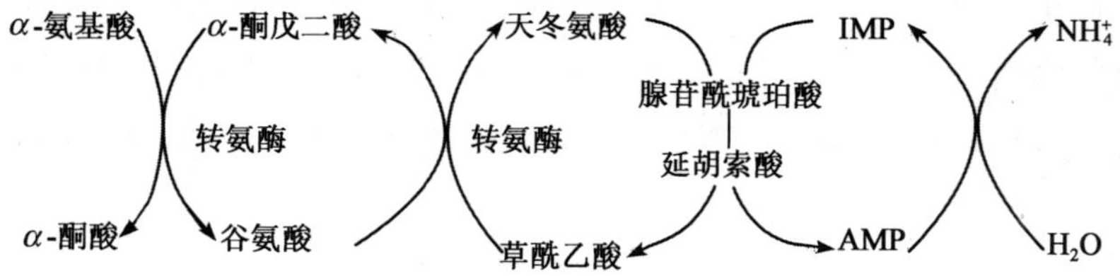

虽然以谷氨酸脱氢酶为核心的联合脱氨方式在生物体内普遍存在,但并不是所有组织都采用这种方式脱氨。在动物的骨骼肌、心肌和脑组织中存在着另外一种以嘌呤核苷酸循环为核心的联合脱氨方式。

● 氧化脱氨是以谷氨酸脱氢酶为主的脱氨方式,即:

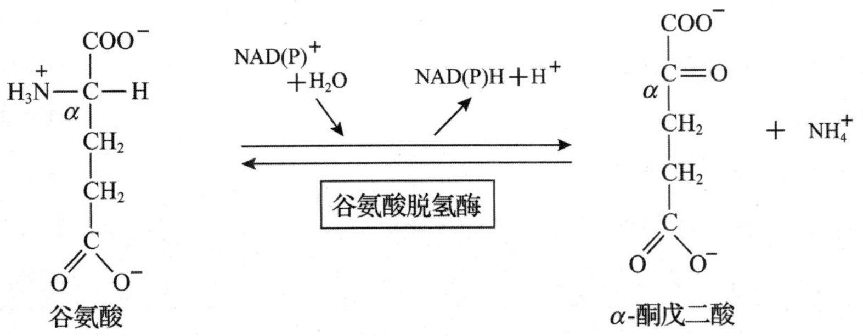

谷氨酸脱氢酶广泛存在于不同生物体中的各种细胞和组织中,因此氧化脱氨以及联合脱氨是氨基酸降解的主要方式。

应掌握氧化脱氨作用、转氨作用、联合脱氨作用的概念;明确在动物体中,联合脱氨作用是氨基酸降解的主要脱氨方式。

2. 脱羧基作用

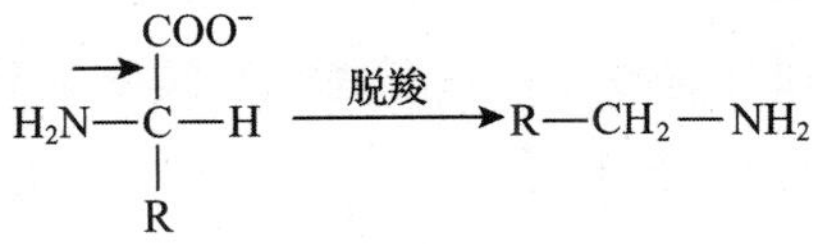

生物体中组成蛋白质的常见氨基酸有 20 种之多,其中有些氨基酸通过脱羧基或者羟基化作用进行代谢,结果产生一些生理活性物质为机体所利用。例如,谷氨酸脱羧形成 γ-氨基丁酸。γ-氨基丁酸是一种生理活性物质,它在植物体中能够提高植物抗性,在动物体中充当神经递质的角色;色氨酸脱羧产生生长素吲哚乙酸,吲哚乙酸能够促进植物生长。

有些氨基酸还可以通过羟基化作用产生生理活性物质。例如,酪氨酸通过羟基化作用产生生理活性物质多巴、多巴胺等,这些物质在植物中进一步产生生物碱,在动物体中产生动物激素肾上腺素、去甲肾上腺素。

从以上反应可以看出氨基酸降解,是生物体的一种主动行为,是生物体利用氨基酸的又一种方式。

应该明确氨基酸的脱羧反应、羟基化反应是其降解的一种方式,而且明确氨基酸降解是生物体的一种主动行为,它可以产生许多活性物质为生物体所利用。

3. 碳骨架的去向

氨基酸降解产生的碳骨架

氨基酸	中间产物
丙氨酸、半胱氨酸、甘氨酸、丝氨酸、色氨酸、苏氨酸	丙酮酸
天冬酰胺、天冬氨酸	草酰乙酸
精氨酸、谷氨酰胺、组氨酸、脯氨酸、谷氨酸	α-酮戊二酸
苯丙氨酸、酪氨酸	延胡索酸
异亮氨酸、甲硫氨酸、缬氨酸、苏氨酸	琥珀酰 CoA
苏氨酸、亮氨酸、色氨酸、异亮氨酸	乙酰 CoA
亮氨酸、赖氨酸、苯丙氨酸、酪氨酸、色氨酸	乙酰乙酰 CoA

从上表中可以发现 20 种氨基酸可以降解产生 7 种碳骨架，它们分别是丙酮酸、草酰乙酸、α-酮戊二酸、琥珀酰 CoA、延胡索酸、乙酰 CoA、乙酰乙酰 CoA。这些中间产物可以重新合成氨基酸，或者进入 TCA 循环氧化分解，或者转变成糖、酮体、脂肪酸。在上述中间产物中，对于哺乳动物而言，乙酰 CoA、乙酰乙酰 CoA 不能净生成糖，而能够形成酮体，因此我们把只能代谢产生乙酰 CoA、乙酰乙酰 CoA 的氨基酸称作生酮氨基酸（只有亮氨酸、赖氨酸两种）；有些氨基酸代谢中间产物不仅可以产生酮体，也可以生成葡萄糖，这些氨基酸被称作生糖生酮氨基酸（苯丙氨酸、酪氨酸、色氨酸、异亮氨酸和苏氨酸 5 种）；有些氨基酸降解只能生成产生葡萄糖的中间产物，这些氨基酸被称作生糖氨基酸，有 13 种。

应该掌握 20 种氨基酸可以降解产生 7 种碳骨架的名称，能够将 20 种氨基酸分为生酮氨基酸、生糖氨基酸和生糖生酮氨基酸 3 类。

4. 氨的去向

氨基酸通过转氨作用、氧化脱氨等多种方式产生的氨可以参与新氨基酸的合成、可以形成酰胺储存氮素，也可以进入尿素循环排出体外。真核生物的尿素循环部分发生在线粒体中，部分发生在细胞质中。

参与尿素循环的酶有氨甲酰磷酸合成酶Ⅰ、鸟氨酸转氨甲酰酶、精氨基琥珀酸合成酶、精氨基琥珀酸裂合酶（也叫精氨琥珀酸酶）和精氨酸酶，生成的脲中 1 个氮原子来自谷氨酸氧化脱掉的氨，1 个氮原子来自天冬氨酸的氨基，碳骨架来自氨甲酰磷酸。整个尿素循环反应消耗 4 个高能磷酸键。尿素循环中生成的延胡索酸由于存在于细胞质中而不能直接进入线粒体，继而进入 TCA 循环，但它能够通过细胞质中的延胡索酸酶催化产生苹果酸，后者或者进入线粒体，或者在细胞质中苹果酸脱氢酶的作用下再产生草酰乙酸，进而进入葡萄糖异生途径产生葡萄糖。

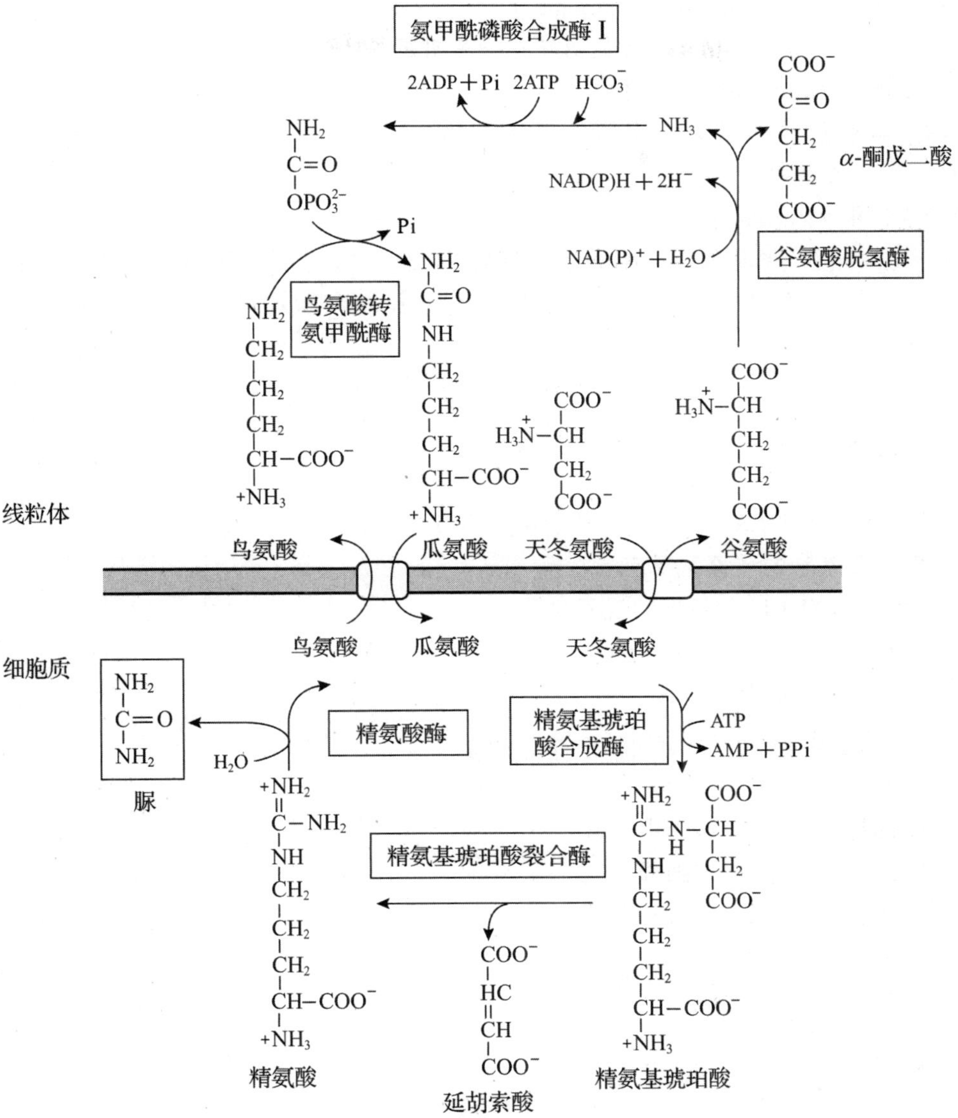

(引自：Moran. Principles of Biochemistry，2012)

应该掌握尿素循环的整个过程、参与该过程的酶、能量消耗情况等所有内容，该代谢途径是考察的重点。

相关考题出现在 2012 年（农学门类联考）研究生入学考试第 28 题：下列氨基酸中，属于尿素合成中间产物的是________。

A. 甘氨酸　　B. 色氨酸　　C. 赖氨酸　　D. 瓜氨酸

选择 D

三、名词解释

1. 生物固氮(nitrogen fixation)

生物固氮指部分微生物和藻类在常温常压下通过体内复杂的固氮酶系统把大气中的分子态氮转化为有机体可利用的氨态氮的作用过程。

2. 氨的同化（assimilation of ammonia）

氨的同化作用是指生物体将无机氨转化为有机氮素的过程。

3. 一碳单位（one carbon unit）

所谓一碳单位是指具有一个碳原子的基团。例如—CH_3、—CH_2—、—CH ═、—CHO 和—CH ═NH 等基团。

4. 转氨作用（transamination）

转氨作用是指 α-氨基酸与 α-酮酸之间的氨基转移作用。α-氨基酸的氨基在氨基转移酶或者转氨酶的作用下，转移到 α-酮酸的酮基上，结果原来的氨基酸生成相应酮酸，原来的酮酸形成了相应的氨基酸。

$$氨基酸_1 + \alpha\text{-}酮酸_2 \longleftrightarrow 氨基酸_2 + \alpha\text{-}酮酸_1$$

四、选择题

1. 对于大多数氨基酸而言，其降解的第一步反应通常是______。

A. 依赖于 PLP 的转氨基反应

B. 依赖于 NADPH 和氧气的羟基化反应

C. 依赖于 NAD^+ 氧化脱氨基反应

D. 依赖于 TPP 的脱羧反应

2. 下列有关谷氨酸脱氢酶的描述，错误的是______。

A. 该酶可用 NAD^+ 或者 $NADP^+$ 作为辅因子

B. 该酶催化的反应能够产生 NH_4^+

C. 该酶需要生物素作为辅酶

D. 该酶催化谷氨酸转化为 α-酮戊二酸

3. 下列______不出现在尿素循环中。

A. ATP

B. 苹果酸

C. 鸟氨酸

D. 氨甲酰磷酸

4. 下列______能够通过一步转氨基反应产生 TCA 循环的中间产物。

A. 丝氨酸

B. 缬氨酸

C. 谷氨酸

D. 精氨酸

5. 人类遗传疾病苯丙酮尿症是由于______。

A. 进食缺乏蛋白质的食物

B. 不能合成酮体

C. 不能合成苯丙氨酸

D. 不能转化苯丙氨酸为酪氨酸

6. 下列______过程不是植物利用氨的过程。

A. 天冬氨酸-天冬酰胺

B. 谷氨酸-谷氨酰胺

C. 线粒体中氨甲酰磷酸的生成

D. 细胞质中氨甲酰磷酸的生成

7. 转氨作用在生物体氨基酸合成和降解过程中有十分重要的作用，转氨酶的辅酶是________。

A. 磷酸吡哆醛

B. 生物素

C. 硫辛酸

D. NAD^+

8. 丝氨酸的合成前体是________。

A. 3-磷酸甘油

B. 3-磷酸甘油酸

C. 丙酮酸

D. 丙氨酸

9. 联合脱氨是________的结合方式。

A. 转氨作用与非氧化脱氨作用

B. 转氨作用与氧化脱氨作用

C. 转氨作用与酰氨化作用

D. 非氧化脱氨作用和氧化脱氨作用

10. 真核生物尿素循环是在________中进行的。

A. 细胞质、线粒体

B. 细胞质

C. 线粒体

D. 高尔基体

11. ________不是氨基酸降解产生的碳骨架。

A. 乙酰 CoA、琥珀酰 CoA

B. 乙酰乙酸、丙酮酸

C. 延胡索酸、草酰乙酸

D. 乙酰乙酰 CoA、3-磷酸甘油酸

12. ________是生酮氨基酸。

A. 缬氨酸、苯丙氨酸

B. 亮氨酸、异亮氨酸

C. 亮氨酸、赖氨酸

D. 亮氨酸、精氨酸

13. ________没有参与真核生物尿素循环过程。

A. 氨甲酰磷酸合成酶Ⅱ

B. 鸟氨酸转氨甲酰酶

C. 精氨酸酶

D. 精氨基琥珀酸合成酶

14. 真核生物尿素循环中，________能够存在于细胞质和线粒体中。

A. 精氨酸与鸟氨酸

B. 瓜氨酸与鸟氨酸

C. 瓜氨酸与精氨酸

D. 谷氨酸与精氨酸

15. 生物进行尿素循环时需要耗费________高能磷酸键。

A. 1 个

B. 2 个

C. 3 个

D. 4 个

16. 一碳单位的载体是________。

A. 四氢叶酸

B. 维生素 B_3

C. 维生素 B_2

D. 维生素 B_1

17. 尿素分子中的 2 个氮素分别来自________。

A. 天冬氨酸和鸟氨酸

B. 精氨酸和 NH_4^+

C. 天冬氨酸和 NH_4^+

D. 精氨酸和瓜氨酸

18. 尿素循环途径中________过程利用 ATP。

A. 瓜氨酸的生成

B. 精氨基琥珀酸的生成

C. 精氨酸的生成

D. 尿素的生成

19. ________将尿素循环与 TCA 循环两条代谢途径联系在一起。

A. 延胡索酸

B. 琥珀酸

C. 天冬氨酸

D. 谷氨酸

20. 在肌肉中氨基酸脱氨基的主要方式是________。

A. 还原脱氨基作用

B. 转氨基作用

C. 以谷氨酸脱氢酶为核心的联合脱氨基作用

D. 以嘌呤核苷酸循环为核心的联合脱氨基作用

(答案:1A　2C　3B　4C　5D　6C　7A　8B　9B　10A　11D　12C　13A　14B　15D　16A　17C　18B　19A　20D)

选择题要点解析

1. 选择 A。

[考点] 氨基酸的降解。

[解析] 大多数氨基酸降解的第一步反应是转氨基作用。但是有个别氨基酸在代谢产生生理活性物质时会发生羟基化、脱羧基反应。谷氨酸能够在谷氨酸脱氢酶的催化下发生依赖于 NAD^+ 氧化脱氨基反应。因此,只有选项 A 是正确的。

2. 选择 C。

[考点] 氨基酸代谢中谷氨酸脱氢酶。

[解析] 谷氨酸脱氢酶能够催化谷氨酸和 α-酮戊二酸的相互转化。有些生物中谷氨酸脱氢酶同时能够以 NAD^+ 或者 $NADP^+$ 作为辅因子。如果催化谷氨酸氧化脱氨时,产物中有 NH_4^+ 和 α-酮戊二酸。因此,选项 A、B、D 都是正确的,只有选项 C 是错误的。

3. 选择 B。

[考点] 尿素循环的中间产物。

[解析] 只有选项 B 即苹果酸不属于尿素循环中间产物,所以选择 B。

4. 选择 C。

[考点] 氨基酸代谢中的转氨基作用。

[解析] 在给定的 4 个选项中,只有选项 C,即谷氨酸能够一步转氨产生 α-酮戊二酸,直接进入 TCA 循环,是正确的。

5. 选择 D。

[考点] 氨基酸降解中的酶缺陷问题。

[解析] 氨基酸代谢酶缺陷造成很多疾病,其中苯丙酮尿症就是典型的疾病种类。研究发现,该病症是由于细胞不能转化苯丙氨酸为酪氨酸,而使苯丙氨酸积累进入其他途径造成的。因此,选择 D。

6. 选择 C。

[考点] 氨的同化。

[解析] 氨的同化是指细胞将无机氮素转化为氨的过程。选项 C 所指的是线粒体中氨甲酰磷酸的合成,该反应是尿素循环的一个反应,目的是消除体内多余氨的过程,不是氨的同化。

7. 选择 A。

[考点] 转氨酶的辅酶。

[解析] 只有 A 选项正确。

8. 选择 B。

[考点] 氨基酸合成的前体。

[解析] 通常 20 种氨基酸来源于 6 个族,不同的族又来源于不同的碳骨架。丝氨酸的前体是 3-磷酸甘油酸。其他是干扰选项。

9. 选择 B。

[考点] 细胞氨基酸脱氨的方式。

[解析] 细胞氨基酸脱氨的方式有多种,主要有氧化脱氨、转氨、联合脱氨、非氧化脱氨等,其中联合脱氨是指转氨和氧化脱氨连在一起完成氨基酸的脱氨过程。因此,只能选择 B。

10. 选择 A。

[考点] 尿素循环的细胞定位。

[解析] 真核生物尿素循环同时发生在细胞质和线粒体中。

11. 选择 D。

[考点] 氨基酸降解产物。

[解析] 20 种氨基酸降解的产物有 7 种,只有选项 D 中 3-磷酸甘油酸不是。

12. 选择 C。

[考点] 氨基酸的代谢去向。

[解析] 20 种氨基酸依据是否能够生成糖、酮体分成 3 个类型,即生糖氨基酸、生酮氨基酸和生糖兼生酮氨基酸。其中只能生成酮体的氨基酸有 Lys 和 Leu。

13. 选择 A。

[考点] 催化尿素循环反应的酶。

[解析] 只有选项 A 正确。氨甲酰磷酸合成酶Ⅱ催化生成的氨甲酰磷酸是用于嘧啶核苷酸的合成,而且该酶存在于细胞质中。参与尿素循环的是氨甲酰磷酸合成酶Ⅰ。

14. 选择 B。

[考点] 尿素循环反应的中间产物。

[解析] 4 个选项中的化合物都是尿素循环的中间产物,但是只有鸟氨酸和瓜氨酸既存在于线粒体,也存在于细胞质。

15. 选择 D。

[考点] 尿素循环的能量使用情况。

[解析] 细胞进行尿素循环时,消耗 3 个 ATP,其中 1 个 ATP 转化成 1 个 AMP。所以相当于消耗 4 个高能磷酸键。

16. 选择 A。

[考点] 一碳单位,一碳单位的供体。

[解析] 一碳单位的供体通常是四氢叶酸。其他是干扰选项。

17. 选择 C。

[考点] 尿素分子的元素来源。

[解析] 尿素分子的碳素来源于 CO_2，2 个氮素分别来自天冬氨酸和 NH_4^+。

18. 选择 B。
[考点] 尿素循环中涉及 ATP 使用的反应。
[解析] 在尿素循环中上述反应有两个：一个是线粒体中氨甲酰磷酸的合成；一个是细胞质中精氨基琥珀酸的生成。

19. 选择 A。
[考点] 尿素循环和 TCA 循环中共同存在的中间产物。
[解析] 3 个选项中，只有延胡索酸是两条途径共有的。因此，A 选项正确。

20. 选择 D。
[考点] 动物体氨基酸联合脱氨的方式。
[解析] 动物体内氨基酸联合脱氨的方式有 2 种：以谷氨酸脱氢酶为核心和以嘌呤核苷酸循环为核心，两者发生在不同的组织和器官。肌肉中采用的是以嘌呤核苷酸循环为核心的联合脱氨方式。

五、简答题

请写出生物体合成氨基酸的主要前体物质有哪些，它们来自何种代谢途径。

解析：该问题考点有 2 个，首先是氨基酸如何分类，同一类氨基酸合成的碳骨架（前体物质）是什么；其次，这些前体物质来自何方。具体答题要点如下：

● 20 种常见蛋白质氨基酸分成 6 个族，分别是：

①丙氨酸、缬氨酸、亮氨酸和异亮氨酸来自丙酮酸，即丙氨酸族；

②天冬氨酸、天冬酰胺、赖氨酸、苏氨酸、甲硫氨酸（蛋氨酸）和异亮氨酸来自草酰乙酸，即天冬氨酸族；

③谷氨酸、谷氨酰胺、精氨酸、脯氨酸来自 α-酮戊二酸，即谷氨酸族；

④丝氨酸、甘氨酸、半胱氨酸来自 3-磷酸甘油酸，即丝氨酸族；

⑤苯丙氨酸、色氨酸、酪氨酸来自磷酸烯醇式丙酮酸和 4-磷酸赤藓糖，即芳香族；

⑥组氨酸来自 5-磷酸核糖，即组氨酸族。

● 上述合成氨基酸的 7 种前体物质，其中 3-磷酸甘油酸、磷酸烯醇式丙酮酸和丙酮酸属于糖酵解产物；草酰乙酸和 α-酮戊二酸属于 TCA 循环途径；4-磷酸赤藓糖和 5-磷酸核糖属于磷酸戊糖途径。

六、实验题

*** 如果给灵长类动物喂食 N^{15} 标记氨基的天冬氨酸，在动物尿液的哪些物质中能检测到 N^{15}？为什么？**

解析：该问题考点是明确天冬氨酸参与的代谢途径有哪些，哪些途径和 N^{15} 标记氨基有关系；明确这些途径中 N^{15} 以何种形式在尿液中存在。具体答题要点如下：

● 天冬氨酸参与的代谢包括，天冬氨酸通过转氨作用，将标记的 N^{15} 氨基转给 α-酮戊二酸，自身脱掉氨基后产生草酰乙酸；天冬氨酸还可以直接作为某些物质的合成前体，将其 N^{15} 标记的氨基转给新合成的物质。

● 得到 N^{15} 标记氨基的 α-酮戊二酸形成谷氨酸，谷氨酸可以参与多种代谢过程，例如谷氨酸能够合成谷氨酸族的氨基酸。当这些氨基酸降解时，多余的氨基通常是通过尿素循环排出体外的。因此，我们要考虑尿素循环途径。从尿素循环的过程可知，尿素循环中的两个氨基，一个来自谷氨酸脱氢酶脱下的氨基，另一个来自天冬氨酸以前体物质参与反应生成精氨基琥珀酸，而后裂解贡献给尿素分子一个氨基。因此，尿素分子中有 N^{15} 标记氨基，其中一个直接来自 N^{15} 标记氨基的天冬氨酸，另外一个可以来自 N^{15} 标记的谷氨酸或谷氨酸族氨基酸。

● 天冬氨酸还可以直接作为某些物质的合成前体，例如，嘌呤环的形成，在 IMP 的合成过程中，天冬氨酸能够将其 N^{15} 标记氨基形成嘌呤环中的 N1，在其后生成 AMP 的过程中，天冬氨酸能够将其 N^{15} 标记氨基形成 AMP 环中 C6 携带的氨基。因此，嘌呤核苷酸代谢产生的物质中尿酸、尿囊酸、尿囊素等都带有 N^{15} 标记氨基。对人体而言，嘌呤核苷酸代谢产生的是尿酸。在嘧啶核苷酸合成过程中，天冬氨酸也作为前体，其 N^{15} 标记的氨基形成嘧啶环的 N1，但是嘧啶核苷酸降解的产物通常是脱氨基以有机酸的形式排出体外的，所以不存在 N^{15} 标记氨基的产物。

● 综上所述，N^{15} 标记氨基的天冬氨酸代谢后能够在灵长类动物尿液的尿酸和尿素中检测到。

七、论述题

*** 请描述 S-腺苷甲硫氨酸(S-腺苷蛋氨酸)、四氢叶酸以及磷酸吡哆醛在氨基酸合成中的作用。**

解析：该问题考点是明确 S-腺苷甲硫氨酸、四氢叶酸以及磷酸吡哆醛各有什么作用。具体答题要点如下：分别举例说明这 3 种物质的作用。

● S-腺苷甲硫氨酸是甲基供体，它在哺乳动物半胱氨酸的合成中起非常重要的作用。哺乳动物半胱氨酸的合成是由丝氨酸与高半胱氨酸反应产生的，而高半胱氨酸则是通过甲硫氨酸与 ATP 产生 S-腺苷甲硫氨酸，后者在甲基转移酶的作用下生成 S-腺苷高半胱氨酸，而后产生高半胱氨酸。

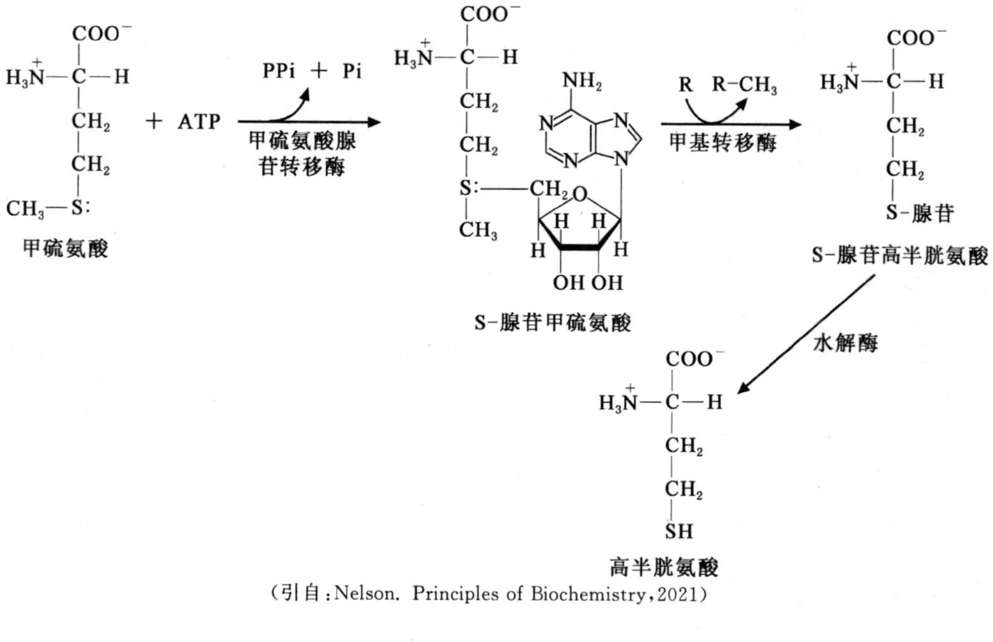

(引自：Nelson. Principles of Biochemistry, 2021)

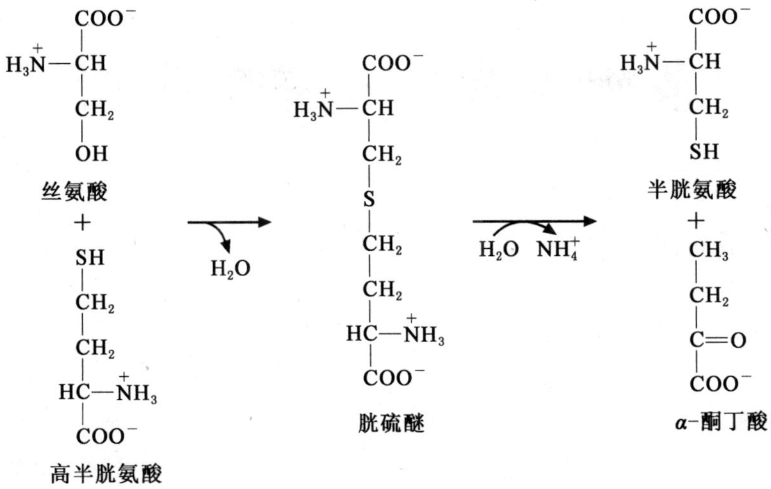

（引自：Moran. Principles of Biochemistry，2012）

• 四氢叶酸是一碳单位的载体。它可以携带多种一碳基团，在氨基酸和核苷酸合成中有非常重要的作用。例如，甘氨酸的合成需要四氢叶酸；甲硫氨酸的合成需要 N_5-甲基四氢叶酸。

$$\text{丝氨酸} + \text{四氢叶酸} \xrightarrow{\text{丝氨酸转羟甲基酶}} \text{甘氨酸} + \text{羟甲基四氢叶酸}$$

• 磷酸吡哆醛是转氨酶的辅酶。转氨酶在氨基酸的合成和降解过程中都很重要。生物体内存在多种转氨酶，许多氨基酸的合成有可能经过一步转氨作用就能够完成。例如，丙氨酸、天冬氨酸、谷氨酸分别在转氨酶的作用下经过一步转氨作用，将氨基分别转给丙酮酸、草酰乙酸和 α-酮戊二酸就可形成。而这些氨基酸又是其他 10 多种氨基酸的合成前体。作为转氨酶的辅酶磷酸吡哆醛在氨基酸合成中非常重要。

第十二章 核苷酸代谢

一、本章总结简图

- 核苷酸代谢
  - 降解
    - 核酸的降解
    - 嘌呤的降解
    - 嘧啶的降解
  - 核苷酸合成
    - 核糖核苷酸的合成
      - 核糖核苷酸的从头合成
        - 嘌呤核苷酸的合成
        - 嘧啶核苷酸的合成
      - 核糖核苷酸的补救合成
    - 脱氧核糖核苷酸的合成

核糖核苷酸是核酸的基本组成单位，脱氧核糖核苷酸是脱氧核糖核酸的基本组成单位。核糖核酸、脱氧核糖核酸的生物合成非常重要，我们将在专门的章节进行总结。本章主要以核苷酸的代谢为重点，分为核酸的降解、核苷酸的降解以及核糖核苷酸、脱氧核糖核苷酸的合成几个部分。

二、要点内容与问题分析

1. 核酸的降解

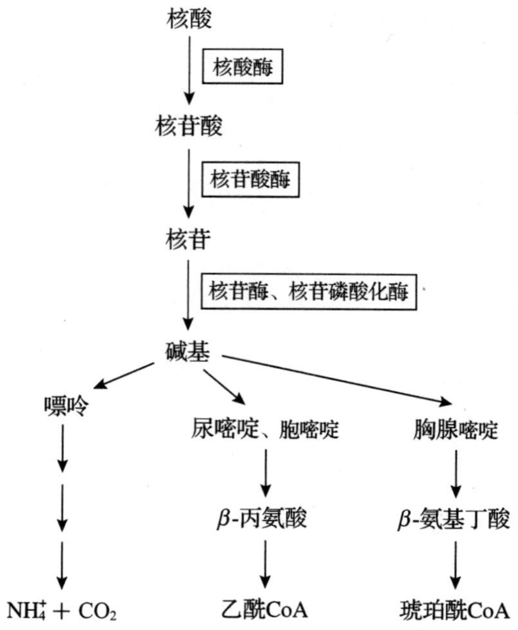

核酸在核酸酶的作用下降解为核酸的基本组成单位核苷酸。核酸酶，根据其作用位点可以分为核酸外切酶、核酸内切酶以及限制性内切酶（见第三章）；根据其底物可以分为核糖核酸酶、脱氧核糖核酸酶以及核酸酶。所谓核酸外切酶，是指酶能够从核酸的一侧水解磷酸二酯键，逐个切下核苷酸，例如蛇毒磷酸二酯酶，作用于核酸 3′端，产生 5′-核苷酸；牛脾磷酸二酯酶，作用于核酸 5′端，产生 3′-核苷酸。这两种酶可以同时作用 DNA 和 RNA。

核苷酸在核苷酸酶的作用下产生核苷。根据底物专一性的不同，核苷酸酶又分为 5′-核苷酸酶与 3′-核苷酸酶。

核苷在核苷酶作用下产生戊糖和碱基，或者在核苷磷酸化酶的作用下产生碱基和磷酸戊糖。嘌呤碱基进一步降解，不同生物降解产物不同；而嘧啶碱基分别降解为乙酰 CoA 和琥珀酰 CoA。

应该掌握参与核酸 → 核苷酸 → 核苷 → 碱基降解过程酶的名称，酶的作用特点以及限制性内切酶的概念。

2. 嘌呤的降解

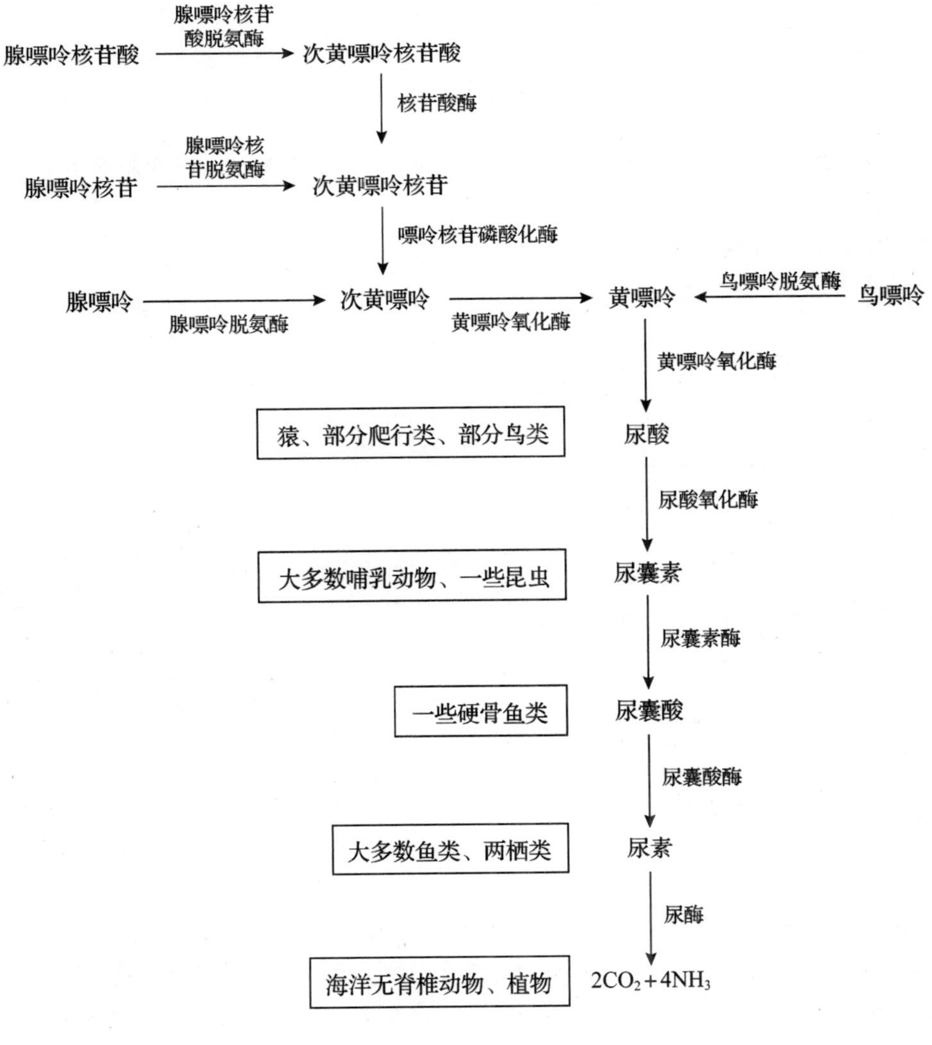

本小节需要掌握各类生物嘌呤降解的产物，分别是尿酸、尿囊素、尿囊酸、尿素以及二氧化碳、氨。注意不同生物，其腺嘌呤能够在核苷酸、核苷和碱基水平降解为次黄嘌呤。

3.嘧啶的降解

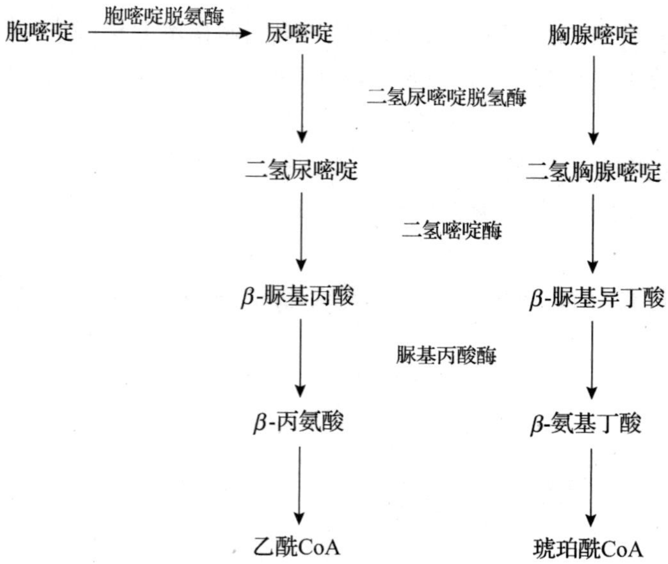

应该掌握嘧啶降解的产物分别是：胞嘧啶、尿嘧啶产生乙酰 CoA；胸腺嘧啶产生琥珀酰 CoA。

4.核糖核苷酸的从头合成

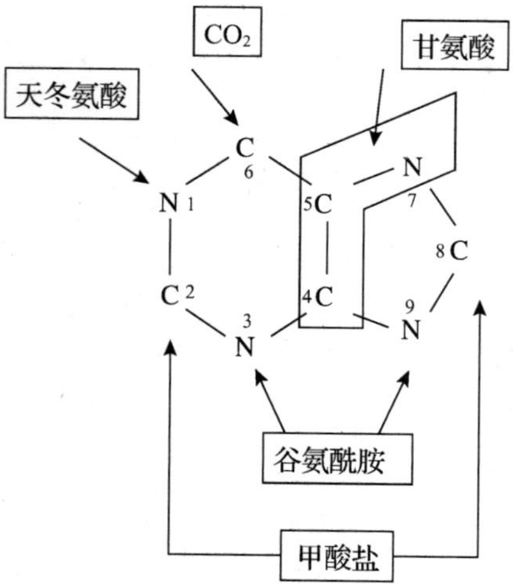

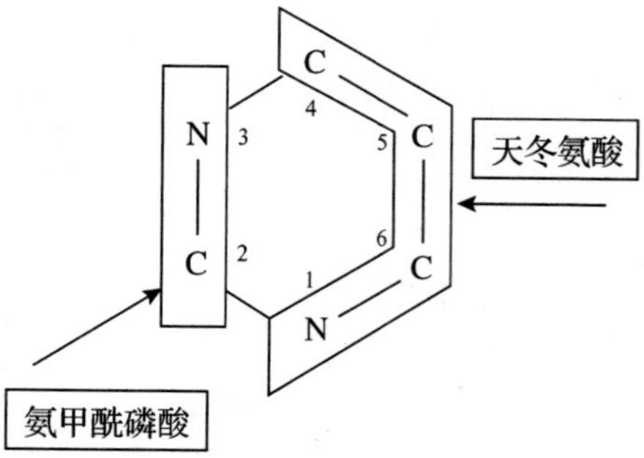

核糖核苷酸的合成包括嘌呤核糖核苷酸与嘧啶核糖核苷酸的合成，两者合成过程有着明显的区别，合成的物质来源也不同。上面的示意图分别是嘌呤环与嘧啶环各原子的物质来源，从中可以发现，嘌呤环分别由甲酸盐、谷氨酰胺、天冬氨酸、甘氨酸以及二氧化碳提供；嘧啶环

由天冬氨酸与氨甲酰磷酸提供。具体合成过程如下图所示：

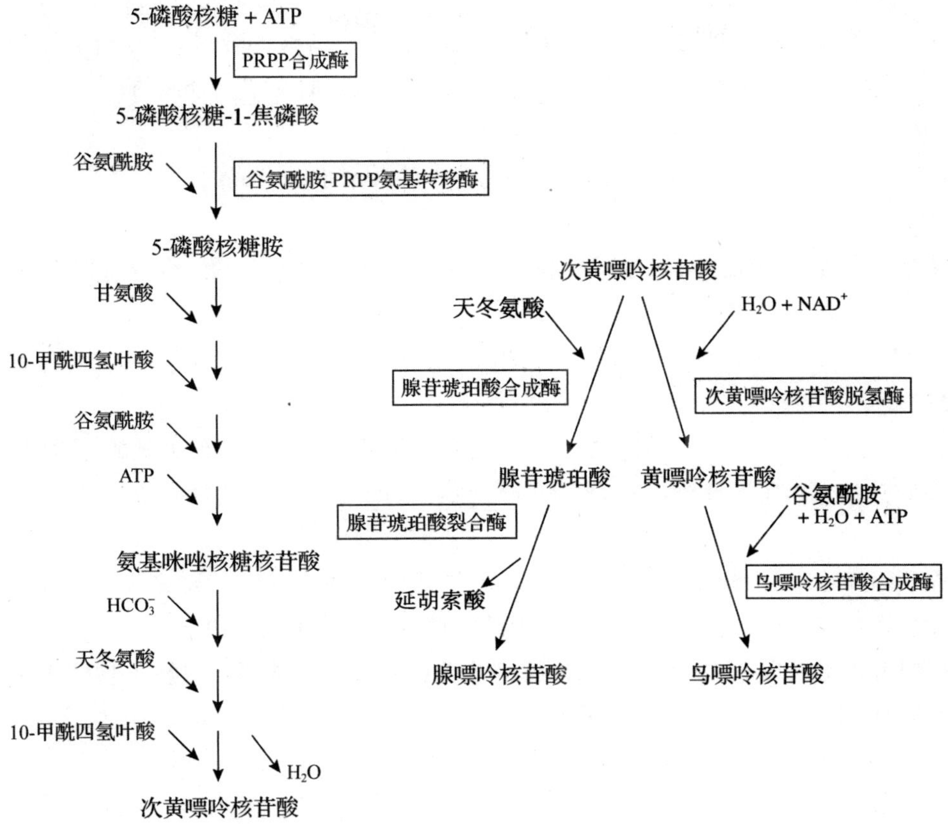

嘌呤核糖核苷酸的合成起始于5-磷酸核糖-1-焦磷酸(PRPP)的合成,该反应是在PRPP合成酶的作用下完成的,随后在谷氨酰胺-PRPP氨基转移酶的催化下,由谷氨酰胺提供氨基合成5-磷酸核糖胺,此步反应是嘌呤核苷酸从头合成途径的关键步骤,它决定了本途径的反应速度。腺嘌呤核糖核苷酸和鸟嘌呤核糖核苷酸的合成是在次黄嘌呤核糖核苷酸(IMP)的基础上完成的。

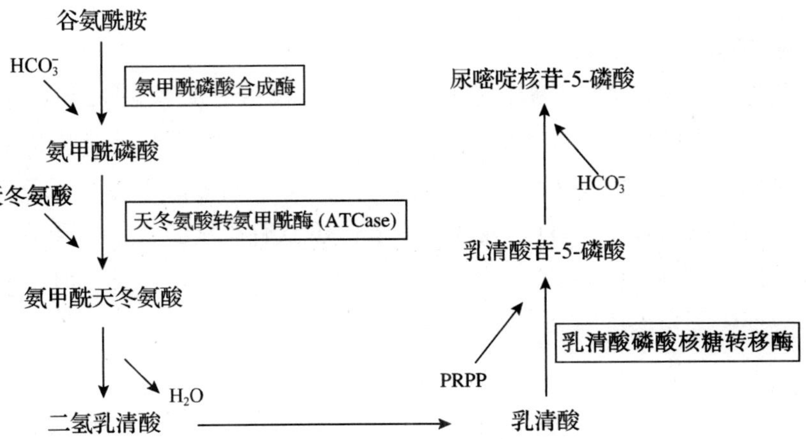

嘧啶核糖核苷酸与嘌呤核糖核苷酸合成最大的不同点在于，嘌呤核糖核苷酸的合成是在PRPP的戊糖环上逐步完成碱基环的合成；而嘧啶核糖核苷酸则是先合成乳清酸，而后加入PRPP，在乳清酸磷酸核糖转移酶的催化下完成乳清酸苷-5-磷酸的合成，最终合成尿嘧啶核糖核苷酸。值得注意的是，胞嘧啶核糖核苷酸是在核苷三磷酸的水平上合成的：

UMP ⟶ UDP ⟶ UTP ⟶ CTP

而胸腺嘧啶脱氧核糖核苷酸是通过甲基化在一磷酸水平上合成的：

UDP ⟶ dUDP ⟶ dUMP ⟶dTMP

相关考题出现在2012年(农学门类联考)研究生入学考试第35题：合成dTMP的直接前体是______。

A. CMP　　B. dCMP　　C. UMP　　D. dUMP

选择D。

对于细菌而言，天冬氨酸转氨甲酰酶是嘧啶核糖核苷酸合成途径的关键酶，它决定该代谢途径的反应速度；而对于真核生物，氨甲酰磷酸合成酶Ⅱ是嘧啶核糖核苷酸合成途径的关键酶。

应该掌握嘌呤环与嘧啶环中元素的来源，掌握嘌呤核糖核苷酸与嘧啶核糖核苷酸合成的不同点以及胞嘧啶核糖核苷酸和胸腺嘧啶脱氧核糖核苷酸合成的特点。

相关的考题出现在2010年(农学门类联考)研究生入学考试题32题：生物体内嘧啶核苷酸从头合成时，嘧啶环上的氮原子来源于__________。

A. Gly 和 Asp　　B. Gln 和 Asp　　C. Gly 和 Gln　　D. Glu 和 Asp

答案是B。

5.核糖核苷酸的补救合成

生物体不仅可以从头合成各种核苷酸，而且在生物体内存在腺嘌呤磷酸核糖转移酶、次黄嘌呤-鸟嘌呤磷酸核糖转移酶，它们可以催化嘌呤碱基与PRPP形成嘌呤核糖核苷酸。

$$\text{嘌呤} + \text{PRPP} \xrightarrow{\text{嘌呤磷酸核糖转移酶}} \text{嘌呤核糖核苷酸}$$

$$\text{尿嘧啶} + \text{PRPP} \xrightarrow{\text{嘧啶磷酸核糖转移酶}} \text{尿嘧啶核糖核苷酸}$$

6.脱氧核糖核苷酸的合成

绝大多数生物脱氧核糖核苷酸的合成是在核苷二磷酸的水平上进行的。此还原反应是发生在核糖核苷酸中戊糖环2位碳上的羟基被还原为氢的过程，催化该反应的酶被称作核糖核苷二磷酸还原酶。该反应需要提供电子和氢，常见的电子和氢的来源有两条途径。一条是通过NADPH、谷胱甘肽、谷氧还蛋白，在谷氧还蛋白还原酶和核糖核苷二磷酸还原酶催化下完成还原反应；另一条是通过NADPH、$FADH_2$、硫氧还蛋白，在硫氧还蛋白还原酶和核糖核苷二磷酸还原酶催化下完成还原反应。

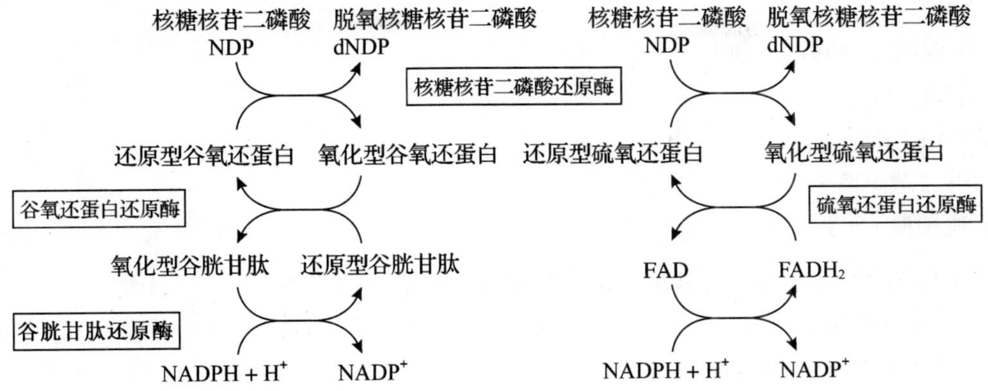

三、选择题

1. PRPP 是下列除______外的物质的合成前体。

A. IMP

B. 赖氨酸

C. 组氨酸

D. UMP

2. 合成鸟苷酸和腺苷酸的磷酸核糖来自______。

A. 5-磷酸核糖-1-焦磷酸

B. 腺苷-5-磷酸

C. 鸟苷-5-磷酸

D. 5-磷酸核酮糖

3. 合成嘧啶核苷酸嘧啶环的前体是______。

A. 甘氨酸和琥珀酰 CoA

B. 谷氨酸、NH_3 和 CO_2

C. 氨甲酰磷酸和天冬氨酸

D. 谷氨酰胺和天冬氨酸

4. UMP 中的氮素直接来源于______。

A. 谷氨酸和天冬氨酸

B. 氨甲酰磷酸和谷氨酸

C. 甘氨酸和天冬氨酸

D. 氨甲酰磷酸和天冬氨酸

5. 细胞内大部分脱氧核苷酸是由______直接还原而成的。

A. 核糖

B. 核糖核苷一磷酸

C. 核糖核苷二磷酸

D. 核糖核苷三磷酸

6. 胸腺嘧啶降解的产物是________。
A. 乙酰 CoA
B. 丙酰 CoA
C. 丙二酸单酰 CoA
D. 琥珀酰 CoA

7. 蛇毒磷酸二酯酶和牛脾磷酸二酯酶作用于核酸后分别产生________产物。
A. 5′-核苷酸和 3′-核苷酸
B. 3′-核苷酸和 5′-核苷酸
C. 3′-核苷酸
D. 5′-核苷酸

8. 人体嘌呤碱基降解的最终产物是________。
A. 尿素
B. 尿酸
C. 尿囊酸
D. 尿囊素

9. 在嘌呤环合成过程中，________不是形成环中氮素的物质。
A. 天冬氨酸
B. 甘氨酸
C. 谷氨酰胺
D. 谷氨酸

10. 在嘧啶核苷酸的合成过程中，生物体首先合成的是________。
A. UMP
B. CMP
C. dUMP
D. dTMP

11. 在嘌呤核苷酸的合成过程中，生物体首先合成________。
A. AMP
B. GMP
C. IMP
D. XMP

12. 下列______直接参与了核苷酸的补救合成途径。
A. 核酸酶
B. PRPP 氨基转移酶
C. 磷酸核糖转移酶
D. 限制性内切酶

13. 催化脱氧核糖核苷酸合成的酶是________。

A. 磷酸核糖转移酶

B. 核苷酶

C. 核苷酸酶

D. 核糖核苷二磷酸还原酶

14. 对于原核生物而言，嘧啶核苷酸合成途径的关键调控酶是________。

A. 氨甲酰磷酸合成酶

B. 天冬氨酸转氨甲酰酶

C. 乳清酸磷酸核糖转移酶

D. PRPP 合成酶

15. 氨甲酰磷酸是________合成途径的重要中间化合物。

A. 尿素循环和嘌呤核苷酸

B. 尿素循环和嘧啶核苷酸

C. 嘧啶核苷酸和嘌呤核苷酸

D. 组氨酸的合成和嘌呤核苷酸

16. 细胞从头合成嘌呤核糖核苷一磷酸时，其分子中的核糖来自________。

A. ATP

B. AMP

C. PRPP

D. dAMP

17. 真核生物的氨甲酰磷酸合成酶Ⅰ和氨甲酰磷酸合成酶Ⅱ分别存在于________。

A. 线粒体和细胞质

B. 细胞质和溶酶体

C. 线粒体和溶酶体

D. 细胞核和细胞质

18. ________是 CTP 合成的正确顺序。

A. UTP→ TTP → CTP

B. GMP → GDP → GTP → CTP

C. UMP → UDP → UTP → CTP

D. UMP → CMP → CDP → CTP

19. 核糖核苷酸被还原为脱氧核糖核苷酸这个过程在大多数生物体中是在________水平上进行的。

A. 核苷

B. 核苷一磷酸

C. 核苷二磷酸

D. 核苷三磷酸

20. 核糖核苷酸被还原为脱氧核糖核苷酸这个过程所需要的氢部分来自________。
A. NADH
B. NADPH
C. NADP
D. $FMNH_2$

(答案:1B　2A　3C　4D　5C　6D　7A　8B　9D　10A　11C　12C　13D　14B　15B　16C　17A　18C　19C　20B)

选择题要点解析

1. 选择 B。
[考点] 核苷酸合成以及组氨酸合成的前体物质。
[解析] PRPP 是嘧啶核苷酸和嘌呤核苷酸合成的前体。细胞第一个合成的嘌呤核苷酸是 IMP,由 IMP 再合成 AMP 和 GMP。细胞第一个合成的嘧啶核苷酸是 UMP。同时,PRPP 还是组氨酸合成的前体。因此,只有选项 C 不对。

2. 选择 A。
[考点] 核苷酸合成前体物质 PRPP。
[解析] PRPP 即为 5-磷酸核糖-1-焦磷酸,其他选项是干扰选项,选择 A。

3. 选择 C。
[考点] 嘧啶环的元素来源。
[解析] 氨甲酰磷酸和天冬氨酸是合成嘧啶环的前体物质,其他选项为干扰选项。

4. 选择 D。
[考点] 嘧啶环的元素来源。
[解析] 与上述 3 题相同。

5. 选择 C。
[考点] 核糖核苷二磷酸还原酶。
[解析] 细胞内绝大多数脱氧核糖核苷酸是在二磷酸的水平上由核糖核苷二磷酸在还原酶的催化下合成的,选择 C。

6. 选择 D。
[考点] 胸腺嘧啶降解的产物。
[解析] 细胞中常见的嘧啶核苷酸通常是尿嘧啶、胞嘧啶和胸腺嘧啶。前两者降解的产物是乙酰 CoA,而后者降解产生的是琥珀酰 CoA。

7. 选择 A。
[考点] 核酸酶的作用。
[解析] 核酸酶常依据切割的特点分为核酸外切酶和核酸内切酶。题目中给出的是两种核酸外切酶,由于切割位点不同产生的产物也不同。蛇毒磷酸二酯酶切割产生 5′-核苷酸,而牛脾磷酸二酯酶切割产生 3′-核苷酸。

8. 选择 B。

［考点］嘌呤核苷酸的降解。

［解析］不同生物嘌呤核苷酸降解的终产物不同，人体嘌呤核苷酸降解的终产物是尿酸，注意人体氨基酸降解能够产生尿素，不要混淆两者。

9. 选择 D。

［考点］嘌呤核苷酸中嘌呤环的元素来源。

［解析］谷氨酸没有直接给嘌呤环贡献元素，选择 D。

10. 选择 A。

［考点］嘧啶核苷酸的合成。

［解析］细胞嘧啶核苷酸的合成首先是完成 UMP，随后才合成 CTP。另外脱氧核糖核苷酸是在二磷酸的水平上合成的。因此，选项 A 是正确的。

11. 选择 C。

［考点］嘌呤核苷酸的合成。

［解析］细胞中嘌呤核苷酸的合成首先是完成 IMP，随后才合成 AMP 或者 XMP，最后由 XMP 再合成 GMP。

12. 选择 C。

［考点］核苷酸的补救合成。

［解析］核苷酸的合成分为从头合成途径和补救合成途径。4 个选项只有 C，即磷酸核糖转移酶参与补救合成代谢。

13. 选择 D。

［考点］脱氧核糖核苷酸的合成。

［解析］催化脱氧核糖核苷酸合成的酶是选项 D。其他是干扰选项。

14. 选择 B。

［考点］嘧啶核苷酸合成的调节。

［解析］原核生物嘧啶核苷酸合成的调节酶是天冬氨酸转氨甲酰酶，而真核生物是氨甲酰磷酸合成酶Ⅱ。

15. 选择 B。

［考点］嘧啶核苷酸合成和尿素循环。

［解析］氨甲酰磷酸是尿素循环和嘧啶核苷酸合成途径的重要中间化合物。

16. 选择 C。

［考点］嘌呤核苷酸的合成。

［解析］嘌呤核苷酸中核糖部分来源于 PRPP，其他是干扰选项。

17. 选择 A。

［考点］嘧啶核苷酸合成和尿素循环。

［解析］真核生物氨甲酰磷酸合成酶Ⅰ参与尿素循环，存在于线粒体，而氨甲酰磷酸合成酶Ⅱ参与嘧啶核苷酸合成，存在于细胞质。对于原核生物而言，只有一种氨甲酰磷酸合成酶，

它同时参与两条代谢途径。

18. 选择 C。

[考点] 胞嘧啶核苷酸的合成。

[解析] 胞嘧啶核苷酸的合成是在三磷酸水平由 UTP 转化产生的,因此只能选择 C。

19. 选择 C。

[考点] 脱氧核糖核苷酸的合成。

[解析] 对于大多数生物而言,脱氧核糖核苷酸的合成是在二磷酸水平上完成的。因此,选择 C 选项。

20. 选择 B。

[考点] 脱氧核糖核苷酸的合成。

[解析] 脱氧核糖核苷酸合成过程氢来源于 NADPH。

第十三章　核酸的生物合成

一、本章总结简图

- 核酸的生物合成
  - DNA 的生物合成
    - DNA 复制
      - 参与 DNA 生物合成的酶及蛋白因子
      - DNA 的生物合成过程
    - 逆转录
  - DNA 的突变与修复
  - RNA 的生物合成
    - 转录
    - RNA 复制
  - RNA 的转录后加工

生物体内的核酸有脱氧核糖核酸(DNA)和核糖核酸(RNA)两种，本章将围绕这两种核酸的生物合成进行总结。

二、要点内容与问题分析

1. 参与 DNA 生物合成的酶及蛋白因子(以大肠杆菌为例)

酶的名称	酶的功能
DNA 促旋酶(DNA gyrase)	打开 DNA 超螺旋
DNA 解旋酶(DNA helicase, Dna B)	$5'\to3'$ 解开 DNA 双链
Dna C	Dna B 的载体，帮助 Dna B 与 DNA 结合
Dna A	复制起始因子，与 DNA 复制起点结合
DNA 单链结合蛋白(single-stranded DNA binding protein, SSB)	与解旋后的 DNA 单链结合，稳定 DNA 单链
引物酶(Dna G)	合成一小段 RNA 引物，约 10 个核苷酸残基 (注意与 RNA 聚合酶不同)
DNA 聚合酶Ⅲ	原核生物的 DNA 聚合酶Ⅲ有 10 类亚基，其中 $\alpha\theta\varepsilon$ 是核心酶，具有聚合活性和外切活性 $5'\to3'$ 聚合活性；$3'\to5'$ 外切活性 在 DNA 前导链和后随链的合成中起非常重要的作用
DNA 聚合酶Ⅰ	大片段(Klenow fragment) $5'\to3'$ 聚合活性；$3'\to5'$ 外切活性 小片段，$5'\to3'$ 外切活性 主要用于引物的切除以及 DNA 链空缺的合成
DNA 连接酶	连接单链 DNA 上的切口
Tus 蛋白	与 DNA 复制终止有关

DNA 的生物合成存在两种类型：一种类型是以 DNA 为模板的 DNA 生物合成，常被称作 DNA 的复制(DNA replication)；另一种类型是以 RNA 为模板的 DNA 生物合成，通常称作逆转录(reverse transcription)。在这里我们以 DNA 的复制为重点进行讨论。

应该掌握参与原核生物 DNA 复制的各种酶及蛋白质辅助因子的名称及功能，掌握逆转录酶的概念及生物学意义。

相关考题出现在 2012 年(农学门类联考)研究生入学考试第 31 题：细菌 DNA 复制时，能与 DNA 单链结合并阻止其重新形成 DNA 双链的蛋白质是______。

A. DNA 聚合酶　　B. 引发酶　　C. SSB　　D. DNA 解链酶

选择 C。

2. DNA 的生物合成过程(DNA 的复制过程)

DNA 的复制过程分为 3 个阶段：复制的起始、延伸、终止。其中复制延伸过程最为重要。下面就各阶段主要知识点进行总结。

(1)DNA 的复制起始过程(以大肠杆菌为例)。

原核生物的 DNA 只有一个复制子，有一个复制起点，经历双向复制过程。DNA 的复制起始过程如下图所示。

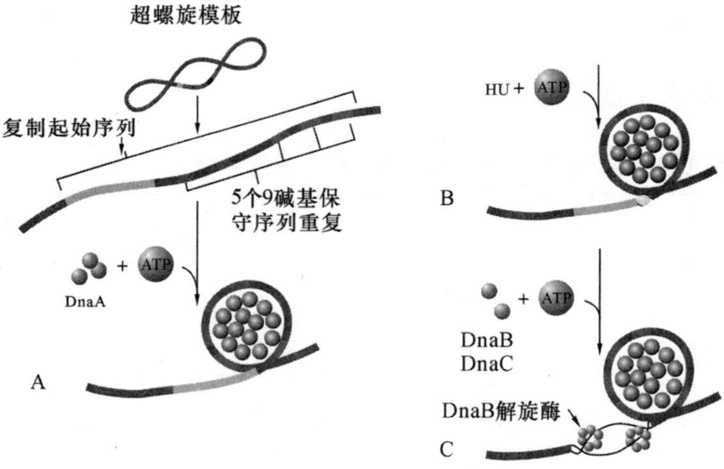

首先 Dna A 与 ATP 结合，识别 DNA 起始位点的 9 核苷酸保守序列，之后 HU 和 IHF 蛋白参与，在 IHF 蛋白的帮助下 DNA 链发生弯曲，便于 Dna A 在起始序列中 13 核苷酸保守序列处打开双链 DNA。Dna A 募集 Dna B、Dna C，由 Dna C 和 ATP 酶促使 Dna B 与解链的双链 DNA 两端单链 DNA 结合。之后 SSB 蛋白、拓扑异构酶与解链的 DNA 相连，引物酶随即加入，开始合成引物，引物长度为十多个和数十个核苷酸不等。

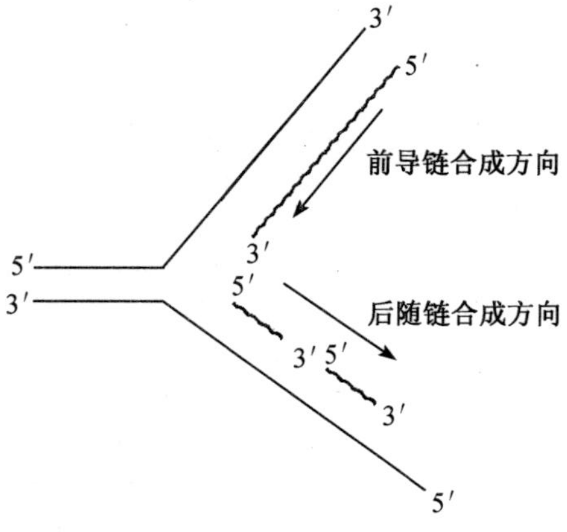

(2)DNA 的复制延伸过程(以大肠杆菌为例)。

DNA 的复制延伸主要涉及 DNA 复制的方向($5'\rightarrow3'$合成)；前导链、后随链的合成等。如左图所示。

其中前导链是连续合成的，而后随链是不连续合成的。两者的合成方向都是由 5′→3′延伸。由于 DNA 聚合酶只能是由 5′→ 3′向一个方向行使 DNA 合成的功能，而前导链、后随链的 DNA 合成模板方向相反，这样导致 DNA 聚合酶在合成两条子链时似乎难以同时向一个方向移动。事实上细胞采用了一种方式，即：前导链正常合成，后随链在合成过程中其模板链不断地形成一个个结，使后随链的合成方向在局部与前导链相同，因此 DNA 聚合酶在合成两条子链时能够同时向一个方向移动。如下图箭头所示。

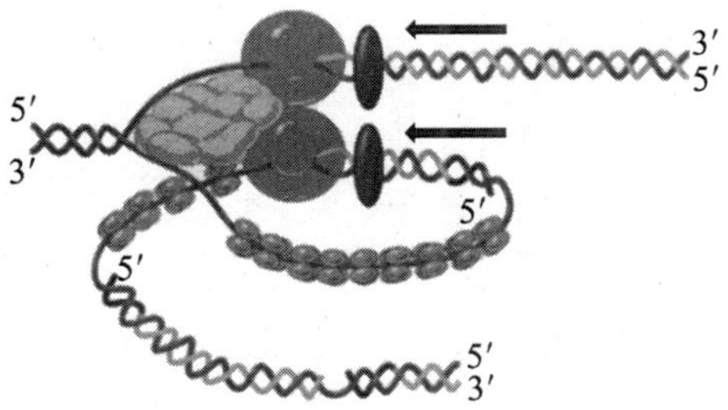

相关的考题出现在 2010 年(农学门类联考)研究生入学考试题 36 题：大肠杆菌 DNA 复制过程中产生的冈崎片段存在于__________。

A. 引物中　　B. 前导链　　C. 滞后链　　D. 模板链

答案是 C。该题目考察的是学生对 DNA 复制过程前导链及滞后链合成的掌握情况。大肠杆菌 DNA 复制时，前导链是连续合成的，滞后链是由冈崎片段连接产生的。

(3)DNA 的复制终止(以大肠杆菌为例)。

当 DNA 聚合酶遇到 DNA 复制终止序列时，在 Tus 蛋白的帮助下，复制终止。

(4)真核生物 DNA 复制。

真核细胞 DNA 复制与原核相似，不过由于真核细胞 DNA 复制受到细胞周期的调节，所以其复制更为复杂。以酵母(*S. cerevisiae*)为例，它有 16 条染色体，上面分布了 400 多个复制子。酵母的复制起点也被称为自主复制序列(autonomously replicating sequence, ARS)，或者被称为复制基因(replicator)，长度大约有 150 bp，上面有一些保守序列。

真核细胞 DNA 复制起始的关键步骤是解旋酶与 DNA 的结合(解旋酶的装配)以及其酶活性激活。解旋酶与 DNA 的结合过程需要经历：①ATP-ORC(origin recognition complex, ORC，即起点识别复合物)与复制起点的结合，该复合物功能与 DnaA 类似；②与 DnaB 解旋酶功能类似的 MCM2-7 蛋白复合物(解旋酶)与 DNA 链结合，这个过程是在 CDC6、CDT1 和 ORC 的共同作用下实现的。之后，通过多个蛋白质参与，激活已经与 DNA 结合的 MCM2-7 蛋白复合物的解旋酶活性，形成复制体，进行 DNA 复制。

真核细胞周期蛋白(cyclin)和细胞周期蛋白依赖的激酶(cyclin-dependent-kinase)等参与解旋酶的装配及酶活性激活步骤的调节，保证每一个细胞周期 DNA 只复制一次。

真核生物的 DNA 聚合酶多达十余种，其中主要的 5 种分别是 α、β、γ、δ 和 ε。DNA 聚合酶 γ 存在于线粒体中，负责合成线粒体 DNA；DNA 聚合酶 β 存在于细胞核，主要负责 DNA 的修复。参与 DNA 复制的主要 DNA 聚合酶有 α、δ 和 ε。真核生物 DNA 复制过程与原核生物相似，两者功能相似的蛋白如下表：

项目	真核生物	细菌
单链 DNA 结合蛋白	RP-A(Replication protein A，复制蛋白 A)	SSB
解旋酶	MCM2-7 复合物(拓扑异构酶Ⅱ)	DnaB
引物酶	DNA 聚合酶 α	DnaG
参与 DNA 链延伸的主要聚合酶	DNA 聚合酶 δ,DNA 聚合酶 ε	DNA 聚合酶Ⅲ
DNA 聚合酶的滑动钳	PCNA (proliferating cell nuclear antigen，增殖细胞核抗原)	DNA 聚合酶Ⅲ的 β 夹子
DNA 聚合酶的滑动钳装配器	RF-C (Replication factor C，复制蛋白 C)	DNA 聚合酶Ⅲ的 γ 复合物
引物切除的酶	RNaseH1 和 FEN1	DNA 聚合酶Ⅰ和 RNaseH

真核生物 DNA 缺乏复制的终止序列，染色体上的每个复制叉双向复制，当复制叉相遇时，复制停止。

(5)原核生物与真核生物 DNA 复制的主要区别

解析：从复制起点的多少、冈崎片段的大小等方面分析。

• 真核生物 DNA 复制为多起点双向复制，具有多个复制子，而原核生物为单一起点双向或者单向复制；

• 真核生物 DNA 复制的冈崎片段长度 100～200 个核苷酸，而原核生物为 1 000～2 000 个核苷酸；

• 真核生物 DNA 复制的各复制子在全部染色体复制完成之前不能进行重新复制。

3. 逆转录

逆转录：是指生物以 RNA 为模板合成 DNA 的过程。该部分内容需要了解概念、逆转录酶的功能以及逆转录现象发现的生物学意义。

(1)逆转录酶的功能。

逆转录酶有 3 个方面的功能：依赖 RNA 的 DNA 聚合酶活性；核糖核酸酶 H 的活性；DNA 指导的 DNA 聚合酶活性

(2)逆转录现象发现的生物学意义。

丰富了中心法则；拓宽了 RNA 病毒致病机理的相关研究；在生物技术和分子生物学研究中，作为体外获得 cDNA 的重要方法和常用方法。

4. DNA 的突变与修复

DNA 的突变与修复
- DNA 的突变类型
  - 点突变
  - 插入与缺失突变
- 诱发 DNA 突变的因素
  - 物理因素
  - 化学因素
  - 生物因素
- DNA 的损伤修复
  - 直接修复
  - 切除修复
  - 错配修复
  - 重组修复
  - SOS 反应与易错修复

发生在 DNA 水平上的突变主要包括核苷酸替换的点突变和 DNA 片段的插入和缺失突

变”等类型。造成 DNA 突变的因素有物理因素(紫外线、X 射线等)、化学因素(亚硝酸、烷基化试剂等)以及生物因素,我们将能够引起 DNA 发生突变的因素称为诱变剂。

生物体内存在 DNA 的损伤修复机制,分别为直接修复(direct repair)、切除修复(excision repair)、错配修复(mismatch repair)、重组修复(recombination repair)以及 SOS 反应与易错修复等方式。

应该掌握一些概念,如点突变、诱变剂、直接修复、切除修复、错配修复、重组修复、SOS 修复以及 DNA 的突变类型、DNA 损伤的修复类型等内容。

DNA 损伤修复的各种方式。

(1)直接修复。

生物体内存在一些酶,能够直接修复 DNA 的某些损伤。例如:有些生物存在光裂合酶,它可以直接修复由于紫外线或者其他因素诱发产生的胸腺嘧啶二聚体;有些生物具有 O^6-甲基鸟嘌呤-DNA 甲基转移酶,当烷基化试剂造成鸟嘌呤烷基化生成 O^6-甲基鸟嘌呤-DNA 产物时,该酶能够催化 O^6-甲基鸟嘌呤-DNA 脱烷基形成正常的鸟嘌呤,完成修复作用。

(2)切除修复。

在酶的作用下,DNA 损伤部位能够被直接切除,被切除的损伤部分由与切除片段互补 DNA 链为模板合成的新的 DNA 链来弥补,这种修复方式,被称为切除修复。其中 DNA 糖基化酶参与的修复是切除修复的一种,具体过程如下图所示。

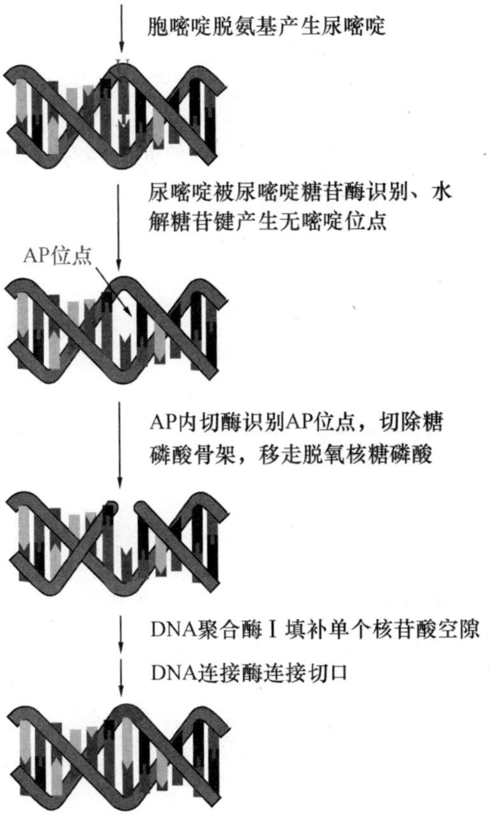

DNA 发生突变损伤后，例如本来应该 CG 配对，而 C 由于某些原因而脱掉氨基形成了 U，所以原有的 CG 正确配对变成了 UG 的不正确配对。对于这种由于碱基脱掉氨基发生的 DNA 损伤，生物体内的 DNA 糖基化酶在修复中发挥作用。DNA 糖基化酶识别突变的尿嘧啶核苷酸，使其中的糖苷键发生断裂，在 DNA 上形成无碱基的位点 AP 位点(apurinic site、apyrimidinic site)，或者称作无嘌呤位点、无嘧啶位点。AP 核酸内切酶作用于 AP 位点，切除原尿嘧啶核苷酸剩余的脱氧核糖部分，在 DNA 聚合酶 Ⅰ 的帮助下以完好的 DNA 链为模板，重新合成 DNA 补好缺口，由 DNA 连接酶连接产生正常的 DNA 链。

(3)错配修复。

错配修复是大肠杆菌对其 DNA 复制完成后出现的碱基错配进行的一种修复，这种修复方式使 DNA 复制真实性增加 $10^2 \sim 10^3$ 倍。错配修复的主要问题是如何区分哪条链是模板链，哪条链是新合成的链，从而对新合成链中产生的错误进行修复。生物体中 DNA 合成前作为复制模板的 DNA 链，其特定的序列 GATC 中 A 是甲基化标记的，而复制刚完成时新合成的 DNA 链还未进行甲基化标记，此刻一旦发现在 DNA 复制过程中有碱基错配的现象出现，机体便能够进行修复，修复完成后新链也将被甲基化标记。如果在新链标记前没有进行碱基修复，则无法区分新旧两条链，也就无法修复。具体修复过程如下图所示。

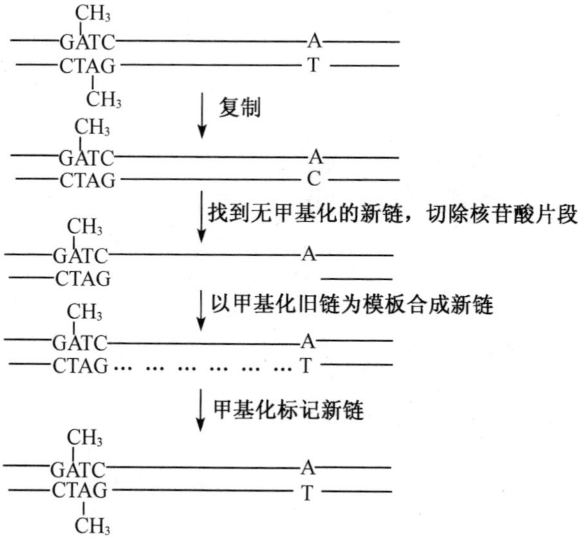

(4)重组修复。

有些单链 DNA 损伤(如胸腺嘧啶二聚体、烷基化引起的交联等)在复制前没能完成修复，或者 DNA 双链模板链发生断裂，这类 DNA 损伤可以通过同源 DNA 重组的方式进行修复。以大肠杆菌染色体双链 DNA 单链上存在胸腺嘧啶二聚体为例，假设二聚体损伤出现在滞后链模板上，DNA 损伤的修复过程。如下图所示。

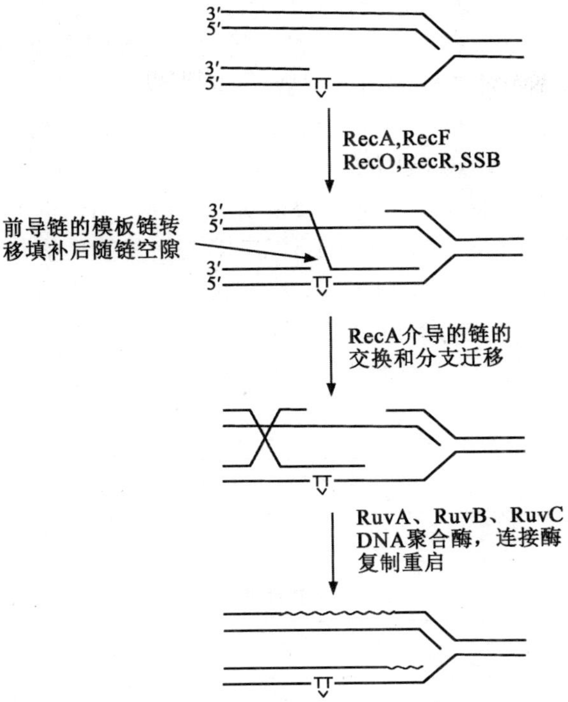

（引自：刘国琴.生物化学，2019）

(5)SOS 反应(SOS response)与易错修复(error-prone repair)：

当细胞 DNA 受到严重损伤时，体内的另外一种修复方式启动，造成复制的 DNA 错误非常多，准确性很差，这种修复方式被称作易错修复。易错修复是生物体细胞对 DNA 过度损伤产生的胁迫反应，也称为 SOS 反应。

5.DNA 的一级结构分析与 PCR 技术

DNA 的一级结构是指 DNA 分子中由 3′,5′-磷酸二酯键连接起来的脱氧核糖核苷酸的排列顺序，或者是指 DNA 分子中的碱基排列顺序。DNA 的一级结构分析，多数教材中常涉及的方法有由 W Gilbert 建立的化学测序方法和 F Sanger 建立的双脱氧测序方法。此处，我们就 Sanger 建立的双脱氧测序方法进行分析。特别注意 ddNTP，即 2′、3′双脱氧核糖核苷酸的作用。不像 dNTP 是 DNA 合成的原料，ddNTP 掺入正在合成的 DNA 链时，链的合成就会终止。

例如：此图是利用双脱氧法测定 DNA 序列的电泳结果。请写出被测的 DNA 序列。

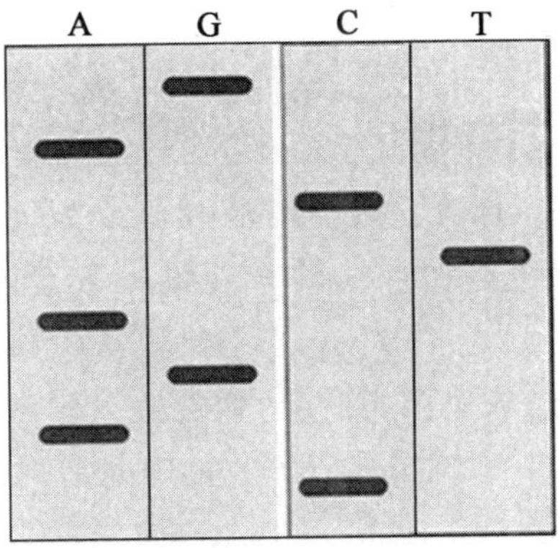

根据双脱氧法测定DNA序列的原理，知道测序体系应该包括模板链（被测定的DNA）、dNTP、DNA聚合酶、引物以及ddNTP。电泳结果显示的是被测定的DNA模板链的互补链，即新合成的不同长度的DNA链的电泳条带位置，一定要明确这点内容，这是关键。同时，在读取DNA互补序列时，应注意DNA的5′方向，最后写出模板链序列时也要注意5′方向。从电泳图读取的序列是CAGATCAG，通常的写法表明序列的左端是5′端，该序列的互补链则可写作3′GTCTAGTC 5′，如果这样写，则需要表明5′，3′端，当然也可以写成CTGATCTG。

PCR技术：PCR（polymerase chain reaction，PCR）是由美国科学家Kary Mulis 1985年发明的体外人工合成DNA的方法，是重组DNA技术获得目的基因的重要实验手段。PCR反应体系包括DNA模板、一对引物、dNTP和DNA聚合酶。高温变性、低温退火和适温延伸组成一个反应周期，通过反应周期的不断循环，目的DNA得以迅速扩增。

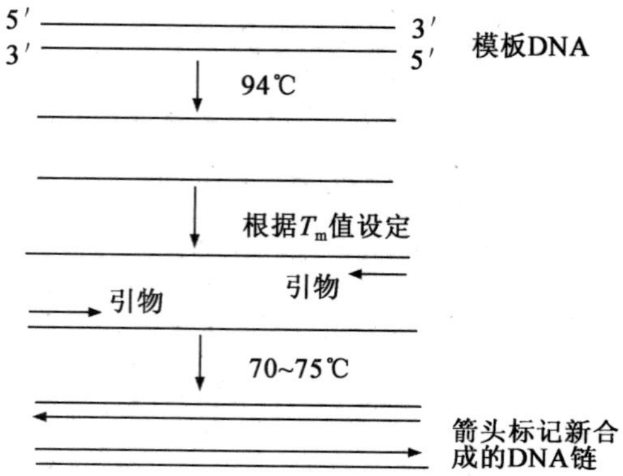

6. RNA的生物合成

- RNA的转录（以DNA为模板）
  - RNA生物合成的起始（转录模板、启动子、起始过程）
  - RNA生物合成的延伸（延伸方向、转录鼓泡、转录速度）
  - RNA生物合成的终止（不依赖ρ因子的终止、依赖ρ因子的终止）
- RNA复制（以RNA为模板）

RNA的生物合成包括两部分：一部分是以DNA为模板的RNA生物合成，通常称其为转录；另一部分是以RNA为模板的RNA生物合成，通常称其为RNA复制。在这里我们以原核生物转录过程为例，总结其起始、延伸和终止3个过程。每个过程都有一些重要的知识点。其中有关转录的终止方式最为重要，分别是不依赖ρ因子的终止和依赖ρ因子的终止。关于RNA复制，我们这里简要介绍。

应该掌握转录的起始过程、转录的终止过程以及一些较为明确的知识点，如启动子（promoter）、模板链（template strand）、有意义链（sense strand）、编码链（coding strand）、无意义链（antisense strand）；原核生物RNA聚合酶全酶是由$\alpha_2\beta\beta'\omega\sigma$组成，其核心酶是$\alpha_2\beta\beta'\omega$；RNA的转录方向是从5′→3′，转录速度是50～90个核苷酸/s；转录鼓泡包括DNA模板、RNA聚合酶和新合成的mRNA；等等。

相关的考题出现在2010年（农学门类联考）研究生入学考试题35题：大肠杆菌DNA非模板链序列是5′—ACTGTCAG—3′，其转录产物的序列是____。

A. 5′—CUGACAGU—3′　　　B. 5′—UGACAUUC—3′

C. 5′—ACUGUCAG— 3′　　　D. 5′—GACUUUTA— 3′

答案是 C。该题目考查的是学生对模板链、非模板链的概念。非模板链的序列与转录产物序列相同，唯一的不同在于在转录产物中 T 由 U 替代。

例如：大肠杆菌 DNA 模板链序列是 5′—ACTGTCAG— 3′，其转录产物的序列是 ____。

A. 5′—CUGACAGU— 3′　　　B. 5′—UGACAUUC— 3′

C. 5′—ACUGUCAG— 3′　　　D. 5′—GACUUUTA— 3′

答案是 A。由于模板链是 5′—ACTGTCAG— 3′，因此转录产物的序列是其互补链，即 3′—UGACAUUC— 5′，按照习惯写法，重新掉转头写，即 5′—CUGACAGU— 3′，与答案 A 相同。两道题只相差一个字，但是结果完全不同。

(1)原核生物大肠杆菌 RNA 聚合酶各亚基的功能。

原核生物全酶是 $\alpha_2\beta\beta'\omega\sigma$，核心酶是 $\alpha_2\beta\beta'\omega$，其各亚基功能如下表所示。

亚基	功　能
α	各亚基组装的脚手架
β	催化聚合反应发生
β'	DNA 与其结合
ω	促进酶的组装
σ	与启动子 DNA 序列结合，促进转录开始，同时它与核心酶的 ω 亚基结合

(2)真核生物的 RNA 聚合酶及其转录产物。

真核生物有 3 种 RNA 聚合酶：

RNA 聚合酶Ⅰ：存在于核仁，转录 28S、18S、5.8S rRNA；

RNA 聚合酶Ⅱ：存在于核质，转录 mRNA；非编码 RNA

RNA 聚合酶Ⅲ：存在于核质，转录 tRNA 和 5S rRNA，一些小的特殊的非编码 RNA。

相关考题出现在 2012 年(农学门类联考)研究生入学考试第 30 题：真核生物 RNA 聚合酶Ⅱ催化合成的 RNA 是______。

A. 18S rRNA　　　B. mRNA　　　C. tRNA　　　D. 5S rRNA

选择 B。

(3)RNA 的复制方式。

RNA 的生物合成包括以 DNA 为模板合成 RNA 和以 RNA 为模板合成 RNA 两种类型，后者被称为 RNA 的复制。根据病毒中所含 RNA 的不同，RNA 的复制方式有以下四种形式：

- 首先明确正链 RNA 与负链 RNA 这两个概念。

如果病毒所含单链 RNA 具有 mRNA 的功能，这条 RNA 链就为正链，而与它互补的 RNA 链则为负链。

- 复制方式。

正链 RNA 病毒：

正链 RNA 碱基序列与 mRNA 序列相同，可以代替 mRNA 利用寄主复制系统，复制出病毒所需要的蛋白质和 RNA 复制酶，RNA 复制酶以正链 RNA 为模板合成出负链 RNA，再以负链 RNA 合成出正链 RNA，正链 RNA 与合成的蛋白质等形成新的病毒。脊髓灰质炎病毒属于此类病毒。

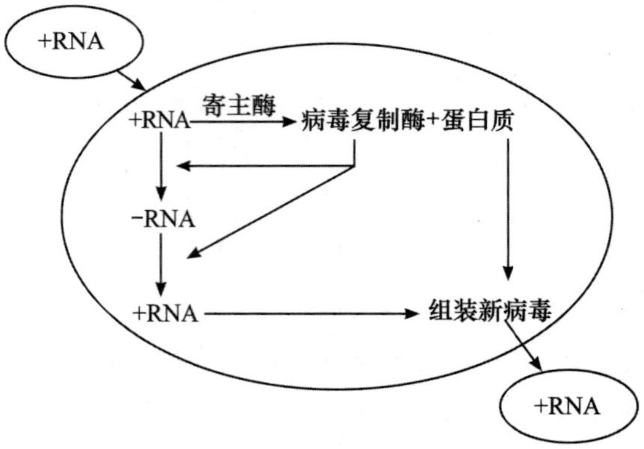

负链 RNA 病毒：

负链 RNA 病毒携带有 RNA 链和复制酶，该酶利用寄主的复制系统以负链 RNA 为模板合成出正链 RNA；病毒再利用寄主的酶系统，以正链 RNA 为信息模板合成出病毒所需要的蛋白质和 RNA 复制酶，同时病毒以合成的正链 RNA 为模板合成出负链 RNA，而后包装产生新的病毒。狂犬病毒属于此类病毒。

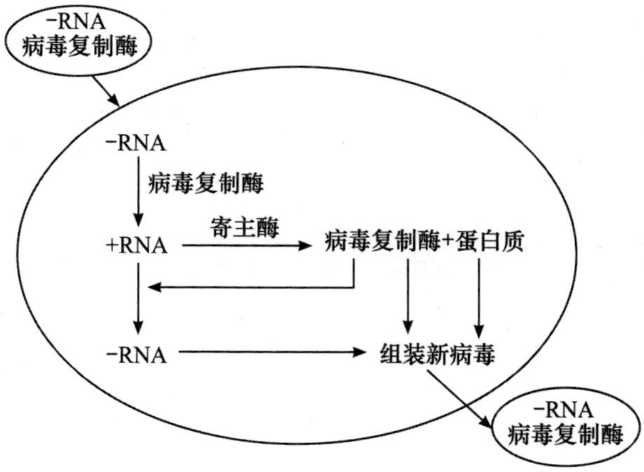

双链 RNA 病毒：

病毒进入寄主细胞后，以双链 RNA 为模板利用寄主复制系统进行不对称的转录合成正链 RNA，随后再以正链 RNA 为模板合成出负链 RNA；同时以正链 RNA 为信息模板利用寄主蛋白质合成系统合成出病毒所需要的蛋白质和 RNA 复制酶；最终由正、负链 RNA 及相关蛋白质组装产生新的病毒。呼肠孤病毒属于此类病毒。

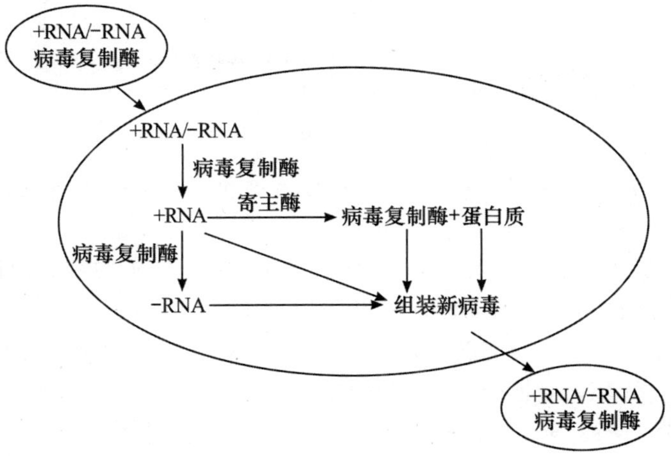

RNA 逆转录病毒：

该类病毒含单链(正链)RNA 和逆转录酶。病毒在自身携带的逆转录酶的作用下,利用寄主的复制系统,以正链 RNA 为模板合成模板 DNA 链,再以模板 DNA 链为模板合成另外的 DNA 编码链,形成双链 DNA 分子;病毒利用寄主蛋白质合成系统,合成出病毒所需要的蛋白质和逆转录酶;同时以模板 DNA 链为模板合成出正链 RNA,而后组装新的病毒颗粒。RNA 肿瘤病毒属于此类病毒。注意:刚进入寄主细胞的逆转录病毒 RNA 不能作为模板被寄主翻译出蛋白质。

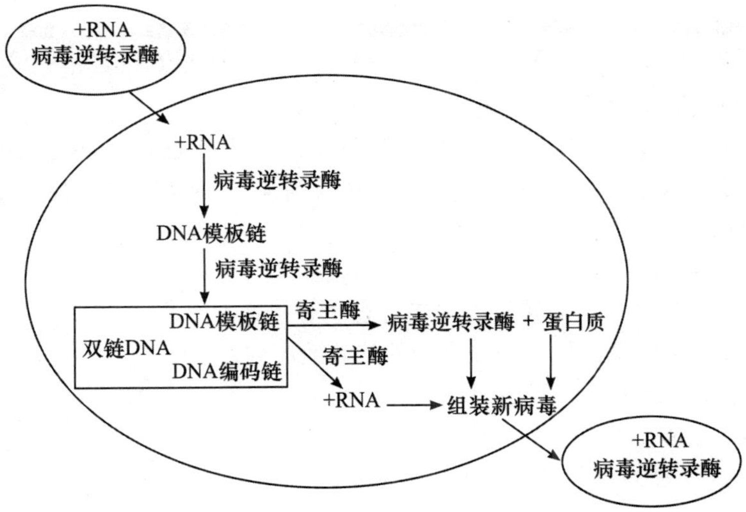

7. 核酸合成抑制剂

不论是 DNA 还是 RNA,其生物合成都会受到某些物质的影响。常见的核酸生物合成抑制剂有嘌呤和嘧啶类似物(6-巯基嘌呤、5-溴尿嘧啶等),它们或者抑制核酸生物合成的相关酶类,或者掺入核酸分子中,形成异常核酸;放线菌素 D、溴乙啶等物质,能够插入 DNA 分子中,抑制 DNA 模板功能,造成转录、甚至复制终止;利福霉素能够特异抑制 RNA 转录起始过程,利链菌素抑制转录过程 RNA 链的延伸。

另外,注意原核生物 RNA 聚合酶受到利福平抑制,而真核生物 RNA 聚合酶对利福平不敏感;α-鹅膏蕈碱是真核生物 RNA 聚合酶的特异性抑制剂。

8. RNA 的转录后加工

RNA 的转录后加工 { tRNA 转录后加工 / rRNA 转录后加工 / mRNA 转录后加工 }

RNA 的转录后加工包括 tRNA、rRNA、mRNA 3 种 RNA 的转录后加工。其中 mRNA 的加工只讨论真核生物。

RNA 的转录后加工内容比较容易，只需明确各种 RNA 加工的相关知识点。

(1)原核生物大肠杆菌核糖体 rRNA 的转录后加工过程。

大肠杆菌核糖体 rRNA 的最初转录产物大小为 30S，包括 16S rRNA、23S rRNA、5S rRNA 和 2 个 tRNA 基因。在 RNase Ⅲ核酸内切酶作用下，产生 16S rRNA、23S rRNA、5S rRNA 前体，随后分别在 M16、M23、M5 核酸内切酶的作用下修剪其末端后形成成熟的 16S rRNA、23S rRNA、5S rRNA。如下图所示。

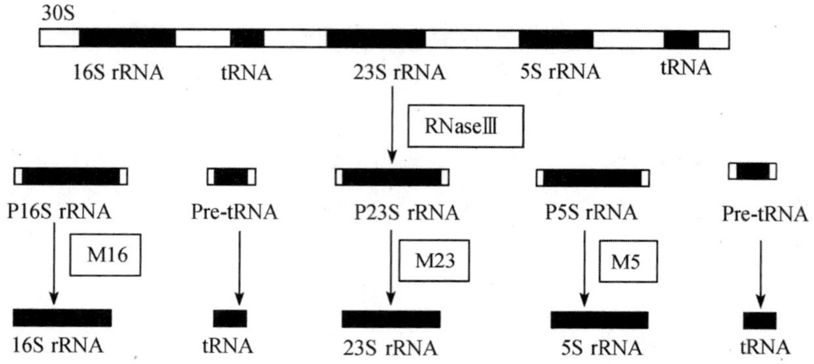

(2)真核生物核糖体 rRNA 的转录后加工过程。

真核生物核糖体 RNA 由 RNA 聚合酶Ⅰ和Ⅲ合成。其中 18S、5.8S 及 28S RNA 作为一个多顺反子，由 RNA 聚合酶Ⅰ在细胞核中催化转录为 45S rRNA，之后加工生成。5S rRNA 则由 RNA 聚合酶Ⅲ转录生成。

(3)原核生物大肠杆菌 tRNA 的转录后加工过程。

原核生物大肠杆菌 tRNA 的转录后加工过程主要包括 3 个步骤：

- 从最初的 tRNA 转录产物上切除多余的核苷酸序列；
- 添加没有编码的部分核苷酸序列；
- 共价修饰特定的碱基。

下图是原核生物大肠杆菌 tRNA 的转录后加工过程：

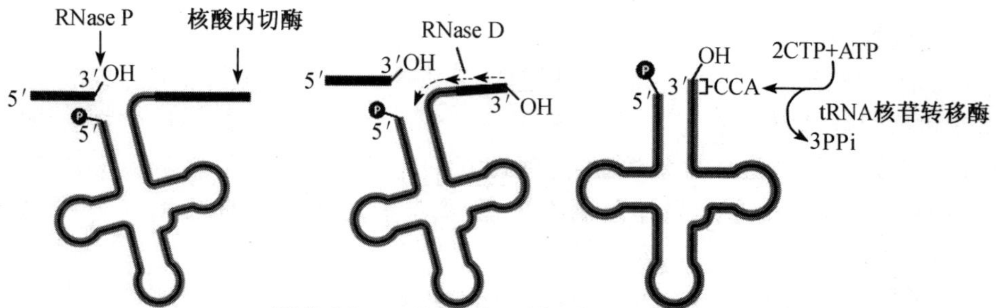

(引自：Moran. Principles of biochemistry，2012)

第一步：由 RNase P 和其他核酸内切酶切割得到最初 tRNA 转录产物；

第二步：由 RNase D 修剪最初 tRNA 转录产物的 3′末端，切除不需要的核苷酸；

第三步：在 tRNA 核苷转移酶的作用下，在 tRNA 转录产物的 3′末端加上 CCA；

最后是部分碱基修饰，在此图中没有显示。

(4)真核生物 mRNA 的转录后加工过程。

首先明确一些概念：

• 核内不均一 RNA(heterogeneous nuclear RNA，hnRNA)

mRNA 转录的最初产物相对分子质量很大，而且非常不稳定，在产生成熟的 mRNA 之前，由此产生的一系列分子大小不同的中间产物，被称作 hnRNA。

• 内含子(intron)与外显子(exon)

内含子：

特指一段在 mRNA 最初转录产物中存在，但在加工成熟 mRNA 过程中被切除的核苷酸序列。也指与该 mRNA 相对应的基因序列中非编码的 DNA 序列。

外显子：

特指经过加工后最终保留在成熟 mRNA 中的核苷酸序列。也可以指与成熟 mRNA 相对应的 DNA 序列。

其次，RNA 合成初始需要经历加 5′端帽子，合成后需要经历添加 3′尾巴和内含子切除等加工过程。

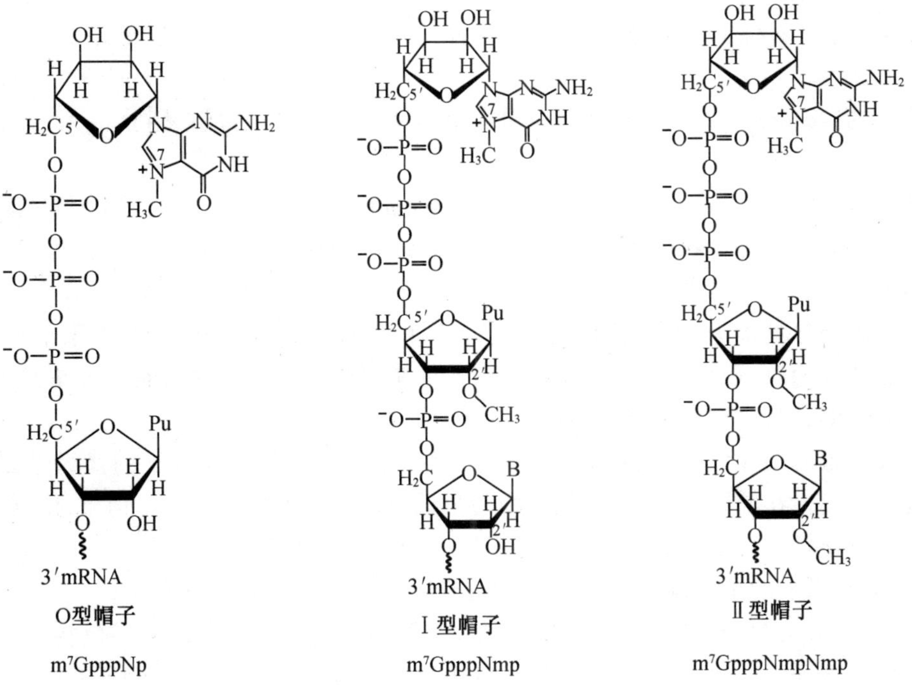

(引自：Moran. Principles of Biochemistry，2012)

• 5′端帽子结构：帽子结构有 3 种。最简单的一种是 O 型，该结构中，只有鸟嘌呤的嘌呤环 7 位 N 发生甲基化；I 型帽子结构中，不仅鸟嘌呤的嘌呤环 7 位 N 发生甲基化，而且 mRNA

5′端的第1个核苷酸的核糖2位C上羟基发生甲基化；Ⅱ型帽子结构中，与Ⅰ型帽子结构相近，不同之处在于mRNA 5′端的第2个核苷酸的核糖2位C上羟基也发生甲基化。5′端帽子结构具有抵抗核酸外切酶的作用，能够保持mRNA的稳定性，同时具有与蛋白质合成起始相关的功能。

- 3′端多聚腺苷酸尾巴：一般添加约200个腺苷酸。当mRNA从细胞核进入细胞质时，该序列能够阻止核酸外切酶对其的降解。
- 内含子的剪切是一个比较复杂的过程，其剪切过程需要剪切体的形成。

相关考题出现在2012年(农学门类联考)研究生入学考试第39题：简述真核生物mRNA前体的加工方式。答题要点就是写明5′端加帽子、3′加尾、内含子切除等过程。

9.原核生物基因的表达调控

操纵子模型是原核生物基因转录调控的主要形式，包括以乳糖操纵子为代表的物质降解途径的调节以及以色氨酸操纵子为代表的物质合成途径的调节。此外，原核生物基因表达的调节还包含mRNA翻译的调节，tRNA和rRNA以及核糖体蛋白数量的调节等多种方式。

原核生物没有细胞核，只有拟核，其转录和翻译几乎同时进行，因此转录调控方式尤为重要。掌握乳糖操纵子和色氨酸操纵子的调控方式很关键，两个操纵子的调节包含了原核生物基因转录的正负调节机制。

(1)掌握下列概念：

操纵子(operon)：在细菌基因组中，编码一组在功能上相关的蛋白质的几个结构基因与共同的控制位点组成一个基因表达的协同单位，被称为操纵子。

阻遏蛋白(repressor)：一种具有调节作用的DNA结合蛋白，它可以阻止RNA聚合酶的转录作用。

辅阻遏物(corepressor)：一种能够与阻遏蛋白结合，帮助阻遏蛋白阻止RNA聚合酶转录的配基。

降解物基因活化蛋白(catabolite activator protein，CAP)：也叫环腺苷酸调节蛋白(cAMP regulatory protein)，是一个二聚体蛋白质，能与cAMP形成复合物，之后与乳糖操纵子启动子附近特异DNA序列结合，促使RNA聚合酶的转录起始。

酶合成的诱导型操纵子：阻遏蛋白一般有活性，它能与操纵子的操纵基因结合而阻止转录。当存在诱导物时，诱导物与阻遏蛋白结合改变阻遏蛋白构象使其不能够与操纵基因结合，从而使转录能够进行。该模型被称为诱导型操纵子。例如乳糖操纵子。

酶合成的阻遏型操纵子：阻遏蛋白一般没有活性，它不能够与操纵子的操纵基因结合，转录正常进行。当存在辅阻遏物时，辅阻遏物与阻遏蛋白结合改变阻遏蛋白构象，使其能够与操纵基因结合阻止转录。该模型被称为阻遏型操纵子。例如色氨酸操纵子。

(2)乳糖操纵子的正负调控方式：参见代谢调控一章的简答题答案要点。

(3)操纵子的结构：操纵子由调节区和结构基因区两部分组成，调节区包括启动子(promoter)和操纵序列(operator)等，该区域可以接受调节基因产物的调节，例如乳糖操纵子的调节区包括启动子、操纵序列和CAP位点。cAMP能够与调节基因产物CAP蛋白结合激活该蛋白的活性，激活的cAMP-CAP与调节区的CAP位点结合对乳糖操纵子产生正调控作用。

10.真核生物基因的表达调控

与原核生物相比较，真核生物基因表达调控更为复杂，不仅受到染色质结构的影响，而且由于有细胞核，所以基因表达调控能够发生于细胞的不同空间；其转录调节多采用正调控的方式，很多非编码 RNA(non-coding RNA)参与了基因表达调控的过程。真核生物基因表达可在转录前、转录、翻译等多个不同的水平进行，属于多级调节系统，如图所示。

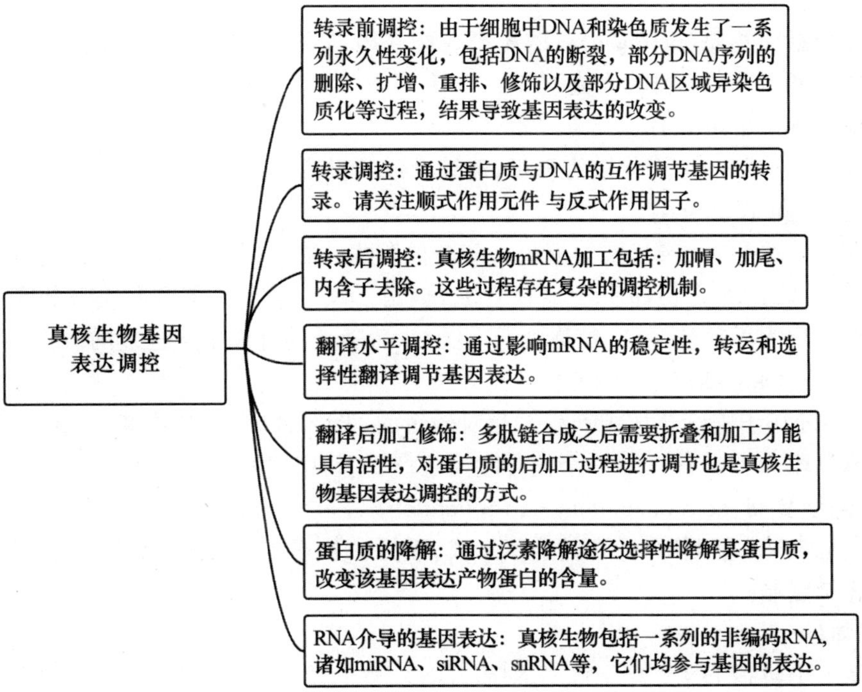

三、名词解释

1. 模板链(templated strand)

DNA 双螺旋中作为 RNA 生物合成模板的那条 DNA 单链被称为模板链，或者无意义链。与模板链互补的 DNA 链为编码链(有意义链)，因为它的序列与合成的 RNA 链相同，只是其中的 T 转换为 U。

2. 启动子(promoter)

启动子即一段 RNA 聚合酶与之结合后导致转录起始的 DNA 序列。

3. 剪切体(spliceosome)

剪切体是由一些小的核糖核蛋白体组成的 RNA-蛋白质复合体，它能够催化 mRNA 中内含子的切除反应。

4. 复制眼(replication eyes)

DNA 复制时，由于特定蛋白质与复制起始位点识别并结合，引发复制起始过程，导致 DNA 双螺旋解链，形成类似眼睛的结构，称之为复制眼。

5. 复制叉(replication forks)

复制眼两侧每侧两条 DNA 链之间形成“Y”字形结构，随后分别以这两条 DNA 链为模板开始 DNA 的复制，这种“Y”字形结构，称之为复制叉。

6. 复制子(replicon)

复制子包含有DNA复制起点到复制终点的一段DNA序列。原核生物DNA只有一个复制子,而真核生物有多个复制子。

7. 引发体(primosome)

引发体是包括引物酶(primase)、DNA解旋酶在内的蛋白质复合体,它能够催化DNA合成中所需要的短的RNA引物的合成。

8. 前导链(leading strand)

以走向3′→5′的DNA亲代链为模板,连续合成的子代DNA链被称为前导链。

9. 后随链(lagging strand)

以走向5′→3′的DNA亲代链为模板,DNA聚合酶只能按照5′→3′的方向合成许多小的片段,后由DNA聚合酶Ⅰ切除引物填补空隙,再由DNA连接酶连接形成一条完整的子代DNA链,该链被称为后随链(也常被称为滞后链)。后随链的合成是不连续的。

10. 冈崎片段(Okazaki fragments)

在DNA后随链不连续合成中产生的相对较短的DNA片段,通常称其为冈崎片段。在原核生物中冈崎片段为1 000～2 000个核苷酸,在真核生物中冈崎片段为100～200个核苷酸。

11. 半不连续复制(semidiscontinuous replication)

生物体进行DNA复制时,一条链连续合成,而另一条不连续合成,这种DNA的合成方式被称为半不连续复制。

12. 复制体(replisome)

复制体是一个包括DNA聚合酶、引物酶、DNA解旋酶、单链DNA结合蛋白以及其他辅助蛋白在内的蛋白质复合体。该蛋白复合体位于复制叉处,负责DNA的复制。

四、选择题

1. 下列关于大肠杆菌DNA聚合酶Ⅰ的叙述,正确的是______。

A. 具有3′→5′核酸外切酶活性

B. 具有5′→3′核酸内切酶活性

C. 是唯一参与大肠杆菌DNA复制的聚合酶

D. dUTP是它的一种作用底物

2. 冈崎片段是指______。

A. 内切酶切割DNA分子得到的片段

B. 组成30S核糖体的RNA片段

C. RNA聚合酶合成的一段mRNA片段

D. DNA复制时组成滞后链一段段短的DNA片段

3. 在大肠杆菌的复制叉上,______。

A. RNA引物能够被引物酶切除

B. DNA引物能够被核酸内切酶切除

C. RNA引物由引物酶合成

D. DNA拓扑异构酶能够解开DNA双螺旋

4. 下列有关大肠杆菌 RNA 聚合酶的描述，错误的是______。
A. 核心酶选择性地与启动子结合，但是没有 σ 因子不启动转录
B. RNA 聚合酶全酶有几个亚基组成
C. RNA 聚合酶催化产生的 RNA 分子完全与其 DNA 模板互补
D. 在没有模板存在的情况下，该酶不能合成长链的 RNA

5. RNA 聚合酶结合 DNA 模板后，正确的转录起始过程为______。
A. 闭合起始复合物形成，开放起始复合物形成，启动子清空，转录开始
B. 闭合起始复合物形成，开放起始复合物形成，转录开始，启动子清空
C. 开放起始复合物形成，闭合起始复合物形成，转录开始，启动子清空
D. 转录开始，开放起始复合物形成，闭合起始复合物形成，启动子清空

6. 在大肠杆菌 DNA 复制过程中，催化引物 RNA 合成的酶是________。
A. RNA 聚合酶
B. 引物酶
C. DNA 聚合酶Ⅰ
D. DNA 聚合酶Ⅲ

7. 原核生物正常复制时，其后随链冈崎片段的 DNA 合成由________催化完成。
A. DNA 聚合酶Ⅱ
B. DNA 连接酶
C. DNA 聚合酶Ⅰ
D. DNA 聚合酶Ⅲ

8. 在生物体 DNA 复制过程中，后随链是以________ 为模板不连续合成的子代 DNA。
A. 3′-5′亲代 DNA 链
B. 5′-3′亲代 DNA 链
C. 两条 DNA 链中的任何一条
D. 两条 DNA 链同时

9. DNA 链中—AATTGCCCG—在________ 情况下转变为—AATTGCCUG—。
A. 插入突变
B. 缺失突变
C. 颠换
D. 转换

10. DNA 糖苷酶参与的 DNA 修复属于________。
A. 切除修复
B. 重组修复
C. 错配修复
D. 直接修复

11. DNA 双螺旋中作为 RNA 合成模板的那条 DNA 链被称作模板链，也称作________ 。
A. 有意义链

B. 编码链

C. 正链

D. 无意义链

12. 原核生物 RNA 聚合酶全酶是________。

A. $\alpha\beta\omega\sigma$

B. $\alpha_2\beta\omega\sigma$

C. $\alpha_2\beta\beta'\omega\sigma$

D. $\alpha_2\beta\beta'\omega$

13. 真核生物 RNA 聚合酶Ⅰ不负责转录________。

A. 18S rRNA

B. 28S rRNA

C. 5.8S rRNA

D. 5S rRNA

14. 下列________产物不是原核生物 rRNA 的转录后产物。

A. 16S rRNA

B. 23S rRNA

C. 5.8S rRNA

D. tRNA

15. 原核生物 tRNA 转录后加工过程不包括下列________过程。

A. 从最初的 tRNA 转录产物上切除多余的核苷酸序列

B. 添加没有编码的部分核苷酸序列

C. 共价修饰特定的碱基

D. 在 3′端添加 polyA 尾巴

16. 下列________不是 mRNA 5′端帽子结构。

A. m^7GpppNp

B. m^7GpppNmp

C. m^7GpppNmpNmp

D. m^7GppNp

17. 原核生物转录时，RNA 聚合酶能识别 DNA 模板上的特定序列，该部位被称作________。

A. SD 序列

B. 启动子

C. 转录单位

D. 有意义链

18. RNA 合成时，所需底物是________。

A. NMP

B. NDP

C. NTP

D. 以上均可

19. 大肠杆菌 DNA 依赖的 RNA 聚合酶由 $\alpha_2\beta\beta'\omega\sigma$ 多亚基组成，其中与转录启动有关的亚基是________。

A. α

B. β

C. β'

D. σ

20. ________没有参与 DNA 的复制。

A. 逆转录酶

B. 引物酶

C. 拓扑异构酶

D. 解旋酶

21. 真核生物和原核生物 DNA 连接酶发挥作用时，分别由________提供能量。

A. NAD^+ 和 ATP

B. ATP 和 NAD^+

C. $NADP^+$ 和 ADP

D. ADP 和 $NADP^+$

22. 生物体合成 DNA 的原料是________。

A. ATP、GTP、CTP、TTP

B. ADP、GDP、CDP、TDP

C. dATP、dGTP、dCTP、dTTP

D. dADP、dGDP、dCDP、dTDP

23. 真核生物 RNA 聚合酶Ⅰ催化生成的产物有________。

A. mRNA

B. tRNA

C. 5S rRNA

D. 5.8S rRNA

24. 真核生物 mRNA 的帽子结构是通过与 mRNA 形成________达到两者相连的。

A. 5′-5′二磷酸连接

B. 5′-5′三磷酸连接

C. 3′-5′二磷酸连接

D. 3′-5′三磷酸连接

25. 1958 年________利用 N^{15} 标记大肠杆菌 DNA 的试验证明 DNA 的半保留复制机制。

A. Kary Mullis

B. Daniel Koshland

C. Emil Fisher

D. Matthew Meselson 和 Franklin W. Stahl

26. 具有 5′→3′外切活性的酶有________。

A. DNA 聚合酶Ⅰ

B. DNA 聚合酶Ⅲ

C. DNA 连接酶

D. RNA 聚合酶

27. 生物体内 DNA 复制过程中的 RNA 引物是由________切除的。

A. DNA 聚合酶Ⅰ

B. DNA 聚合酶Ⅱ

C. DNA 聚合酶Ⅲ

D. DNA 连接酶

28. 由 DNA 光裂合酶催化的反应属于 DNA 修复中的________。

A. 重组修复

B. 错配修复

C. 切除修复

D. 直接修复

29. 真核生物中，编码蛋白质的基因通常是由________转录的。

A. RNA 聚合酶Ⅰ

B. RNA 聚合酶Ⅱ

C. RNA 聚合酶Ⅲ

D. RNA 聚合酶Ⅳ

30. 下列有关 RNA 聚合酶描述错误的是________。

A. 具有 5′→3′聚合活性

B. 催化磷酸二酯键的形成

C. 聚合反应受到焦磷酸水解的促进

D. 具有 5′→3′外切活性

31. 逆转录酶________。

A. 只能用 RNA 作为模板

B. 有 5′→3′聚合活性，无 3′→5′外切活性

C. 与典型的 DNA 聚合酶一样，可以准确地合成 DNA

D. 逆转录病毒侵染时，并不携带逆转录酶，而是由寄主细胞合成逆转录酶

32. 下列有关 rRNA 和 tRNA 合成的描述，正确的是________。

A. 原核细胞最初转录的 16S、23S 和 5S rRNA 是 3 条独立的核糖核苷酸链

B. 原核细胞 rRNA 的转录本中有某些 tRNA 序列

C. 原核细胞转录的 rRNA 和 tRNA 在转录后不需要加工修饰

D. 真核细胞的 rRNA 和 tRNA 都是由 RNA 聚合酶Ⅰ合成的

33. 下列________通常不参与胸腺嘧啶二聚体损伤的修复过程。

A. 切除修复

B. 直接修复

C. 错配修复

D. 重组修复

34. 下列________不参与原核生物 DNA 合成的起始过程。

A. Tus 蛋白

B. Dna G

C. Dna A

D. Dna B

35. 乳糖操纵子是依靠________来解除其负调控的。

A. 阻遏蛋白与启动子的结合

B. 阻遏蛋白与操纵序列的结合

C. 别乳糖与阻遏蛋白结合，改变其构象，阻止其与操纵序列结合

D. 辅阻遏蛋白与启动子的结合

（答案：1A　2D　3C　4A　5B　6B　7D　8B　9D　10A　11D　12C　13D　14C　15D　16D　17B　18C　19D　20A　21B　22C　23D　24B　25D　26A　27A　28D　29B　30D　31C　32B　33C　34A　35C）

选择题要点解析

1. 选择 A。

[考点] DNA 聚合酶Ⅰ。

[解析] DNA 聚合酶Ⅰ，有大片段和小片段。大片段也被称作 Klenow 片段，具有 $5'\rightarrow3'$ 聚合活性，$3'\rightarrow5'$ 活性；小片段具有 $5'\rightarrow3'$ 外切活性。该酶的作用是切除 RNA 引物，填补空隙。只有选项 A 正确。

2. 选择 D。

[考点] DNA 复制中冈崎片段的概念。

[解析] 选项 D 的描述是正确的，其余都是干扰选项。

3. 选择 C。

[考点] DNA 复制的过程。

[解析] RNA 引物由引物酶合成，切除是由 DNA 聚合酶Ⅰ切除。其他选项的描述是错误的。

4. 选择 A。

[考点] RNA 聚合酶。

[解析] RNA 聚合酶由核心酶和 σ 因子组成。核心酶负责催化聚合反应，σ 因子负责识别

启动子。当启动完成之后，σ因子能够脱离全酶，重新使用。同时，RNA聚合酶催化的聚合反应需要模板。因此，选项A是错误的描述。

5. 选择B。

[考点] 转录的起始过程。

[解析] 选项B的描述是正确的，其他是干扰选项。

6. 选择B。

[考点] DNA的复制。

[解析] 引物的合成是在引物酶催化下完成的。

7. 选择D。

[考点] 冈崎片段的合成。

[解析] 催化冈崎片段合成的主要酶是DNA聚合酶Ⅲ。DNA聚合酶Ⅰ主要是引物切除和空隙填补；DNA聚合酶Ⅱ主要参与DNA修复，DNA连接酶起到连接DNA的作用。

8. 选择B。

[考点] 后随链的模板。

[解析] 前导链以$3'\rightarrow5'$的DNA亲代链为模板合成，而后随链以$5'\rightarrow3'$的DNA亲代链为模板合成。

9. 选择D。

[考点] DNA突变类型。

[解析] 题目中核苷酸由C变成U是属于嘧啶之间变化，属于突变中的转换。

10. 选择A。

[考点] DNA的修复。

[解析] DNA的修复通常包括直接修复、重组修复、切除修复、错配修复和易错修复。DNA糖基化酶参与的是切除修复，且切除修复中单个碱基的切除修复方式。

11. 选择D。

[考点] 模板链、编码链等的概念。

[解析] 注意模板链与编码蛋白质的mRNA链的核苷酸序列互补，所以也叫无意义链，或者负链。

12. 选择C。

[考点] RNA聚合酶全酶的组成。

[解析] RNA聚合酶全酶的组成是$\alpha\beta\beta'\omega\sigma$，核心酶是$\alpha\beta\beta'\omega$。

13. 选择D。

[考点] 真核生物RNA聚合酶种类及功能。

[解析] 真核生物RNA聚合酶Ⅰ是催化18S、28S和5.8S rRNA合成的。而5S rRNA是由RNA聚合酶Ⅲ催化合成的。

14. 选择 C。

[考点] 原核生物核糖体 RNA 的组成。

[解析] 原核生物核糖体 RNA 的组成包括 16S、18S 和 5S rRNA，不含有 5.8S rRNA。

15. 选择 D。

[考点] 原核生物 tRNA 的转录后加工。

[解析] 只有选项 D 不是原核生物 tRNA 的转录后加工步骤，它是真核生物 mRNA 的转录后加工步骤。

16. 选择 D。

[考点] 真核生物 mRNA 的帽子结构。

[解析] 通常真核生物 mRNA 的帽子结构有 3 种，只有选项 D 不是。

17. 选择 B。

[考点] 原核生物转录的起始过程。

[解析] 原核生物 RNA 聚合酶与 DNA 上特定启动子序列结合，而后启动转录。其他是干扰选项。其中 SD 序列是 mRNA 上的核苷酸序列，它是与核糖体小亚基 16S rRNA 结合，在原核生物蛋白质翻译起始过程中发挥作用。

18. 选择 C。

[考点] RNA 合成的原料。

[解析] RNA 合成所需原料为 NTP。

19. 选择 D。

[考点] RNA 聚合酶各亚基功能。

[解析] 原核生物 RNA 聚合酶 σ 亚基作用是识别启动子。

20. 选择 A。

[考点] 参与 DNA 复制的酶及相关蛋白质。

[解析] 逆转录酶参与的是逆转录过程，不属于 DNA 复制的范畴。

21. 选择 B。

[考点] DNA 连接酶的作用机制。

[解析] 在 DNA 连接时，原核生物利用 NAD^+，真核生物利用 ATP 提供能量。

22. 选择 C。

[考点] DNA 合成的原料。

[解析] DNA 合成所需原料为 dNTP。

23. 选择 D。

[考点] 真核生物 RNA 聚合酶Ⅰ的功能。

[解析] 真核生物 RNA 聚合酶Ⅰ催化 18S、28S 和 5.8S rRNA 合成。

24. 选择 B。

[考点] 真核生物 mRNA 的帽子与 mRNA 连键。

[解析] 从真核生物 mRNA 的帽子与 mRNA 连接的图示可以发现，两者的连接是通过选项 B 的连接方式，记住则可。

25. 选择 D。

[考点] 科学家及其科学发现。

[解析] K. Mullis 是发明了聚合酶链式反应（PCR）技术的美国科学家。Fisher 提出酶专一性锁钥学说。Koshland 提出酶专一性的诱导契合学说。选项 D 正确。

26. 选择 A。

[考点] DNA 聚合酶的活性。

[解析] 选项中 DNA 聚合酶Ⅰ具有 5′→3′和 3′→5′外切酶活性，而 DNA 聚合酶Ⅲ只具有 3′→5′外切酶活性。

27. 选择 A。

[考点] 引物切除。

[解析] DNA 聚合酶Ⅰ具有 5′→3′外切酶活性，能够切除引物。

28. 选择 D。

[考点] DNA 修复类型中的直接修复。

[解析] 光裂合酶参与的胸腺嘧啶二聚体的修复属于直接修复。

29. 选择 B。

[考点] 真核生物 RNA 聚合酶Ⅱ的功能。

[解析] 真核生物 RNA 聚合酶Ⅱ的作用通常是转录编码蛋白质的 mRNA 和非编码 RNA。

30. 选择 D。

[考点] RNA 聚合酶的功能。

[解析] RNA 聚合酶没有 3′→5′外切酶活性。

31. 选择 C。

[考点] 逆转录酶的功能。

[解析] 选项 D：在逆转录病毒最初侵入寄主时，病毒自身携带了逆转录酶，所以该选项错误。

32. 选择 B。

[考点] rRNA 和 tRNA 的合成。

[解析] 选项 A：原核细胞最初合成的 16S，23S 和 5S rRNA 是在一条核糖核苷酸链上。选项 C：原核细胞最初合成的 rRNA 和 tRNA 需要加工修饰才能发挥作用。选项 D：真核细胞的 5S rRNA 和 tRNA 都是由 RNA 聚合酶Ⅲ合成的。因此，这 3 个选项错误。

33. 选择 C。

[考点] DNA 损伤的修复。

[解析] 错配修复通常不是胸腺嘧啶二聚体的修复方式。

34. 选择 A。

[考点] 原核生物 DNA 合成的起始过程。

[解析] 参与 DNA 合成起始过程的蛋白有选项 B、C、D，Tus 蛋白参与 DNA 复制的终止过程。

35. 选择 C。

[考点] 乳糖操纵子。

[解析] 阻遏蛋白是与操纵序列结合而不是与启动子结合，选项 A 错误。阻遏蛋白与操纵序列结合的结果导致乳糖操纵子负调节，选项 B 错误。辅阻遏蛋白可以与阻遏蛋白结合，但这种结合不是乳糖操纵子的负调节的方式，选项 D 错误。

五、简答题

1. 请简述原核生物大肠杆菌 DNA 复制的延伸过程。

解析：原核生物大肠杆菌 DNA 复制的延伸过程包括前导链的合成和后随链的合成。答题要点应该包括合成前导链和后随链所需要的酶及特点；合成过程。具体要点如下：

- DNA 复制的延伸过程需要 DNA 聚合酶Ⅲ、引物酶、DNA 聚合酶Ⅰ、DNA 连接酶、单链 DNA 结合蛋白(SSB)、解旋酶等。DNA 聚合酶Ⅲ有 10 个亚基，其中 $\alpha\theta\varepsilon$ 是核心酶，具有 5′→3′聚合活性和 3′→ 5′外切活性，在 DNA 前导链和后随链的合成中起非常重要的作用；而 DNA 聚合酶Ⅰ小片段，具有 5′→ 3′外切活性，主要用于引物的切除，而大片段(Klenow 片段)具有 5′→ 3′聚合活性和 3′→ 5′外切活性，主要负责引物切除后 DNA 链空缺的合成，该酶在后随链的合成中发挥非常重要的作用；DNA 连接酶，在后随链的合成中，连接冈崎片段；引物酶在后随链中不断合成引物起始冈崎片段的合成；解旋酶，在 DNA 合成过程中不断打开双螺旋；单链 DNA 结合蛋白(SSB)，在双链 DNA 解链后，与单链 DNA 结合，使其保持单链状态，适宜作为模板。
- DNA 复制的延伸过程：在解旋酶的作用下，DNA 双链打开，单链 DNA 结合蛋白与单链 DNA 结合，使其保持单链状态。引物酶与亲代 DNA 链结合合成引物，DNA 聚合酶Ⅲ在引物后合成子代 DNA 链。根据本章要点分析及图示可以看出以 3′ → 5′ 亲代 DNA 链为模板链进行的子代 DNA 合成是连续的，我们称这条子代 DNA 为前导链，而另外一条亲代 DNA 模板链是 5′→ 3′，由于 DNA 聚合酶只能沿 5′→ 3′合成 DNA，因此以 5′→ 3′亲代 DNA 为模板链的 DNA 合成只能是不连续的，合成的子代 DNA 链被称作后随链。后随链是由许多冈崎片段在 DNA 连接酶的作用下连接产生的长链。由于 DNA 聚合酶只能沿两条亲代 DNA 链同方向移动，因此前导链正常合成，而后随链在合成过程中不断地形成一个个结，在结的局部位置后随链的合成方向与前导链相同。

2. 请简述逆转录的过程、逆转录酶的功能以及逆转录的意义。

解析：答题要点应该包括逆转录的定义和过程、逆转录酶的功能和生物学意义等内容。具体要点如下：

- 逆转录：以 RNA 为模板合成 DNA 的过程，是 DNA 生物合成的一种方式。
- 逆转录过程：

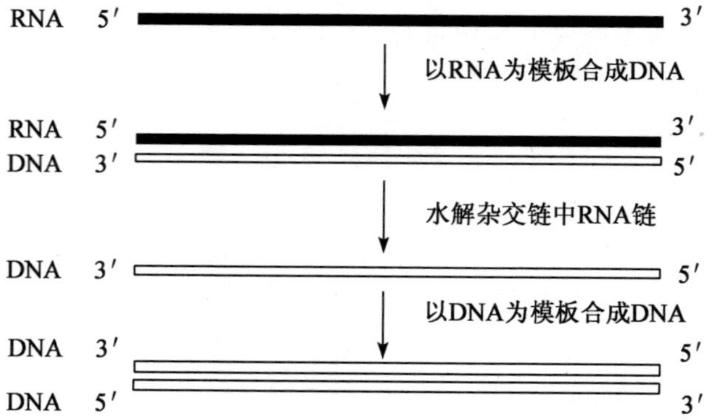

- 逆转录酶功能：具有以 RNA 为模板合成 DNA 的 DNA 聚合酶活性；

具有水解 DNA-RNA 杂交链中 RNA 链的核糖核酸酶 H 的活性；

具有以 DNA 为模板合成 DNA 的 DNA 聚合酶活性。

- 意义：逆转录过程的发现丰富了中心法则；催化逆转录反应的酶，即逆转录酶，目前已经成为分子生物学和基因工程研究中一个重要的工具酶，在生命科学的基础研究和应用领域中发挥着重要的作用。

3.请简述原核生物大肠杆菌转录的起始过程。

解析：原核生物转录的起始过程包括 3 个步骤，答题要点应该包括这 3 个步骤，即启动子的寻找、复合物构象变化、启动子清空。具体要点如下：

- 启动子的寻找：

RNA 聚合酶全酶与 DNA 非特异结合，并在 DNA 链上滑动，当全酶中 σ 与启动子序列识别后，RNA 聚合酶全酶与 DNA 特异结合，形成一个闭合结构的转录起始复合物。其中 DNA 仍然是双螺旋结构。

- 复合物构象变化：

闭合结构的复合物发生构象变化，导致转录起始复合物中约 18 个核苷酸长度双链 DNA 的解旋，形成一个开放的转录起始复合物。

- 启动子清空：

在开放结构形成后，由 RNA 聚合酶催化形成一个短的约 10 个核苷酸长度的 RNA 链，转录复合物功能从转录起始转变为转录的延伸过程，此时 σ 因子从转录复合物中脱落进入细胞质循环使用，而 RNA 聚合酶核心酶离开启动子序列执行其聚合功能。

转录起始是转录过程的限速步骤，而开放转录复合物的形成是转录起始过程中最慢的步骤。

4.请简述原核生物大肠杆菌转录终止的两种方式。

解析：原核生物的转录终止有两种方式。答题要点应该包括不依赖 ρ 因子的终止和依赖 ρ 因子的终止两种终止方式。具体要点如下：

- 不依赖 ρ 因子的终止：

某些基因的 DNA 模板链终止序列具有富含 GC 和富含 A 的特征，被称为内部终止子。当 RNA 聚合酶遇到终止子并转录出相应的 RNA 序列后，富含 CG 的 RNA 易形成发夹结构，其后的多个尿嘧啶核苷酸与 DNA 模板链的多个腺苷酸形成多个 AU 配对的 DNA-RNA

杂交链。由于维持 AU 配对的是 2 个氢键，相对于 GC 配对的 3 个氢键较弱，使 RNA 容易从 DNA-RNA 杂交链上脱落下来；RNA 的脱落就发出终止转录的信号，转录终止。

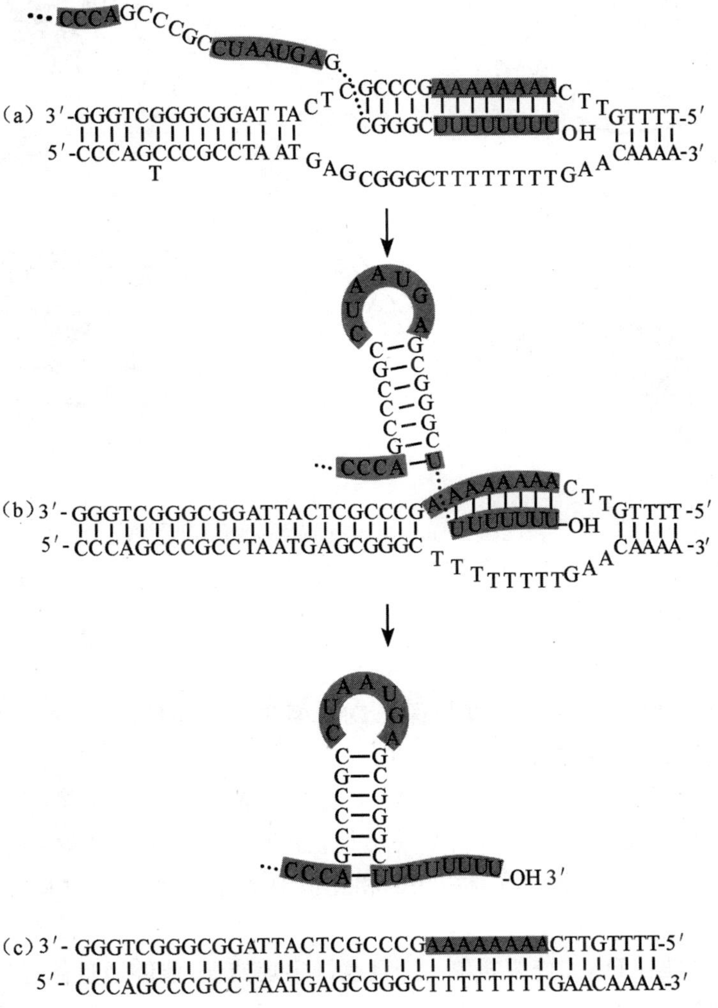

(引自：Mathews Biochemistry，2000)

● 依赖 ρ 因子的终止：

必须有 ρ 因子协助转录终止。该种方式 RNA 聚合酶转录的 RNA 没有上述结构特点。

ρ 因子本身具有以下功能：

ρ 因子具有 ATP 酶活性和 RNA-DNA 解旋酶活性，当 ρ 因子与合成出的 RNA 特定序列结合后，执行其解旋酶功能，通过水解 ATP 打开 RNA-DNA 杂交链，有利于转录终止。

另外，依赖 ρ 因子的终止还需要一种 NusA 蛋白质，它能与一些辅助蛋白质结合，共同改变 RNA 聚合酶的构象，使其脱离模板。

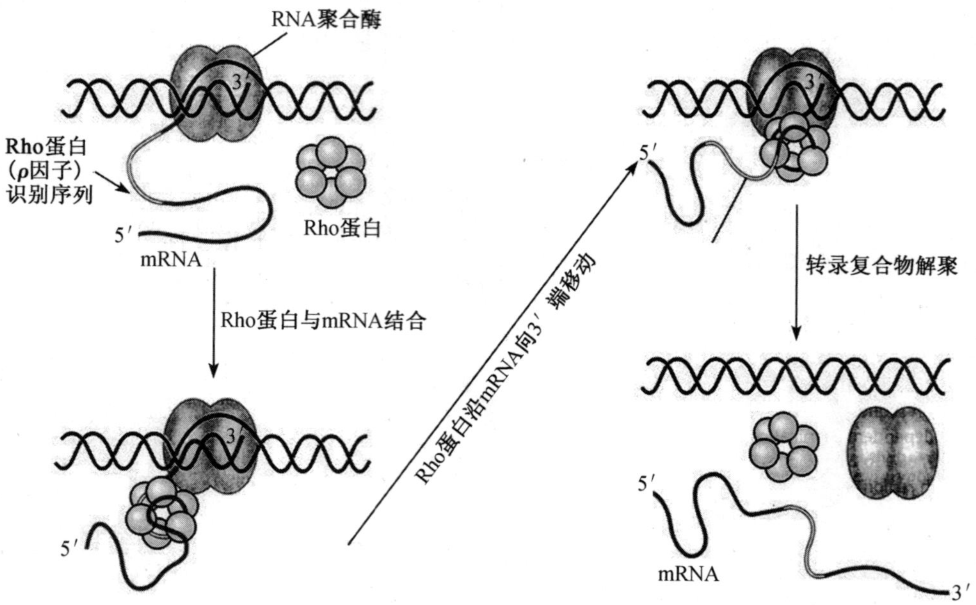

（引自：Mathews Biochemistry，2000）

六、论述题

根据你所学的知识，分析生物是如何保证 DNA 复制的真实性。

解析：从以下几个方面考虑，答题要点如下：

● 第一，每个细胞周期 DNA 只复制一次，复制次数越少，出错概率越小。

● 第二，DNA 聚合酶具有 3′→ 5′外切酶活性，合成出现错误后，能够立即进行校对。

● 第三，复制体的形成需要许多蛋白质的相互识别结合，这种复杂过程有利于保证复制的真实性。

● 第四，细胞内具有 DNA 修复机制，一旦复制出现错误，能够通过修复机制消除错误，保证 DNA 修复机制的真实性。

● 第五，DNA 的复制需要引物。在 DNA 的复制起始，很容易出现错误，但是由于 DNA 合成需要先合成引物，因此即使出现错误，由于引物会切除，因而能够降低 DNA 的复制起始产生的错误。

第十四章　蛋白质生物合成

一、本章总结简图

蛋白质的生物合成
- 密码子（起始密码子、终止密码子、密码子的特性）
- 参与蛋白质合成的主要物质（tRNA、mRNA、rRNA、蛋白质因子）
- 蛋白质的合成过程（氨基酸的激活、起始、延伸、终止）
- 蛋白质的合成后加工

蛋白质合成包括密码子、参与蛋白质合成的物质、蛋白质合成的过程以及合成后的加工与修饰4部分内容，其中蛋白质的合成过程以原核生物蛋白质合成过程为重点内容。

二、要点内容与问题分析

1. 密码子

密码子
- 起始密码子 AUG
- 终止密码子 UAA、UAG、UGA
- 密码子的方向性 5′→3′
- 密码子阅读的连续性
- 密码子的通用性与例外
- 密码子的简并性

DNA是生物信息的携带者，DNA与要合成的蛋白质之间并没有直接的联系，DNA的信息必须通过转录成mRNA，由mRNA作为合成蛋白质的信息模板翻译出蛋白质。这个信息传递的过程在中心法则中已经描述过了。这其中的奥秘在于如何解决DNA与氨基酸之间的关系，密码子破译的研究工作是找到DNA与氨基酸之间关系的关键。所以，关于蛋白质的合成首先应该掌握有关密码子的问题。

应该掌握有关密码子的概念、记忆起始密码子和终止密码子的核苷酸序列以及密码子的特性。

(1) *密码子的方向性。

密码子是一个三核苷酸序列，习惯上写出编码氨基酸的核苷酸序列都是从5′→3′，因此密码子具有方向性。

这个知识点是极易考查的地方。关于密码子的方向性我们应该注意以下内容：

● 例如：原核生物某蛋白质的N-端氨基酸相对应的DNA双螺旋的有意义链为：AATCTCGATGCTATGTTAT，请写出该蛋白质的N-端氨基酸序列。

解析：

DNA 有意义链	5′-AATCTCGATGCTATGTTAT-3′
mRNA 序列	5′-AAUCUCG<u>AUG</u>CUAUGUUAU-3′

氨基酸序列　　N 甲酰-Met-Leu-Cys-Tyr

本题的关键是明确 DNA 的有意义链核苷酸序列与编码相应蛋白质的 mRNA 序列应该相同，其次知道起始密码子是 AUG，而后查阅密码子字典写出相应的氨基酸序列则可。

● 例如：真核生物某蛋白质 N-端氨基酸相对应的 DNA 双螺旋的模板链序列是：ATACCGCCCCATTTT，请写出该蛋白质的 N-端氨基酸序列。

解析：

模板链　　5′-ATACCGCCCCATTTT-3′

mRNA 序列　　3′-UAUGGCGGGGUAAAA-5′（注意方向）

也写作

mRNA 序列　　5′-AAAAUGGGGCGGUAU-3′

N-Met-Gly-Arg-Tyr

本题的关键是明确 DNA 的模板链核苷酸序列与编码相应蛋白质的 mRNA 序列应该互补，其次注意 mRNA 的阅读方向及起始密码子是 AUG，另外，注意真核生物起始密码子不像原核生物一样甲酰化。

● 例如：某蛋白质的 C-端区域氨基酸序列相对应的 DNA 双螺旋中有意义链是：ATACCGCAACTCGTAATC，请写出该蛋白质的 C-端氨基酸序列。

解析：

DNA 有意义链　　5′-ATACCGCAACTCGTAATC-3′

mRNA 序列　　5′-AUACCGCAACUCGUAAUC-3′

氨基酸序列　　-Tyr-Arg-Asn-Ser

本题的关键是明确 DNA 有意义链核苷酸序列与编码相应蛋白质的 mRNA 序列应该相同，其次注意题目给出的是蛋白质 C-末端的序列，因此应该关注终止密码子。终止密码子为 UAA、UAG、UGA，本序列终止密码子为 UAA，而后查阅密码子字典写出相应的氨基酸序列则可。

从以上几个题型可以看出考查的知识点较多，一定要仔细分析。关于这类问题，应该注重以下几个要点：

首先明确练习题中给出的 DNA 序列是模板链(无意义链)，还是编码链(有意义链)，随后确定该序列与编码蛋白质的 mRNA 的关系。如果给定的是有意义链，则该序列与编码蛋白质的 mRNA 序列相同，如果给定的是无意义链，该序列与编码蛋白质的 mRNA 序列互补，并且注意 mRNA 的阅读方向也是 5′→3′。

其次，注意题目中要求写出的蛋白质氨基酸序列是 N 端还是 C 端，即涉及寻找起始密码子还是终止密码子的问题，从而确定阅读框架。

最后，注意所要写出的蛋白质氨基酸序列是真核生物还是原核生物，确定蛋白质 N-端第一个氨基酸甲酰化与否。

(2)密码子阅读的连续性。

一条 mRNA 核苷酸序列，如果确定起始位点后，则每 3 个核苷酸确定 1 个氨基酸，中间没有停顿，即没有标点。如果这条 mRNA 核苷酸序列中某个核苷酸缺失或者增加了 1 个核苷酸，在蛋白质合成过程中仍然从起始位点开始按照每 3 个核苷酸决定 1 个氨基酸的原则阅读，结果造成氨基酸序列发生变化，即造成所谓的移码突变。这种 mRNA 核苷酸序列阅读的无标点现象称作密码子阅读的连续性。

(3)密码子的通用性。

自然界所有的生物都使用相同的密码字典,这种现象被称作密码子的通用性。但是 20 世纪 80 年代的研究表明线粒体的遗传密码与通用的密码字典并不完全相同,而只是近乎通用,所以出现了密码通用性的例外。例如,通用密码子 AGG 编码精氨酸,而在人细胞线粒体中是终止密码子。即使密码子通用,在不同的生物体中也存在密码子的嗜好,即某一密码子在不同的生物体中出现的频率不同。例如:编码亮氨酸的密码子之一 CUC,在大肠杆菌中每 1 000 个碱基使用频率是 9.9,而在人体中是 20.1。

(4)密码子的简并性。

密码子存在简并性。编码同一种氨基酸的一组不同的密码子,称作同义密码子,或者称作简并密码子。由于同义密码子的存在,20 种氨基酸中许多氨基酸都拥有多个密码子,所以才有 61 个密码子编码 20 种氨基酸的现象存在,这种一个氨基酸有多个密码子编码的现象,被称作密码子的简并现象,或者密码子的简并性。

密码子的简并性对维持生物种的稳定性起到十分重要的作用。例如,编码脯氨酸的密码子有 4 个,分别是 CCA、CCG、CCU、CCC,如果发生突变导致密码子最后一个核苷酸发生变化,密码子编码的氨基酸并不发生变化,仍然是脯氨酸。因而,生物体在这种突变发生后,不会受到影响。

有关密码子的部分内容,2009 年(农学门类联考)研究生入学考试第 38 题进行了相关的考查。例如:在体外蛋白质合成体系中,一条含有 CAU 重复序列的多聚核苷酸链,经翻译后发现其产物有 3 种,即多聚组氨酸、多聚异亮氨酸和多聚丝氨酸。如果组氨酸的密码子是 CAU,异亮氨酸的密码子是 AUC,那么丝氨酸的密码子是什么?为什么?

遵照密码子的以上特点:方向性 $5'\rightarrow3'$;连续性阅读;根据题中给定的是体外翻译体系可知,翻译可能会出现 3 种阅读方式,即

a 5′-………CAU CAU CAU CAU CAU CAU CAU CAU CAU………-3′

b 5′-………AUC AUC AUC AUC AUC AUC AUC AUC AUC………-3′

c 5′-………UCA UCA UCA UCA UCA UCA UCA UCA UCA………-3′

条件说明组氨酸的密码子是 CAU,异亮氨酸的密码子是 AUC,因此,阅读方式 a、b 的产物分别是多聚组氨酸和多聚异亮氨酸,那么第 3 种产物是多聚丝氨酸。所以,尽管丝氨酸有 6 个密码子,但在该题条件下丝氨酸的密码子只能是 UCA。

相关考题出现在 2010 年(农学门类联考)研究生入学考试第 42 题:在研究蛋白质多肽链生物合成过程时发现,当编码某氨基酸的一个密码子变成终止密码子或变成编码另一种氨基酸的密码子时,所合成的蛋白质有的活性不变,有的生物活性发生改变。请分析产生上述现象的生化机制。此题目考察的是学生综合掌握知识的能力,内容涉及密码子的简并性、蛋白质结构特性等内容。

答题要点:根据题目内容将题目分解成两部分。如下图所示。

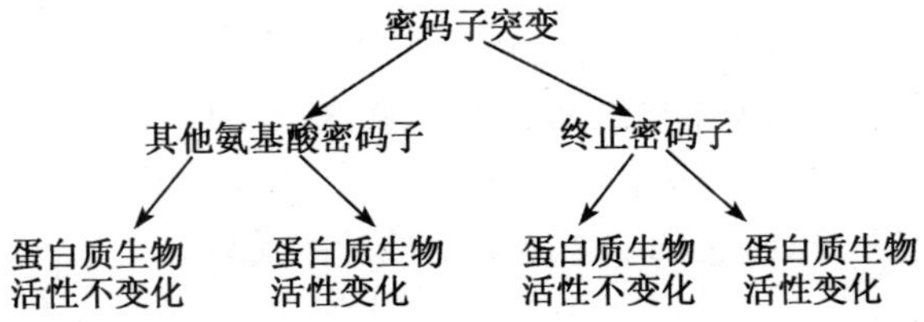

首先，考虑影响蛋白质活性的因素。从题目中可知，影响蛋白质活性的因素应该限制在蛋白质本身氨基酸上，因此，从组成蛋白质氨基酸入手分析问题。组成蛋白质的氨基酸从进化的角度而言分成可变残基和不变残基。通常不变残基非常重要，在维持蛋白质结构和功能方面发挥不可替代的作用，而可变残基则是性质相同的氨基酸在进化过程中发生替代的一些氨基酸。可变残基的变化对蛋白质结构和功能的变化影响有两种情况，如果可变残基存在于对维持蛋白质活性有关键作用的活性中心或者维持结构的重要非活性中心位置，其替代则会影响蛋白质的活性，如果存在于其他位置，则其被替代对蛋白质功能没有影响。

其次，分析图中的两种情况。当密码子突变成其他氨基酸时，该氨基酸是不变残基，则蛋白质活性发生变化，如果该残基是可变残基，则如上所述可能是活性变化，也可能活性不变，主要依据变化后氨基酸残基的性质和本身该残基存在的位置；当密码子突变为终止密码子时，得到的蛋白质将是不完整的，如果该密码子之前的部分翻译后形成的蛋白质功能区域完全以及维持其空间结构的肽链完全，则可能蛋白质活性不变，否则活性将发生变化。

2. 参与蛋白质生物合成的物质

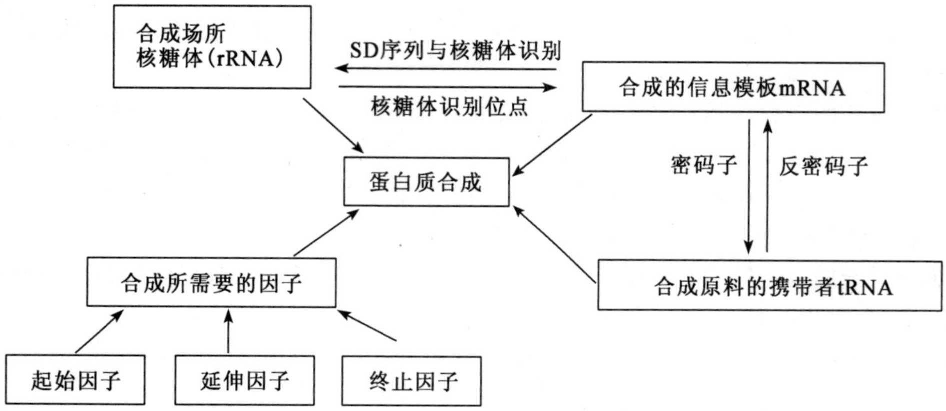

mRNA 是蛋白质合成的信息模板；tRNA 是蛋白质合成原料氨基酸的运载工具；核糖体(rRNA)是蛋白质合成的场所；另外有一些辅助因子，以大肠杆菌为例，诸如蛋白质合成的起始因子 IF1、IF2、IF3，延伸因子 EFTu、EFTs、EFG，以及蛋白质合成的终止因子(释放因子) RF1、RF2、RF3 等；此外还需要大量的能量物质 ATP、GTP。在蛋白质的合成过程中，每掺入 1 个氨基酸就需要消耗 4 个高能磷酸键，因此蛋白质合成是一个十分耗能的过程。

应该掌握大肠杆菌蛋白质合成的场所核糖体(rRNA)的组成及结构特点，以及参与蛋白质合成的辅助因子的功能。

(1)SD 序列及其作用。

SD 序列是位于 mRNA 起始密码子前 10 个核苷酸左右的富含嘌呤核苷酸的一段序列。它的作用是与原核生物核糖体小亚基 16S rRNA 结合，是 mRNA 与核糖体结合的识别位点。

(2)tRNA 的功能位点及其在蛋白质合成过程中所起的作用。

从 tRNA 是携带蛋白质合成原料氨基酸的工具这一功能考虑，tRNA 应该具有与氨基酸连接的位点，可以携带氨基酸进入核糖体并与 mRNA 识别。

tRNA 3′端具有 CCA 序列，它的功能是氨基酸的接受臂。

tRNA 具有特定的部位与氨酰 tRNA 合成酶识别，这种识别以及反密码子决定该 tRNA 携带何种氨基酸。

携带了氨基酸的 tRNA，即氨酰 tRNA 会进入核糖体，因此 tRNA 上有核糖体结合位点。

进入核糖体的氨酰 tRNA 必须与 mRNA 识别，将氨基酸送到正确的位置，所以在 tRNA 上有反密码环，通过反密码环中反密码子与 mRNA 上的密码子识别。

因此在 tRNA 上与蛋白质合成相关的位点有 4 个：氨基酸的接受臂、氨酰 tRNA 合成酶识别位点、核糖体结合位点以及 mRNA 识别位点。

(3)携带氨基酸的 tRNA 反密码子与密码子的识别并非一一对应。

该问题考查的是知识点：反密码子与密码子识别过程中的变偶性(摆动性)现象。

分析简并密码子可以发现，简并密码子往往是前两位核苷酸相同，而最后一位核苷酸不同。反密码子是与密码子配对的，因而，反密码子与密码子识别时，反密码子的 5′端第一个核苷酸与密码子 3′端的核苷酸配对，如果是一一对应关系，则有 61 个密码子，就应该有 61 个反密码子。事实上研究发现，这种反密码子的 5′端第一个核苷酸与密码子 3′端的核苷酸配对具有一定的规则(见图)，并不是一一对应的关系，这种现象称为变偶性(摆动性)。反密码子的 5′端第一个核苷酸被称作变偶碱基(摆动碱基)。

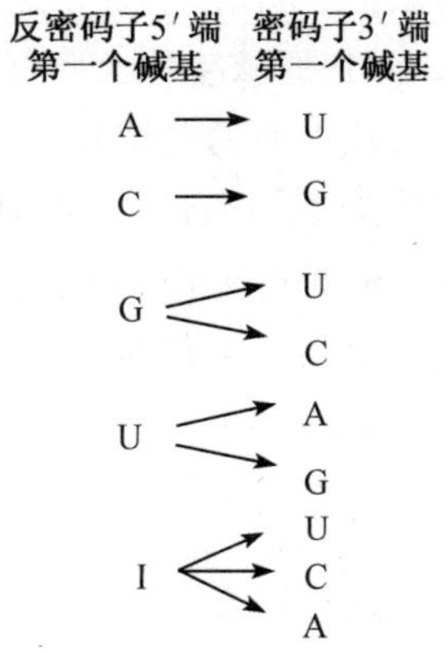

在上述原则指导下，与 61 个密码子相对应的反密码子就不再是 61 种，而是 30～60 种，原核生物有 30 多种 tRNA，而真核生物有 60 多种 tRNA。

由此可知，运送同一种氨基酸的 tRNA 不限于一种，我们将携带同一种氨基酸的不同 tRNA 称为同工受体 tRNA 分子(isoacceptor tRNA molecular)，或者同工 tRNA 分子。

(4)比较真核生物和原核生物核糖体，明确核糖体上与蛋白质合成相关的功能位点。

细菌核糖体 70S	大亚基 50S	23S rRNA 5S rRNA	31 种蛋白质
	小亚基 30S	16S rRNA	21 种蛋白质
哺乳动物核糖体 80S	大亚基 60S	28S rRNA 5S rRNA 5.8S rRNA	49 种蛋白质
	小亚基 40S	18S rRNA	33 种蛋白质

真核生物和原核生物核糖体差别如上图。

核糖体上有以下主要位点与蛋白质合成有关：

①mRNA 结合位点。

原核生物的核糖体小亚基 16S rRNA 能够与 mRNA SD 序列相互识别。

②肽酰 tRNA 结合位点(P 位点)。

该位点部分位于大亚基，部分位于小亚基，能与延伸中肽酰 tRNA 结合。

③氨酰 tRNA 结合位点(A 位点)。

该位点位于大亚基上，专门与新掺入的氨酰 tRNA 结合。

④肽基转移酶位点。

该位点位于大亚基上，催化肽键的形成。目前研究认为执行该功能的是核糖体大亚基中的 23S rRNA。

⑤辅助因子结合位点。

有起始因子、延伸因子、终止因子结合部位。

3.蛋白质的生物合成过程

蛋白质的生物合成过程
- 氨基酸的激活(氨酰 tRNA 合成酶)
- 起始(起始甲硫氨酸与中间甲硫氨酸密码子的识别)
- 延伸(EFTu-EFTs 循环)
- 终止

应该掌握蛋白质合成的方向是从 N 端到 C 端;蛋白质合成的过程包括 4 个步骤:氨基酸的激活、蛋白质合成的起始、延伸、终止。每个步骤的要点如下:

(1)原核生物大肠杆菌蛋白质的合成过程。

从上面的总结知道蛋白质合成的过程包括氨基酸的激活、蛋白质合成的起始、延伸、终止 4 个步骤。因此在答题时从这 4 个方面进行阐述,将各步骤要点写出。

• 氨基酸的激活:

生物体中存在氨酰 tRNA 合成酶,该酶催化 2 个反应,即

$$\text{AA} + \text{ATP} \longrightarrow \text{AA-AMP} + \text{PPi}$$
$$\text{AA-AMP} + \text{tRNA} \longrightarrow \text{AA-tRNA} + \text{AMP}$$

通过这 2 个反应,tRNA 装载了氨基酸,形成了氨酰 tRNA,这个过程乃是氨基酸的活化过程。

值得注意的是,氨酰 tRNA 合成酶的专一性能够保证 tRNA 可以携带正确的氨基酸吗?事实上,大多数氨基酸的氨酰 tRNA 合成酶专一性都非常强。有些氨基酸,尽管其氨酰 tRNA 合成酶的专一性不是很强,但这些氨基酸的氨酰 tRNA 合成酶有校正功能,它们不仅有激活位点执行氨酰 tRNA 的合成,而且还有一个编辑位点检查形成的氨酰 tRNA 是否正确。如果不正确,错误的氨酰 tRNA 在编辑位点被水解,从而保证 tRNA 能够携带正确的氨基酸。有些学者将氨酰 tRNA 合成酶和与之对应的 tRNA 分子称为第二套遗传密码。

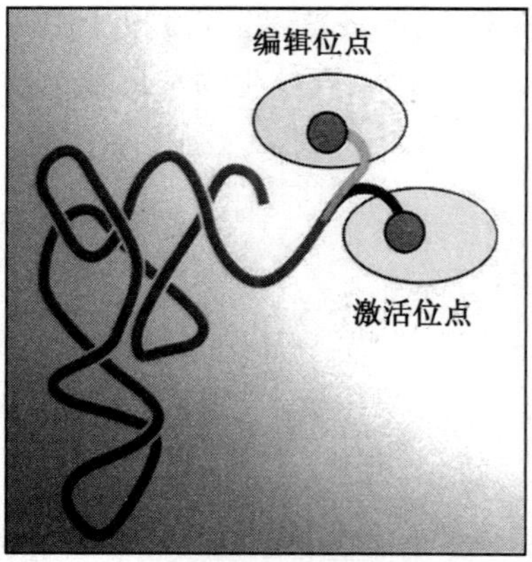

(引自:Jeremy M. Berg. Biochemistry,2002)

• 蛋白质合成的起始过程:

在密码子的学习过程中,大家知道编码甲硫氨酸的密码子和起始密码子相同,那么在蛋白质合成过程中,细胞是如何区分这两个密码子的呢?起始过程如何?

首先,必须明确运载甲硫氨酸的 tRNA 有两种,分别是 $\text{tRNA}_f^{\text{Met}}$ 和 tRNA^{Met};

其次,注意原核生物起始密码子只能与携带甲酰化甲硫氨酸的 $\text{tRNA}_f^{\text{Met}}$ 反密码子识别;

最后,原核生物存在甲酰基转移酶,该酶只能催化 $\text{Met-tRNA}_f^{\text{Met}}$,不能催化 $\text{Met-tRNA}^{\text{Met}}$ 的甲酰化,因此只能有 $\text{fMet-tRNA}_f^{\text{Met}}$ 形成。如下图所示:

$$\text{Met} + \text{tRNA}^{\text{Met}} \xrightarrow{\text{甲硫氨酸氨酰-tRNA 合成酶}} \text{Met-tRNA}^{\text{Met}}$$

$$Met + tRNA_f^{Met} \xrightarrow{\text{甲硫氨酸氨酰-tRNA 合成酶}} Met\text{-}tRNA_f^{Met} \xrightarrow{\text{甲酰基转移酶}} fMet\text{-}tRNA_f^{Met}$$

通过这些反应的发生，携带起始氨基酸的氨酰-tRNA 与携带甲硫氨酸的氨酰-tRNA 就有非常大的差别，不仅 tRNA 本身有差别，而且携带的氨基酸也有所不同。

相关考题出现在 2012 年(农学门类联考)研究生入学考试第 29 题：真核生物蛋白质生物合成的起始氨酰-tRNA 是______。

A. $fMet\text{-}tRNA_f^{Met}$　B. $fMet\text{-}tRNA_m^{Met}$　C. $Met\text{-}tRNA_i^{Met}$　D. $Met\text{-}tRNA_m^{Met}$

选择 C。

另外，核糖体在与 mRNA 结合形成蛋白质起始复合物时，位于 mRNA 起始密码子上游的 SD 序列与核糖体的正确结合也能够决定起始密码子的位置。

蛋白质合成的起始过程如下图所示。

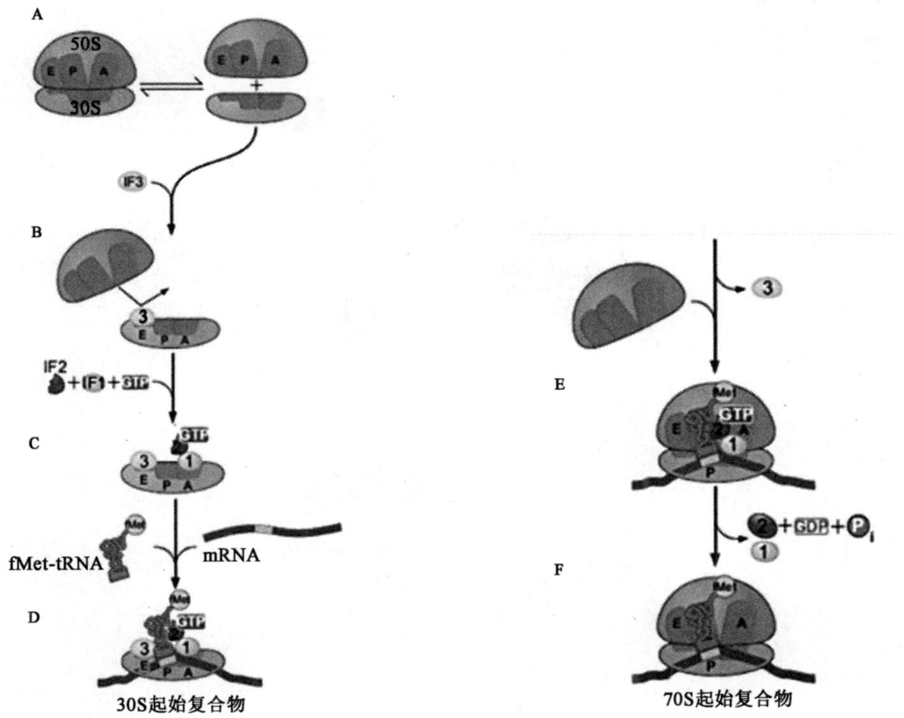

(引自：刘国琴等. 生物化学，2019)

起始复合物的组装需要 30S 小亚基、50S 大亚基、mRNA、$fMet\text{-}tRNA_f^{Met}$、3 个起始因子(IF1、IF2 和 IF3)、GTP 和 Mg^{2+} 等。起始复合物的组装不是一次完成的，而是分两步进行：先形成 30S 起始复合物，再形成 70S 起始复合物。

核糖体在完成上一轮蛋白质合成后通常解离为大、小两个亚基(图 A)，此时，IF3 与小亚基 E 位结合，从而阻止大、小亚基的无效结合(图 B)。组装时，IF2(也是一种 GTP 酶)首先与 IF1、GTP 结合，进入核糖体小亚基的 A 位(图 C)；mRNA 在 5′端的 SD 序列处与核糖体小亚基 16S rRNA 识别、结合；$fMet\text{-}tRNA_f^{Met}$ 进入小亚基 P 位，并与 IF2 结合；mRNA 起始密码子

AUG 与 $fMet\text{-}tRNA_f^{Met}$ 的反密码子识别，30S 起始复合物形成。mRNA 和起始氨酰 tRNA 与核糖体是独立且任意顺序结合(图 D)。

30S 起始复合物形成后，密码子与反密码子的正确识别导致核糖体小亚基构象发生变化，IF3 释放。此时，核糖体大亚基易于与小亚基结合，形成 70S 起始复合物前体(图 E)。核糖体大、小亚基的结合激发了 IF2 的酶活性，IF2 水解 GTP 产生 IF2·GDP。IF2·GDP 与核糖体和起始氨酰 tRNA 的亲和力大大降低，IF2、GDP 和 IF1 相继离开核糖体，70S 起始复合物组装完毕(图 F)。

● 蛋白质合成的延伸过程：

蛋白质合成的延伸过程包括进位、转肽、移位 3 个步骤。转肽、移位两个过程比较简单，进位较为复杂，主要存在一个 EF-Tu 与 EF-Ts 循环。

进位：指氨酰 tRNA 进入蛋白质合成复合物核糖体的 A 位点，并完成反密码子与密码子的识别。氨酰 tRNA 的进位是在 EF-Tu、EF-Ts、GTP 帮助下完成的。具体表现为 EF-Tu-GTP 将氨酰-tRNA 带至核糖体 30S 亚基的 A 位点，反密码子与密码子识别，导致 EF-Tu 的构象改变，GTP 水解；tRNA 的 CCA 末端进入核糖体 50S 亚基的 A 位点；EF-Tu-GDP 释放，循环再生。EF-Ts 参加 EF-Tu 的再生。

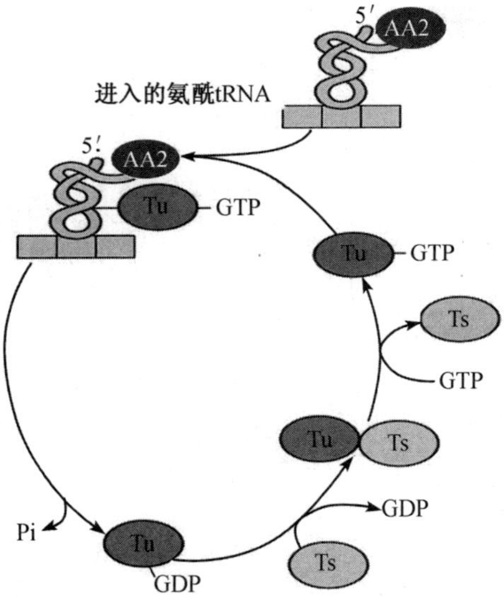

(引自：Moran. Principles of Biochemistry，2012)

转肽：蛋白质合成复合物核糖体大亚基 23S rRNA 具有肽基转移酶的活性，由它催化肽键的形成，新形成的肽酰链在移位前位于 A 位点。

移位：肽键形成后，蛋白质合成复合物核糖体沿 mRNA 链 5′→3′方向移动一个密码子的距离，这个过程是在移位酶 EF-G 的催化下由 GTP 提供能量完成的，结果位于 A 位点的肽酰链在核糖体移位后位于核糖体的 P 位点，核糖体 A 位点空出等待下一个氨酰 tRNA 的进入。

● 蛋白质合成的终止过程：

蛋白质合成复合物核糖体沿 mRNA 链 5′→3′方向移动，核糖体 A 位点位于终止密码子 UAA、UAG、UGA 中任何一个时，没有任何氨酰 tRNA 可以与其识别，此时终止因子 RF1、

RF2(RF1 识别 UAG、UAA;RF2 识别 UAA、UGA;RF3 具有促进 RF1、RF2 执行其功能的作用)与蛋白质合成复合物核糖体结合,肽基转移酶的活性转变为水解活性,水解肽酰基-tRNA 的酯键,释放新生肽链,蛋白质合成复合物核糖体解聚。

(2)参与原核生物大肠杆菌蛋白质合成的起始因子、延伸因子、终止因子的生物学功能。

各因子类型	各因子代号	生物学功能
起始因子	IF1	占据核糖体 30S 小亚基 A 位点,阻止 tRNA 提前占据该位点
	IF2	促进 fMet-$tRNA_f^{Met}$ 与核糖体 30S 小亚基 P 位点结合
	IF3	抑制核糖体 30S 小亚基与 50S 大亚基无效结合,增强 fMet-$tRNA_f^{Met}$ 与核糖体 30S 小亚基 P 位点结合的专一性
延伸因子	EF-Tu	促使氨酰 tRNA 进入蛋白质合成复合物核糖体 A 位点
	EF-Ts	参与 EF-Tu 的再生
	EF-G	在 GTP 存在下,帮助蛋白质合成复合物沿 mRNA 链 $5'\rightarrow 3'$ 方向移动一个密码子的距离
终止因子	RF1	识别终止密码子 UAG、UAA,终止蛋白质合成
	RF2	识别终止密码子 UGA、UAA,终止蛋白质合成
	RF3	增强 RF1、RF2 的功能

(3)真核生物蛋白质翻译。

真核生物蛋白质的合成过程与原核相似,只是起始过程更为复杂,通常需要十多种翻译起始因子的参与,下面是这些因子各自的功能。

翻译起始因子	功　能
eIF1	与 40S 核糖体 E 位点结合,促进 eIF2-Met-$tRNA_i^{Met}$-GTP 三元复合物与 40S 核糖体结合
eIF1A	与细菌 IF1 同源,与 40S 核糖体 A 位点结合,阻止 tRNA 与核糖体 A 结合
eIF2	具有 GTPase 活性,促进起始 Met-$tRNA_i^{Met}$ 与 40S 核糖体结合
eIF2B	参与 eIF2 中 GDP 与 GTP 的交换
eIF3	与 IF3 同源,第一个与 40S 核糖体结合的因子,促进后续步骤的进行
eIF4A	具有 RNA 解旋酶活性,能够去除 mRNA 的二级结构便于 mRNA 与 40S 核糖体结合,是 eIF4F 复合物的组分
eIF4B	与 mRNA 结合,促进核糖体小亚基扫描 mRNA,定位第一个 AUG 起始密码子
eIF4E	结合 mRNA5′帽子,是 eIF4F 复合物的组分
eIF4F	是包含 eIF4A、eIF4E 和 eIF4G 的复合物
eIF4G	与 eIF4E 以及 PABP(polyA 结合蛋白)结合,是 eIF4F 的组分
eIF5	促使一些起始因子从 40S 核糖体上的解离,启动 60S 核糖体亚基的加入以便形成 80S 核糖体起始复合物
eIF5B	与 IF2 的 GTPase 同源,在最终的起始复合物装配前,促进起始因子的解离

真核生物蛋白质合成的起始过程主要经历了43S、48S和80S起始复合物的形成三个阶段，如图片所示。

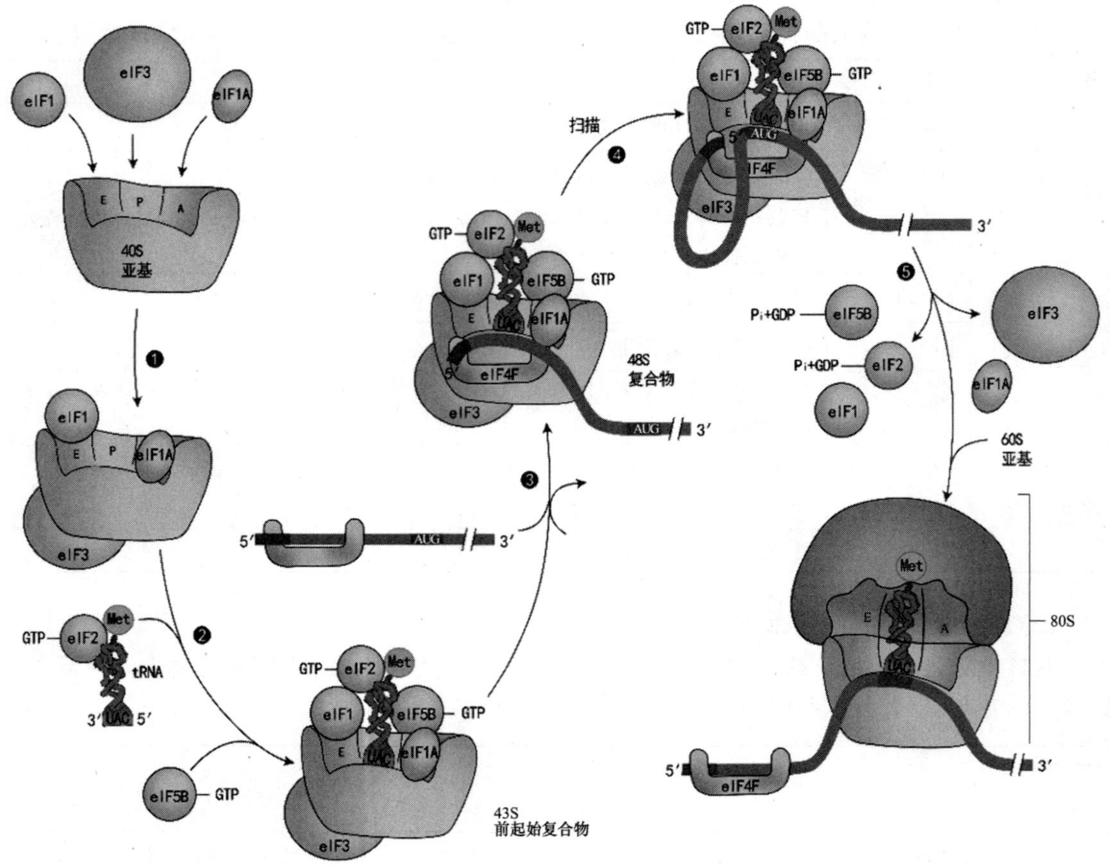

（引自：Nelson et al. Lehninger Principles of Biochemistry，2017）

第一，eIF3与40S核糖体结合，之后eIF1和eIF1A分别与40S核糖体的E位点和A位点结合，eIF2-Met-tRNA$_i^{Met}$-GTP与40S核糖体的P位点结合，当eIF5(图中未显示)和eIF5B与核糖体结合后，43S核糖体起始复合物形成；第二，eIF4F是由eIF4A、eIF4E和eIF4G组成的复合物，该复合物与mRNA结合，进入43S起始复合物后，产生了48S起始复合物；第三，eIF4A和eIF4B(图中未显示)发挥作用，促使48S起始复合物从5′端开始沿5′→3′方向扫描mRNA寻找AUG起始密码子，当AUG进入核糖体P位点后，众多起始因子从核糖体中解离释放，之后60S核糖体大亚基加入，最终形成80S起始复合物，蛋白质合成起始过程结束。

除上述起始因子外，还有一个起始因子eIF6，它能够与60S核糖体结合，抑制80S核糖体复合物的形成。

真核生物蛋白质合成的延伸过程由三个延伸因子eEF1A，eEF1B和eEF2参与，它们分别与原核生物延伸因子EF-Tu、EF-Ts和EF-G功能相似。

与原核生物蛋白质释放因子相比，真核生物释放因子eRF1能够识别所有的终止密码子，eRF3为GTP结合蛋白，它的功能是水解GTP，帮助执行功能后的eRF1释放。真核生物没有

eRF2。

值得注意的是不同的教材，这些翻译起始因子的功能不完全一样，比如有些教材认为eIF4B是eIF4F复合物的组分，而这里参考的原版教材认为eIF4B的准确分子功能不清楚，图片中未显示，并且未将其归入eIF4F的组分。

注意：图中未显示eIF4B和eIF5

4.蛋白质合成抑制剂

蛋白质的生物合成受到众多物质的抑制，这也是人类利用化学物质作为药物抑制原核生物细菌等生长从而控制疾病的途径之一。常见的蛋白质合成抑制剂如下表所示。

化合物名称	抑制位点	作用结果
嘌呤霉素	氨酰tRNA类似物	肽酰嘌呤霉素从核糖体上脱落，细菌蛋白质合成终止
四环素	抑制氨酰-tRNA与30S核糖体小亚基结合	抑制细菌蛋白质合成
链霉素	氨基糖苷类抗生素	低浓度引起细菌遗传密码错读，高浓度抑制细菌蛋白质合成
氯霉素	抑制细菌50S核糖体大亚基肽酰转移酶活性，并包括真核生物的线粒体和叶绿体的50S核糖体大亚基	抑制细菌和真核生物蛋白质的合成
放线菌酮	抑制真核生物60S大亚基肽酰转移酶活性	抑制真核生物蛋白质的合成
白喉毒素	使真核生物蛋白质合成的延伸因子eEF2失活	抑制真核生物蛋白质的合成

5.蛋白质肽链的转译后加工与修饰

大多数蛋白质肽链在转译后必须经过一定加工修饰并形成特定的空间结构才能够具有活性，具有生理功能。蛋白质肽链的转译后加工与修饰包括部分肽段的水解切除（N-端切除、信号肽切除、酶原的切除激活以及蛋白质的剪接）、氨基酸的修饰（糖基化修饰、脂质化修饰、糖基磷脂酰肌醇化修饰等蛋白质成熟过程中的修饰，以及蛋白质成熟后的某些氨基酸的甲基化、乙酰化、磷酸化、泛蛋白化、ADP核糖基化等修饰）、二硫键的形成、蛋白辅助因子的加入等几个过程。另外，一些蛋白质还需要进行N端或者C段的修饰。例如，有些蛋白质N端被甲基化，有些蛋白质C端被酰胺化。

6.肽链的转运

蛋白质在细胞质中的核糖体上合成，但是合成的蛋白质却分布在整个细胞的不同部位行使功能。因此蛋白质肽链合成后需要转运。新生肽链的转运有两种情况，一种是新生肽链转译完成后整条肽链被转运；另外一种是新生肽链在转译同时已经被转运，这种方式是转译和转运同步进行，也被称作共转译事件。

例如有些蛋白质通过内质网进行转运，这个过程有信号肽的参与。信号肽（signal peptide）是指某些蛋白质的氨基末端有一个由15～36个氨基酸组成的序列，主要是疏水氨基酸，它在蛋白质的定向定位中起重要作用，这个序列叫信号肽。当信号肽合成后并从核糖体的内部肽链通道延伸出来时，蛋白质合成停止。信号肽识别颗粒（signal recognition particle，SRP）与信号肽结合，并带领信号肽与内质网膜上的信号肽识别颗粒受体（SRP receptor）结合，使信号肽正确定位于内质网膜上由核糖体受体蛋白（ribophorin）参与形成的孔道进入内质网，蛋白质合成继续进行，后信号肽被信号肽酶切除。通过这种方式合成的蛋白质直接导入内质网中，属于上述共转译事件。

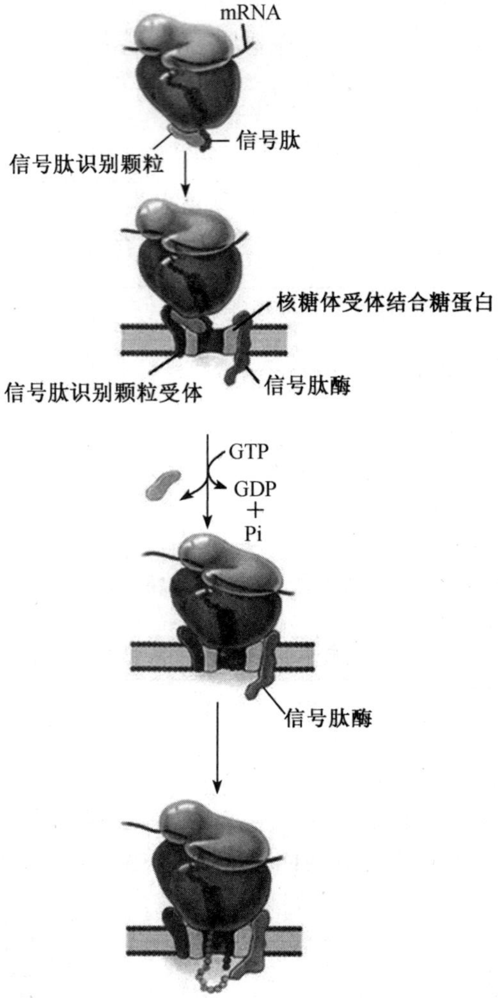

（引自：Moran. Principles of Biochemistry, 2012）

7. **肽链的折叠**

蛋白质肽链的一级结构决定高级结构，所以许多肽链能够自动折叠成正确的构象。但是并不是所有的肽链都能够自动折叠成正确的构象，它们需要一些其他蛋白质的帮助才能够折叠成正确的构象。分子伴侣蛋白（molecular chaperon）就是这样的蛋白质。所谓分子伴侣蛋白，是指在细胞内帮助新生肽正确折叠形成成熟蛋白质而自身却并不参与该功能蛋白质的组成的一类蛋白质。同时，分子伴侣蛋白还能够防止新生肽产生错误的折叠。

三、名词解释

1. **分子伴侣（molecular chaperon）**

在细胞内帮助新生肽正确组装形成成熟蛋白质而自身却并不参与该功能蛋白质的组成的一类蛋白质，被称为分子伴侣。

2. 信号肽(signal peptide)

某些蛋白质的氨基末端有一个由 15～36 个氨基酸组成的序列,主要是疏水氨基酸,它在蛋白质的定向定位中起重要作用,这个序列叫信号肽。

3. 同义密码子(synonymous)

编码同一种氨基酸的一组不同的密码子,称作同义密码子,或者称作简并密码子。

四、选择题

1. 假如细菌的某条 mRNA 只代表某个蛋白质的阅读框,该 mRNA 含有 800 个核苷酸。如果每个氨基酸平均分子质量为 110,那么这条 mRNA 编码的蛋白质分子质量为______。

A. 800

B. 5 000

C. 30 000

D. 80 000

2. 下列有关密码子变偶性的描述,正确的是______。

A. 一个 tRNA 分子只能够识别一个密码子

B. 密码子的第 3 个碱基和反密码子的第 1 个碱基是变偶碱基

C. 密码子的第 1 个碱基和反密码子的第 3 个碱基是变偶碱基

D. 一些 tRNA 分子能够同时识别 2 个不同的氨基酸的密码子

3. 下列有关密码子简并性和变偶性的描述,正确的是______。

A. 一些不同的密码子可以编码同一种氨基酸

B. tRNA 反密码子中间的碱基具有变偶性

C. tRNA 反密码子第一个核苷酸总是腺苷酸

D. 装载某氨基酸的 tRNA 能够识别编码这个氨基酸的所有密码子

4. 氨酰 tRNA 合成酶______。

A. 能够识别特定的氨基酸和特定的 tRNA 分子,催化它们产生氨酰 tRNA

B. 可以直接和核糖体相互作用

C. 需要使用 GTP 活化氨基酸

D. 活化氨基酸需要 4 个以上反应步骤

5. 下列关于真核生物蛋白质合成的描述,正确的是______。

A. 所有蛋白质合成后的 C 端第一个氨基酸都是 Met

B. 所有蛋白质合成起始的 N 端第一个氨基酸都是 Met

C. 所有蛋白质合成后的 C 端第一个氨基酸都是 Trp

D. 所有蛋白质合成起始的 N 端第一个氨基酸都是 fMet

6. 一个 tRNA 的反密码子是 CAU,它识别的密码子为________。

A. GCA

B. GGG

C. CCG

D. AUG

7. 在核糖体上，为蛋白质合成延伸过程提供能量的分子是________。

A. ATP

B. GTP

C. UTP

D. CTP

8. 某些氨基酸由几个密码子同时编码，这种现象是由________引起的。

A. 密码子的方向性

B. 密码子的连续性

C. 密码子的通用性

D. 密码子的简并性

9. ________不是细菌核糖体的组成成分。

A. 16S rRNA

B. 23S rRNA

C. 5.8S rRNA

D. 5S rRNA

10. 在蛋白质合成过程中，tRNA 通过________ 携带氨基酸进入核糖体。

A. 5′端

B. 3′端

C. 反密码环

D. 二氢尿嘧啶环

11. 蛋白质合成过程中氨基酸的活化由________ 提供能量。

A. ATP

B. GTP

C. CTP

D. UTP

12. 蛋白质合成过程中肽链每增加一个氨基酸需要消耗________ 高能磷酸键。

A. 1

B. 2

C. 3

D. 4

13. 蛋白质合成过程中核糖体移位是由________ 催化完成的。

A. EF-Tu

B. EF-Ts

C. RF1

D. EF-G

14. 真核生物蛋白质合成起始过程不需要________。
A. 氨酰 tRNA 合成酶
B. ATP
C. $tRNA_i^{Met}$
D. 甲酰基转移酶

15. 在所有三联体密码子中，有________个密码子不编码任何氨基酸。
A. 1
B. 2
C. 3
D. 4

16. 在核糖体上，密码子与反密码子以________连接。
A. 氢键
B. 二硫键
C. 离子键
D. 共价键

17. 携带相同氨基酸的 tRNA 被称作________。
A. 同义 tRNA
B. 相同 tRNA
C. 互补 tRNA
D. 同工受体 tRNA

18. ________ 有助于细胞在蛋白质合成过程中避免氨基酸错误进入肽链中。
A. 密码子与反密码子的专一性相互作用
B. tRNA 与氨酰 tRNA 合成酶的相互作用
C. 氨酰 tRNA 合成酶的纠错能力
D. 上述都有

19. 当氨酰 tRNA 在核糖体上脱掉氨基酸后，tRNA 将从核糖体的________脱离。
A. E 位点
B. 30S 或 40S 亚基
C. A 位点
D. P 位点

20. 下列________说法对于 SD 序列而言是不正确的。
A. mRNA 起始密码子前 10 个核苷酸左右富含嘌呤核苷酸的序列
B. 仅存在于原核生物
C. 与 23S rRNA 序列中部分序列互补
D. 与核糖体 16S rRNA 3′端的反 SD 序列结合。

21. 蛋白质合成时，核糖体沿 mRNA ________ 方向进行移动；同时肽链合成沿________方向进行。

A. 5′→3′;N→C

B. 3′→5′;N→C

C. 3′→5′;C→N

D. 5′→3′;C→N

22. 蛋白质合成过程中肽键的形成是由________ 催化的。

A. 蛋白质

B. RNA

C. A 和 B

D. 水解 ATP

23. 在生物体合成蛋白质时,每活化一个氨基酸需要消耗________高能磷酸键。

A. 1 个

B. 2 个

C. 3 个

D. 4 个

24. 在生物体合成蛋白质时,氨基酸的活化发生在氨基酸的________位置。

A. 氨基酸的氨基

B. 氨基酸的羧基

C. 氨基酸的 R 基

D. 氨基酸的 α-H

25. 下面________密码子不编码任何氨基酸。

A. CAU

B. CCC

C. UUU

D. UGA

26. 不参与原核生物蛋白质合成的蛋白质因子有________。

A. ρ 因子

B. IF 因子

C. EF 因子

D. RF 因子

27. ________密码子不是终止密码子。

A. UAA

B. UAG

C. UGA

D. AUG

28. 下列原核生物蛋白质合成抑制剂中,________是以氨酰 tRNA 类似物的形式掺入新生肽链导致肽链合成的提前终止。

A. 氯霉素

B. 嘌呤霉素
C. 链霉素
D. 四环素

29. 蛋白质合成时，氨酰 tRNA 是通过氨基酸的羧基与 tRNA 的______形成______产生的。
A. 5′磷酸；酯键
B. 3′磷酸；酯键
C. 5′羟基；酯键
D. 3′羟基；酯键

30. 在蛋白质合成的延伸过程中，EF-Ts 主要执行________功能。
A. 将氨酰 tRNA 带到核糖体上
B. 将 EF-GDP 中的 GDP 交换下来
C. 水解 GTP
D. 水解 GDP

31. 下列有关原核生物蛋白质合成起始过程的描述，正确的是________。
A. IF1 促进核糖体大小亚基的结合
B. SD 序列和反 SD 序列与核糖体小亚基结合
C. IF2 在 GTP 的帮助下，促进起始氨酰 tRNA 进入核糖体小亚基的 P 位点
D. IF3 促进起始氨酰 tRNA 进入核糖体小亚基的 A 位点

32. 在原核细胞蛋白质合成延伸过程中，进入 70S 核糖体的氨酰 tRNA 的 tRNA 部分，随着 mRNA 的移动，其结合核糖体的位点变化顺序是________。
A. APE
B. PAE
C. EPA
D. EAP

33. 下列有关原核细胞蛋白质合成延伸过程的描述，错误的是________。
A. 核糖体沿着 mRNA 5′→3′方向移动
B. EF-Tu 推动了核糖体的移动
C. 每掺入一个氨基酸到肽链上将有 4 个高能磷酸键被消耗
D. 催化肽键形成的酶是 23S rRNA

34. 第二遗传密码是指________。
A. 一个氨基酸可能有多个密码子编码
B. 一个密码子可以编码多个氨基酸
C. 氨酰 tRNA 合成酶与 tRNA 的特异识别关系
D. 密码子和反密码子之间的反向互补关系

（答案：1C 2B 3A 4A 5B 6D 7B 8D 9C 10B 11A 12D 13D 14D 15C 16A 17D 18D 19A 20C 21A 22B 23B 24B 25D 26A 27D 28B 29D 30B 31C 32A 33B 34C）

选择题要点解析

1. 选择 C。

[考点] 氨基酸与核苷酸的关系。

[解析] 密码子是 3 个核苷酸决定一个氨基酸。蛋白质由氨基酸组成，蛋白质的分子质量是氨基酸的平均分子质量与氨基酸个数的乘积，相应核苷酸个数应该是氨基酸与 3 的乘积。因此，选项 C 最接近这种计算结果，所以选择 C。

2. 选择 B。

[考点] 密码子变偶性。

[解析] 从密码子的变偶性知识点可知，选项 B 描述正确，选项 C 描述错误。由于变偶性的存在，有些氨基酸的 tRNA 分子能够识别编码该氨基酸的不止一个密码子，即有可能识别 2 个以上密码子。但是，同一 tRNA 分子几乎不能装载不同的氨基酸。所以，选项 A 和 D 是错误的。

3. 选择 A。

[考点] 密码子简并性和变偶性。

[解析] 密码子的简并性是指几个密码子编码同一个氨基酸的现象。选项 A 是正确的，其余不正确，解析如上述第 2 题。

4. 选择 A。

[考点] 氨酰 tRNA 合成酶。

[解析] 氨酰 tRNA 合成酶能够识别特定的氨基酸和特定的 tRNA 分子，催化它们产生氨酰 tRNA。该过程是氨基酸的活化过程，需要能量分子 ATP，通常为两步反应。选项 A 正确，其余选项的描述是错误的。

5. 选择 B。

[考点] 蛋白质合成的起始。

[解析] 原核生物蛋白质合成 N 端第一个氨基酸是甲酰甲硫氨酸，真核生物蛋白质合成 N 端第一个氨基酸是甲硫氨酸。因此，只有选项 B 是正确的。

6. 选择 D。

[考点] 密码子和反密码子的识别。

[解析] 密码子和反密码子是反向互补的，因此选项 D 是正确的。

7. 选择 B。

[考点] 蛋白质合成的延伸过程。

[解析] 由 GTP 为蛋白质合成延伸过程中进位、移位 2 个阶段提供能量。

8. 选择 D。

[考点] 密码子的特性。

[解析] 密码子简并性的概念。只有选项 D 是正确的。

9. 选择 C。

[考点] 原核生物与真核生物核糖体的组成。

[解析] 原核生物核糖体由 16S、23S 和 5S 组成，真核生物核糖体由 18S、28S、5.8S 和 5S 组成。因此，C 即 5.8S 不是细菌核糖体的组成。

10. 选择 B。

[考点] tRNA 的功能位点。

[解析] tRNA 最重要的功能位点是反密码子和氨基酸接受臂。在蛋白质中承担氨基酸携带任务的是 3′端的氨基酸接受臂。

11. 选择 A。

[考点] 蛋白质合成过程中氨基酸的活化。

[解析] 蛋白质合成过程中氨基酸的活化是通过氨酰 tRNA 合成酶催化 ATP 和氨基酸产生氨酰 tRNA 和 AMP 而实现的。因此，选项 A 是正确的。

12. 选择 D。

[考点] 蛋白质合成过程中能量的使用。

[解析] 在蛋白质合成过程中，肽链每增加一个氨基酸需要 4 个高能磷酸键。其中，氨基酸活化需要 2 个，氨基酸进位移位各需要 1 个，合计 4 个。

13. 选择 D。

[考点] 原核生物蛋白质合成过程中的延伸因子。

[解析] 蛋白质合成延伸过程包括 3 步：进位、转肽和移位。参与移位过程的延伸因子是 EF-G。

14. 选择 D。

[考点] 真核生物蛋白质合成的起始过程。

[解析] 与原核生物相比，真核生物蛋白质合成的起始过程中起始氨酰 tRNA 不需要甲酰化，因此选项 D 是正确的。

15. 选择 C。

[考点] 密码子特性。

[解析] 64 个三联体密码子中，只有 3 个终止密码子不编码任何氨基酸。因此选项 C 是正确的。

16. 选择 A。

[考点] 密码子与反密码子的配对。

[解析] 在氨酰 tRNA 进入核糖体后，密码子与反密码子依靠氢键发生配对。

17. 选择 D。

[考点] 同工受体 tRNA 的概念。

[解析] 携带相同氨基酸的一组 tRNA 被称为同工受体 tRNA。有些教材也写作同功受体 tRNA，甚至简写为同工 tRNA。

18. 选择 D。

[考点] 蛋白质合成的忠实性。

[解析] 选项 A、B、C 所指的理由都是细胞保证蛋白质合成忠实性的有效措施。此外，目

前研究认为，在蛋白质合成的延伸过程中仍然有多种机制保证蛋白质合成的忠实性。

19. 选择 A。

[考点] 核糖体的功能位点。

[解析] 核糖体大小亚基都有 A、P 和 E 位点。核糖体上的肽酰 tRNA 在转肽后脱掉氨基酸，形成空载的 tRNA，该 tRNA 从核糖体大亚基上的 E 位点离开核糖体。

20. 选择 C。

[考点] 原核生物 mRNA 与核糖体的识别。

[解析] mRNA 5′端起始密码子前一段富含嘌呤核苷酸的序列，被称为 SD 序列。它能够与核糖体小亚基 16S rRNA 3′端一段富含嘧啶核苷酸的序列，即所谓的反 SD 序列相识别，参与原核生物蛋白质合成的起始过程。因此，选项 C 是不正确的。

21. 选择 A。

[考点] 蛋白质合成的合成方向以及核糖体在蛋白质合成过程中的移动方向。

[解析] 肽链延伸是从 N→C，核糖体移动是沿 mRNA 5′端向 3′端移动。

22. 选择 B。

[考点] 原核生物蛋白质合成延伸过程中的转肽作用。

[解析] 研究认为催化大肠杆菌转肽反应的酶是核糖体大亚基 23S rRNA，所以是核酶。

23. 选择 B。

[考点] 氨基酸的活化。

[解析] 见第 7 小题解析。选项 B 正确。

24. 选择 B。

[考点] 氨酰 tRNA 合成酶催化反应的机制。

[解析] 氨酰 tRNA 合成酶催化氨基酸的羧基与 ATP 产生 AA-AMP，随后 tRNA 3′端腺苷酸核糖的 3 位羟基进攻氨基酸的羧基碳形成酯键产生氨酰 tRNA。因此，选项 B 是正确的。

25. 选择 D。

[考点] 终止密码子。

[解析] 终止密码子有 3 个，即 UAA、UAG 和 UGA。

26. 选择 A。

[考点] 参与原核生物蛋白质合成的辅助因子。

[解析] ρ 因子不参与蛋白质的合成，它参与原核生物大肠杆菌的转录终止过程。

27. 选择 D。

[考点] 终止密码子。

[解析] 见第 20 小题解析。AUG 是起始密码子。

28. 选择 B。

[考点] 原核生物蛋白质合成抑制剂。

[解析] 原核生物蛋白质合成抑制剂抑制蛋白质合成的不同过程。其中嘌呤霉素的抑制机制比较特殊，它是作为氨酰 tRNA 类似物的形式掺入新生肽链造成肽链合成的提前终止，

因此选项 B 正确。

29. 选择 D。

［考点］氨酰 tRNA 合成酶催化反应的机制。

［解析］见第 24 小题解析。

30. 选择 B。

［考点］原核生物蛋白质合成中的延伸因子功能。

［解析］原核生物蛋白质合成中的延伸因子有 3 个，即 EF-Tu、EF-Ts 和 EF-G。前两者参与氨基酸进位，后者参与转肽。EF-Tu 与 GTP 结合将氨基酸带入 A 位点，EF-Ts 参与 EF-Tu-GTP 的再生。

31. 选择 C。

［考点］原核生物蛋白质合成起始过程。

［解析］选项 A 和 D 中对 IF1 和 IF3 的功能描述错误，选项 B 中反 SD 序列本身就是核糖体小亚基 16S rRNA 的序列，选项 B 也错误。

32. 选择 A。

［考点］氨酰 tRNA 参与肽链延伸的过程。

［解析］氨酰 tRNA 在肽链延伸的过程中，首先进入核糖体 A 位点，随着肽键形成和核糖体相对移动，这个氨酰 tRNA 的 tRNA 部分将依次进入核糖体的 P 和 E 位点。所以，选项 A 正确。

33. 选择 B。

［考点］原核细胞蛋白质合成的延伸过程。

［解析］EF-Tu 的功能是参与氨酰 tRNA 的进位，EF-G 参与核糖体的移位过程，选项 B 错误。

34. 选择 C。

［考点］密码子，第二遗传密码。

［解析］氨酰 tRNA 合成酶能够特异识别 tRNA，并催化特定氨基酸与此 tRNA 的正确连接。研究者将氨酰 tRNA 合成酶与 tRNA 的特异识别关系称作第二遗传密码。

五、简答题

1. 原核生物通过何种机制保证蛋白质合成的正确性？

解析：2020 年（农学门类联考）研究生入学考试第 42 题与本题几乎相同。原核生物保证蛋白质正确合成，首先需要供给正确的原料——氨基酸，即氨基酸运载工具 tRNA 携带正确的氨基酸；而后是正确的氨酰 tRNA 进入正确的位点，即完成反密码子与密码子的识别；一旦合成出现错误后，及时进行修正。具体答题要点如下：

(1)氨酰 tRNA 合成酶的专一性及校正功能。

氨酰 tRNA 合成酶专一性非常强，既能分辨氨基酸，又能识别特异 tRNA，而且有些酶还具有校对活性，可以使选择氨基酸和 tRNA 的错误率降低到万分之一以下。在氨酰-tRNA 合成酶作用下形成正确的氨酰-tRNA。

(2)核糖体具有检测密码子与反密码子是否正确识别的作用。

核糖体具有独特的结构,有多个功能位点,不仅方便氨酰-tRNA 与 mRNA 之间的碱基配对,它还能识别配对是否正确,在多种蛋白质因子协助下使错配氨酰 tRNA 在多个步骤中从核糖体上脱离下来,保障蛋白质合成的忠实性。

(3)蛋白质合成的高耗能是保证蛋白质合成正确性的原因之一。

蛋白质合成是一个高耗能过程,除了合成肽键所需要的能量,多提供的能量用来保证蛋白质合成的正确性。

2. 某肽链含有一段 Leu-Ser-Ile-Arg 的氨基酸序列。如果诱导编码该段氨基酸序列的 DNA 发生单个核苷酸突变,突变后的氨基酸序列分别为:

①MET-Ser-Ile-Arg;

②Leu-TRP-Ile-Arg;

③Leu-Ser-ARG-Arg;

④Leu-Ser-Ile-Pro;

⑤Leu-Ser-Ile-TRP。

请依据给出的所有氨基酸序列,推测诱变前编码 Leu-Ser-Ile-Arg 的 mRNA 序列。

解析:此题的考点是密码子的特性。由于密码子存在简并性,因而编码 Leu-Ser-Ile-Arg 的 mRNA 序列可能有多种。但是依据给定的氨基酸序列,我们可以推测出哪种序列是可能的。

例如,编码 Leu 的密码子有 6 个(CUU、CUA、CUC、CUG、UUA 和 UUG),由于单个核苷酸发生变化导致 Leu 突变成 Met,Met 的密码子是 AUG,GUG→AUG 或者 UUG→AUG 这两种转化都存在,因此 Leu 的密码子是 UUG/ CUG;又如:对于 Leu-Ser-Ile-Arg 中第 4 个氨基酸 Arg 而言,它有 6 个密码子(CGU、CGC、CGA、CGG、AGA 和 AGG),当单个核苷酸发生突变,Arg 转变为 Trp,Trp 密码子是 UGG,而 Arg 密码子 CGG/AGG→ UGG 都可以,同时 Arg 还可转变为 Pro, Pro 密码子有 4 个(CCU、CCA、CCC 和 CCG),在 CGG/AGG 中,只有 CGG→CCG 的转化存在,因此 Arg 的密码子只能选择 CGG。故而,编码 Leu-Ser-Ile-Arg 的 mRNA 序列为 C /UUG UCG AUA CGG。

3. 下面是一段 mRNA 序列,如果这段序列被真核细胞的核糖体正确翻译,那么翻译后的氨基酸序列是什么?

CAP-5′-AGUGCAGUAUCAUGCUACUUAAAGGCGUAAUGUCGUAAGAAAAAAAA-3′

解析:这是一条编码肽链的 mRNA 序列。从帽子和 polyA 尾巴知道它是真核细胞的 mRNA 序列。首先从 5′端找 AUG 起始密码子,随后找终止密码子 UAA/UAG/UGA,最后查阅密码簿写出氨基酸序列。编码框为 AUG CUA CUU AAA GGC GUA AUG UCG UAA,氨基酸序列是 Met-Leu-Leu-Lys-Gly-Val-Met-Ser。

六、论述题

比较原核生物与真核生物蛋白质的合成过程。

解析:该类题目主要考点是蛋白质的合成过程、原核生物与真核生物的差别。答题要点应该包括原核生物蛋白质的合成过程、原核生物与真核生物蛋白质合成中核糖体不同、起始复合物不同、mRNA 的差别、蛋白质合成的辅助因子不同等方面内容。具体答题要点如下:

- 简述蛋白质的合成过程:氨基酸活化、起始、延伸和终止过程(见本章要点分析)。

	原核生物	真核生物
核糖体	70S(30S、50S)	80S(40S、60S)
起始复合物形成	30S 核糖体小亚基 ↓ 30S 起始复合物 ↓ 70S 起始复合物	40S 核糖体小亚基 ↓ 40S 起始复合物 ↓ 80S 起始复合物
起始密码子	AUG、GUG	AUG
mRNA 上 SD 序列	有	无
识别起始密码子的氨酰 tRNA	甲酰化	无
起始因子	IF1、IF2、IF3	多种
延伸因子	EF-Tu、EF-Ts、EF-G	eEF1A、eEF1B、eEF2
终止因子	RF1、RF2、RF3	eRF，可能需要 GTP

从上述表格中的列举内容可以看出：

● 原核生物是由 30S 小亚基和 50S 大亚基组成 70S 核糖体，而真核生物是由 40S 小亚基和 60S 大亚基组成 80S 核糖体。

● 蛋白质合成的起始复合物，原核生物首先形成 30S 复合物、而后形成 70S 复合物，而真核生物首先形成 40S 复合物、而后形成 80S 复合物。

● 起始密码子，原核生物有 AUG、GUG，而真核生物只有 AUG；作为蛋白质合成的模板 mRNA，原核生物有 SD 序列，而真核生物没有。

● 起始过程不同，识别起始密码子的原核生物氨酰 tRNA 需要甲酰化，即甲酰化氨酰 tRNA 为 $fMet\text{-}tRNA_f^{Met}$，而识别起始密码子的真核生物氨酰 tRNA 不需要甲酰化，其起始氨酰 tRNA 为 $Met\text{-}tRNAi^{Met}$。

● 合成过程中参与的蛋白质因子不同，原核生物有起始因子 IF1、IF2、IF3，延伸因子 EF-Tu、EF-Ts、EF-G，以及终止因子 RF1、RF2、RF3；而真核生物有多种因子参与。

第十五章　代谢调控

一、本章总结简图

- 代谢
  - 代谢策略
  - * 器官间代谢的协同
  - 代谢的细胞区域化
  - 代谢途径之间的联系
  - 代谢的调控
    - 主要代谢途径的调控
    - 细胞内酶水平的调节

生物体代谢包括同化作用和异化作用。代谢目的是消化吸收外界可利用的物质，同化生成自身所需要的物质，从而维持新生个体的生长、发育、繁殖。本章从生物个体的代谢策略、器官水平代谢的协同、细胞水平代谢的区域化、各代谢途径的联系以及各代谢途径的调控酶和酶本身的调控来综合复习代谢部分。

二、要点内容与问题分析

1. 代谢策略

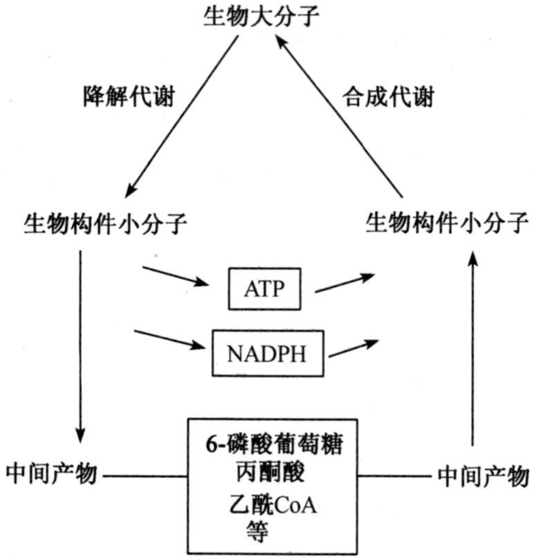

生物体代谢的目的在于利用外界物质产生自身所需要的物质。在利用外界物质时，生物体通过酶的作用产生合成自身物质所需要的重要中间产物6-磷酸葡萄糖、丙酮酸、乙酰CoA等以及能量物质ATP和NADPH。上述物质为生物体合成自身构件提供了重要的物质来源。

6-磷酸葡萄糖、丙酮酸、乙酰 CoA 是沟通各代谢途径的关键中间产物。

丙酮酸在物质代谢中的作用根据下图进行描述。

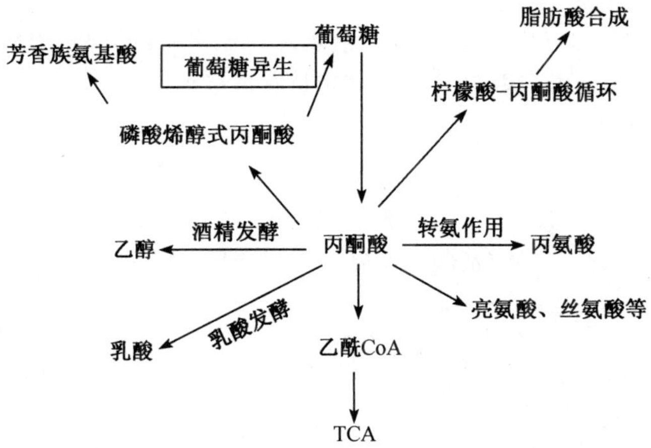

2. *器官间代谢的协同

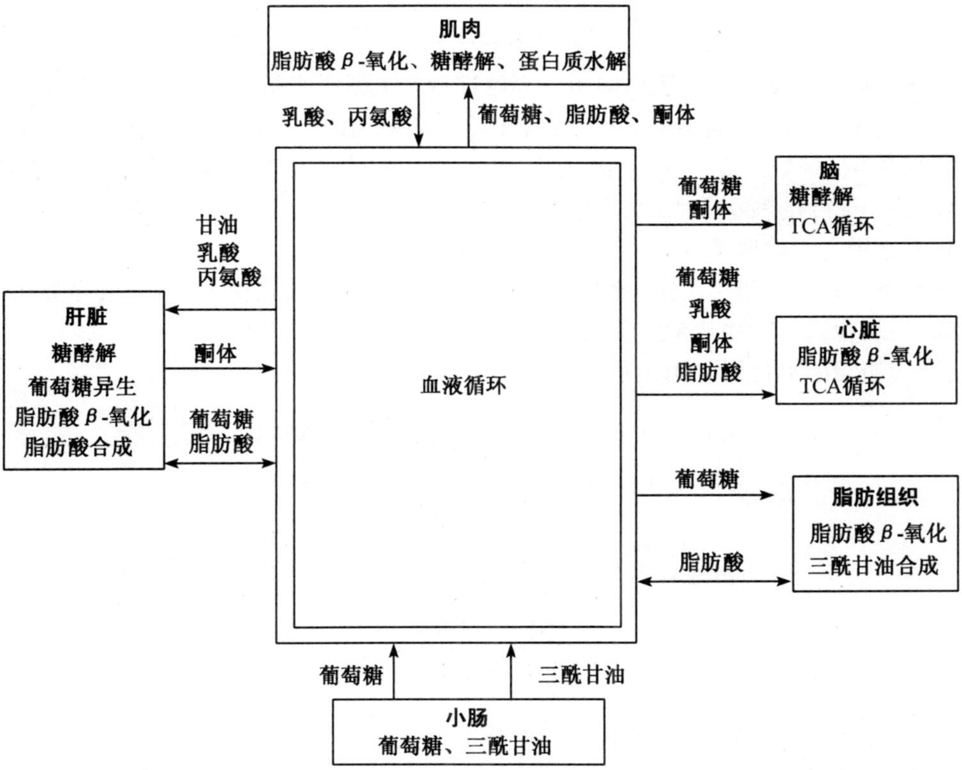

(引自:Mathews. Biochemistry,2000)

生物体涉及物质和能量代谢的主要器官和组织包括小肠、肝脏、心脏、肌肉、脑和脂肪组织。上图目的在于表明这些器官和组织的代谢概况。小肠主要吸收葡萄糖、脂类等物质,这些物质通过血液运输，被生物体所利用；肝脏进行各种代谢，通过血液为身体各部分提供葡萄糖、脂肪酸等物质；脑主要消耗葡萄糖，在生物体非常饥饿时，也能够利用酮体物质；心脏主要进行脂肪酸 β-氧化和 TCA 循环，产生能量为心脏所利用；脂肪组织能够储藏脂肪备用；肌肉组织利用葡萄糖、脂肪酸和酮体产生能量，通过血液循环将肌肉中的乳酸、丙氨酸带回肝脏。各主要器官代谢协同分工，共同维持生物体的正常生长发育过程。

3.代谢的细胞区域化

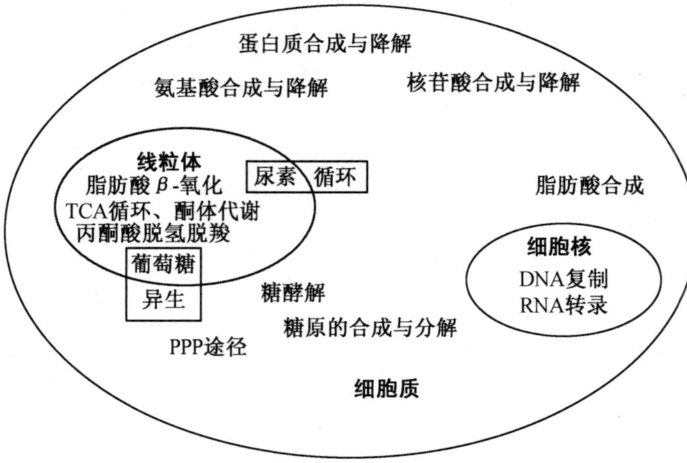

生物体不同代谢途径在细胞中的不同部位进行。上图中表明了细胞内主要代谢途径的细胞定位，必须掌握。同时细胞结构对代谢调节具有分隔控制的作用，具体表现为细胞的区域化使不同的代谢在不同区域进行，互不干扰、相互协调、相互制约；细胞的区域化使反应所需要的酶、底物等有关因子得到浓缩，有利于反应顺利进行；细胞膜可以通过调节物质运输进而调节代谢。

4.代谢途径之间的联系

应该明确糖代谢与脂类代谢、糖代谢与氨基酸代谢、氨基酸代谢与糖代谢、脂类代谢与氨基酸代谢、核酸代谢与其他代谢的关系，如下面的描述：

(1)糖代谢与脂类代谢之间相互关系。

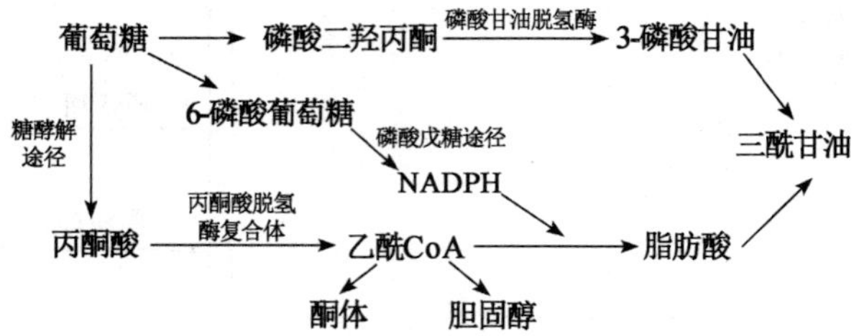

(引自：刘国琴等.生物化学，2019)

(2)糖代谢产物进入氨基酸(蛋白质构件分子)代谢。

糖代谢中糖酵解途径中间产物 3-磷酸甘油酸、磷酸烯醇式丙酮酸，丙酮酸和三羧酸循环的中间产物草酰乙酸、α-酮戊二酸，以及磷酸戊糖途径的中间产物 4-磷酸赤藓糖、5-磷酸核糖为氨基酸合成提供碳骨架，并根据合成氨基酸的前体物质不同分成丝氨酸族(3-磷酸甘油酸)、丙氨酸族(丙酮酸)、天冬氨酸族(草酰乙酸)、谷氨酸族(α-酮戊二酸)、芳香氨基酸族(磷酸烯醇式丙酮酸和 4-磷酸赤藓糖)、组氨酸族(5-磷酸核糖)6 个族。

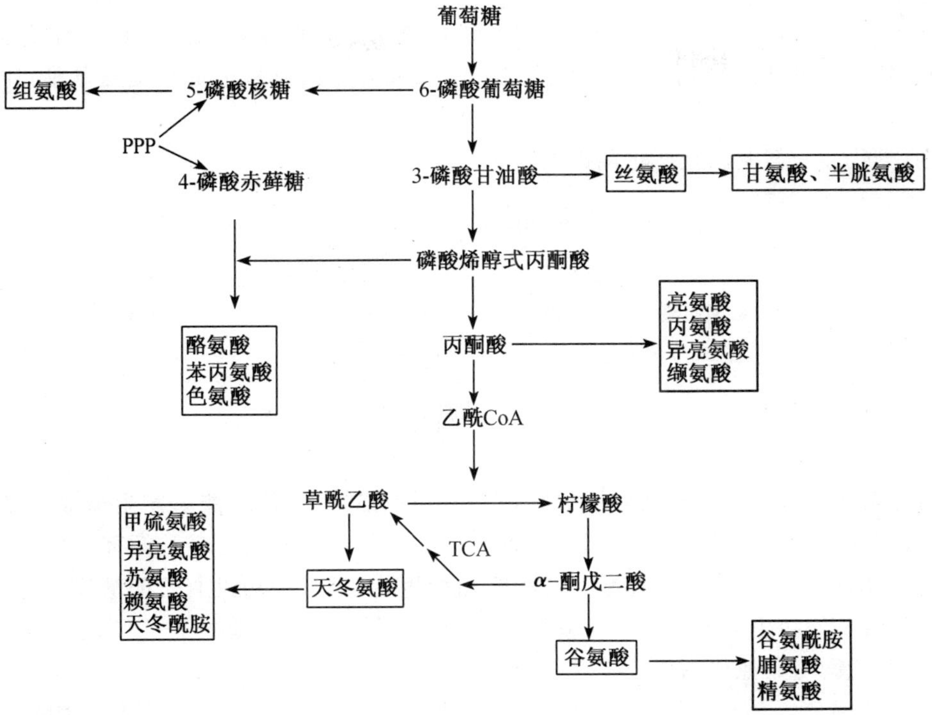

(3)氨基酸代谢产物进入糖代谢。

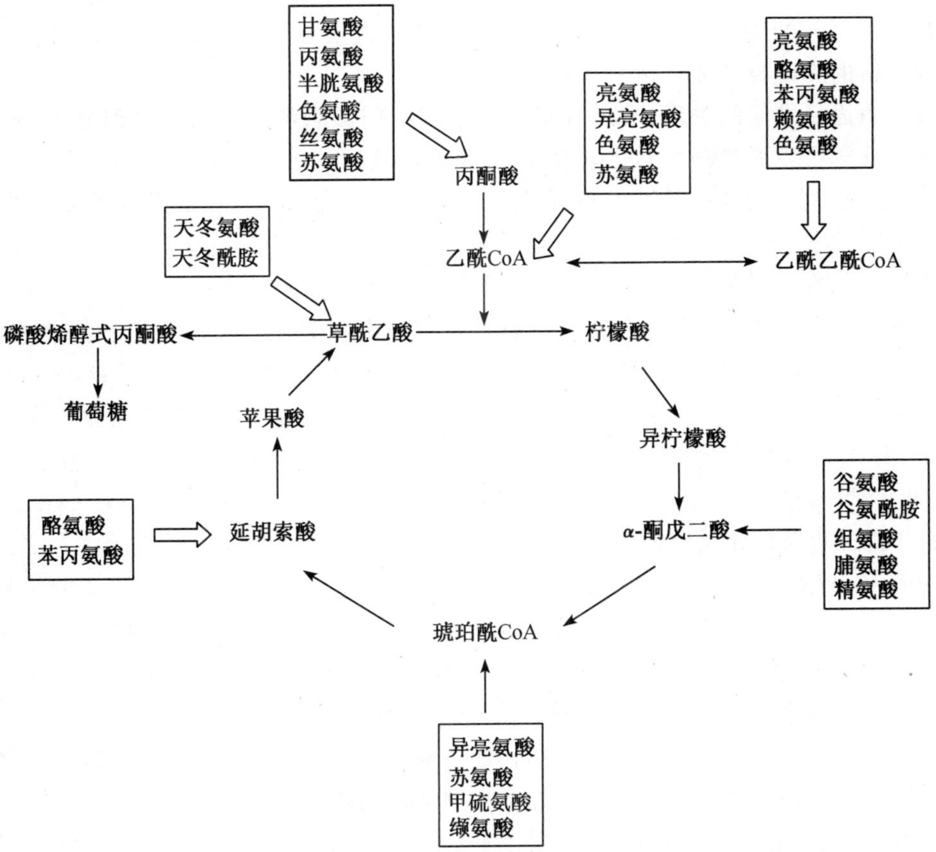

氨基酸降解产生的主要碳水化合物为7种碳骨架，分别是丙酮酸、草酰乙酸、α-酮戊二酸、琥珀酰 CoA、延胡索酸、乙酰 CoA、乙酰乙酰 CoA。这7种碳骨架能够通过葡萄糖异生作用产生葡萄糖，或者通过酮体代谢途径生成酮体，因此氨基酸可以分成生糖氨基酸、生酮氨基酸、生糖生酮氨基酸。

(4)脂类代谢与氨基酸代谢之间的关系。

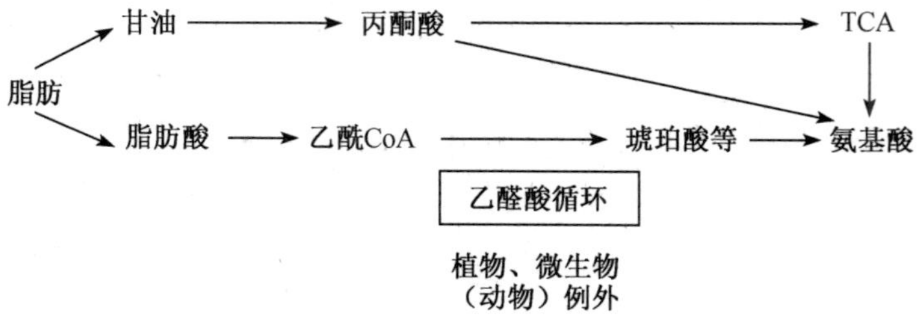

脂肪降解产生甘油和脂肪酸，甘油通过糖酵解途径、TCA 循环能够产生形成氨基酸的前体物质，从而合成氨基酸；脂肪酸通过β-氧化产生乙酰 CoA，进入乙醛酸循环，进而产生形成氨基酸的前体物质，从而合成氨基酸。与植物和微生物不同，动物没有乙醛酸循环途径，因此动物的脂肪酸不能净生成氨基酸。氨基酸代谢产物能够通过糖代谢再进入脂代谢。

(5)核酸代谢与其他代谢。

核酸的结构分子是核苷酸。核苷酸由甘氨酸、天冬氨酸、谷氨酰胺以及5-磷酸核糖为原料合成。核酸不是重要的碳源、氮源和能源，但是许多核苷酸及其衍生物在代谢中起重要作用，例如 NAD^+、$NADP^+$ 等作为辅酶，ATP、GTP 作为能量分子，cAMP、cGMP 作为调节分子等在各种物质的降解与合成代谢中起重要作用。

有关代谢途径之间的关系，2008 年硕士入学农学门类联考题生物化学部分 41 题和 2009 年硕士入学农学门类联考题生物化学部分 37 题都涉及相关知识点。

● 37 题　请用中文或符号写出糖原(淀粉)、脂肪酸和蛋白质多肽链生物合成中的单体活化形式。

首先同学们在复习的基础上，知道这三大物质合成代谢的单体物质，其次了解生成这些物质的反应以及催化相关反应的酶类。从前面的复习内容中分析可知组成糖原(淀粉)的单体分子是葡萄糖、合成脂肪酸的单体分子为丙二酸单酰 CoA、合成蛋白质多肽链的单体分子是氨基酸；对于三者的合成而言，其合成过程主要是链的延伸，由 UDPG 提供糖原合成所需的葡萄糖分子，由 ADPG 提供淀粉合成所需的葡萄糖分子，由丙二酸单酰 CoA 提供脂肪酸的碳骨架，由氨酰 tRNA 提供蛋白质多肽链的氨基酸；UDPG/ADPG、丙二酸单酰 CoA 以及氨酰 tRNA 的合成过程及催化反应的酶。

G-1-P ＋ UTP/ATP＋H_2O → UDPG /ADPG ＋ PPi UDPG/ADPG 焦磷酸化酶

乙酰 CoA ＋ ATP ＋ HCO_3^- → 丙二酸单酰 CoA ＋ ADP ＋ Pi 乙酰 CoA 羧化酶

氨基酸 ＋ tRNA ＋ ATP → 氨酰 tRNA ＋ AMP 氨酰 tRNA 合成酶

● 41 题　请说明磷酸二羟丙酮在联系糖代谢与脂代谢中的作用。

首先分析磷酸二羟丙酮在糖代谢与脂代谢中参与了什么反应，这些反应如何将两条代谢途径联系起来。磷酸二羟丙酮是糖酵解途径的中间代谢物，它代谢能够生成丙酮酸，丙酮酸经过氧化脱羧生成乙酰 CoA，而乙酰 CoA 是脂肪酸从头合成途径的基本原料；另外磷酸二羟丙酮在磷酸甘油脱氢酶的作用下能够生成磷酸甘油，磷酸甘油是合成三酰甘油(脂肪)的基本结构分子，由磷酸甘油和脂肪酸的活化形式脂肪酰 CoA 可以形成三酰甘油。由此可知，磷酸二羟丙酮在糖代谢与脂代谢之间起重要的作用。

例如：2010 **年(农学门类联考)研究生入学考试题 39 题**：分别写出在已酰 CoAβ-氧化与三羧酸循环中，以 FAD^+、NAD^+ 为辅酶的脱氢酶名称。该题目主要考查学生对脂肪酸 β-氧化与三羧酸循环各反应的掌握情况，事实上，考点内容涉及核苷酸衍生物在代谢中的作用，也涉及脂代谢、糖代谢的关系。

答题要点：脂肪酸 β-氧化中包括两步脱氢反应：

①由脂酰 CoA→烯脂酰 CoA，催化反应的酶是脂酰 CoA 脱氢酶，其辅酶是 FAD^+；

②由 L-β-羟脂酰 CoA→酮脂酰 CoA，催化反应的酶是 L-β-羟脂酰 CoA 脱氢酶，该酶的辅酶是 NAD^+。

三羧酸循环中，包括 4 步脱氢反应：

①由异柠檬酸 → α-酮戊二酸，催化反应的酶是异柠檬酸脱氢酶；

②由 α-酮戊二酸 → 琥珀酰 CoA，催化反应的酶是 α-酮戊二酸脱氢酶；

③由苹果酸 → 草酰乙酸，催化反应的酶是苹果酸脱氢酶；

上述 3 个脱氢酶的辅酶都是 NAD^+。

④由琥珀酸 → 延胡索酸，催化反应的酶是琥珀酸脱氢酶，其辅酶是 FAD^+。

5. 代谢的调控

包括主要代谢途径的调控、细胞内酶水平的调节(酶活性、酶含量)两部分内容，应该掌握主要代谢途径关键调控酶的名称及影响调控的因素(具体内容在各章节总结中)；细胞内酶水平调节部分应该明确一系列概念及乳糖操纵子、色氨酸操纵子的模型。

(1)主要代谢途径的调控。

糖酵解途径：己糖激酶、磷酸果糖激酶、丙酮酸激酶；

TCA 循环：柠檬酸合酶、异柠檬酸脱氢酶、α-酮戊二酸脱氢酶；

磷酸戊糖途径：6-磷酸葡萄糖脱氢酶；

糖原合成：糖原合酶；

糖原降解：糖原磷酸化酶；

脂肪酸 β-氧化途径：肉碱脂酰转移酶 Ⅰ；

脂肪酸从头合成：乙酰 CoA 羧化酶；

胆固醇合成的关键调节酶：HMG-CoA 还原酶；

嘌呤核苷酸的合成：谷氨酰胺-PRPP 氨基转移酶；

嘧啶核苷酸的合成：氨甲酰磷酸合成酶(真核生物)；

天冬氨酸转氨甲酰酶(ATCase)(原核生物)。

关于代谢调节方面，知识点主要涉及的是参与代谢途径调节的关键酶及调节因子。相关考题出现在 **2010 年(农学门类联考)研究生入学考试题 41 题：请论述柠檬酸调控软脂酸生物合成的机理**。该题目考查的是学生对脂肪酸从头合成途径调节机制的掌握情况。

答题要点：首先确定脂肪酸从头合成途径调节的关键酶是乙酰 CoA 羧化酶，其次考虑参与该酶调节的重要因素之一是柠檬酸，再次考虑到脂肪酸从头合成途径原料乙酰 CoA 的运输过程有柠檬酸的参与，从上述 3 个方面综合考虑答案。①脂肪酸从头合成途径调节的关键酶是乙酰 CoA 羧化酶。该酶受到双重调节作用，磷酸化调节和别构调节，乙酰 CoA 羧化酶磷酸化形式活性较弱，而乙酰 CoA 羧化酶脱磷酸化形式活性较强。②柠檬酸是乙酰 CoA 羧化酶的别构激活剂，当乙酰 CoA 羧化酶处于活性较强的脱磷酸化形式时，低浓度的柠檬酸能够激活其活性，结果脂肪酸合成过程加快；当乙酰 CoA 羧化酶处于活性较弱的磷酸化形式时，高浓度的柠檬酸能够部分激活其活性，使脂肪酸合成过程略为加快。③脂肪酸合成的原料乙酰 CoA 通常来自线粒体，通过柠檬酸-丙酮酸循环进行转运，其中第一步反应是草酰乙酸与乙酰 CoA 在柠檬酸合酶的作用下生成柠檬酸，而后柠檬酸通过线粒体上的转运体进入细胞质，在细胞质中通过柠檬酸裂合酶的催化产生乙酰 CoA 和草酰乙酸，乙酰 CoA 进入脂肪酸合成途径。因此，柠檬酸的产生从物质转运的角度，有助于加速脂肪酸合成途径。对于植物和微生物而言，乙酰 CoA 羧化酶不受柠檬酸的调节。

(2)细胞内酶水平的调节。

细胞内酶水平的调节分为酶的活性调节和酶的含量调节。

酶的活性调节包括酶原激活、酶的变构调节、酶的共价修饰、辅因子对酶活性的调节(详见第六章)；酶的含量调节主要涉及酶的合成——原核生物操纵子的部分(乳糖操纵子、色氨酸操纵子)。

(3)操纵子模型。

注意调节基因不是操纵子的组成部分。

掌握酶合成的诱导型操纵子和酶合成的阻遏型操纵子两个概念。

乳糖操纵子是酶合成的诱导型操纵子，色氨酸操纵子是酶合成的阻遏型操纵子。

酶合成的诱导型操纵子：阻遏蛋白一般有活性，它能与操纵子的操纵基因结合而阻止转录。当存在诱导物时，诱导物与阻遏蛋白结合改变阻遏蛋白构象使其不能够与操纵基因结合，从而使转录能够进行。该模型被称为诱导型操纵子。

酶合成的阻遏型操纵子：阻遏蛋白一般没有活性，它不能够与操纵子的操纵基因结合，转录正常进行。当存在辅阻遏物时，辅阻遏物与阻遏蛋白结合改变阻遏蛋白构象，使其能够与操纵基因结合阻止转录。该模型被称为阻遏型操纵子。

三、名词解释

1. 反馈抑制(feedback inhibition)

反馈抑制特指某一代谢途径的终产物积累时，反过来对催化该途径前几步，特别是第一步反应的酶引起的别构抑制作用。

2. 前馈激活 (forward activation)

底物对其后催化某一反应的酶起激活作用。

3. 级联放大系统 (cascade system)

级联放大系统指在一个连锁反应中，当起始的激酶受到激活后，其他的酶依次被激活。能引起信号放大的酶链式反应体系，称为级联放大系统。

4. 操纵子(operon)

在细菌基因组中，编码一组在功能上相关的蛋白质的几个结构基因与共同的控制位点组成一个基因表达的协同单位，被称为操纵子。

5. 阻遏蛋白(repressor)

一种具有调节作用的DNA结合蛋白,它可以阻止RNA聚合酶的转录作用。

6. 辅阻遏物(corepressor)

一种能够与阻遏蛋白结合,帮助阻遏蛋白阻止RNA聚合酶转录的配基。

7. 降解物基因活化蛋白(catabolite activator protein, CAP)

也叫环腺苷酸调节蛋白(cAMP regulatory protein),是一个二聚体蛋白质,能与cAMP形成复合物,之后与乳糖操纵子启动子附近特异DNA序列结合,促使RNA聚合酶的转录起始。

四、选择题

1. 下列有关大肠杆菌乳糖操纵子模型的描述,正确的是________。

A. 如果在培养基中,只有乳糖为唯一碳源,活化的CAP蛋白与乳糖操纵子结合

B. 如果在培养基中,只有乳糖为唯一碳源,阻遏蛋白与乳糖操纵子的操纵子序列结合,操纵子关闭

C. 如果在培养基中,只有葡萄糖为唯一碳源,则活化的CAP蛋白与乳糖操纵子结合

D. 如果在培养基中,乳糖和葡萄糖都不存在,活化的CAP蛋白与乳糖操纵子操纵子序列结合

2. 大肠杆菌乳糖操纵子的操纵序列通常和________结合。

A. mRNA

B. 阻遏蛋白

C. 诱导物

D. 辅阻遏物

3. 下列有关原核生物启动子的描述,正确的是________。

A. 所有的启动子序列都有完全相同的序列,由RNA聚合酶全酶识别

B. 每一个启动子都有不同的序列,不同启动子序列之间没有相似性

C. 启动子对于原核生物转录而言不是必需的,它的存在只能加速转录2～3倍

D. 许多启动子都具有相似性并具有保守序列,它们和RNA聚合酶全酶结合的亲和力很强

4. 下列________的发生能够激活大肠杆菌乳糖操纵子的转录。

A. 编码阻遏蛋白的基因发生突变,结果导致阻遏蛋白与操纵序列结合变强

B. 编码阻遏蛋白的基因发生突变,结果导致阻遏蛋白与操纵序列结合变弱

C. 编码阻遏蛋白的基因发生突变,结果导致阻遏蛋白与诱导物结合变弱

D. 葡萄糖在培养基中出现

5. 下列有关色氨酸操纵子模型的描述,错误的是________。

A. 色氨酸操纵子的转录受到衰减调节

B. 色氨酸操纵子是酶合成的阻遏型操纵子

C. 通过辅阻遏物与阻遏蛋白结合,阻遏蛋白与操纵序列的结合得到阻止,色氨酸操纵子开启

D. 色氨酸是色氨酸操纵子的辅阻遏物

6. ________不属于操纵子的组成成分。

A. 结构基因

B. 操纵基因

C. 启动基因

D. 调节基因

7. 阻遏蛋白与________结合被激活从而控制色氨酸的合成。

A. 先导肽

B. 操纵基因

C. 色氨酸

D. 启动基因

8. 6-磷酸葡萄糖对糖原合酶的调节属于________。

A. 反馈抑制

B. 前馈激活

C. 共价修饰

D. 酶原激活

9. Avidin 是一种抗生物素蛋白，与生物素有很高的亲和性，是含生物素酶类的抑制剂。在细胞匀浆液中加入 Avidin 会导致________反应受到抑制。

A. 葡萄糖 → 丙酮酸

B. 丙酮酸 → 葡萄糖

C. 脂肪酸 → 乙酰 CoA

D. 琥珀酸 → 延胡索酸

10. 当哺乳动物体内胰高血糖素水平增高时，________代谢过程有可能加快。

A. EMP

B. 葡萄糖异生

C. 脂肪酸从头合成

D. 脂肪合成

11. ________酶存在于细胞的线粒体中。

A. 葡萄糖-6-磷酸酶

B. 丙酮酸羧化酶

C. 糖原合酶

D. 脂酰 CoA 合成酶

12. 下列反应和反应途径发生在细胞质中的有________。

A. 脂肪酸的 β-氧化

B. 丙酮酸产生乙酰 CoA

C. 三羧酸循环

D. 脂肪降解产生脂肪酸和甘油

13. 当细胞中脂肪酸 β-氧化速度增加，即乙酰 CoA 水平增加后，________描述是正确的。

A. 丙酮酸脱氢酶复合体被抑制

B. 磷酸烯醇式丙酮酸羧激酶被激活

C. 磷酸果糖激酶被激活

D. 以上都对

14. ________酶是葡萄糖-丙氨酸循环所不需要的。

A. 转氨酶

B. 葡萄糖-6-磷酸酶

C. PRPP 氨基转移酶

D. EMP 途径所需要的酶

15. 人脑可利用的燃料分子不包括________。

A. 脂肪酸

B. 乙酰乙酸

C. *D*-*β*-羟基丁酸

D. 葡萄糖

(答案 1A 2B 3D 4B 5C 6D 7C 8B 9B 10B 11B 12D 13A 14C 15A)

选择题要点解析

1. 选择 A。

[考点] 乳糖操纵子的正调节。

[解析] CAP 蛋白本身没有活性,它通过与 cAMP 结合具有活性,这个复合物与 DNA 上 CAP 蛋白结合位点结合,不是与操纵序列结合。阻遏蛋白与操纵子中的操纵序列结合。乳糖为唯一碳源时,阻遏蛋白在诱导物帮助下,不与操纵序列结合,操纵子开启,同时,细胞中 cAMP 含量高,它与 CAP 蛋白结合,促进操纵子转录。因此,只有 A 正确。

2. 选择 B。

[考点] 乳糖操纵子,色氨酸操纵子。

[解析] 阻遏蛋白与操纵子中的操纵序列结合,选择 B。诱导物与阻遏蛋白结合,阻遏其与操纵序列结合,开启转录。在色氨酸操纵子中,辅阻遏物与阻遏蛋白结合,促进阻遏蛋白与操纵序列结合,关闭转录。

3. 选择 D。

[考点] 启动子。

[解析] 原核生物启动子具有一定的保守性,RNA 聚合酶的 σ 因子识别启动子序列,因此 RNA 聚合酶全酶与启动子结合具有专一性,结合紧密。只有选项 D 描述正确。

4. 选择 B。

[考点] 乳糖操纵子。

[解析] 如上述第 2 题的解析。葡萄糖在培养基中出现会降低 cAMP 的含量,使转录正调节减弱,所以不能激活转录;选项 A,编码阻遏蛋白的基因发生突变,阻遏蛋白与操纵序列结合变强,则转录受到抑制;选项 C,编码阻遏蛋白的基因发生突变,结果导致阻遏蛋白与诱导物结合变弱,结果无法预测。只有 B 是最正确的。

5. 选择 C。

［考点］色氨酸操纵子。

［解析］辅阻遏物与阻遏蛋白结合，促进阻遏蛋白与操纵序列结合，关闭转录，而不是启动转录。所以，选项 C 是错误的。

6. 选择 D。

［考点］操纵子的结构。

［解析］通常人们认为调节基因不属于操纵子结构的组成范畴。因此，选项 D 正确。

7. 选择 C。

［考点］色氨酸操纵子。

［解析］阻蛋白是调节蛋白。在色氨酸操纵子中，阻蛋白没有活性，它能够与色氨酸（辅阻遏物）结合导致构象改变产生活性，随后与操纵基因结合阻止转录，阻止色氨酸合成。因此，选项 C 正确。

8. 选择 B。

［考点］细胞代谢调节的方式。

［解析］细胞代谢调节的方式有多种形式，包括酶量的调节、酶活性的调节，其中酶活性调节又包括反馈调节、前馈激活、共价调节及级联放大系统、酶原激活等。6-磷酸葡萄糖对糖原合成代谢的调节属于前馈激活。

9. 选择 B。

［考点］辅酶与代谢调节酶。

［解析］选项 A 葡萄糖到丙酮酸是 EMP 途径。选项 C 脂肪酸到脂酰 CoA 属于脂肪酸 β-氧化，选项 D 琥珀酸到延胡索酸属于脱氢反应，其辅酶是 FAD。选项 A 和 C 两条代谢途径没有羧化反应，而 Avidin 是抗生物素蛋白的抑制剂，生物素通常是羧化酶的辅酶，所以加入 Avidin，对上述途径和反应没有抑制。但是选项 B，从丙酮酸到葡萄糖属于葡萄糖异生途径，该途径第一步反应是丙酮酸羧化产生草酰乙酸的过程，催化该过程的酶是丙酮酸羧化酶，该酶的辅酶是生物素。因此，正确选项是 B。这种题比较综合，需要大家掌握基础后，在综合许多知识的基础上答题。

10. 选择 B。

［考点］激素在代谢调节中的作用。

［解析］基础生物化学中常涉及的激素通常有胰岛素、胰高血糖素和肾上腺素。胰高血糖素通常是在动物饥饿状态下含量高，此时葡萄糖异生作用加强，EMP 途径减弱，脂肪酸合成途径减弱。

11. 选择 B。

［考点］各代谢途径的细胞定位。

［解析］选项中给出的 4 个酶，代表 3 条代谢途径，选项 A、B 是葡萄糖异生途径，而选项 C 是糖原合成，发生在细胞质中。选项 D 是脂肪酸的活化，发生在细胞质中。而葡萄糖异生途径对于真核生物而言，部分发生在细胞质中，部分发生在线粒体中。丙酮酸羧化酶催化的反应通常发生在线粒体中，因此选项 B 正确。

12. 选择 D。
[考点] 各代谢途径的细胞定位。
[解析] 选项 A、B 和 C 指出的反应及代谢途径均发生在线粒体中。

13. 选择 A。
[考点] 各代谢途径的调节。
[解析] 丙酮酸脱氢酶复合体含有丙酮酸脱氢酶、二氢硫辛酰胺乙酰转移酶和二氢硫辛酰胺脱氢酶 3 个酶,其中二氢硫辛酰胺乙酰转移酶受到乙酰 CoA 的抑制,同时乙酰 CoA 具有激活丙酮酸脱氢酶激酶活性的作用,导致丙酮酸脱氢酶磷酸化而活性受到抑制。

14. 选择 C。
[考点] 葡萄糖-丙氨酸循环。
[解析] 选项 C 指出的酶催化的是嘌呤核苷酸从头合成途径的第一步反应,与葡萄糖-丙氨酸循环没有关系。

15. 选择 A。
[考点] 酮体。
[解析] 酮体包括丙酮、乙酰乙酸和 β-羟基丁酸。脂肪酸不能被人脑直接利用。

五、简答题

1. 请写出合成下列物质的活性前体分子。

糖原合成,脂肪合成,淀粉合成,磷脂酰肌醇的合成,磷脂酰乙醇胺的合成,鞘脂合成。

答题要点:本问题的知识点涉及一些生物分子的合成过程,主要是前体分子。在了解物质代谢的过程后不难写出答案。它们分别是:UDPG;3-磷酸甘油和脂酰 CoA;ADPG;CDP-二酰甘油和肌醇;1,2-二酰甘油和 CDP 乙醇胺;丝氨酸和棕榈酰 CoA。

2. 在乳糖和葡萄糖都存在的条件下,大肠杆菌先利用哪种糖?为什么?

解析:该题目主要考点是乳糖操纵子的调控。答题要点应该包括介绍乳糖操纵子;说明该操纵子的正负调控方式;说明存在葡萄糖时,即使乳糖存在,细菌仍然先利用葡萄糖,并利用乳糖操纵子的正调控方式解释原因。具体要点如下:

- 乳糖操纵子属于酶合成的诱导型操纵子。

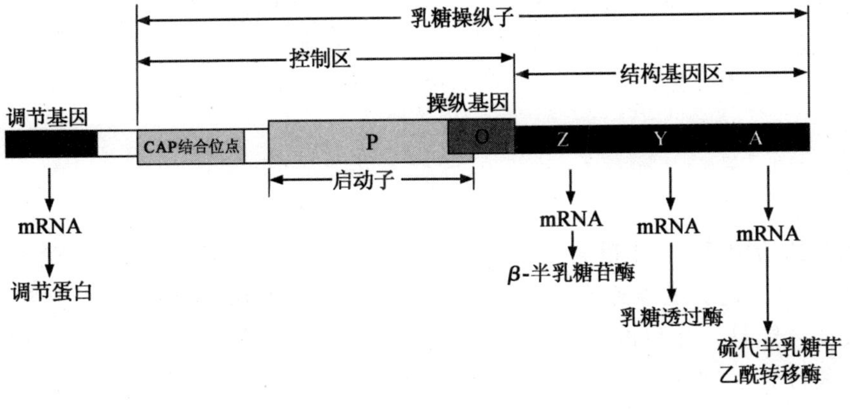

调节基因不属于乳糖操纵子,调节基因产生的调节蛋白为阻遏蛋白,它有活性。在没有乳糖存在时,阻遏蛋白与操纵子的操纵基因结合阻碍基因表达,因此不能合成利用乳糖的酶类。乳糖是操纵子的诱导物,它可转化为别乳糖与阻遏蛋白结合使其失去活性,所以操纵子开放,基因能够表达,即乳糖能够被利用。

• 乳糖操纵子有正调控和负调控两种形式。其中阻遏蛋白对操纵子调控属于负调控。而CAP蛋白对操纵子的调控属于正调控。

CAP蛋白与cAMP结合形成复合物。该复合物能够与DNA上的CAP位点结合,促进RNA聚合酶与DNA上RNA聚合酶位点结合,增强基因的转录。因此,在乳糖存在下,如果活化的CAP(cAMP-CAP)蛋白也存在,能够加强基因的转录,这是乳糖操纵子的正调控方式。

• 在葡萄糖和乳糖同时存在的条件下,虽然乳糖操纵子处于打开的状态,基因能够表达。但是,葡萄糖能够抑制cAMP环化酶的活性,所以葡萄糖的存在,使细胞中cAMP含量降低,结果CAP蛋白无法与cAMP结合形成复合物,即无法起到正调控的作用,基因转录受到影响。因此,细菌在葡萄糖和乳糖都存在的条件下,先利用葡萄糖而后利用乳糖,这种现象也被称为葡萄糖效应/代谢物抑制效应(catabolite repression)。

3. 假如烟草花叶病毒的单链RNA在化学物质处理后,原来编码脯氨酸(Pro)的密码子发生单个碱基的突变,结果转变为编码丝氨酸(Ser)或者亮氨酸(Leu);如果进一步用同种化学物质处理,第一次发生突变的密码子再次发生单个碱基的突变,结果该密码子编码的氨基酸是苯丙氨酸。

A. 请推测脯氨酸、丝氨酸、亮氨酸和苯丙氨酸的可能密码子是什么。

B. 推测何种化学物质导致这种突变的发生。

答题要点:主要知识点涉及DNA的点突变和氨基酸密码子的简并性等。

观察密码子簿可以发现Pro有4个同义密码子,Ser和Leu分别有6个密码子 ,Phe有2个密码子。如图所示:

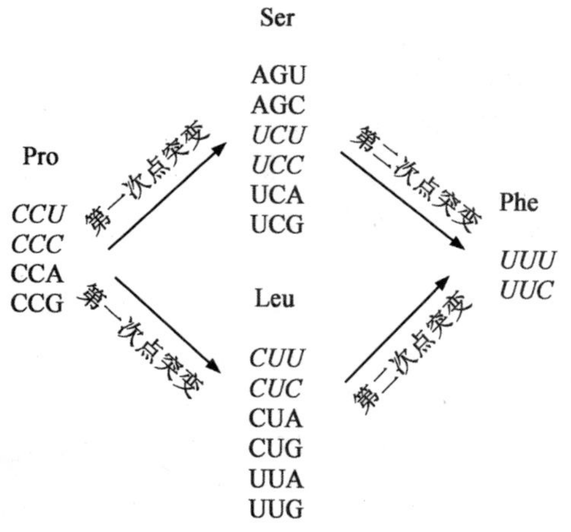

根据题目的给定条件,知道第一次编码Pro的密码子发生点突变后得到编码Ser或者Leu的密码子,之后的突变导致Phe的密码子产生。结合图可以发现两次点突变,只有斜体的密码子点突变才能符合题目的要求,因此,Pro的密码子为CCU/CCC, Ser密码子为UCU/UCC, Leu密码子为CUU/CUC, Phe密码子为UUU/UUC。

从密码子的变化结果可以看出，突变是属于嘧啶碱基之间的转换，通常亚硝酸类化学物质容易引起这样的突变。

4.研究人员以 4 组小鼠为材料进行试验。其中 2 组正常饲喂，另外 2 组饲喂高胆固醇食物。之后对小鼠肝脏中的 3-羟基-3-甲基戊二酸单酰辅酶 A(HMG-CoA)还原酶的 mRNA 表达量进行了测定，同时也利用该酶的单克隆抗体对 HMG-CoA 还原酶分离提取，并测试含量，结果如图 A 和 B。

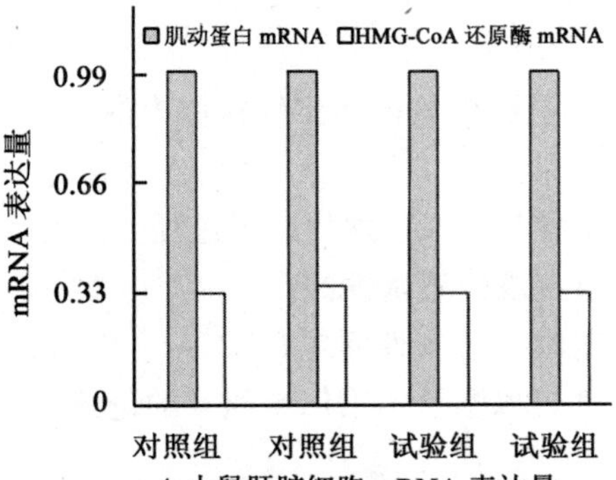

A 小鼠肝脏细胞 mRNA 表达量

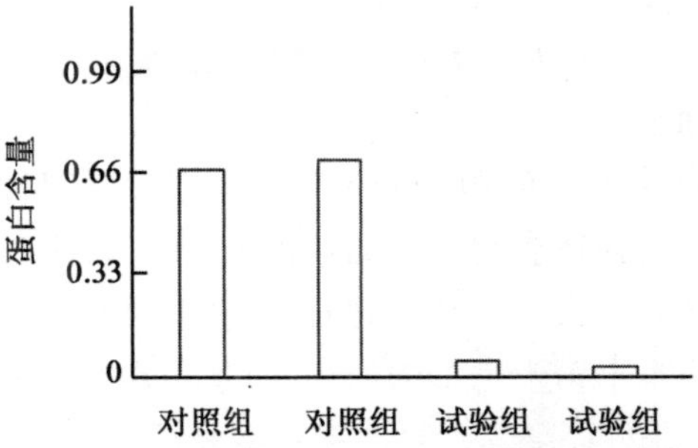

B 小鼠肝细胞 HMG-CoA 还原酶蛋白含量

请根据图 A 和图 B 回答下列问题。

①分析说明饲喂高胆固醇食物对小鼠 HMG-CoA 还原酶 mRNA 表达的影响。

②分析说明饲喂高胆固醇食物对小鼠 HMG-CoA 还原酶蛋白含量的影响，并对图 A 和图 B 的试验结果给出合理的解释。

③试验中为何要测定肌动蛋白 mRNA 的表达量？

解析：应该知道 HMG-CoA 还原酶是胆固醇合成的关键调节酶。

①从图 A 可知，无论对照组还是试验组，肌动蛋白和 HMG-CoA 还原酶的 mRNA 表达量都相同，由此可知饲喂高胆固醇食物对小鼠干细胞 HMG-CoA 还原酶的 mRNA 表达量没有影响。

②从图 B 可知，试验组 HMG-CoA 还原酶蛋白含量显著低于对照组，说明高胆固醇食物饲喂能够引起 HMG-CoA 还原酶含量的显著降低。结合两个图的结果，可以推测：高胆固醇食物饲喂虽然使小鼠 HMG-CoA 还原酶翻译受到抑制，或者是 HMG-CoA 还原酶降解加速，但是并不影响该酶的转录，即 mRNA 的合成。

③试验中肌动蛋白的 mRNA 含量作为实验样品的内标，测定肌动蛋白的 mRNA 含量一致，表明样品 mRNA 的提取没有问题，因此测得 HMG-CoA 还原酶 mRNA 含量有变化，则表明这种变化一定是由高胆固醇食物饲喂引起的。

六、论述题

1.请说明丙酮酸参与了哪些物质代谢途径。

解析：根据本章要点分析图中的内容回答问题。具体答题要点如下：

- 丙酮酸是糖酵解的产物。
- 丙酮酸在乳酸脱氢酶的催化下，可以生成乳酸，从而进入乳酸发酵途径。

- 丙酮酸在丙酮酸脱羧酶和乙醇脱氢酶的作用下能够产生乙醇，进入酒精发酵途径。
- 丙酮酸在丙酮酸脱氢酶复合体的催化下，产生乙酰 CoA，而后进入 TCA 循环彻底氧化分解。
- 丙酮酸还能够在转氨酶的作用下生成丙氨酸，也可直接参与到缬氨酸、亮氨酸和苏氨酸的合成过程中。
- 丙酮酸能够在丙酮酸羧化酶的作用下生成草酰乙酸，后者在磷酸烯醇式丙酮酸羧激酶催化下生成磷酸烯醇式丙酮酸。该物质可以作为芳香族氨基酸的合成前体，也可以进入葡萄糖异生途径。
- 丙酮酸能够通过柠檬酸-丙酮酸循环参与脂肪酸代谢，该循环将线粒体中的乙酰 CoA 转运到细胞质中。
- 综上所述，丙酮酸不仅参与糖代谢、脂代谢，还参与了氨基酸代谢等过程。

2. 请描述生物体是如何保证 DNA 合成和蛋白质合成的正确性的。

答题要点：本问题的知识点涉及 2 种物质合成过程的忠实性问题。DNA 合成的忠实性可以参照本书第十三章的论述题；蛋白质合成的忠实性可以参照本书第十四章的论述题。

模 拟 试 题

75 分生物化学模拟试题(1)

(除论述第 5 题给出答案外,其他答案均在各章中)

一、选择题(每题 2 分,共 20 分)

1. 蛋白质盐析________。
A. 是利用蛋白质在低盐溶液中发生沉淀的原理
B. 可用于除去蛋白质溶液中的盐成分
C. 可对蛋白质进行分级分离
D. 可用于蛋白质缓冲液的更换

2. 没有还原性的糖为________。
A. 链状葡萄糖
B. 环状葡萄糖
C. 蔗糖
D. 麦芽糖

3. ________是含有 $\beta(1\rightarrow4)$糖苷键的分子。
A. 蔗糖和淀粉
B. 纤维素和淀粉
C. 糖原
D. 纤维素

4. tRNA ________。
A. 5′端可以携带特异的活化氨基酸
B. 3′端可以携带特异的活化氨基酸
C. 三级结构为三叶草形
D. 含有识别氨基酸的反密码子

5. 下述关于核小体的阐述哪条是正确的?
A. 核小体是真核生物染色质的基本结构单位
B. 核小体由组蛋白组成
C. 核小体是由 RNA 分子绕组蛋白核心组装成的
D. 核小体组蛋白核心上的 DNA 以右手螺旋缠绕

6. 下列反应中,________反应产生 $FADH_2$。
A. 异柠檬酸—α-酮戊二酸
B. α-酮戊二酸—琥珀酰 CoA

C. 琥珀酸—延胡索酸
D. 苹果酸—草酰乙酸

7. ________是 TCA 循环中的底物水平磷酸化反应。
A. 异柠檬酸—α-酮戊二酸
B. α-酮戊二酸—琥珀酰 CoA
C. 琥珀酰 CoA—琥珀酸
D. 琥珀酸—延胡索酸

8. 脂肪酸进行 β-氧化时，通过________从细胞质进入线粒体。
A. 肉碱转移系统
B. 磷酸甘油穿梭系统
C. 苹果酸-天冬氨酸穿梭系统
D. 柠檬酸-丙酮酸转运系统

9. 脂肪酸从头合成途径所需要的 NADPH，主要来自________。
A. 磷酸甘油穿梭，NADH
B. 柠檬酸-丙酮酸转运系统，磷酸戊糖途径
C. 肉碱转移系统，TCA 循环
D. 苹果酸-天冬氨酸穿梭系统，糖酵解

10. 在 DNA 复制过程中，催化引物合成 RNA 的酶是________。
A. RNA 聚合酶
B. 引物酶
C. DNA 聚合酶Ⅰ
D. DNA 聚合酶Ⅲ

二、实验题(13 分)

一个氨基酸混合样品，经过常规纸层析有效分离后，需要用试剂显色出氨基酸位点。请问：①常用显色试剂是什么？②显色原理是什么？③如何设计对照才能使氨基酸得到定性？④如果有一个氨基酸点呈黄色，请说出该氨基酸的特征。

三、问答题(1～3 题，每题 6 分；4～5 题，每题 12 分。共 42 分)

1. 什么是 Western blot？指出两种用途。
2. 生物体降解淀粉采用水解与磷酸解哪种方式对生物更有利？
3. 请简述原核生物大肠杆菌蛋白质合成的起始过程。
4. 举例说明蛋白质结构与功能的关系。
5. 请描述脂类代谢与氨基酸代谢的关系。

解析：答题要点应该包括脂类物质(以脂肪为例进行分析)如何与氨基酸代谢相联系；氨基酸代谢如何与脂肪代谢相联系。具体要点如下(见代谢调控部分图示)。

● 脂肪到氨基酸：脂肪是由脂肪酸和甘油为基本分子组成。脂肪酸经过 β-氧化能够生成

乙酰 CoA。甘油在甘油激酶的作用下能够生成 3-磷酸甘油，3-磷酸甘油在磷酸甘油脱氢酶的催化下产生磷酸二羟丙酮。磷酸二羟丙酮通过糖酵解代谢产生 3-磷酸甘油酸和丙酮酸。3-磷酸甘油酸是丝氨酸族氨基酸的合成的前体，由 3-磷酸甘油酸可以合成丝氨酸、甘氨酸、半胱氨酸。丙酮酸是丙氨酸族氨基酸生成的前体，通过丙酮酸可以生成丙氨酸、缬氨酸、亮氨酸和异亮氨酸；丙酮酸脱羧氧化生成乙酰 CoA，该物质进入 TCA 循环，产生草酰乙酸和 α-酮戊二酸。两者分别是天冬氨酸族与谷氨酸族氨基酸的合成前体。从草酰乙酸和 α-酮戊二酸能够分别合成天冬氨酸、天冬酰胺、赖氨酸、苏氨酸、甲硫氨酸（蛋氨酸）、异亮氨酸和谷氨酸、谷氨酰胺、精氨酸、脯氨酸。磷酸二羟丙酮还可以进入 PPP 途径生成 5-磷酸核糖、4-磷酸赤藓糖和磷酸烯醇式丙酮酸，前者是组氨酸的合成前体，后两者是合成芳香族氨基酸的前体，因此，由这两者能够合成苯丙氨酸、色氨酸、酪氨酸。由此可知脂肪通过糖代谢与氨基酸代谢相联系。

此外，对于植物和微生物而言，乙酰 CoA 能够通过乙醛酸循环净合成琥珀酸，通过琥珀酸进入 TCA 循环，进而进入氨基酸代谢途径。而动物则无法由乙酰 CoA 净合成琥珀酸。

• 氨基酸代谢与脂肪代谢的关系：20 种常见的蛋白质氨基酸，经过代谢能够降解产生 7 种碳骨架，它们分别是丙酮酸、草酰乙酸、α-酮戊二酸、琥珀酰 CoA、延胡索酸、乙酰 CoA、乙酰乙酰 CoA/乙酰乙酸。这些中间产物有些通过糖代谢途径，可以生成 3-磷酸甘油，有些通过脂肪酸从头合成途径合成脂肪酸，而后 3-磷酸甘油和脂肪酸分别在磷酸甘油脂酰转移酶、磷酸酶和二酰甘油脂酰转移酶的催化下，经过 3 步反应生成脂肪（见第十章要点分析中三酰甘油的合成及图示）。

• 脂肪与氨基酸代谢通过糖代谢相互联系。

75 分生物化学模拟试题(2)

(所有答案在各章中)

一、选择题(每题 2 分,共 10 分)

1. SDS-PAGE ________。
A. 可以测定氨基酸的分子质量
B. 可以测定天然蛋白质分子质量
C. 可以测定蛋白质亚基分子质量
D. 可以测定蛋白质亚基数

2. 下述关于葡萄糖构象的解释哪个是正确的?
A. 葡萄糖的构象有 α、β 两种类型
B. 葡萄糖的构型有链式和环式之分
C. 葡萄糖构象的改变有共价键的断裂
D. 葡萄糖构型的改变有共价键的断裂

3. 对于 DNA、tRNA、mRNA、rRNA 来说,________。
A. 它们分子中核苷酸的连键性质是相同的,一般都是 $3'$,$5'$-磷酸二酯键
B. 只有 DNA 和 mRNA 的连键是 $3'$,$5'$-磷酸二酯键
C. 它们分子中核苷酸的连键性质各不相同
D. 除 DNA 外,3 种 RNA 分子的核苷酸连键性质是相同的,都是 $3'$,$5'$-磷酸二酯键

4. 下述关于核小体的阐述哪条是错误的?
A. 核小体是原核生物的染色质颗粒
B. 在普通显微镜下无法观察到核小体
C. 核小体是由 DNA 分子绕组蛋白核心组装成的
D. 核小体上的 DNA 以左手螺旋形式缠绕组蛋白核心

5. 下列反应中,________ 不是 TCA 循环中反应。
A. 丙酮酸—乙酰 CoA
B. 异柠檬酸—α-酮戊二酸
C. α-酮戊二酸—琥珀酰 CoA
D. 苹果酸—草酰乙酸

6. 下列酶中,________是磷酸戊糖途径中的关键调控酶。
A. 6-磷酸葡萄糖脱氢酶
B. 6-磷酸葡萄糖酸脱氢酶
C. 转酮酶

D. 转醛酶

7. 脂肪酸在进行 β-氧化之前需要完成活化过程，该过程由________催化完成，消耗________个高能磷酸键。

A. 乙酰 CoA 羧化酶，1

B. 乙酰 CoA 羧化酶，2

C. 脂酰 CoA 合成酶，1

D. 脂酰 CoA 合成酶，2

8. 脂肪酸 β-氧化产生________，而脂肪酸合成利用________。

A. NADPH，NADH

B. $FMNH_2$，NADPH

C. NADH，NADPH

D. $FADH_2$，NADH

9. 原核生物正常复制时，其后随链冈崎片段的 DNA 延伸由________催化完成。

A. DNA 聚合酶Ⅱ

B. DNA 连接酶

C. DNA 聚合酶Ⅰ

D. DNA 聚合酶Ⅲ

10. DNA 糖苷酶参与的 DNA 修复属于________。

A. 切除修复

B. 重组修复

C. 错配修复

D. 直接修复

二、实验题(13 分)

常用于蛋白质化学分析的试剂有：SDS、6 mol/L HCl、β-巯基乙醇、茚三酮、PITC、胰蛋白酶等。其中________适合多肽链的氨基末端分析，________适合蛋白质二硫键的还原；________适合肽键的定点水解，________适合蛋白质氨基酸组成分析；________适合氨基酸定量反应，________和________适合蛋白质变性电泳分析。

三、问答题(1～3 题，每题 6 分；4～5 题，每题 12 分。共 42 分)

1. 比较直链淀粉和纤维素在分子结构和功能上的异同点。
2. 请写出生物体合成氨基酸的主要前体物质，并指出它们来自何种代谢途径。
3. 在乳糖和葡萄糖都存在的条件下，大肠杆菌先利用哪种糖？为什么？
4. 什么是酶活力？测定酶活力时应遵循什么原则？为什么？
5. 根据你所学的知识，分析生物是如何保证 DNA 复制的真实性。

75 分生物化学模拟试题(3)

(除论述第 4 题给出答案外,其他答案均在各章中)

一、选择题(每题 2 分,共 20 分)

1. 利用紫外分光光度计测定某些生物分子含量,是根据________。
A. 它们在紫外区有光吸收
B. 它们在近紫外区有吸收峰
C. 它们在特定波长下的光吸收值与其浓度有正相关
D. B 和 C

2. ________是含有 $\alpha(1\rightarrow6)$糖苷键的分子。
A. 蔗糖和支链淀粉
B. 纤维素和支链淀粉
C. 支链淀粉和糖原
D. 蔗糖和纤维素

3. 下述关于 Watson-Crick DNA 双螺旋特征的描述哪项是错误的? ________。
A. 两条多核苷酸链以均匀螺旋形式相互缠绕成右手螺旋
B. A 和 T 之间的氢键以及 C 和 G 之间的氢键将两条链维系在一起
C. 一个完整螺旋的长度为 3.4 nm,相邻碱基沿螺旋轴的距离为 0.34 nm
D. 碱基在螺旋内部,磷酸二酯骨架位于螺旋外侧

4. 核酸变性后,________。
A. 紫外吸收升高,黏度下降
B. 紫外吸收和黏度都升高
C. 氢键发生断裂,黏度升高
D. 3′,5′-磷酸二酯键发生断裂,紫外吸收升高

5. 下列酶中,________ 是线粒体膜结合蛋白。
A. 苹果酸脱氢酶
B. 异柠檬酸脱氢酶
C. α-酮戊二酸脱氢酶
D. 琥珀酸脱氢酶

6. 乳酸是非糖物质,它可以通过________进入葡萄糖异生途径。
A. 丙酮酸
B. 乙酰 CoA
C. 苹果酸

D. 草酰乙酸

7. ________属于酮体。
A. 丙酮、乙酰乙酸
B. 丙酮、乙酰 CoA
C. 丙酮酸、乙酰乙酸
D. 丙酮、D-β-氨基丁酸

8. ________是人体必需脂肪酸。
A. 亚油酸、油酸
B. 亚油酸、软脂酸
C. 亚麻酸、软脂酸
D. 亚油酸、α-亚麻酸

9. 在生物体 DNA 复制过程中,后随链是以________为模板不连续合成子代 DNA。
A. 3′-5′亲代 DNA 链
B. 5′-3′亲代 DNA 链
C. 两条 DNA 链中的任何一条
D. 两条 DNA 链同时

10. DNA 双螺旋中作为 RNA 合成模板的那条 DNA 链被称作模板链,也称作________。
A. 有意义链
B. 编码链
C. 正链
D. 无意义链

二、实验题(13 分)

如果用双倒数作图法测定一种酶的 K_m,如何设计实验和分析结果?其根据是什么?

三、问答题(1~3 题,每题 6 分;4~5 题,每题 12 分。共 42 分)

1. 什么是生物膜的主动运输?讨论主动运输与被动运输的区别。
2. 比较原核生物启动子与真核生物启动子。
3. 请说明丙酮酸参与了哪些物质代谢途径。
4. 请阐述乙酰 CoA 参与了哪些生物化学反应过程。

解析:答题要点应该包括脂肪酸从头合成、固醇的合成、酮体代谢、乙醛酸循环、氨基酸代谢、TCA 循环、柠檬酸-丙酮酸转运系统等生化过程。具体要点如下:

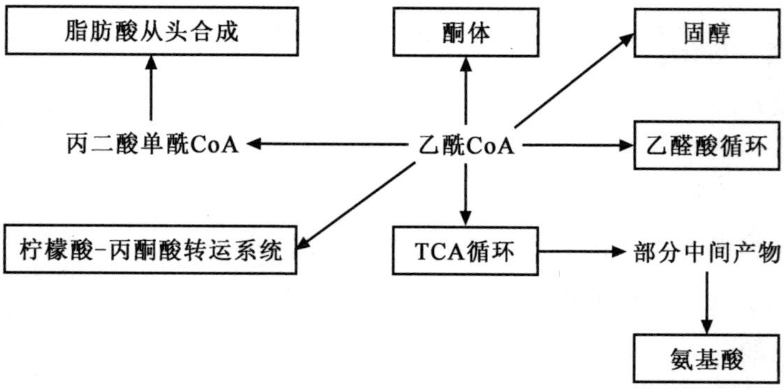

• 乙酰 CoA 在线粒体中与草酰乙酸生成柠檬酸进入 TCA 循环。

• 乙酰 CoA 参与酮体生成。对于动物而言，当肝脏线粒体中乙酰 CoA 浓度过高，没有足够的草酰乙酸与之反应生成柠檬酸进入 TCA 循环的时候，乙酰 CoA 能够生成酮体，即丙酮、乙酰乙酸和 D-β-羟基丁酸。酮体物质经过血液运输到肝外组织，重新转化为乙酰 CoA 参与 TCA 循环。

• 乙酰 CoA 参与乙醛酸循环。油料植物种子脂肪酸经过 β-氧化生成大量的乙酰 CoA，植物利用乙酰 CoA 净合成琥珀酸，这一过程是油料植物种子脂肪酸转化为糖类物质的主要途径；对于微生物而言，它能够利用乙酸作为碳源进行生长。

• 乙酰 CoA 参与柠檬酸-丙酮酸转运系统的生化过程。脂肪酸 β-氧化和丙酮酸脱氢氧化都在线粒体中进行，结果生成乙酰 CoA。而脂肪酸的从头合成过程在细胞质中进行。因此，线粒体中的乙酰 CoA 通过与草酰乙酸生成柠檬酸，而后在转运体帮助下进入细胞质，柠檬酸裂解重新生成乙酰 CoA 和草酰乙酸。草酰乙酸经过一些生化过程，以丙酮酸的形式由转运体带回线粒体，完成柠檬酸-丙酮酸转运过程，而乙酰 CoA 参与脂肪酸合成。

• 乙酰 CoA 参与脂肪酸从头合成途径。乙酰 CoA 在乙酰 CoA 羧化酶的催化下生成丙二酸单酰 CoA，然后又在脂肪酸合酶的催化下，丙二酸单酰 CoA 与乙酰 CoA 经过缩合、还原、脱水、再还原的过程生成丁酰 ACP。之后，丙二酸单酰 CoA 作为二碳单位的供体，由 NADPH 提供还原力，最终合成 16 碳的饱和脂肪酸。

• 乙酰 CoA 参与固醇的合成(过程见第十章要点分析)。

• 乙酰 CoA 进入 TCA 循环，该循环中的草酰乙酸、α-酮戊二酸等中间产物，参与氨基酸代谢。氨基酸降解产物也有乙酰 CoA。

• 乙酰 CoA 不仅参与了糖代谢和脂代谢，而且也参与了氨基酸代谢过程。

5. 生物通过何种机制保证蛋白质合成的正确性？

75 分生物化学模拟试题(4)及答案

一、选择题(每题 2 分,共 20 分)

1. 下述关于血红蛋白的叙述哪条是错误的? ________。
A. 血红蛋白是多亚基蛋白,亚基数和血红素辅基数相等
B. 血红蛋白亚基和肌红蛋白高级结构相似
C. 血红蛋白和肌红蛋白氧合曲线形状不同
D. 血红素辅基中的铁原子一般处于氧化状态

2. 鉴定溶液中微量抗原的有效方法是________。
A. 免疫荧光标记
B. 免疫金标
C. 酶联免疫吸附测定
D. 紫外分光光度计

3. 从米氏常数 K_m 可以获悉________。
A. 酶的催化效率
B. 酶和底物之间的亲和力
C. 酶促反应进程和底物浓度的关系
D. 底物浓度的数值

4. 下述分子哪种不属于高能磷酸化合物? ________。
A. ADP
B. 磷酸烯醇式丙酮酸
C. AMP
D. 磷酸肌醇

5. 下列哪个多聚酶在催化反应时不需要模板? ________。
A. RNA 聚合酶Ⅰ
B. RNA 聚合酶Ⅱ
C. 逆转录酶
D. 多聚腺苷酸聚合酶

6. 下面________是磷脂和脂肪合成的共同前体。
A. 磷脂酸
B. 溶血磷脂
C. 鞘脂
D. 缩醛磷脂

7. 下列酶中，不参与催化氧化脱羧反应的是________。

A. 丙酮酸脱氢酶

B. 3-磷酸甘油醛脱氢酶

C. α-酮戊二酸脱氢酶

D. 异柠檬酸脱氢酶

8. 在磷酸戊糖途径中，________催化三碳基团的转移。

A. 转酮酶

B. 转醛酶

C. 醛缩酶

D. 磷酸丙糖异构酶

9. 下列糖代谢相关陈述，错误的是________。

A. 2,6-二磷酸果糖激活磷酸果糖激酶Ⅰ

B. 2,6-二磷酸果糖抑制果糖1,6-二磷酸酶

C. 果糖1,6-二磷酸酶催化的反应是吸能反应

D. 这种调节能够控制代谢产物在某方向有净流动

10. 鸟氨酸转化生成瓜氨酸是合成下列________化合物过程中的一步反应。

A. 天冬氨酸

B. 肉毒碱

C. 尿素

D. 酪氨酸

二、实验题（13分）

下图是在不同pH和不同浓度NaCl条件下分别测得的某蛋白质（高纯度）溶解曲线。请对该蛋白质的溶解特点进行分析，并阐述相关的生物化学原理。

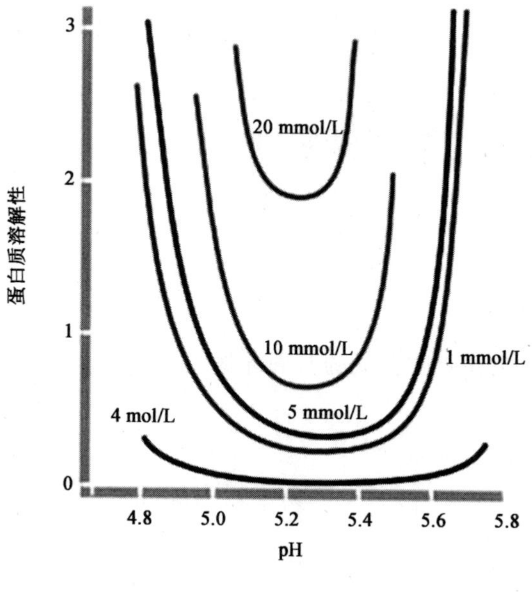

三、问答题(1～3 题,每题 6 分;4～5 题,每题 12 分。共 42 分)

1. 从生物材料制备 DNA 时常用到 SDS、EDTA、酚/仿(饱和酚/氯仿)、乙醇等试剂;对 DNA 进行电泳鉴定时常用到溴化乙锭。请说明这 5 种试剂的作用。

2. 请举例说明哪些氨基酸参与了核苷酸的从头合成途径。

3. TCA 循环和脂肪酸 β-氧化都存在脱氢、水合、再脱氢这 3 步反应。请分别写出两条代谢路径中参与这 3 步反应的底物、产物和催化反应的酶。

4. 下图是与线粒体电子传递和氧化磷酸化有关的说明图,请分析其所表达的含义。

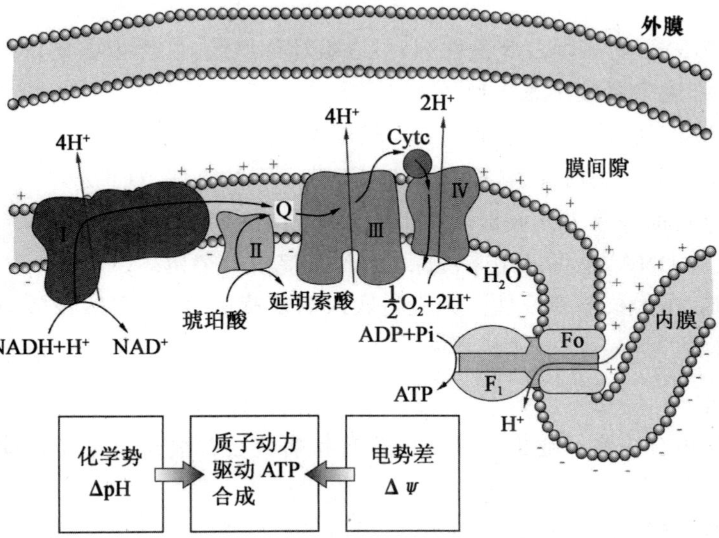

5. 请比较乳糖操纵子和色氨酸操纵子的负调控模式,并说明乳糖和色氨酸如何参与操纵子的调控过程。

模拟试题(4)答案

一、单选题答案(每题 2 分,共 20 分)

1. D 2. C 3. B 4. C 5. D 6. A 7. B 8. B 9. C 10. C

二、实验题(13 分)

答题要点:

(1)盐离子浓度影响蛋白质溶解。在 1～20 mmol/L NaCl 下,随着盐浓度增加,蛋白质溶解量增加,是一个盐溶过程。因为少量盐离子的存在有利于蛋白质带上双电层,增加可溶性。(4 分)

(2)在 4 mol/L NaCl 下,蛋白质溶解量很低,此时,高浓度中性盐不仅会争夺溶液中的水,

不利于固体蛋白质溶解，还会破坏已溶解蛋白质的水化层，促使蛋白质相互聚集而沉淀，即盐析。(4 分)

(3)溶液 pH 影响蛋白质溶解。所有曲线在 pH 5.3 左右呈现最低点，说明此点为蛋白质等电点。蛋白质在等电点时溶解度最小，因为蛋白质分子静电荷为零，容易聚集沉淀。(4 分)

(4)小于等电点时，随着 pH 上升，溶解度下降；大于等电点时，随着 pH 上升，溶解度增加。(2 分)

三、问答题(1～3 题，每题 6 分；4～5 题，每题 12 分。共 42 分)

1. 答题要点：

(1)SDS：作为去污剂和蛋白质变性剂，可以破坏细胞膜，变性蛋白质，抑制酶类活性，促进完整核酸分子从细胞中释放出来。(1 分)

(2)EDTA：Mg^{2+} 是 DNase 的辅因子。EDTA 作为二价离子螯合剂，可以消除溶液中自由的 Mg^{2+}，使 DNase 失去活性，从而保护 DNA 分子不被水解。(1 分)

(3)酚/仿试剂：抽提除去核酸提取物中的膜类物质和蛋白质。(1 分)

(4)乙醇：沉淀 DNA，也可以用来洗除 DNA 沉淀中的杂质。(1 分)

(5)溴化乙锭：作为核酸专一性荧光染料嵌入双螺旋中，使分离的核酸条带在紫外光照射下显现出来。(2 分)

2. 答题要点：

(1)核苷酸从头合成途径通常指嘌呤核苷酸和嘧啶核苷酸从小分子前体逐步合成核苷酸的过程。(2 分)

(2)在嘌呤核苷酸的从头合成过程中，谷氨酰胺作为嘌呤环的 9 位氮率先参与合成，随后甘氨酸掺入形成嘌呤环的 4、5 位碳和 7 位氮，之后天冬氨酸掺入形成嘌呤环的 1 位氮。当 IMP 形成后，天冬氨酸和谷氨酰胺还参与了 AMP 和 GMP 的合成。(2 分)

(3)在嘧啶核苷酸的从头合成过程中，天冬氨酸与氨甲酰磷酸合成氨甲酰天冬氨酸，直接形成嘧啶环的 1 位氮，4、5 和 6 位碳。随后在由尿嘧啶核苷三磷酸转化成胞嘧啶核苷三磷酸的过程中，谷氨酰胺参与代谢，形成嘧啶环 4 位碳素上连接的氨基。(2 分)

3. 答题要点：

TCA 循环：(3 分)

琥珀酸 $\longrightarrow$ 延胡索酸　有 $FADH_2$ 的生成，琥珀酸脱氢酶

延胡索酸 $\longrightarrow$ 苹果酸　耗费 1 分子水，延胡索酸酶

苹果酸 $\longrightarrow$ 草酰乙酸　有 NADH 生成，苹果酸脱氢酶

脂肪酸 β-氧化：(3 分)

脂酰 CoA $\longrightarrow$ 反式烯脂酰 CoA　有 $FADH_2$ 的生成，脂酰 CoA 脱氢酶

反式烯脂酰 CoA $\longrightarrow$ L-β-羟脂酰 CoA　耗费 1 分子水，烯脂酰 CoA 水合酶

L-β-羟脂酰 CoA $\longrightarrow$ β-酮脂酰 CoA　有 NADH 生成，L-β-羟脂酰 CoA 脱氢酶

4. 答题要点：

(1)该图显示的是线粒体内膜上电子传递链和氧化磷酸化的能量偶联机理。(3 分)

(2)(对电子传递链进行简要描述)(3 分)

(3)化学渗透学说:在线粒体内膜上,当电子从 NADH 经呼吸链传递时,电子传递复合体Ⅰ、Ⅲ、Ⅳ将质子从线粒体内膜内侧泵到外侧,形成跨线粒体内膜的电势梯度和化学势梯度(质子梯度)。电子传递所释放的自由能就暂时储存在这种电化学梯度中,此为 ATP 合成的驱动力。(3 分)

(4)位于线粒体内膜上的 F_oF_1-ATP 合酶由 F_1 和 F_o 两部分组成,当质子通过 F_o 质子通道流回线粒体基质时,F_1 利用 ADP 与 Pi 合成 ATP。(3 分)

5.答题要点:

简述各操纵子结构,如图:

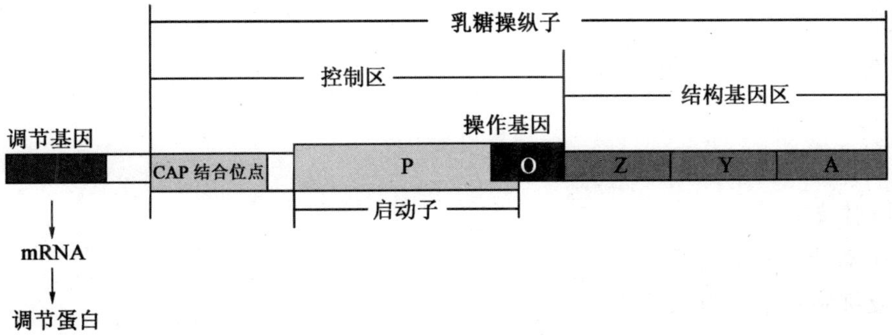

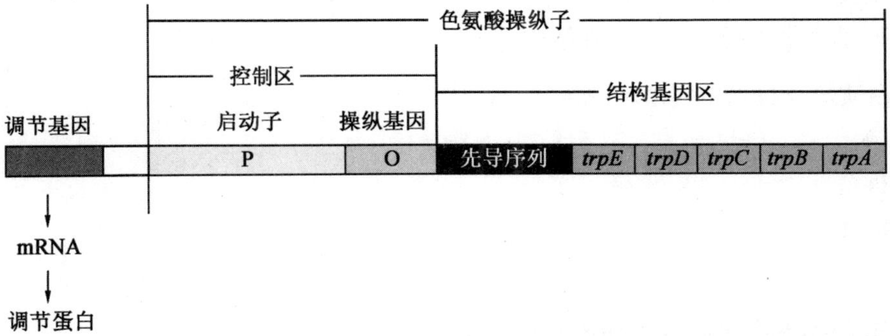

(1)在原核细胞基因诱导表达中,外界信号与基因之间的沟通是通过调节蛋白实现的。根据功能不同,将调节蛋白分成两种类型:负调节蛋白,又称阻遏蛋白;正调节蛋白,又称激活蛋白。(2 分)

(2)乳糖操纵子的负调控方式:阻遏蛋白本身具有活性,可以直接和操纵基因结合,操纵子关闭,结构基因不能转录。(2 分)

(3)色氨酸操纵子的负调控方式:阻遏蛋白本身没有活性,它不能直接和操纵基因结合。在有辅阻遏物存在的情况下,辅阻遏物能够与阻遏蛋白结合,改变其构象,促使阻遏蛋白和操纵子基因结合,关闭结构基因转录。(3 分)

(4)2 个操纵子的负调节方式有所不同,主要表现在阻遏蛋白的活性上。如(2)、(3)所述。(1 分)

(5)对于乳糖操纵子而言,乳糖可以通过转化形成别乳糖以诱导物角色与阻遏蛋白结合,使阻遏蛋白构象发生变化而不能与操纵基因结合,从而起到打开基因转录开关的作用,结果导致在乳糖存在的条件下,操纵子处于开启状态。而色氨酸则作为辅阻遏物,使操纵子处于关闭状态。(4 分)

75 分生物化学模拟试题(5)及答案

一、选择题(每题 2 分,共 20 分)

1. 不掺入多肽链的氨基酸往往可以转变为________。
A. 神经递质
B. 甲基供体
C. 抗生素
D. 上述都有可能

2. X 射线衍射技术________。
A. 可以对液态蛋白进行分析
B. 可以在亚细胞水平解析天然蛋白质结构
C. 可以在电镜水平解析蛋白质构象
D. 可以在原子水平解析蛋白质三维结构

3. 下列蛋白质研究技术中哪项不一定涉及抗体? ________。
A. 免疫印迹
B. 亲和层析
C. 免疫共沉淀
D. ELISA

4. 在淀粉分子中,葡萄糖残基之间的共价链接发生在________。
A. 相邻葡萄糖分子的 2-位羟基
B. 相邻葡萄糖分子的 3-位羟基
C. 相邻葡萄糖分子的任意羟基
D. 相邻葡萄糖分子的特定羟基

5. 下述关于核小体的阐述哪条是正确的? ________。
A. 核小体是真核生物染色质的基本结构单位
B. 核小体由组蛋白组成
C. 核小体是由 RNA 分子绕组蛋白核心组装成的
D. 核小体组蛋白核心上的 DNA 以右手螺旋缠绕

6. 如果一个酶在进行催化反应时既离不开质子供体,也离不开质子受体,那么,该酶的 v_0-pH 曲线形状为________。
A. S 形
B. 双曲线形

C. 线形

D. 钟形

7. 下列哪种分子渗透通过脂双层的能力最强？________。

A. Lys

B. 小肽

C. 特异蛋白质

D. O_2

8. 化学渗透学说用于解释________。

A. Na^+ 和 K^+ 跨细胞膜的主动运输

B. 协助扩散跨膜运输如何达到饱和上限

C. 血-脑屏障

D. 质子梯度驱动 ATP 合成

9. 下列有关大肠杆菌 rRNA 和 tRNA 合成的陈述，正确的是________。

A. rRNA 和 tRNA 都是初级转录本的一部分

B. 16S、23S、5S rRNA 分别都有各自的初级转录本

C. tRNA 的初级转录本进行甲基化，而 rRNA 初级转录本则不进行甲基化

D. tRNA 的序列都位于 rRNA 转录本的 3′端

10. 下列哪种环境条件下，乳糖操纵子中的基因会被高水平转录？________。

A. 葡萄糖和乳糖含量都很低

B. 葡萄糖含量高，乳糖含量低

C. 葡萄糖含量低，乳糖含量高

D. 葡萄糖和乳糖含量都很高

二、实验题（13 分）

下图是根据双倒数作图法绘制的酶的反应初速度与底物浓度的关系。①请标出图中 a、b、c 的具体含义；②如果在酶反应体系中分别加入竞争性、非竞争性和反竞争性抑制剂，那么，酶的动力学常数（V_{max}，K_m）将有何变化？（10 分）

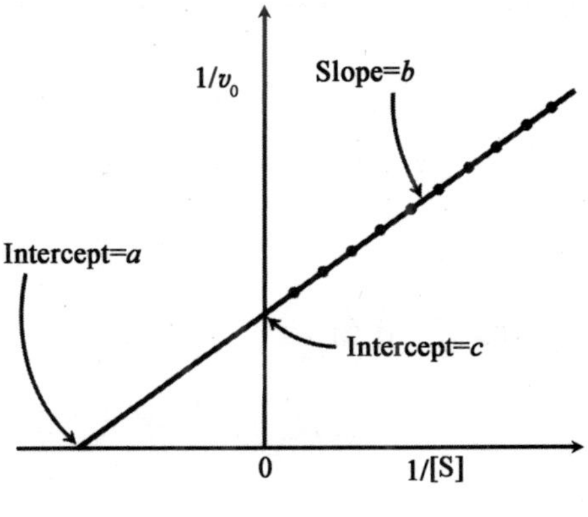

三、问答题(1～3 题，每题 6 分；4～5 题，每题 12 分。共 42 分)

1. 生物膜的共性都有哪些？

2. 尿素循环和三羧酸循环之间是否存在联系？两者如何相互联系？

3. 在生物体中，物质合成和降解代谢是如何相互联系的？

4. 在蛋白质分子中，有的氨基酸残基发生突变会明显影响蛋白质功能，而有的则没有明显影响。请根据你对血红蛋白或其他蛋白的了解，用辩证的观点阐述蛋白质一级结构与功能的关系。(12 分)

5. 下面是一段含有大肠杆菌某个基因起始片段的 DNA 序列。(12 分)

3′-GGCATACTTCAGTCAAGAGACATAG-5′

5′-CCGTATGAAG TCAGTTCTCTGTATC-3′

①如果 RNA 聚合酶从左边向右边进行转录的话，那么该酶的模板序列是什么？

②请写出转录的 mRNA 序列，并标注 5′和 3′端。

③如果该 mRNA 被翻译成蛋白质，那么蛋白质序列是什么？

④如果给定 DNA 序列中标记下划线的 GC 对发生删除突变，蛋白质序列将如何变化；如果序列中标有下画线的 GC 对替换成 AT 对，蛋白质序列又将发生何种变化？对这两种突变进行比较，说明哪种突变对蛋白质的结构影响相对较大，为什么？

First position (5′ end)	Second position U	C	A	G	Third position (3′ end)
U	Phe	Ser	Tyr	Cys	U
	Phe	Ser	Tyr	Cys	C
	Leu	Ser	STOP	STOP	A
	Leu	Ser	STOP	Trp	G
C	Leu	Pro	His	Arg	U
	Leu	Pro	His	Arg	C
	Leu	Pro	Gln	Arg	A
	Leu	Pro	Gln	Arg	G
A	Ile	Thr	Asn	Ser	U
	Ile	Thr	Asn	Ser	C
	Ile	Thr	Lys	Arg	A
	Met	Thr	Lys	Arg	G
G	Val	Ala	Asp	Gly	U
	Val	Ala	Asp	Gly	C
	Val	Ala	Glu	Gly	A
	Val	Ala	Glu	Gly	G

模拟试题(5)答案

一、单选题答案(每题 2 分，共 20 分)

1. D　2. D　3. B　4. D　5. A　6. D　7. D　8. D　9. A　10. C

二、实验题解析(13 分)

答题要点

(1)$a=-1/K_m$　　(3 分)

$b=K_m/V_{max}$　　(3 分)

$c=1/V_{max}$　　(3 分)

(2)加竞争性抑制剂后：K_m增大，V_{max}不变；加非竞争性抑制剂后：K_m不变，V_{max}降低；加反竞争性抑制剂后：K_m和 V_{max} 均降低。(4 分)

三、问答题(1～3 题，每题 6 分；4～5 题，每题 12 分。共 42 分)

1. 答题要点：

(1)生物膜是一种 5～8 nm 厚的片层结构，有封闭的边界；(1 分)

(2)生物膜主要由脂质和蛋白质组成，此外还含有与之共价连接的糖类；(1 分)

(3)组成生物膜的膜脂分子很小，具有双亲性，以脂双层形式存在；(1 分)

(4)膜的特异功能是通过特异蛋白质实现的；(1 分)

(5)膜是非共价的集合体(或超分子复合物)；大多数膜是极化的(1 分)

(6)生物膜结构是不对称的；具有流动性(1 分)

2. 答题要点：

(1)尿素循环反应部分发生在细胞的线粒体中，部分发生在细胞质中。其中精氨基琥珀酸在细胞质中裂解生成延胡索酸和精氨酸。延胡索酸是重要的中间产物，它可以转化为苹果酸。苹果酸可以在细胞质中参与其他代谢途径，也可以进入线粒体。(3 分)

(2)TCA 循环定位在细胞的线粒体中，其中苹果酸是该代谢途径的中间产物。苹果酸在苹果酸脱氢酶的催化下生成草酰乙酸，后者通过转氨酶的作用，可以与 α-氨基酸作用生成天冬氨酸。天冬氨酸可被转移至细胞质，继续进入尿素循环。(3 分)

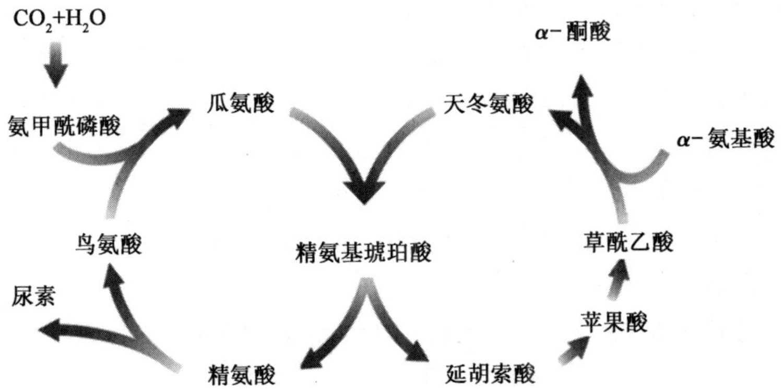

3. 答题要点：

(1)生物体能够将外界获得的生物大分子脂肪、碳水化合物和蛋白质进行降解，产生细胞所需的 NADH、NADPH、$FADH_2$ 以及 ATP 和重要的中间化合物，最终形成小分子物质

CO_2、H_2O 和 NH_3 排出体外。(3 分)

(2)细胞利用大分子降解的中间产物、NADPH 以及 NADH 和 $FADH_2$ 进入电子传递链，产生 ATP，合成细胞所需要的生物大分子脂肪、碳水化合物、蛋白质和核酸。(3 分)

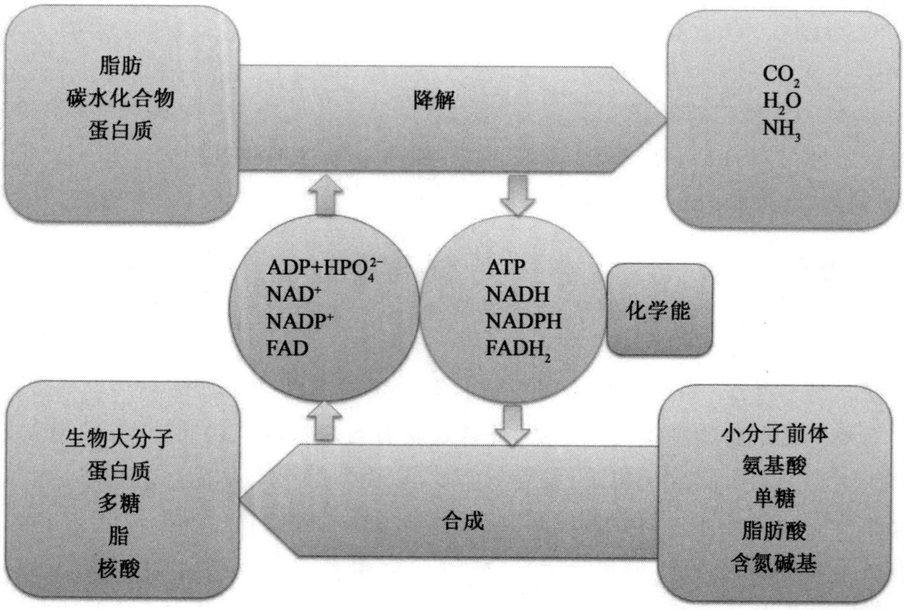

4. 答题要点(12 分)：

(1)一级结构是蛋白质的重要结构。蛋白质一级结构决定其高级结构，高级结构决定其生物功能。(3 分)。

(2)蛋白质多肽链折叠为天然构象时，不同位点氨基酸残基的贡献是不同的。保守残基一般与蛋白质的基本功能有关，而可变残基往往反映蛋白质的进化。(3 分)

(3)血红蛋白 β 亚基氨基末端第 6 位的 Glu 为保守氨基酸，当突变为 Val 后，β 亚基三维结构表面电荷发生改变并多了一个疏水尾巴(黏性凸起)，促使血红蛋白在脱氧情况下形成纤维状多聚体，导致红细胞呈镰刀状，从而引起贫血病。可见，一个关键氨基酸的突变就可以导致蛋白质高级结构的变化和功能的失常。(4 分)

蛋白质的一级结构与生物功能的关系是辩证的，既具有保守、严格的对应关系，又有一定变异性，以适应物种进化的需要。(2 分)

5. 答题要点(12 分)：

(1)RNA 聚合酶的模板序列 3′- GGCATACTTCAGTCAAGAGACATAG -5′。(3 分)

(2)mRNA 的序列是 5′- CCGUAUGAAGUCAGUUCUCUGUAUC -3′。(3 分)

(3)蛋白质的序列是：fMet-Lys-Ser-Val-Leu-Cys-Ile。(2 分)

(4)删掉 GC 对后，mRNA 为 5′- CCGUAUGAAUCAGUUCUCUGUAUC -3′；

蛋白序列为：fMet-Asn-Gln-Phe-Ser-Val；

下划线的 GC 对替换成 AT 对，5′- CCGUAUGAAUUCAGUUCUCUGUAUC -3′。

原来的 AAG 变成 AAA，2 个密码子编码的是相同的氨基酸 Lys，所以蛋白质序列没有发生变化。这是简并密码的优越之处，所以后者突变方式对蛋白质结构影响小。(4 分)

导图总结

经过几个月的努力，你已完成了生物化学课程的复习。现在可以阅读下列的导图，检验你复习的效果。在导图中心方框中显示的是章的主要内容，侧边的各分支点方框是本章的各部分内容名称、内容要点（以关键词，或者陈述语句，或者问句形式呈现）。请阅读每章的导图，看看你对本章的内容复习是否有遗漏。

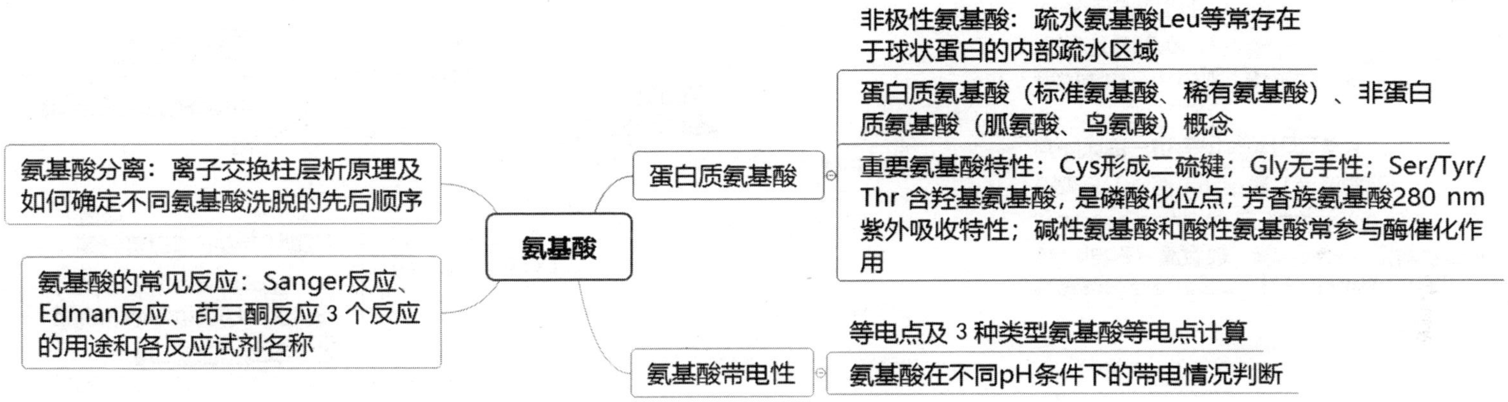

第一章导图　蛋白质构件分子—氨基酸

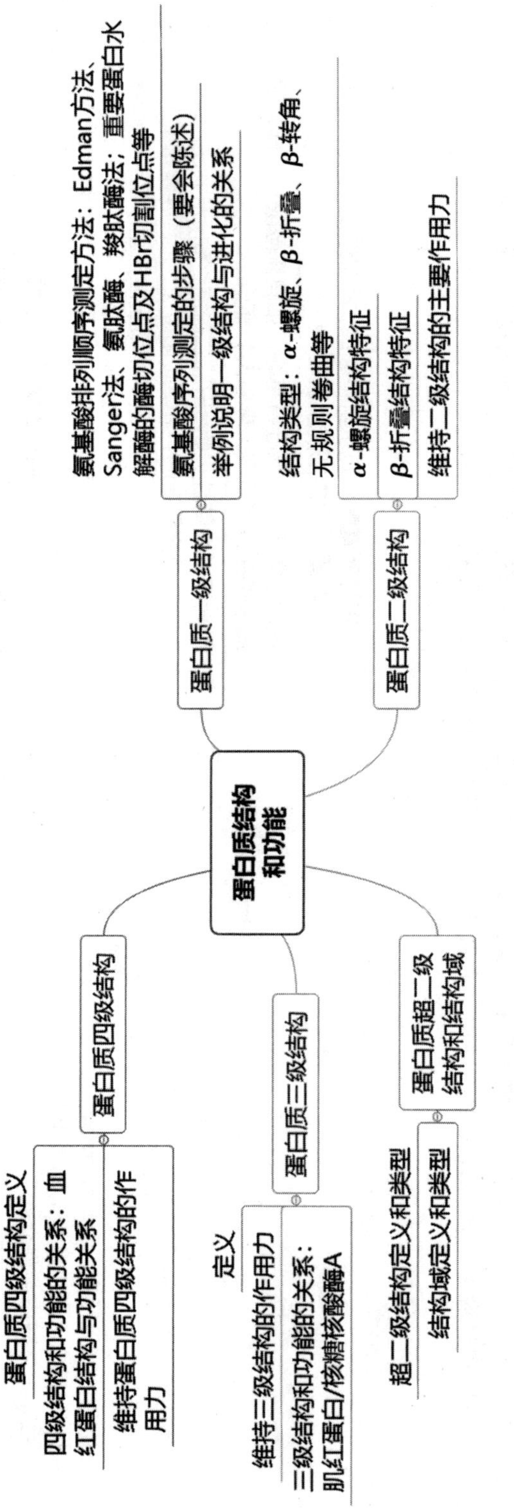

第二章导图　蛋白质结构与功能

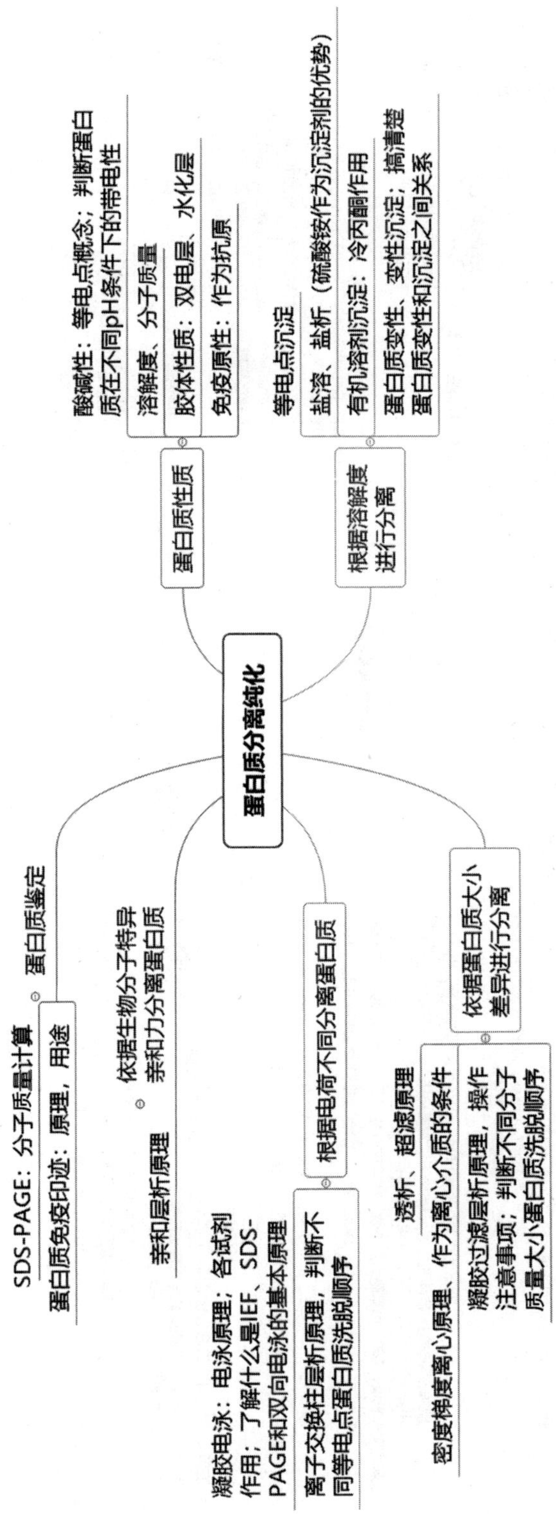

第三章导图　蛋白质分离分析

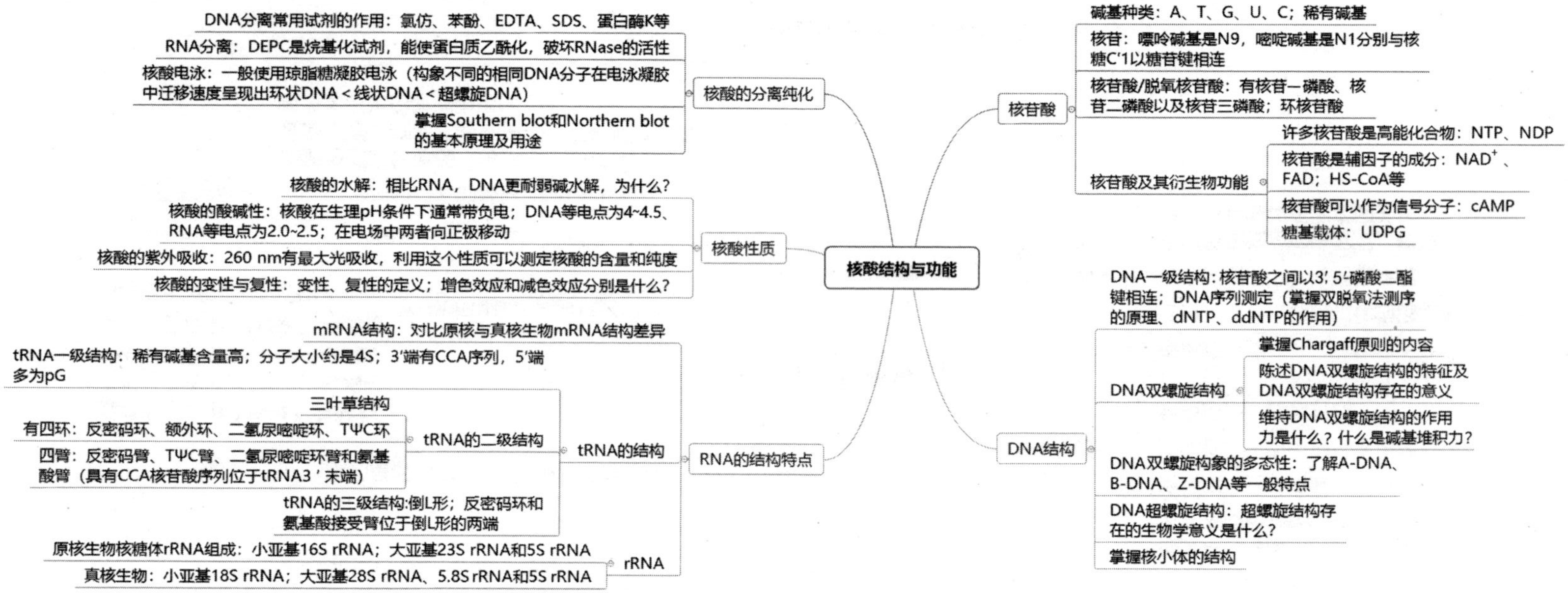
核酸结构与功能
核苷酸
碱基种类：A、T、G、U、C；稀有碱基
核苷：嘌呤碱基是N9，嘧啶碱基是N1分别与核糖C'1以糖苷键相连
核苷酸/脱氧核苷酸：有核苷一磷酸、核苷二磷酸以及核苷三磷酸；环核苷酸
核苷酸及其衍生物功能
许多核苷酸是高能化合物：NTP、NDP
核苷酸是辅因子的成分：NAD+、FAD；HS-CoA等
核苷酸可以作为信号分子：cAMP
糖基载体：UDPG
DNA结构
DNA一级结构：核苷酸之间以3', 5'-磷酸二酯键相连；DNA序列测定（掌握双脱氧法测序的原理、dNTP、ddNTP的作用）
DNA双螺旋结构
掌握Chargaff原则的内容
陈述DNA双螺旋结构的特征及DNA双螺旋结构存在的意义
维持DNA双螺旋结构的作用力是什么？什么是碱基堆积力？
DNA双螺旋构象的多态性：了解A-DNA、B-DNA、Z-DNA等一般特点
DNA超螺旋结构：超螺旋结构存在的生物学意义是什么？
掌握核小体的结构
核酸的分离纯化
DNA分离常用试剂的作用：氯仿、苯酚、EDTA、SDS、蛋白酶K等
RNA分离：DEPC是烷基化试剂，能使蛋白质乙酰化，破坏RNase的活性
核酸电泳：一般使用琼脂糖凝胶电泳（构象不同的相同DNA分子在电泳凝胶中迁移速度呈现出环状DNA＜线状DNA＜超螺旋DNA）
掌握Southern blot和Northern blot的基本原理及用途
核酸性质
核酸的水解：相比RNA，DNA更耐弱碱水解，为什么？
核酸的酸碱性：核酸在生理pH条件下通常带负电；DNA等电点为4~4.5、RNA等电点为2.0~2.5；在电场中两者向正极移动
核酸的紫外吸收：260 nm有最大光吸收，利用这个性质可以测定核酸的含量和纯度
核酸的变性与复性：变性、复性的定义；增色效应和减色效应分别是什么？
RNA的结构特点
mRNA结构：对比原核与真核生物mRNA结构差异
tRNA的结构
tRNA一级结构：稀有碱基含量高；分子大小约是4S；3'端有CCA序列，5'端多为pG
tRNA的二级结构
三叶草结构
有四环：反密码环、额外环、二氢尿嘧啶环、TΨC环
四臂：反密码臂、TΨC臂、二氢尿嘧啶环臂和氨基酸臂（具有CCA核苷酸序列位于tRNA3'末端）
tRNA的三级结构:倒L形；反密码环和氨基酸接受臂位于倒L形的两端
rRNA
原核生物核糖体rRNA组成：小亚基16S rRNA；大亚基23S rRNA和5S rRNA
真核生物：小亚基18S rRNA；大亚基28S rRNA、5.8S rRNA和5S rRNA

第五章导图　核酸

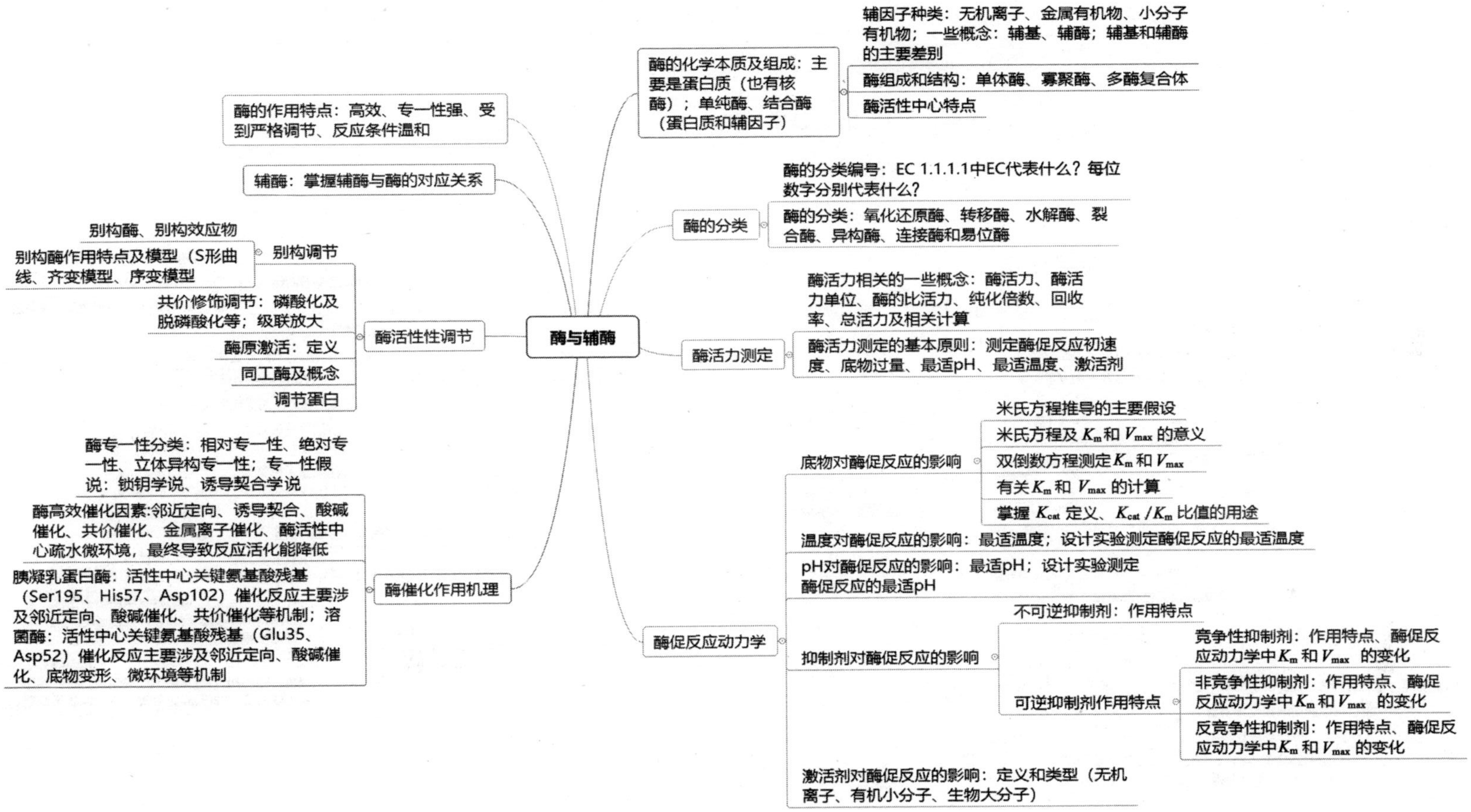
酶与辅酶
酶的化学本质及组成：主要是蛋白质（也有核酶）；单纯酶、结合酶（蛋白质和辅因子）
辅因子种类：无机离子、金属有机物、小分子有机物；一些概念：辅基、辅酶；辅基和辅酶的主要差别
酶组成和结构：单体酶、寡聚酶、多酶复合体
酶活性中心特点
酶的分类
酶的分类编号：EC 1.1.1.1中EC代表什么？每位数字分别代表什么？
酶的分类：氧化还原酶、转移酶、水解酶、裂合酶、异构酶、连接酶和易位酶
酶活力测定
酶活力相关的一些概念：酶活力、酶活力单位、酶的比活力、纯化倍数、回收率、总活力及相关计算
酶活力测定的基本原则：测定酶促反应初速度、底物过量、最适pH、最适温度、激活剂
酶促反应动力学
底物对酶促反应的影响
米氏方程推导的主要假设
米氏方程及 K_m 和 V_{max} 的意义
双倒数方程测定 K_m 和 V_{max}
有关 K_m 和 V_{max} 的计算
掌握 K_{cat} 定义、K_{cat}/K_m 比值的用途
温度对酶促反应的影响：最适温度；设计实验测定酶促反应的最适温度
pH对酶促反应的影响：最适pH；设计实验测定酶促反应的最适pH
抑制剂对酶促反应的影响
不可逆抑制剂：作用特点
可逆抑制剂作用特点
竞争性抑制剂：作用特点、酶促反应动力学中 K_m 和 V_{max} 的变化
非竞争性抑制剂：作用特点、酶促反应动力学中 K_m 和 V_{max} 的变化
反竞争性抑制剂：作用特点、酶促反应动力学中 K_m 和 V_{max} 的变化
激活剂对酶促反应的影响：定义和类型（无机离子、有机小分子、生物大分子）
酶的作用特点：高效、专一性强、受到严格调节、反应条件温和
辅酶：掌握辅酶与酶的对应关系
酶活性性调节
别构调节
别构酶、别构效应物
别构酶作用特点及模型（S形曲线、齐变模型、序变模型
共价修饰调节：磷酸化及脱磷酸化等；级联放大
酶原激活：定义
同工酶及概念
调节蛋白
酶催化作用机理
酶专一性分类：相对专一性、绝对专一性、立体异构专一性；专一性假说：锁钥学说、诱导契合学说
酶高效催化因素:邻近定向、诱导契合、酸碱催化、共价催化、金属离子催化、酶活性中心疏水微环境，最终导致反应活化能降低
胰凝乳蛋白酶：活性中心关键氨基酸残基（Ser195、His57、Asp102）催化反应主要涉及邻近定向、酸碱催化、共价催化等机制；溶菌酶：活性中心关键氨基酸残基（Glu35、Asp52）催化反应主要涉及邻近定向、酸碱催化、底物变形、微环境等机制

第六章导图　酶与辅酶

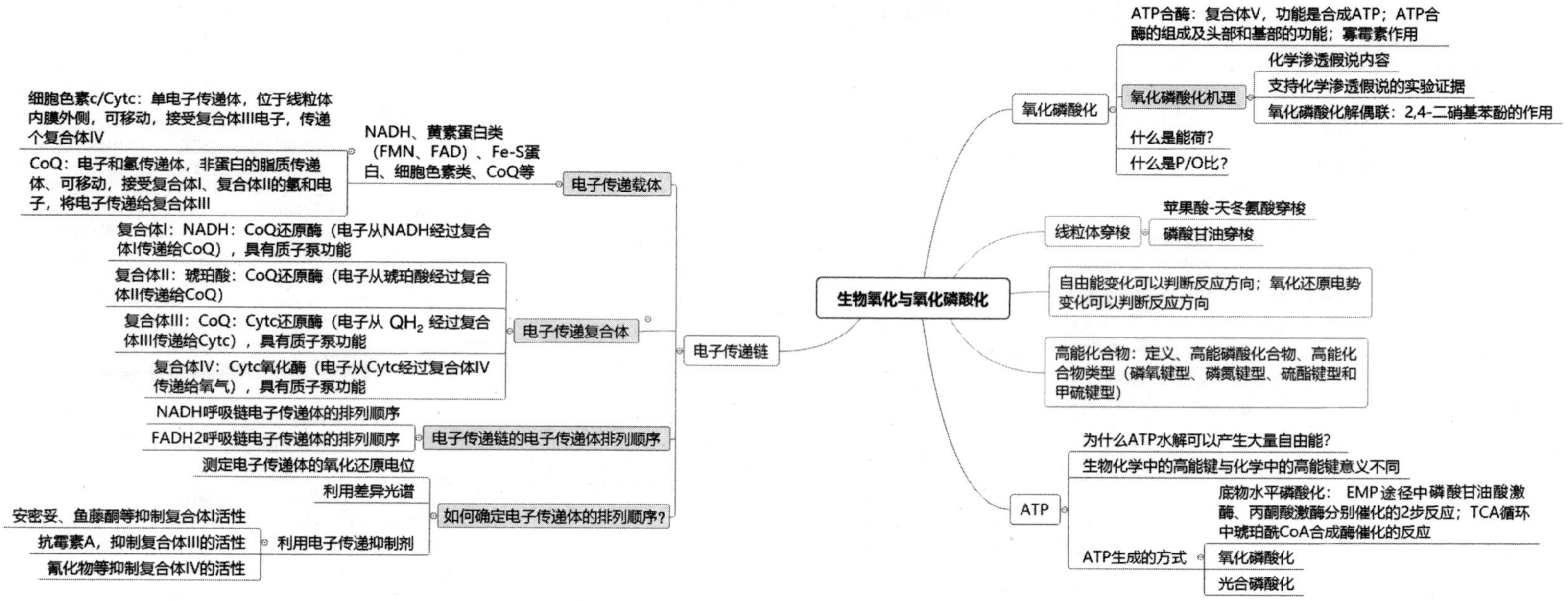
生物氧化与氧化磷酸化
氧化磷酸化
ATP合酶：复合体V，功能是合成ATP；ATP合酶的组成及头部和基部的功能；寡霉素作用
氧化磷酸化机理
化学渗透假说内容
支持化学渗透假说的实验证据
氧化磷酸化解偶联：2,4-二硝基苯酚的作用
什么是能荷?
什么是P/O比?
线粒体穿梭
苹果酸-天冬氨酸穿梭
磷酸甘油穿梭
自由能变化可以判断反应方向；氧化还原电势变化可以判断反应方向
高能化合物：定义、高能磷酸化合物、高能化合物类型（磷氧键型、磷氮键型、硫酯键型和甲硫键型）
ATP
为什么ATP水解可以产生大量自由能?
生物化学中的高能键与化学中的高能键意义不同
ATP生成的方式
底物水平磷酸化：EMP途径中磷酸甘油酸激酶、丙酮酸激酶分别催化的2步反应；TCA循环中琥珀酰CoA合成酶催化的反应
氧化磷酸化
光合磷酸化
电子传递链
电子传递载体
NADH、黄素蛋白类（FMN、FAD）、Fe-S蛋白、细胞色素类、CoQ等
细胞色素c/Cytc：单电子传递体，位于线粒体内膜外侧，可移动，接受复合体III电子，传递个复合体IV
CoQ：电子和氢传递体，非蛋白的脂质传递体、可移动，接受复合体I、复合体II的氢和电子，将电子传递给复合体III
电子传递复合体
复合体I：NADH：CoQ还原酶（电子从NADH经过复合体I传递给CoQ），具有质子泵功能
复合体II：琥珀酸：CoQ还原酶（电子从琥珀酸经过复合体II传递给CoQ）
复合体III：CoQ：Cytc还原酶（电子从 QH2 经过复合体III传递给Cytc），具有质子泵功能
复合体IV：Cytc氧化酶（电子从Cytc经过复合体IV传递给氧气），具有质子泵功能
电子传递链的电子传递体排列顺序
NADH呼吸链电子传递体的排列顺序
FADH2呼吸链电子传递体的排列顺序
如何确定电子传递体的排列顺序?
测定电子传递体的氧化还原电位
利用差异光谱
利用电子传递抑制剂
安密妥、鱼藤酮等抑制复合体I活性
抗霉素A，抑制复合体III的活性
氰化物等抑制复合体IV的活性

第八章导图　生物氧化

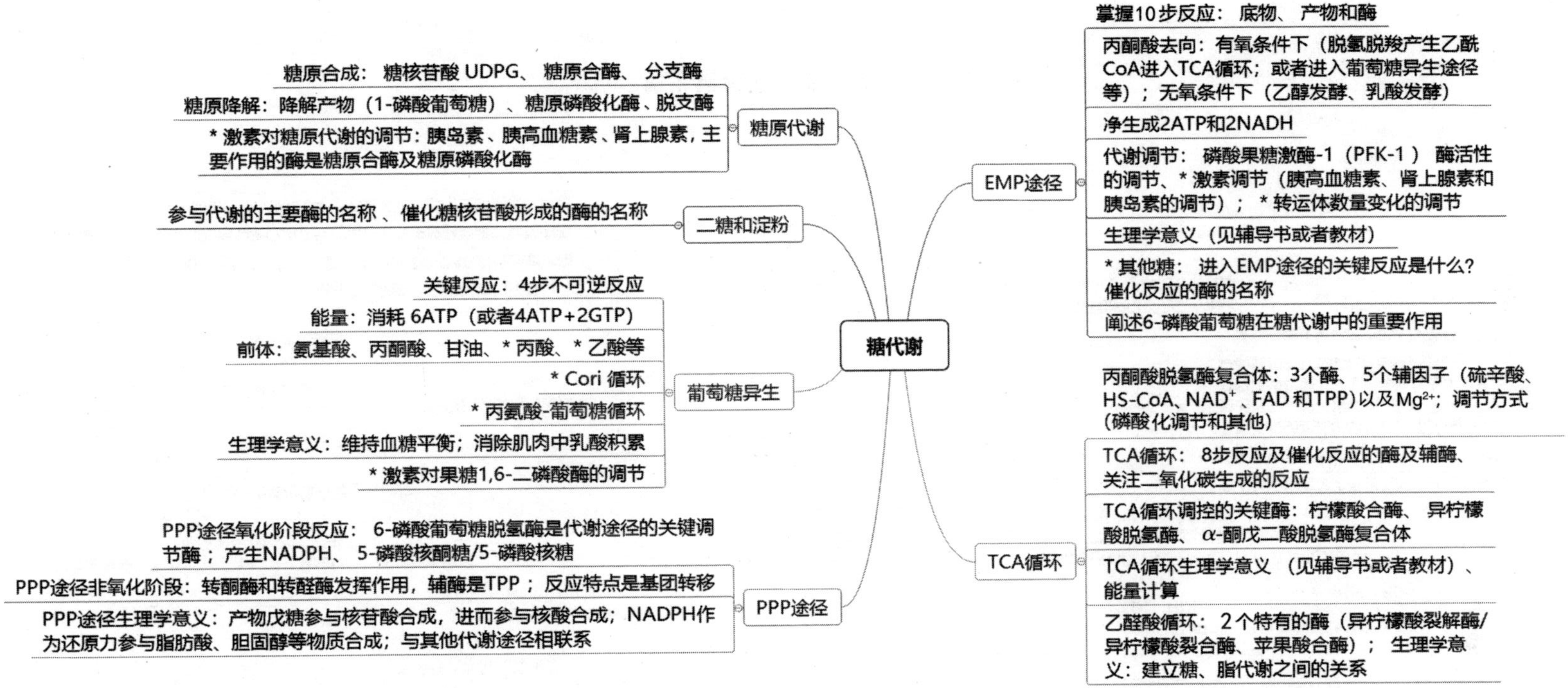
糖代谢
EMP途径
掌握10步反应：底物、产物和酶
丙酮酸去向：有氧条件下（脱氢脱羧产生乙酰CoA进入TCA循环；或者进入葡萄糖异生途径等）；无氧条件下（乙醇发酵、乳酸发酵）
净生成2ATP和2NADH
代谢调节：磷酸果糖激酶-1（PFK-1）酶活性的调节、* 激素调节（胰高血糖素、肾上腺素和胰岛素的调节）；* 转运体数量变化的调节
生理学意义（见辅导书或者教材）
* 其他糖：进入EMP途径的关键反应是什么？催化反应的酶的名称
阐述6-磷酸葡萄糖在糖代谢中的重要作用
TCA循环
丙酮酸脱氢酶复合体：3个酶、5个辅因子（硫辛酸、HS-CoA、NAD$^+$、FAD和TPP）以及Mg^{2+}；调节方式（磷酸化调节和其他）
TCA循环：8步反应及催化反应的酶及辅酶、关注二氧化碳生成的反应
TCA循环调控的关键酶：柠檬酸合酶、异柠檬酸脱氢酶、α-酮戊二酸脱氢酶复合体
TCA循环生理学意义（见辅导书或者教材）、能量计算
乙醛酸循环：2个特有的酶（异柠檬酸裂解酶/异柠檬酸裂合酶、苹果酸合酶）；生理学意义：建立糖、脂代谢之间的关系
糖原代谢
糖原合成：糖核苷酸UDPG、糖原合酶、分支酶
糖原降解：降解产物（1-磷酸葡萄糖）、糖原磷酸化酶、脱支酶
* 激素对糖原代谢的调节：胰岛素、胰高血糖素、肾上腺素，主要作用的酶是糖原合酶及糖原磷酸化酶
二糖和淀粉
参与代谢的主要酶的名称、催化糖核苷酸形成的酶的名称
葡萄糖异生
关键反应：4步不可逆反应
能量：消耗6ATP（或者4ATP+2GTP）
前体：氨基酸、丙酮酸、甘油、* 丙酸、* 乙酸等
* Cori循环
* 丙氨酸-葡萄糖循环
生理学意义：维持血糖平衡；消除肌肉中乳酸积累
* 激素对果糖1,6-二磷酸酶的调节
PPP途径
PPP途径氧化阶段反应：6-磷酸葡萄糖脱氢酶是代谢途径的关键调节酶；产生NADPH、5-磷酸核酮糖/5-磷酸核糖
PPP途径非氧化阶段：转酮酶和转醛酶发挥作用，辅酶是TPP；反应特点是基团转移
PPP途径生理学意义：产物戊糖参与核苷酸合成，进而参与核酸合成；NADPH作为还原力参与脂肪酸、胆固醇等物质合成；与其他代谢途径相联系

第九章导图　糖代谢

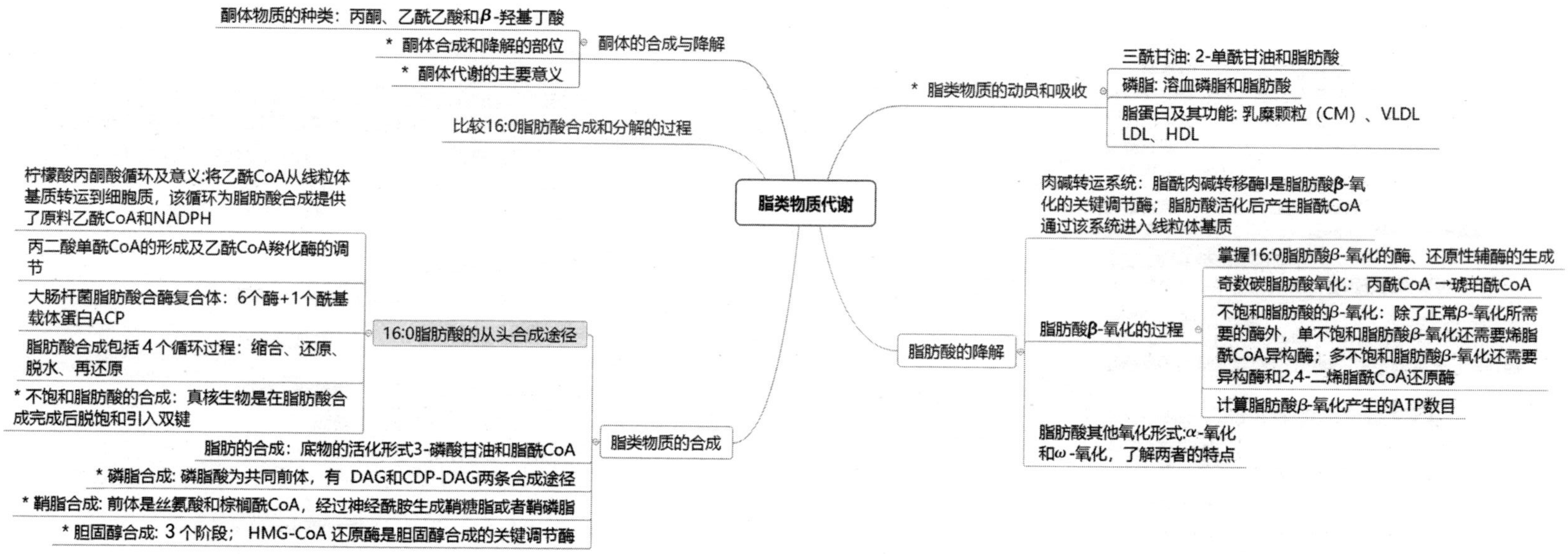
脂类物质代谢
* 脂类物质的动员和吸收
三酰甘油: 2-单酰甘油和脂肪酸
磷脂: 溶血磷脂和脂肪酸
脂蛋白及其功能: 乳糜颗粒（CM）、VLDL LDL、HDL
脂肪酸的降解
肉碱转运系统：脂酰肉碱转移酶Ⅰ是脂肪酸β-氧化的关键调节酶；脂肪酸活化后产生脂酰CoA通过该系统进入线粒体基质
脂肪酸β-氧化的过程
掌握16:0脂肪酸β-氧化的酶、还原性辅酶的生成
奇数碳脂肪酸氧化：丙酰CoA →琥珀酰CoA
不饱和脂肪酸的β-氧化：除了正常β-氧化所需要的酶外，单不饱和脂肪酸β-氧化还需要烯脂酰CoA异构酶；多不饱和脂肪酸β-氧化还需要异构酶和2,4-二烯脂酰CoA还原酶
计算脂肪酸β-氧化产生的ATP数目
脂肪酸其他氧化形式:α-氧化和ω-氧化，了解两者的特点
酮体的合成与降解
酮体物质的种类：丙酮、乙酰乙酸和β-羟基丁酸
* 酮体合成和降解的部位
* 酮体代谢的主要意义
比较16:0脂肪酸合成和分解的过程
脂类物质的合成
16:0脂肪酸的从头合成途径
柠檬酸丙酮酸循环及意义:将乙酰CoA从线粒体基质转运到细胞质，该循环为脂肪酸合成提供了原料乙酰CoA和NADPH
丙二酸单酰CoA的形成及乙酰CoA羧化酶的调节
大肠杆菌脂肪酸合酶复合体：6个酶+1个酰基载体蛋白ACP
脂肪酸合成包括4个循环过程：缩合、还原、脱水、再还原
* 不饱和脂肪酸的合成：真核生物是在脂肪酸合成完成后脱饱和引入双键
脂肪的合成：底物的活化形式3-磷酸甘油和脂酰CoA
* 磷脂合成: 磷脂酸为共同前体，有 DAG和CDP-DAG两条合成途径
* 鞘脂合成: 前体是丝氨酸和棕榈酰CoA，经过神经酰胺生成鞘糖脂或者鞘磷脂
* 胆固醇合成: 3个阶段； HMG-CoA 还原酶是胆固醇合成的关键调节酶

第十章导图　脂代谢

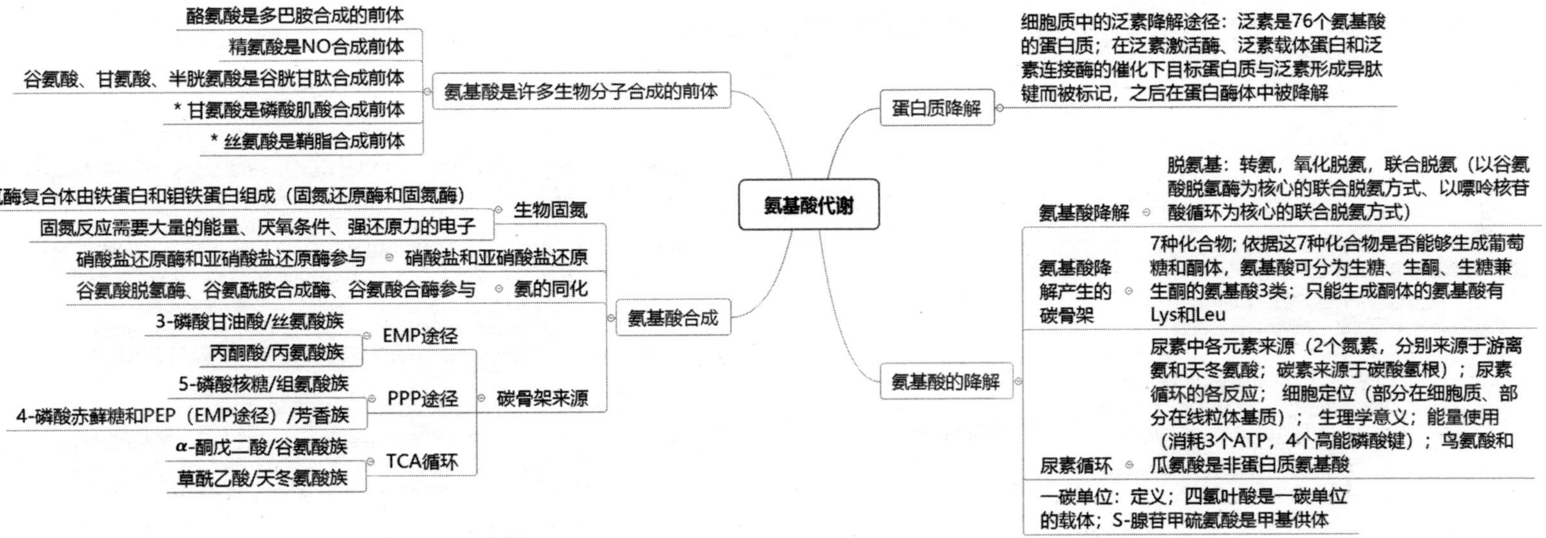

第十一章导图　氨基酸代谢

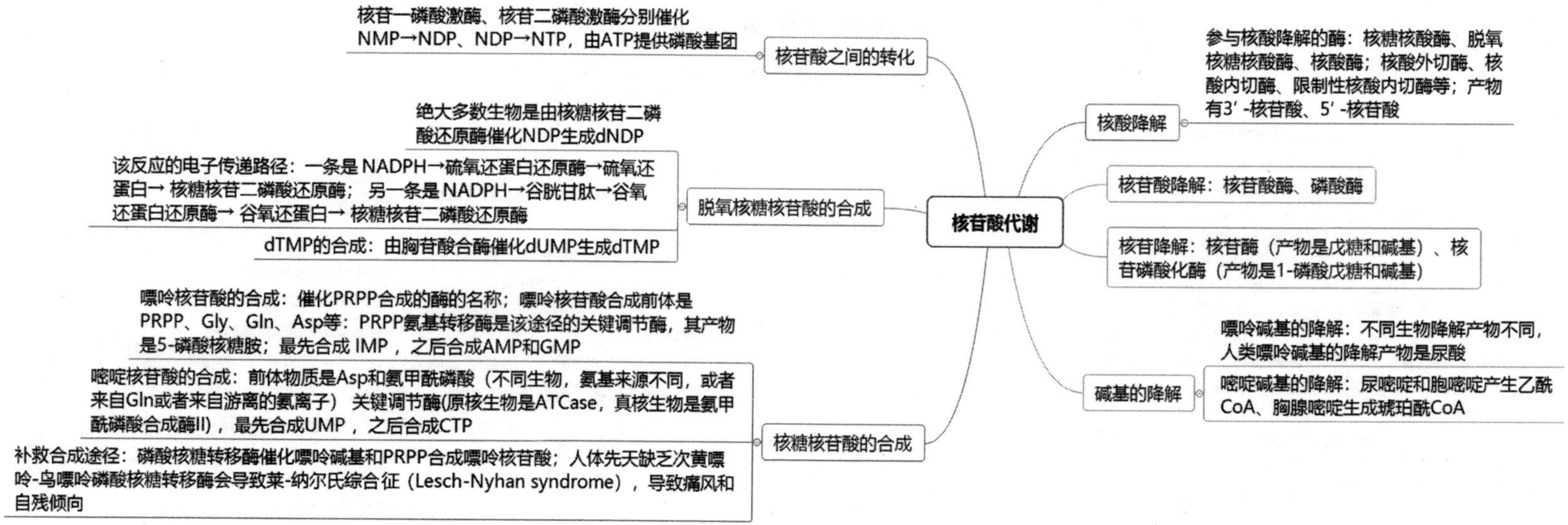

第十二章导图　核苷酸代谢

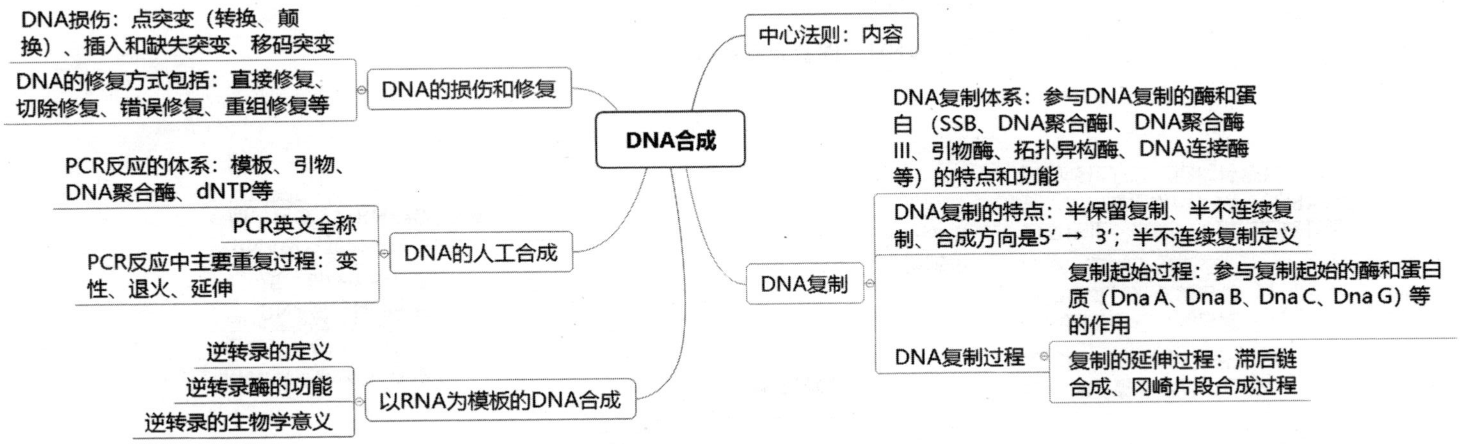

第十三章导图 DNA合成

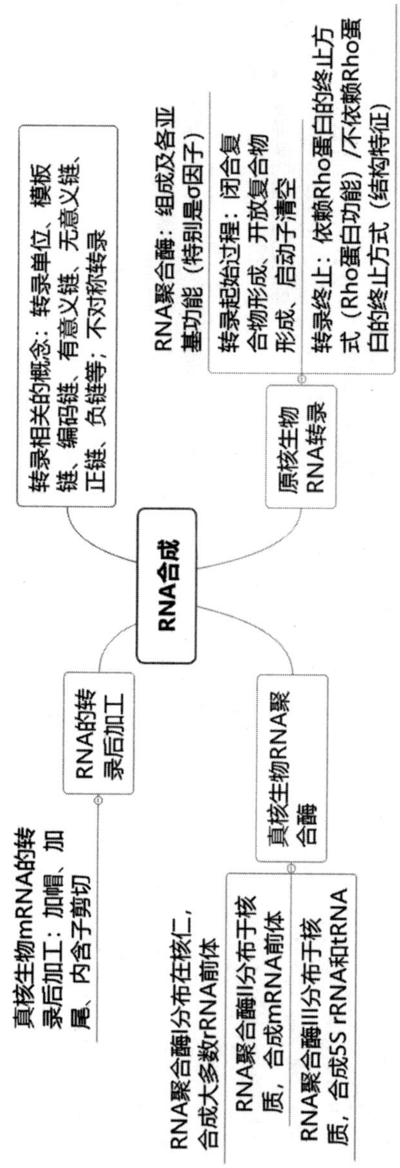

第十三章导图　RNA合成

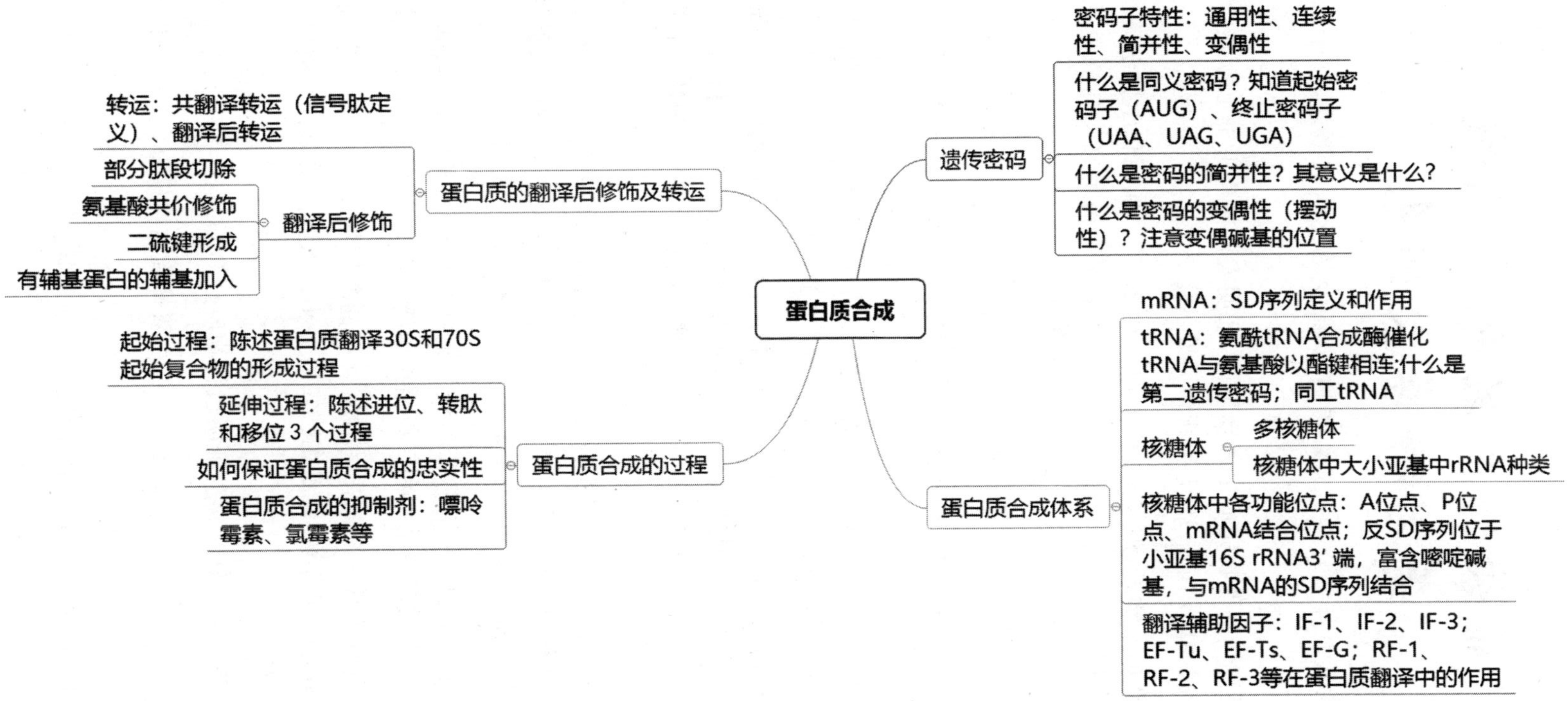

第十四章导图　蛋白质合成

附录　生物化学领域著名科学家列表

F. Hoppe-Seyler：首次从血液中分离出血红蛋白，提出生物化学的概念，并于 1877 年创办了《生理化学杂志》。

E. Büchner：1897 年用酵母提取物完成了酒精发酵，证明发酵过程并非必须在活细胞中进行，这大大激发了人们寻找酶的热情。1907 年获得诺贝尔化学奖。

E. Fischer：是一个多产的科学家，被公认为“生物化学之父”。他用化学方法确定了许多单糖和二糖的结构和构型；证明酶有专一性，1894 年提出了用于揭示底物与酶关系的“锁-钥”假说；还提出了蛋白质肽键理论。1902 年获得诺贝尔化学奖。

D. Koshland：1958 年提出“诱导契合”学说用于解释酶与底物的关系。

J. Sumner：1926 年第一次从刀豆中分离出脲酶并制成结晶，证明“酶是蛋白质”。1946 年获诺贝尔化学奖。

L. Michaelis 和 M. Menten：1913 年提出一个简单模型，即 $E+S \leftrightarrow ES \rightarrow E+P$，就此推导出最初的“米氏方程”，用于定量描述底物浓度与酶促反应速度的关系。

F. Sanger：发明了一种标记蛋白 N 端氨基酸的 DNP 法，于 1952 年完成第一个蛋白质（胰岛素 A、B 链）氨基酸的顺序测定，证明蛋白质一级结构是由特定数量的氨基酸按特定的顺序排列而成的，由此获得 1958 年诺贝尔化学奖。1975 年，他因建立了 DNA 酶法（双脱氧链终止法）测序，1980 年再次获得诺贝尔化学奖。

L. Pauling：20 世纪 40 年代末开始利用 X 射线衍射技术研究蛋白质的三维结构，推断广泛存在于毛发、指甲中的蛋白质纤维是以一种 α-螺旋的空间结构形式存在，这是人类认识到的第一个蛋白质空间结构。Pauling 因此荣获 1954 年诺贝尔化学奖。

J. C. Kendrew 和 M. F. Perutz：1958 年用 X 射线衍射技术解析出抹香鲸肌红蛋白和马血红蛋白的晶体结构，开创了蛋白质三级结构和四级结构的研究，二人共享了 1962 年诺贝尔化学奖。

F. Miescher：从脓细胞的细胞核中分离出一种富含磷的酸性物质，命名为核素；之后又从核素中分离出更纯的酸性高含磷化合物（即现在已知的 DNA）和蛋白质部分。被公认为细胞核化学的奠基人和 DNA 的发现者。

O. Avery：1944 年通过肺炎球菌转化实验证明遗传物质是 DNA。

J. Watson 和 F. Crick：1953 年创造性地提出了 DNA 双螺旋结构模型，引发了生命科学的革命性变化。

A. M. Maxam 和 W. Gilbert：1976 年用化学法解决了 DNA 碱基序列测定。1980 年获得诺贝尔化学奖。

S. J. Singer 和 G. L. Nicolson：1972 年提出了生物膜的流动镶嵌模型。

P. Mitchell: 1961 年提出化学渗透学说用于解释线粒体电子传递链的能量偶联机制。1978 年获得诺贝尔化学奖。

C. F. Cori 和 GT. F. Cori: 1935 年获得诺贝尔生理学或医学奖。他们分离了 1-磷酸葡萄糖，后被称作科里酯，同时发现了糖原磷酸化酶，在糖代谢方面作出贡献。Cori 循环的发现也是他们的贡献之一。

A. Harden 和 W. Yang: 曾分离了 1,6-二磷酸果糖，并发现糖酵解过程需要无机磷的参与，在糖酵解途径的发现过程中做出重要贡献。

G. Embden, O. Meyerhof 和 J. Parnas: 阐明 EMP 途径的反应历程。

F. A. Lipmann 和 Hans Krebs: F. A. Lipmann 发现 CoA 及其在代谢中的主要作用，H. Krebs 阐明了三羧酸循环途径。1953 年获得诺贝尔生理学或医学奖。

Otto Warburg, Fritz Lipmann, Frank Dickens, Bernard Horecker 和 Efrain Racker: 1931 年，Otto Warburg 发现了磷酸戊糖途径第一个酶 6-磷酸葡萄糖脱氢酶，引发了研究人员对磷酸戊糖途径研究，最终由 Fritz Lipmann、Frank Dickens、Bernard Horecker 和 Efrain Racker 几位科学家共同阐明了该途径。

G. F. Knoop: 1904 年发现脂肪酸的 β-氧化途径。

K. Henseleit: 1932 年与 H. Krebs 发现尿素循环途径。

M. Meselson 和 F. W. Stahl: 1958 年，以大肠杆菌为材料，利用 ^{15}N 和 ^{14}N 的同位素掺入实验证实了 DNA 的半保留复制方式。

R. Okazaki: 1968 年日本科学家冈崎令治等发现在大肠杆菌 DNA 复制过程中存在长度为 1 000～2 000 核苷酸的 DNA 片段，即冈崎片段。

H. Temin 和 D. Baltimore: 1970 年从禽类肉瘤病毒中发现了能够催化以 RNA 为模板合成 DNA 的逆转录酶，观察到 DNA 的逆转录合成过程。

F. Jacob 和 J. Monond: 提出乳糖操纵子模型，获得 1965 年诺贝尔生理学或医学奖。

R. W. Holley, H. G. Khorana 和 M. W. Nirenberg: R. W. Holley，分离了转移 tRNA，并研究了它在遗传密码和蛋白质合成中的作用；H. G. Khorana，破解了 20 种氨基酸全部的三联体遗传密码；M. W. Nirenberg 应用多聚核苷酸的方法破译遗传密码，与前两位科学家共同获得 1968 年诺贝尔生理学或医学奖。

P. C. Zamecnik: 1952—1954 年，P. C. Zamecnik 等发现了核糖体，证明它们是蛋白质合成的场所。

M. B. Hoagland: 1955 年建立了无细胞蛋白质生物合成体系。

W. Arber, H. O. Smith 和 D. Nathans: W. Arber 分离了 DNA 限制性内切酶和甲基化酶；H. O Smith，从细菌中分离了 *Hin*d Ⅱ 内切酶；D. Nathans，首次用 *Hin*d Ⅱ 内切酶实现了 DNA 的人工切割，证实限制性内切酶是一种理想的“分子剪刀”，与前两位科学家共同获得 1978 年诺贝尔生理学或医学奖。

K. Mullis: 1985 年发明了 PCR(聚合酶链式反应)技术。

参考文献

[1] Nelson D L, et al. Lehninger Principles of Biochemistry. 8th ed. New York (U. S. A): W. H. Free man and company,2021.
[2] Berg J M,et al. Biochemistry. 8th ed. New York (U. S. A):W. H. Freeman and Company, 2015.
[3] Moran L A,et al. Principle of Biochemistry. 5th ed. Pearson Education, Inc,2014.
[4] 刘国琴,杨海莲.生物化学.3 版.北京:中国农业大学出版社,2019.
[5] 朱圣庚,徐长法. 生物化学.4 版.北京:高等教育出版社,2016.
[6] 李刚,昌增益. 国际生物化学与分子生物学联盟增设第七大类酶:易位酶. 中国生物化学与分子生物学报,2018,34(12):Ⅰ-Ⅱ.